Thomas von Cantimpré
›Liber de naturis rerum‹

Übersetzung

WISSENSLITERATUR IM MITTELALTER

Herausgegeben von

Horst Brunner, Kathrin Chlench-Priber,
Ernstpeter Ruhe und Norbert Richard Wolf

BAND 54.2

Wiesbaden 2022
Dr. Ludwig Reichert Verlag

Thomas von Cantimpré
›Liber de naturis rerum‹

Band 2: Übersetzung des Textes der Redaktion III (Thomas III) eines Anonymus

erarbeitet von
Janine Déus und Dagmar Gottschall

herausgegeben von
Rudolf Kilian Weigand

Wiesbaden 2022
Dr. Ludwig Reichert Verlag

Gefördert durch die Deutsche Forschungsgemeinschaft –
Projektnummern WE 4364/4-1 und WE 4364/5-1.

Bibliografische Information der Deutschen Nationalbibliothek
Die Deutsche Nationalbibliothek verzeichnet diese Publikation
in der Deutschen Nationalbibliografie; detaillierte bibliografische Daten
sind im Internet über http://dnb.dnb.de abrufbar.

ISBN: 978-3-7520-0645-2 (Print)
eISBN: 978-3-7520-0196-9 (eBook)
DOI: https://doi.org/10.29091/9783752001969
www.reichert-verlag.de

Gedruckt auf säurefreiem Papier (alterungsbeständig pH7, neutral)
Printed in Germany

Inhalt

Vorwort von Herausgeber und Bearbeiterinnen

Der hier vorgelegte Übersetzungstext der lateinischen Fassung des anonymen „Thomas III" hätte nicht erstellt werden können ohne die Jahrzehnte währenden Vorarbeiten von Benedikt Konrad Vollmann (†) und Christian Hünemörder (†). Mit der Konzeption der Textausgabe und den Vorüberlegungen zum Kommentar haben beide mit großer Mühe die Basis geschaffen, auf der dann die im Band 54-1 publizierte Edition 2017 abgeschlossen werden konnte.

Als ersten Entwurf einer durchgängigen Übersetzung des lateinischen Textes von „Thomas III" hatte Christian Hünemörder in seinen Ausarbeitungen zum Kommentar zahlreiche Quellennachweise mit einer neuhochdeutschen Übertragung der zitierten Passagen ergänzt. Da aber der finale Text der Edition doch weit vom Lesetext der Arbeitsversion der 1990er Jahre (vgl. hierzu das Vorwort zu Bd. 54,1, S. 7) entfernt war, konnten diese fragmentarischen und vorläufigen Formulierungen nur eine lückenhafte Grundlage abgeben. Zudem waren ganze Bücher weder auf die Quellen überprüft, noch gab es dafür Vorarbeiten zu einem deutschen Text. Aus diesen Gründen musste letztendlich eine komplette Neuübertragung erarbeitet werden. Zusammen mit Gernot Michael Müller (mittlerweile in Bonn) wurde dafür ein neues Konzept ausgearbeitet.

Benedikt Konrad Vollmann hatte die Übersetzung als festen Teil der Ausgabe geplant und in Teilen vorbereitet. Durch seinen überraschenden Tod konnte er die finale Ausarbeitung nicht mehr betreuen. Eine die Vorarbeiten Hünemörders ersetzende durchgängige Übersetzung des Gesamttextes hat dann in mühevoller Detailarbeit Janine Déus verfertigt. Der Aufgabe einer entbehrungsreichen Teil-Durchsicht dieses Textes unterzog sich Dr. Konrad Goehl (Jettingen). Ihm zu danken, ist uns eine angenehme Pflicht. Die bei einem solchen Text freilich stets unumgängliche Schlussredaktion mit lexikalischen und grammatikalischen Umarbeitungen sowie sachlichem und stilistischem Feinschliff unternahm schließlich Dagmar Gottschall. Bei der Druckvorbereitung unterstützten kompetent Frau Dr. Christina Patz und Frau Stud. phil. Lena Gaab.

Horst Brunner und Johannes Janota haben sich dankenswerter Weise der Aufgabe unterzogen, eine würdigende Biographie von Konrad Vollmann zu verfassen und sein Schriftenverzeichnis zu erstellen. Frau Gisela Vollmann-Profe hat die Fertigstellung der Ausgabe und der Übersetzung über all die Jahre nicht nur mit Interesse begleitet, sondern auch durch vielfältige Hinweise und ermunternden Zuspruch immer wieder unterstützt. Unser herzlicher Dank sei ihr auch auf diesem Weg übermittelt.

Die Zustimmung der Reihenherausgeber zur Aufnahme des Bandes in die Reihe WILMA erfolgte in erfreulich rascher und unbürokratischer Form; die Verlagsleiterin Frau Ursula Reichert und ihr Team haben aus den vorgelegten Dateien das fertige Buch gestaltet. Das verdient unseren Dank. Über Jahrzehnte hinweg hat die Deutsche Forschungsgemeinschaft das Unternehmen gefördert und auch den Druck durch ihren Zuschuss erst ermöglicht. Dafür danken wir besonders.

Eichstätt/Lecce, im Oktober 2021
Janine Déus, Dagmar Gottschall und Rudolf Kilian Weigand

Gedenkblatt für

Benedikt Konrad Vollmann

Konrad Vollmann wurde am 1. August 1933 in Illertissen/Landkreis Neu-Ulm als zweites von neun Kindern des Weinhändlers Albert Vollmann und seiner Ehefrau Maria geboren. Er besuchte von 1939 bis 1943 die Grundschule an seinem Geburtsort, danach war er bis zur Bombardierung der Schule im Februar 1944 Schüler des St. Anna-Gymnasiums in Augsburg, ab Oktober 1945 dann des Gymnasiums der Benediktiner in der westlich München gelegenen Abtei St. Ottilien. Das Abitur legte er 1952 ab. Von 1953 bis 1955 studierte er an der Ordenshochschule St. Ottilien scholastische Philosophie, von 1955 bis 1959 katholische Theologie am Pontificio Ateneo di Sant'Anselmo in Rom. Dort wurde er 1963 mit einer Arbeit über den Priszillianismus promoviert.

Von 1959 bis 1965 studierte Benedikt Konrad Vollmann Klassische Philologie, Germanistik und Mittellatein an der Universität München; seine wichtigsten akademischen Lehrer dort waren Kurt von Fritz, Friedrich Klingner, Hans Fromm, Walter Müller-Seidel und Bernhard Bischoff. Auf das 1. Staatsexamen für das Gymnasium folgte bis 1967 das Referendariat in München, das er mit dem 2. Staatsexamen abschloss.

Seit 1965 war Benedikt Konrad Vollmann an der Universität München als Lehrbeauftragter im Fach Ältere deutsche Philologie tätig. Von 1967 bis 1973 arbeitete er als Wissenschaftlicher Assistent am Lehrstuhl für germanistische Mediävistik (Walter Haug) an der neugegründeten Universität Regensburg. 1969 heiratete er Gisela Profe; aus der Ehe gingen zwei Töchter hervor. Als Walter Haug 1973 einem Ruf an die Universität Tübingen folgte, begleiteten Benedikt Konrad Vollmann, nunmehr als Akademischer Rat, und Gisela Vollmann-Profe ihn dorthin. 1981 habilitierte Vollmann sich im Fach Mittellatein mit einer Arbeit über den ‚Ruodlieb'; 1987 wurde er zum außerplanmäßigen Professor ernannt.

Im selben Jahr erreichte ihn der Ruf auf den neu errichteten Lehrstuhl für lateinische Philologie des Mittelalters der Katholischen Universität Eichstätt. Neben der Lehre gehörte dort zu seinen Aufgaben die Mitarbeit im Sonderforschungsbereich 226 Würzburg/Eichstätt ‚Wissensorganisierende und wissensvermittelnde Literatur im Mittelalter'. Das von ihm in diesem Rahmen initiierte Projekt war die Edition der Redaktion III des ‚Liber de naturis rerum' des Thomas von Cantimpré. 1993 wurde er als Nachfolger von Franz Brunhölzl auf den mittellateinischen Lehrstuhl der Universität München berufen; auch hier beteiligte er sich an Drittmittelprojekten, der Forschergruppe ‚Humanismus' und dem Sonderforschungsbereich ‚Pluralisierung und Autorität in der Frühen Neuzeit'. Zum 1. Oktober 1999 schied er aus dem aktiven Dienst aus.

Benedikt Konrad Vollmann verstarb am 25. Oktober 2012 in Eichstätt. Sein Grab befindet sich auf dem Friedhof in Eichstätt-Rebdorf.

Vollmann ist Autor eines umfangreichen wissenschaftlichen Œuvres. Am Anfang steht seine 1965 veröffentlichte Dissertation mit dem Titel ‚Studien zum Priszillianismus', deren Zentrum die kritische Edition der brieflichen Stellungnahme Papst Leos des Großen zu dieser Sekte darstellt; sie wird im Kontext der zeitgenössischen theologischen Diskussionen kommentiert. Ergebnis der weiteren Beschäftigung mit dem Thema, seiner Gesamtproblematik und der schwierigen Geschichte seiner Erforschung, ist der nach wie vor als grundlegend geltende umfangreiche Artikel ‚Priscillianus' in Pauly-Wissowas Realencyklopädie der classischen Altertumswissenschaft von 1974.

Bereits während seines Philologie-Studiums galt Vollmanns Interesse schwerpunktmäßig der Literatur des Mittelalters. Mit Antritt der Assistenz in Regensburg wurde sie sein ausschließliches Forschungsgebiet. In Tübingen wandte er sich dann mit Entschiedenheit der mittellateinischen Literatur zu. 1981 habilitierte er sich mit der Edition und mit umfangreichen Studien zum ‚Ruodlieb'. Der Kommentar blieb ungedruckt, wesentliche Teile flossen jedoch in spätere Publikationen ein: der kritische Text wurde separat 1985 im Verlag Reichert herausgegeben, eine zweisprachige Ausgabe mit einem umfassenden Kommentar erschien 1985 in der zusammen mit Walter Haug erarbeiteten Anthologie ‚Frühe deutsche Literatur und lateinische Literatur in Deutschland 800-115' im Deutschen Klassiker Verlag; ebenfalls gründlich kommentiert sind Vollmanns im gleichen Band enthaltene zweisprachigen Ausgaben des ‚Waltharius' und der ‚Ecbasis captivi' – alle drei Editionen gelten heute als gültige Standardausgaben; zum ‚Ruodlieb' erschien 1993 noch ein Forschungsbericht in der Reihe ‚Erträge der Forschung'. Ein zweites großes Thema nach und neben der mittellateinischen Erzählliteratur bildeten die ‚Carmina burana'. Vollmanns opulente, wiederum zweisprachige, umfangreich kommentierte Ausgabe, erschienen 1987 ebenfalls im Deutschen Klassiker Verlag, stellt seit langem die geradezu klassische Edition dieser einzigartigen Liedersammlung dar; an der 1996 erschienenen ‚Concordantia in Carmina Burana' von Manfred Wacht hatte Vollmann wesentlichen Anteil. Das dritte große Unternehmen im mittellateinischen Bereich wurde die als Projekt des Sonderforschungsbereichs 226 der Universitäten Würzburg-Eichstätt über Jahre hin entstandene Kritische Ausgabe der Redaktion III eines Anonymus von Thomas' von Cantimpré ‚Liber de naturis rerum' (‚Thomas III'). Das vielüberlieferte Naturkundewerk (bekannt sind derzeit 109 Handschriften) entfaltete nicht zuletzt durch die deutsche Bearbeitung Konrads von Megenberg (‚Buch der Natur') große Breitenwirkung auch in der Volkssprache. Eine Probeedition war bereits 1992 vorgelegt worden, doch wurde die Arbeit am Text in den Folgejahren weitergeführt, als Buch erscheinen konnte die Ausgabe, abschließend betreut durch Janine Déus und Rudolf Kilian Weigand, erst postum im Jahr 2017. Um diese „Säulen" der Beschäftigung Benedikt Konrad Vollmanns mit der mittellateinischen Literatur des frühen, hohen und späten Mittelalters legt sich ein reicher Kranz kleinerer Arbeiten, Editionen, Aufsätze, Handbuch- und Lexikonartikel, dazu zahlreiche Rezensionen. Wichtige Autoren und Themen unter anderen sind: Isidor von Sevilla, Gregor von Tours, Heiligenlegenden, die Karolingische Renaissance, Paulus Diaconus, Walahfrid Strabo, der ‚Unibos', Notker der Deutsche, Hildegard von Bingen, Otloh von St. Emmeram, der Prager Frühhumanismus, Johann von Neumarkt, Enea Silvio Piccolomini.

Durch die Thematik seiner Arbeiten und durch den Willen, mit Übersetzungen und gründlichen Kommentaren auch Nichtspezialisten den Zugang zu wichtigen mittellateinischen Texten und Autoren zu öffnen, hat Benedikt Konrad Vollmann über sein engeres Fachgebiet hinaus breit in die mediävistische Forschung gewirkt. Nicht im Einzelnen gewürdigt werden kann an dieser Stelle die selbstlose, oft zeitraubende Hilfe bei der Klärung von Problemfällen, mit denen sich zahlreiche

Kolleginnen und Kollegen vertrauensvoll und erfolgreich an ihn wandten – seine Persönlichkeit war geprägt von Freundlichkeit und Liebenswürdigkeit. Auch bei vielen altgermanistischen Kongressen und Tagungen war er – der zugleich über umfassende Kenntnisse der mittelalterlichen deutschen Literatur verfügte – ein gesuchter Gesprächspartner als höchst kompetenter Spezialist für die lateinische Literatur des Mittelalters bis hinein in das 14. und 15. Jahrhundert.

Horst Brunner
Johannes Janota

Benedikt Konrad Vollmann

Schriftenverzeichnis

Abkürzungen: GRM = Germanisch-romanische Monatsschrift; Mlat. Jb. = Mittellateinisches Jahrbuch; PBB = (Pauls und Braunes) Beiträge zur Geschichte der deutschen Sprache und Literatur; ZfdA = Zeitschrift für deutsches Altertum und deutsche Literatur; ZfdPh = Zeitschrift für deutsche Philologie.

1. Monographien

1 Studien zum Priszillianismus. Die Forschung, die Quellen, der fünfzehnte Brief Papst Leos des Großen (Kirchengeschichtliche Quellen und Studien 7). St. Ottilien 1965. XXIV, 175 S. [Dissertation].

2 Kommentar zur mittellateinischen Versdichtung ‚Ruodlieb' [Teil der Habilitationsschrift. Typoskript]. Tübingen 1981. 763 S.

3 Die Latinität der mittellateinischen Versdichtung ‚Ruodlieb' [Teil der Habilitationsschrift. Typoskript]. Tübingen 1981. 163 S. [Verbesserter Nachdruck München 1999].

4 ‚Ruodlieb'. Faksimile-Ausgabe des Codex Latinus Monacensis 19486 der Bayerischen Staatsbibliothek München und der Fragmente von St. Florian. Bd. II,1: Kritischer Text. Wiesbaden 1985. 181 S.

5 Carmina Burana. Texte und Übersetzungen (Bibliothek des Mittelalters 13). Frankfurt/M. 1987.1415 S.

6 Lateinisches Hexameter-Lexikon. Dichterisches Formelgut von Ennius bis zum Archipoeta. Stellenregister (Monumenta Germaniae Historica, Hilfsmittel 4. Ergänzungsband). München 1989. 320 S. [zusammen mit Dirk Kottke und Andreas Schubert].

7 Frühe deutsche Literatur und lateinische Literatur des Mittelalters (Bibliothek des Mittelalters 1). Frankfurt/M. 1991. 1593 S. [zusammen mit Walter Haug].

8 Thomas von Cantimpré, ‚Liber de naturis rerum'. Redaktion III (Thomas III). Text der Handschrift M1 (München, BSB, Clm 2655), verbessert nach den Handschriften C1 (Cambridge, Mass., University Library, Riant 19), Mel (Melk, Stiftsbibl., 1707), Li1 (Lilienfeld, Stiftsbibl., 206) und K12 (Klosterneuburg, Stiftsbibl., 1060) [als Manuskript gedruckt]. Eichstätt 1992. 206 S.

9 Geistliche Aspekte mittelalterlicher Naturlehre. Symposium 30. November – 2. Dezember 1990, hg. von Benedikt Konrad Vollmann (Wissensliteratur im Mittelalter 15). Wiesbaden 1993. 188 S.

10 ‚Ruodlieb' (Erträge der Forschung 283). Darmstadt 1993. 115 S.

11 Aristoteles latinus: ‚De animalibus libri XIX' in der Übersetzung des Michael Scotus nach der Handschrift Rom, BAV, Chigi E VIII 252 mit Textkorrekturen aus den Handschriften Nürnberg, Stadtbibl., Cent. VI 10 und Pisa, Bibl. Di Santa Caterina, Cod. 11 [als Manuskript gedruckt]. München 1994. 374 S.

12 Manfred Wacht/Benedikt Konrad Vollmann (Hgg.), Concordantia in Carmina Burana (Alpha – Omega 2). Hildesheim u.a. 1996. 887 S.

13 Peter Riethe/Benedikt Konrad Vollmann (Hgg.), Hildegard von Bingen: Von den Elementen. Von den Metallen. Salzburg 2000. 115 S.

14 Fragmente der Bischöflichen Zentralbibliothek Regensburg. I. Nichtliturgische Texte. Theologische Abhandlungen und Varia (Bischöfliches Zentralarchiv und Bischöfliche Zentralbibliothek Regensburg. Kataloge und Schriften 27). Regensburg 2009. 108 S.

15 Thomas von Cantimpré, ‚Liber de naturis rerum'. Bd. 1: Kritische Ausgabe der Redaktion III (Thomas III) eines Anonymus, hg. von Benedikt Konrad Vollmann

(†), ergänzt und für den Druck eingerichtet von Janine Déus und Rudolf Kilian Weigand, mit einem Beitrag zur Überlieferung von Helgard Ulmschneider (Wissensliteratur im Mittelalter 54.1). Wiesbaden 2017. 688 S.

2. Übersetzungen

1 Piergiuseppe Scardigli, Die Goten. Sprache und Kultur. München 1973 (Originalausgabe: Lingua e storia dei Goti. Firenze 1964).

2 Johannes Vos van Heusden/Johannes Busch, Epistel vom Leben und Leiden unseres Herrn. In: Hans Norbert Janowski (Hg.), Geert Groote, Thomas von Kempen und die Devotio moderna. Olten und Freiburg i. Br. 1978, S. 239–271, 279f. [zusammen mit Gisela Vollmann-Profe].

3 Petrus de Crescentiis, Erfolgreiche Landwirtschaft. Ein mittelalterliches Lehrbuch. 2 Bde. (Bibliothek der mittellateinischen Literatur 3–4). Stuttgart 2007–2008.

3. Aufsätze in Fachzeitschriften und Sammelwerken

1 Anmerkungen zu den neuaufgefundenen Chromatius-Homilien. In: Revue Bénédictine 73 (1963), S. 100–107.

2 *Simplicitas divinae providentiae*. Zur Entwicklung des Begriffs in der antiken Philosophie und seiner Eindeutschung in Notkers ‚Consolatio'-Übersetzung. In: Literaturwiss. Jahrbuch der Görres-Gesellschaft N.F. 8 (1967), S. 5–29.

3 *Mitra*. Eine Ergänzung zum ‚Novum Glossarium'. In: Archivum Latinitatis Medii Aevi (Bulletin Du Cange) 39 (1974), S. 39–54.

4 Der Strafprozeß im VIII. Fragment des ‚Ruodlieb'. In: Klaus Grubmüller/Ernst Hellgardt/Heinrich Jellisen (Hgg.), Befund und Deutung. Fs. Hans Fromm. Tübingen 1979, S. 193–277.

5 ‚Ruodlieb', Fragment XII. In: Walter Berschin/Reinhard Düchting (Hgg.), Lateinische Dichtungen des X. und XI. Jahrhunderts. Fs. Walther Bulst. Heidelberg 1981, S. 227–248.

6 Carmina Burana: CB 99. In: Gottfried Honnefelder (Hg.), Warum Klassiker? Ein Almanach zur Eröffnungsedition der Bibliothek deutscher Klassiker. Frankfurt/M. 1985, S. 68–77.

7 *O admirabile Veneris idolum* (Carmina Cantabrigiensia 48) – ein Mädchenlied? In: Udo Kindermann/Wolfgang Maaz/Fritz Wagner (Hgg.), Fs. Paul Klopsch. Göppingen 1988, S. 532–543.

8 Carmen Buranum 60/60a. In: Sigrid Krämer/Michael Bernhard (Hgg.), Scire litteras. Fs. Bernhard Bischoff (Abh. d. Bayer. Akademie der Wiss., phil.-hist. Kl., 99). München 1988, S. 409–422.

9 Liebe als Krankheit in der weltlichen Lyrik des lateinischen Mittelalters. In: Theodor Stemmler (Hg.), Liebe als Krankheit. 3. Kolloquium der Forschungsstelle für europäische Lyrik des Mittelalters. Mannheim 1990, S. 105–125.

10 Ulrich von Etzenbach, ‚Alexander'. In: Walter Haug/Burghart Wachinger (Hgg.), Positionen des Romans im späten Mittelalter (Fortuna vitrea 1). Tübingen 1991, S. 54–66.

11 Hildegard von Bingen: Theologische versus naturkundliche Schriften? In: Benedikt Konrad Vollmann (Hg.), Geistliche Aspekte mittelalterlicher Naturlehre (Wissensliteratur im Mittelalter 15). Wiesbaden 1993, S. 40–47.

12 Stil und Anspruch des ‚Horologium sapientiae'. In: Rüdiger Blumrich/Philipp Kaiser (Hgg.), Heinrich Seuses Philosophia spiritualis. Tagung Eichstätt 2.–4. Oktober 1991 (Wissensliteratur im Mittelalter 17). Wiesbaden 1994, S. 84–93.

13 La vitalità delle enciclopedie di scienza naturale: Isidoro di Siviglia, Tommaso di Cantimpré, e le redazioni del considetto 'Tommaso III'. In: Michelangelo Picone (Hg.), L'enciclopedismo medievale. Atti del convegno >L'enciclopedismo medieval<, San Gimignano 8–12 ottobre 1992 (Memoria del tempo 1). Ravenna 1994, S. 135–145.
14 Prager Frühhumanismus? In: Wolfram-Studien 13 (1994), S. 58–66.
15 *Si verum sit, nescio*. Wahrheit, Irrtum und Zweifel in der Naturkunde-enzyklopädie des Thomas von Cantimpré. In: Albert Franz (Hg.), Glauben, Wissen, Handeln. Beiträge aus Theologie, Philosophie und Naturwissenschaft zu Grundfragen christlicher Existenz. Fs. Philipp Kaiser. Würzburg 1994, S. 291–303.
16 Das sechzehnte Jahrhundert. In: Hildegard Kuester (Hg.), Das sechzehnte Jahrhundert – Europäische Renaissance (Eichstätter Kolloquium 2). Regensburg 1995, S. 9–18.
17 Renaissance und Humanismus. In: ebd., S. 19–31.
18 Erziehung zur Humanität: Horaz und die Satire des 11. Jahrhunderts. In: Helmut Krasser/ Ernst A. Schmidt (Hgg.), Zeitgenosse Horaz. Der Dichter und seine Leser seit zwei Jahrtausenden. Tübingen 1996, S. 36–51.
19 Johann von Neumarkt: Lateinischer und deutscher Stil. In: Wolfgang Harms/Jan-Dirk Müller (Hgg.), Mediävistische Komparatistik. Fs. Franz Josef Worstbrock. Stuttgart u.a. 1997, S. 151–162.
20 Horaz und der mittelalterliche Humanismus. In: Claudio Leonardi (Hg.), Gli umanesimi medievali. Atti del II Congresso del' >Internationales Mittellateinerkomitee< 11–15 sett. 1993. Firenze 1998, S. 807–816.
21 Die Wiederentdeckung des Subjekts im Hochmittelalter. In: Reto Luzius Fetz/Roland Hagenbüchle/Peter Schulz (Hgg.), Geschichte und Vorgeschichte der modernen Subjektivität. Berlin u. a. 1998, S. 380–393.
22 Hildegard von Bingen, ‚De elementis' – ‚Von den Elementen'. In: Binger Geschichtsblätter 20 (1998), S. 57–80 [kritische Ausgabe und Übersetzung].
23 Kilian Leib, ‚Annales minores'. Lateinisch-deutsche Ausgabe. Lateinischer Text ed. von J. Schlecht, Übersetzung von B. K. Vollmann. In: Ellinger Hefte 9 (1999), S. 8–28 (2., verbesserte Auflage 1999).
24 Aal und Kili: Zur mittelalterlichen Naturkunde. In: Aevum 73 (1999), S. 459–468.
25 Hof und Herrschaft in der frühmittelalterlichen Klosterliteratur. In: Nigel F. Palmer/Hans-Jochen Schiewer (Hgg.), Mittelalterliche Literatur und Kunst im Spannungsfeld von Hof und Kloster. Ergebnisse der Berliner Tagung, 9.–11. Oktober 1997. Tübingen 1999, S. 17–27.
26 Enea Silvio Piccolomini e il suo concetto di >Latinitas<. In: Convegno internazionale >Globalizzazione e Umanesimo Latino< - >Globalization and Latin Humanism<. New York 1–3 Maggio 2000. Fondazione Cassamarca. Unione Latini nel Mondo Interventi, Papers. Treviso-2000, S. 290–298.
27 Die geheime Weltlichkeit der Legende. Fortleben und Verwandlung antik-weltlicher Erzählstoffe in der Legende. In: Christoph Huber/Burghart Wachinger/Hans-Joachim Ziegeler (Hgg.), Geistliches in weltlicher und Weltliches in geistlicher Literatur des Mittelalters. Tübingen 2000, S. 17–25.

28 I manoscritti Bavaresi. In: Francesco Stella (Hg.), Poesia dell'alto medioevo europeo: manoscritti, lingua e musica dei ritmi latini. Poetry of the early medieval Europe: manuscripts, language and music of the latin rhythmical texts. Atti delle euroconferenze per il Corpus dei ritmi latini (IV–IX sec.), Arezzo 6–7 novembre

1998 e Ravello 9–12 settembre 1999. Proceedings of the Euroconferences for the Corpus of Latin Rhythmical Poems (IVth–IXth C.). Firenze 2000, S. 257–261.

29 Die >Karolingische Renaissance< – Ein typisch abendländisches Phänomen? In: Reinhard C. Meier-Walser/Bernd Rill (Hgg.), Der europäische Gedanke. Hintergrund und Finalität. Politische Studien Hanns Seidel-Stiftung im Auftrag der I. und W. Tausend-Stiftung. Sonderausgabe. München 2000, S. 74–85.

30 Philosophie und Poesie – zwei zankende Geschwister. In: John Marenbon (Hg.), Poetry and Philosophy in the Middle Ages. Fs. Peter Dronke (Mittellateinische Studien und Texte 29). Leiden u.a. 2001, S. 251–261.

31 Zák a ucitel ve stredoveku (Schüler und Lehrer im Mittelalter). In: Menerva. Miscellanea ad antiquitatem propagandam spectantia 4 (2001), S. 41–51.

32 Poesia lirica del secolo XII (Carmina Burana). In: Relationes Bvdvicenses. Miscellanea philologiae classicae. Sborník prací vêd o antickém starveku 1 (2001), S. 81–95.

33 Freundschaft und Herrschaft. Zur *amicitia*-Idee im ‚Waltharius', in der ‚Ecbasis captivi' und im ‚Ruodlieb'. In: Boris Körkel/Tino Licht/Jolanta Wiendlocha (Hgg.), Mentis amore ligati. Lateinische Freundschaftsdichtung und Dichterfreundschaft in Mittelalter und Neuzeit. Festgabe Reinhard Düchting. Heidelberg 2001, S. 509–520.

34 Johannes Schlitpacher OSB (1403–1482). In: Lech-Isar-Land.. Hg. vom Heimatverband Lech-Isar-Land e.V. Weilheim i. Obb. 2001, S. 3–21.

35 Latinitas im Denken Enea Silvio Piccolominis. In: Jahrbuch für Internationale Germanistik 31. H. 2 (1999) [2001], S. 45–53.

36 Cristinanismo y ficción poética. In: Antonio Alberte González/Cristóbal Macías Villalobos (Hgg.), Actas del congreso internacional >cristianismo y tradición Latina<. Málaga, 25 a 28 de abril de 2000. Madrid 2001, S. 9–17.

37 Schiffshalter und Barnikelgans. Die Last des antiken Erbes in der mittelalterlichen Naturkundeenzyklopädik. In: Robert Luff/Rudolf Kilian Weigand (Hgg.), Mystik – Überlieferung – Naturkunde. Gegenstände und Methoden mediävistischer Forschungspraxis. Tagung in Eichstätt am 16. und 17. April 1999 (Germanistische Texte und Studien 70). Hildesheim u.a. 2002, S. 109–124.

38 Das Bayern des elften Jahrhunderts im Lichte der Handschriften der Bayerischen Staatsbibliothek München. In: Michael W. Herren/C. J. McDonough/Ross G. Arthur, (Hgg.), Latin Culture in the Eleventh Century. Proceedings of the Third International Conference on Medieval Latin Studies. Bd. 2. Cambridge, September 9–12 1998. Turnhout 2002, S. 503–510.

39 Autorrollen in der lateinischen Literatur des 13. Jahrhunderts. In: Matthias Meyer/Hans-Jochen Schiewer (Hgg.), Literarische Leben. Rollenentwürfe in der Literatur des Hoch- und Spätmittelalters. Fs. Volker Mertens.. Tübingen 2002, S. 813–827.

40 Obraz ucitele/vychovatele v biografii stredoveku (Das Bild des Lehrers/Erziehers in der Biographie des Mittelalters). In: Relationes Budvicenses. Miscellanea philologiae classicae 3 (2002), S. 71–76.

41 Erlaubte Fiktionalität: die Heiligenlegende. In: Fritz Peter Knapp/Manuela Niesner (Hgg.), Historisches und fiktionales Erzählen im Mittelalter (Schriften zur Literaturwissenschaft 19). Berlin u. a. 2002, S. 63–72.

42 Enzyklopädie im Wandel: Thomas von Cantimpré, ‚De natura rerum'. In: Christel Meier (Hg.), Die Enzyklopädie im Mittelalter. Vom Hochmittelalter bis zur frühen Neuzeit, Akten des Kolloquiums des Projekts D im Sonderforschungsbereich 231 (29.11. – 1.12.1996). München 2002, S. 169–180.

43 Die Schattenseiten des Helden – ein Problem mittelalterlicher Hagiographie. In: Dorothea Walz (Hg.), Scripturus vitam. Lateinische Biographie von der Antike bis in die Gegenwart. Festgabe Walter Berschin. Heidelberg 2002, S. 25–34.
44 *Enkyklios paideia* in the Work of Aeneas Silvius Piccolomini. In: Zweder von Martels/Ario Vanderjagt (Hgg.), Pius II, ‚El più expeditivo pontifice'. Selected Studies on Aeneas Silvius Piccolomini (1405–1464) (Brill's Studies in Intellectual History 117). Leiden u.a, 2003, S. 1–12.
45 Aeneas Silvius Piccolomini as a Historiographer: Asia. In: ebda., S. 41–54.
46 Zum Text der ‚Physica' Hildegards von Bingen. In: Mlat. Jb. 38 (2003), S. 345–355.
47 Auf dem Weg zur authentischen Hildegard. Bemerkungen zu den nur in der Florentiner ‚Physica'-Handschrift überlieferten Texten. In: Sudhoffs Archiv 87 (2003), S. 159–172.
48 Deutsch und Latein in der spätmittelalterlichen Naturkunde. In Eckhard Keßler/Heinrich C. Kuhn (Hgg.), Germania latina, Latinitas teutonica. Politik, Wissenschaft, humanistische Kultur vom späten Mittelalter bis in unsere Zeit (Humanistische Bibliothek. Texte und Abhandlungen. Reihe I: Abhandlungen 54). Bd. I. München 2003, S. 411–419.
49 Vorwort. Praefatio. In: Edoardo d'Angelo/Francesco Stella (Hgg.), Poetry of the Early Medieval Europe: Manuscripts, Language and Music of the Rhythmical Latin Texts. III Euroconference for the Digital Edition of the >Corpus of Latin Rhythmical Texts 4th-9th Century<. Firenze 2003, S. XV-XX.
50 Edition von Texten mit hoher Überlieferungsdichte. Thomas' von Cantimpré ‚De naturis rerum (Thomas III)' als Musterfall. In: Christiane Henkes/Walter Hettche u. a. (Hgg.), Schrift – Text – Edition. Fs. Hans Walter (Beihefte zu editio 19). Tübingen 2003, S. 87–96.
51 *Boni auctores.* Formale Qualität als Autoritätskriterium im Frühhumanismus. In: Wulf Oesterreicher/Gerhard Regn/Winfried Schulze (Hgg.), Autorität der Form – Autorisierung – Institutionelle Autorität (Pluralisierung & Autorität 1). Münster 2003, S. 105–116. [zusammen mit Vlakta Čismiíc]
52 Der heilige Martin von Tours. In: Inge Milfull/Michael Neumann (Hgg.), Mythen Europas. Schlüsselfiguren der Imagination. Mittelalter. Regensburg 2004, S. 91–102.
53 Lateinische Verse in Prager Handschriften. In: Hans-Joachim Behr/Igor Lisový/Werner Williams-Krapp (Hgg.), Deutsch-böhmische Literaturbeziehungen. Germano-Bohemica. Fs. Václav Bok. Hamburg 2004, S. 404-415.
54 Lateinisches Schauspiel des Spätmittelalters? In: Hans-Joachim Ziegeler (Hg.), Ritual und Inszenierung. Geistliches und weltliches Drama des Mittelalters und der Frühen Neuzeit. Tübingen 2004, S. 1–8.
55 Der Begriff *auctoritas* bei Coluccio Salutati. In: Aevum 78 (2004), S. 661–672.
56 Der heilige Martin von Tours. In: Relationes Bucvicenses. Miscellanea philologiae classicae 4, H. 6 (2005), S. 19–30 [leicht überarbeitete Fassung von Nr. 52].
57 Enea Silvio Piccolominis 'Historia Austrialis'. In: PBB 127 (2005), S. 240–246.
58 Das ‚Metrum Leonis' des Leo von Vercelli. Anmerkungen zu einer Neuedition. In: Mlat. Jb. 40 (2005), S. 101–108.
59 Ein neues Fragment von Walahfrid Strabos Gedicht ‚De cultura hortorum'. In: Aevum 79 (2005), S. 283–291.
60 Frühe ottonische Bildtitel-Dichtung. Mit einem Anhang zu den Tituli der Reichenauer Wandgemälde. In: Zs. des deutschen Vereins für Kunstwissenschaft 58 (2004) [2006], S. 78–92.

61 ‚Gesta Berengarii‘ und ‚Waltharius‘-Epos. In: Deutsches Archiv 61 (2005), S. 161–164.
62 Marginalglossen zu den ‚Waltharius‘-Fragmenten aus Urbana. In: ZfdA 135 (2006), S. 336–339.
63 Lateinische Literatur im spätmittelalterlichen Regensburg. In: Peter Schmid (Hg.), Regensburg im Spätmittelalter (Forum Mittelalter. Studien 2). Regensburg 2007, S. 137–145.
64 Inscriptiones. In: Theo Kölzer/Franz-Albrecht Bornschlegel/Christian Friedl u.a. (Hgg.), De litteris, manuscriptis, inscriptionibus … Fs. Walter Koch. Wien u. a. 2007, S. 153–168.
65 Der Literat Enea Silvio Piccolomini. In: Franz Fuchs (Hg.), Enea Silvio Piccolomini nördlich der Alpen. Akten des interdisziplinären Symposions vom 18.-19. November 2005 an der LMU München (Pirckheimer-Jb. für Renaissance- und Humanismusforschung 22). Wiesbaden 2007, S. 9–19.
66 Paulus Diaconus und das Heldenlied. In: Gisela Vollmann-Profe/Cora Dietl/Annette Gerok-Reiter u.a. (Hgg.), Impulse und Resonanzen. Tübinger mediävistische Beiträge zum 80. Geburtstag von Walter Haug. Tübingen 2007, S. 45–56.
67 Pier de‘ Crescenzi ossia la corsa a ostacoli del traduttore. In: Aevum 82 (2008), S. 351–355.
68 Varianz und Kontamination. Bemerkungen zur Textgestalt von ‚Thomas III‘. In: Christiane Ackermann/Ulrich Barton (Hgg.), Texte zum Sprechen bringen. Philologie und Interpretation. Fs. Paul Sappler. Tübingen 2009, S. 385–390.
69 *Pulchrum et verum convertuntur*. Zur Wahrheit des Ästhetischen in der Poetik des Mittelalters. In: Thordis Hennings/Manuela Niesner/Christoph Roth u.a. (Hgg.), Mittelalterliche Poetik in Theorie und Praxis. Fs. Fritz Peter Knapp. Berlin u. a. 2009, S. 169–178.
70 Die Arbeitsweise mittellateinischer Fachschriftsteller. Bemerkungen zur Überlieferung des ‚Thomas Cantimpratensis abbreviatus (Thomas II)‘. In: Aevum 84 (2010), S. 465–474.
71 Thomas von Cantimpré und Konrad von Megenberg, In: Edith Feistner (Hg.), Konrad von Megenberg (1309-1374): ein spätmittelalterlicher >Enzyklopädist< im europäischen Kontext. In: Jb. der Oswald von Wolkenstein-Gesellschaft 18 (2010/2011), S. 13-20.
72 Glanz und Elend der Literatur in den Klöstern des Mittelalters. In: Peter Schmid/Rainer Scharf (Hgg.), Gelehrtes Leben im Kloster. Sankt Emmeram als Bildungszentrum im Spätmittelalter. München 2012, S. 93-101.
73 Der ‚Ruodlieb‘-Roman: Ideal und Wirklichkeit. In: Hans Sauer/Gisela Seitschek/Bernhard Teuber (Hgg.), Höhepunkte des mittelalterlichen Erzählens. Heldenlieder, Romane und Novellen in ihrem kulturellen Kontext. Heidelberg 2016, S. 3-18.

4. Beiträge in Fachlexika und Handbüchern

1 Art. ‚Priscillianus‘. In: Pauly-Wissowa, Realencyclopädie der classischen Altertumswissenschaft. Supp.-Bd. XIV. München 1974, Sp. 485–559.
2 Art. ‚Gregor von Tours‘. In: Reallexikon für Antike und Christentum. Bd. XII. Stuttgart 1983, Sp. 895–930.
3 Art. ‚Brautwerberepos, Brautwerbungsmotiv‘. In: Lexikon des Mittelalters. Bd. II. München u. a. 1983, Sp. 594.
4 Art. ‚Lantfrid und Cobbo‘. In: Die deutsche Literatur des Mittelalter. Verfasserlexikon². Bd. V. Berlin u. a. 1985, Sp. 608–611.

5 Art. 'Nigri (Schwarz), Petrus OP'. In: Die deutsche Literatur des Mittelalters. Verfasserlexikon². Bd. VI. Berlin u.a. 1987, Sp. 1006–1013.
6 ‚Ruodlieb'. In: Albrecht Weber (Hg.), Handbuch der Literatur in Bayern. Vom Frühmittelalter bis zur Gegenwart. Geschichte und Interpretationen. Regensburg 1987, S. 59–66.
7 Art. ‚Epos'. In: Wörterbuch des Christentums. Gütersloh u. a. 1988, Sp. 295.
8 Art. ‚Mittelalterliche Literatur'. In: Wörterbuch des Christentums. Gütersloh u. a. 1988, Sp. 820.
9 Art. ‚Sage und Legende'. In: Wörterbuch des Christentums. Gütersloh u. a. 1988, Sp. 1109.
10 Art. ‚Carmina Burana'. In: Literaturlexikon. Bd. II. Gütersloh u. a. 1989, S. 364–368.
11 Art. 'Purchard (Burchard) von Reichenau OSB'. In: Die deutsche Literatur des Mittelalters. Verfasserlexikon². Bd. VII. Berlin u. a. 1989, Sp. 913–916.
12 Art. ‚Notker Balbulus'. In: Literaturlexikon. Bd. VIII. Gütersloh u. a. 1990, S. 456, 465f.
13 Art. ‚Honorius Augustodunensis'. In: Lexikon des Mittelalters. Bd. V. München u. a. 1990, Sp. 122.
14 Art. ‚Ruodlieb'. In: Literaturlexikon. Bd. X. Gütersloh u. a. 1991, S. 76–79.
15 Art. ‚Kommentar'. In: Lexikon des Mittelalters. Bd. V. München u. a. 1991, Sp. 1279f.
16 Art. ‚Michael de Leone'. In: Lexikon des Mittelalters. Bd. VI. München u. a. 1992, Sp. 605.
17 Art. ‚Mittellateinische Literatur'. In: Literaturlexikon. Bd. XIV. Gütersloh u. a. 1993, S. 120–127.
18 Art. 'Abecedar', 'Abgrogans', 'Adam v. St. Victor', 'Alber', 'Ava', 'Balticus, Martinus'. In: Lexikon für Theologie und Kirche³. Bd. I. Freiburg/Br. 1993, Sp. 19, 72f., 140f., 324f., 1305, 1378.
19 Art. 'Walahfrid Strabon'. In: Dictionnaire de spiritualité ascétique et mystique. Bd. XV. Paris 1994, Sp. 1291–99.
20 Art. ‚Carmina Burana'. In: Die Musik in Geschichte und Gegenwart². Sachteil. Bd. II. Kassel u.a. 1995, Sp. 456–459.
21 Art. 'Unibos'. In: Die deutsche Literatur des Mittelalters. Verfasserlexikon². Bd. X. Berlin u. a. 1996, S. 80–85.
22 Art. ‚Hagiographie'. In: Historisches Wörterbuch der Rhetorik. Bd. III. Tübingen 1996, Sp. 1280–86 [zusammen mit Günter Bernt].
23 Art. 'Jacobus a Voragine', 'Johannes Aegidus (Juan Gil) v. Zamora', 'Johannes v. Hoveden'. In: Lexikon für Theologie und Kirche³. Bd. V. Freiburg/Br. 1996, Sp. 733, 877, 916.
24 Art. 'Walahfrid Strabo'. In: Die deutsche Literatur des Mittelalters. Verfasserlexikon. Bd. X. Berlin u. a. 1997, S. 584–603.
25 Art. ‚Brevier'. In: Reallexikon der deutschen Literaturwissenschaft. Bd. I. Berlin u. a. 1997, S. 249–251.
26 Art. ‚Planctus'. In: Die Musik in Geschichte und Gegenwart². Sachteil. Bd. VII. Kassel u.a. 1997, Sp. 1615–19, 1622.
27 Art. ‚Kunstprosa'. In: Historisches Wörterbuch der Rhetorik. Bd. IV. Tübingen 1998, Sp. 1491–97.
28 Art. ‚Meditationes vitae Christi'. In: Lexikon für Theologie und Kirche³, B. VII. Freiburg/Br. 1998, Sp. 53.
29 Art. ‚Prudentius'. In: Lexikon für Theologie und Kirche³. Bd. VIII. Freiburg/Br. 1999, Sp. 682f.

30 ‚Geistliche Literatur in Franken, Bistum Eichstätt. Nürnberg'. In: Walter Brandmüller (Hg.), Handbuch der bayerischen Kirchengeschichte. Bd. I: Mittelalter. St. Ottilien 1999, S. 823–829, 832–835.
31 ‚Von Isidor von Sevilla, >Etymologiae< (636 gest.) zu Albertus Magnus (1193–1280). Die großen mittelalterlichen Enzyklopädien'. In: Medienwissenschaften. 1. Teilband, Nr. 53. Berlin u. a. 1999, S. 625–636.
32 Art. ‚Nigri, Petrus'. In: Neue deutsche Biographie. Bd. XIX. Berlin 1999, S. 254f.
33 Art. ‚Skriptorium'. In: Lexikon für Theologie und Kirche^{3}, Bd. IX. Freiburg/Br. 2000, Sp. 660.
34 Art. ‚Mittellateinische Literatur'. In: Reallexikon der deutschen Literaturwissenschaft, Bd. II. Berlin u. a. 2000, S. 612–616.
35a ‚Geistiges Leben'. § 24. Frühes Mittelalter. (900–1100). § 25. Hohes Mittelalter (1100–1240). In: Andreas Kraus (Hg.), Handbuch der bayerischen Geschichte. Bd. III/2: Geschichte Schwabens bis zum Ausgang des 18. Jahrhunderts. München 2001, S. 215–224.
35b ‚Das geistige Leben vom 13. bis zum Ende des 18. Jahrhunderts'. § 55. Spätmittelalter. In: Andreas Kraus (Hg.), Handbuch der Bayerischen Geschichte. Bd. III/2: Geschichte Schwabens bis zum Ausgang des 18. Jahrhunderts. München 2001, S. 593–605.
36 Art. ‚Isidor von Sevilla'. In: Reallexikon der Germanischen Altertumskunde^{2}. Bd. XV, Berlin u. a. 2000, S. 510f.
37 Art. ‚Pathos'. II. Frühchristliche Zeit und Mittelalter. III. Renaissance, Reformation, Humanismus. In: Historisches Wörterbuch der Rhetorik. Bd. VI. Tübingen 2003, Sp. 701–706.
38 Art. 'Otloh von St. Emmeram'. In: Die deutsche Literatur des Mittelalters. Verfasserlexikon^{2}. Bd. XI. Berlin u. a. 2003, Sp. 1116–1152.
39 Art. ‚Waltharius'. In: Reallexikon f. Germanische Altertumskunde^{2}. Bd. XXXIII. Berlin u. a. 2006, S. 160–164.

5. Rezensionen

1 J. Szövérffy, Die Annalen der lateinischen Hymnendichtung. Bd. I-II. Berlin 1964-65. In: Literaturwiss. Jb. der Görres-Gesellschaft N.F. 7 (1966), S. 303–306.
2 J. W. Smit, Studies on the Language and Style of Columba the Younger (Columbanus). Amsterdam 1971. In: Jb. f. Antike u. Christentum 15 (1972), S. 210–214.
3 P. G. Schmidt, ‚Architrenius'. München 1974. In: GRM N.F. 26. (1976), S. 473–476.
4 D. Kartschoke, Bibeldichtung. München 1975. In: GRM N.F. 28. (1978). S. 477–485 [zusammen mit G. Vollmann-Profe].
5 E. Greifenstein, Der Hiob-Traktat des Marquard von Lindau (Münchener Texte und Untersuchungen 68). Zürich u. a. 1979. In: Zs. f. bayer. Landesgeschichte 43 (1980), S. 720–723.
6 J. Suchomski (Hg.), Lateinische Comediae des 12. Jahrhunderts (Texte zur Forschung 32). Darmstadt 1979. In: PBB 105 (1983), S. 457–462.
7 K. Ruh u.a. (Hgg.), Die deutsche Literatur des Mittelalters. Verfasserlexikon^{2}, Bd. I-II. Berlin/New York 1978–1980. In: GRM N.F. 34 (1984), S. 465–468 [zusammen mit G. Vollmann-Profe].
8 Ch. Götte, Das Menschen- und Herrscherbild des Rex Major im ‚Ruodlieb' (Medium Aevum 34). München 1981. In: Mlat. Jb. 19 (1984), S. 293–295.

9 P. Osterwalder, Das althochdeutsche Galluslied Ratperts und seine lateinischen Übersetzungen durch Ekkehart IV. (Das Althochdeutsche von St. Gallen 6). Berlin u. a. 1982. In: PBB 108 (1986), S. 260–263.
10 R. Schnell, Causa amoris. Liebeskonzeption und Liebesdarstellung in der mittelalterlichen Literatur. Bern u. a. 1985. In: GRM N.F. 37 (1987), S. 335–337.
11 A. Karnein, ‚De Amore' in volkssprachlicher Literatur. Untersuchungen zur Andreas-Capellanus-Rezeption in Mittelalter und Renaissance. Heidelberg 1985 In: GRM N.F. 37 (1987), S. 337–341.
12 D. N. Dumville (Hg.), The 'Historia Brittonum'. 3. The 'Vatican' Recension. Cambridge 1985. – N. Wright (Hg.), The 'Historia Regum Britannie' of Geoffrey of Monmouth. I. A single manuscript edition from Bern, Burgerbibliothek, MS. 568. Cambridge 1985. – J.P. Carley (Hg.), The 'Chronicle of Glastonbury Abbey'. Woodbridge 1985. In: Anglia 106 (1988), S. 212–215.
13 G. de Nie, Views from a many-windowed tower. Studies of imagination in the works of Gregory of Tours. Amsterdam 1987. In: Francia 17/1 (1991), S. 256–258.
14 U. Kindermann, Zwischen Epos und Drama: Ein unbekannter Streit der Töchter Gottes. Erstedition eines lateinischen Gedichts aus dem 13. Jahrhundert. Erlangen 1987. In: Mlat. Jb. 26 (1991/1992), S. 342–343.
15 G. Spreckelmeyer, Mittellateinische Kreuzzugslieder. Texte und Melodien (Göppinger Arbeiten zur Germanistik 216). Göppingen 1987. In: ZfdPh 110 (1991), S. 427–429.
16 R. Schnell, ‚Liber Alexandri Magni'. Die Alexandergeschichte der Handschrift Paris, Bibliothèque Nationale, n.a.l. 310. Untersuchungen und Textausgabe (Münchener Texte und Untersuchungen 96). München/Zürich 1989. In: PBB 114 (1992), S. 339–344.
17 Cl. Medert, Der ‚Alexander' Ulrichs von Etzenbach. Studien zur Erzählstruktur und Gattungsproblematik (Palaestra 287). Göttingen 1989. In: PBB 114 (1992), S. 344–347.
18 N. Wright (Hg.), The 'Historia Regum Britannie' of Geoffrey of Monmouth. II. The First Variant Version: a critical edition. Cambridge 1988. – J. C. Crick, The 'Historia' <…>. III. A summary catalogue of the manuscripts. Cambridge 1989. In: Anglia 110 (1992), S. 186f.
19 H.-U. Schmid, Althochdeutsche und frühmittelhochdeutsche Bearbeitungen lat. Predigten des ‚Bairischen Homiliars'. Teil I-II. Frankfurt/M. u. a. 1986. In: Zs. f. Bayer. Landesgeschichte 56 (1993), S. 547f.
20 E. James, Gregory of Tours, Life of the Fathers. Liverpool 1985. In: Mlat. Jb. 27 (1992 [1993]), S. 292–294.
21 C. W. Grocock, The 'Ruodlieb'. Warminster u. a. 1985. In: Mlat. Jb. 27 (1992), S. 306–308.
22 E. Archibald, 'Apollonius of Tyre'. Cambridge 1991. In: Anglia 112 (1994), S. 523f.
23 R. North/T. Hofstra (Hgg.), Latin Culture and Medieval Germanic Europe. Proceedings of the First >Germania Latina< Conference held at the University of Groningen 26 May 1989 (Germania Latina I = Mediaevalia Groningana 11). Groningen 1992. In: Archiv für das Studium der neueren Sprachen 231 (1994), S. 372f.
24 R. Pawis, Johann Hartliebs ‚Alexander' (Münchener Texte und Untersuchungen 97). München u. a. 1991. In: PBB 117 (1995), S. 173–176.
25 H. Keller u.a. (Hgg.), Schriftlichkeit im Mittelalter (Münstersche Mittelalter-Schriften 65). München 1992. In: Mlat. Jb. 29 (1994 [1995]), S. 121–125.

26 O. Sayce, Plurilingualism in the Carmina Burana (Göppinger Arbeiten zur Germanistik 556). Göppingen 1992. In: Mlat. Jb. 29 (1994 [1995]), S. 158–160.
27 P. G. Walsh, Love Lyrics from the Carmina Burana. Chapel Hill u. a. 1993. In: Mlat. Jb. 30,2 (1995), S. 182f.
28 N. Wright (Hg.), The 'Historia Regum Britannie' of Geoffrey of Monmouth V: Gesta Regum Britannie. Cambridge 1991. – Julia C. Crick, The 'Historia Regum Britannie' of Geoffrey of Monmouth IV: Dissemination and Reception in the later Middle Ages. Cambridge 1991. In: Anglia 113 (1995), S. 116–118.
29 H. Hilg, Die mittelalterlichen Hss. der UB Eichstätt. Bd. I: Aus Cod. st 1- Cod. st 275. (Kataloge d. UB Eichstätt. I, 1). Wiesbaden 1994. In: Historischer Verein Eichstätt. Sammelblatt 88/89 (1995/96). S. 225–227.
30 Anonymus ad Cuimnanum, Expossitio latinitatis. Primi ediderunt Bernhard Bischoff et Bengt Löfstedt. Turnhout 1992. In: Gnomon 68 (1996), S. 508–511.
31 A. Wolf, Heldensage und Epos. Zur Kontrastierung einer mittelalterlichen Gattung im Spannungsfeld von Mündlichkeit und Schriftlichkeit (ScriptOralia 68). Tübingen 1995. In: Mlat. Jb. 32/2 (1997), S. 154–158.
32 E. Rauner/B. Wachinger (Hgg.), ‚Mensa philosophica'. Faksimile und Kommentar (Fortuna vitrea 13). Tübingen 1995. In: PBB 119 (1997), S. 512–514.
33 Hugh Primas and the Archpoet. Translated and ed. by Fleur Adcock. Cambridge 1994. In: Arbitrium 1998, S. 285–288.
34 P. Stotz, Handbuch zur lateinischen Sprache des Mittelalters. Bd. III (Handbuch der Altertumswissenschaft. 2. Abt., 5. Teil). München 1996. In: PBB 120 (1998), S. 315–318.
35 Th. M. S. Lehtonen, Fortuna, Money, and the ‚Carmina Burana' (Bibliotheca Historica 9). Helsinki 1995. In: Mlat. Jb. 33/1 (1998), S. 220f.
36 P. Mehtonen, Old Concepts and New Poetics. ‚Historia', ‚Argumentum', and ‚Fabula' in the Twelfth and Early Thirteenth-Century Latin Poetics of Fiction. Tammisaare u. a. 1996. In: Mlat. Jb. 34 (1999), S. 153–155.
37 B. Bischoff, Katalog der festländischen Hss. des neunten Jahrhunderts (mit Ausnahme der wisigotischen). Teil I: Aachen-Lambach. Wiesbaden 1998. In: ZfdA 129 (2000), S. 339–343.
38 K. H. Keller, Die mittelalterlichen Hss. der UB Eichstätt. 2. Bd. Aus Cod. st 276–Cod st 470. Wiesbaden 1999. In: Kirchliches Buch- und Bibliothekswesen. Jahrbuch 1 (2000), S. 312f.
39 G. Hägele, Lateinische mittelalterliche Hss. in Folio der UB Augsburg. Die Signaturengruppe Cod. I.2.2° und Cod. II.1.2° 1–90. Wiesbaden 1996. In: PBB 122 (2000), S. 508–510.
40 O. Mazal, Byzanz und das Abendland. Ausstellung der Hss.- und Inkunabelsammlung der ÖNB. Handbuch und Katalog. Graz 1981. In: Nostos. Fs. G. J. Bella. Athena 2001, S. 284–288.
41 W. Berschin, Biographie und Epochenstil. I–IV/1. Stuttgart 1986–1999. In: ZfdA 130 (2001), S. 202–206.
42 Die lateinischen mittelalterlichen Hss. der UB München. Die Hss. aus der Quartreihe, beschrieben von M. Reuter unter Mitarbeit von G. Schott mit Vorarbeiten von N. Daniel und P. Zahn (…). Wiesbaden 2000. In: ZfdA 131 (2002), S. 222–224.
43 J. Pfeiffer, *Contemplatio Caeli.* Untersuchungen zum Motiv der Himmelsbetrachtung in lateinischen Texten der Antike und des MAs. Hildesheim 2001. In: Archiv für das Studium der neueren Sprachen 155 (2003), S. 380–382.
44 C. St. Jaeger, Ennobling Love: In Search of a Lost Sensibility. Philadelphia 1999. In: GRM N.F. 53 (2003), S. 256–259.

45 P. Stotz, Handbuch zur lateinischen Sprache des Mittelalters Bd. I, II, IV (Handbuch der Altertumswissenschaft 2. Abt. 5. Teil). München 2002. 2000. 1998. In: PBB 126 (2004), S. 115–119.
46 W. Berschin, Biographie u. Epochenstil im lateinischen Mittelalter Bd. IV/2 Stuttgart 2001. In: ZfdA 133 (2004), S. 253–255.
47 A. Häse, Mittelalterliche Bücherverzeichnisse aus Kloster Lorsch. Wiesbaden 2002. In: ZfdA 133 (2004), S. 383–385.
48 A. Encuentra Ortega, ‚Ruodlieb' y ‚Huida de un cautivo' (Clásicos medievales 25). In: Mlat. Jb. 39 (2004), S. 290f.
49 O. Mazal, Geschichte der Buchkultur. Bd. III,1-2: Frühmittelalter (…). Graz 1999 [2003]. In: ZfdA 134 (2005), S. 363–366.
50 B. Bischoff, Katalog der festländischen Hss. des 9. Jh.s (mit Ausnahme der wisigotischen) Teil II: Laon – Paderborn. Wiesbaden 2004. In: ZfdA 134 (2005), S. 505–507.
51 Th. C. Moser Jr., A Cosmos of Desire. The Medieval Laton Erotic Lyric in English Manuscripts. Ann Arbor 2004. In: Mlat. Jb. 40 (2005), S. 508–513.
52 M. Embach, Die Schriften Hildegards von Bingen. Studien zu ihrer Überlieferung und Rezeption im Mittelalter und in der Frühen Neuzeit (Erudiri sapientia, 4). Berlin 2003. In: ZfdA 135 (2006), S. 108–112.V,1-2. München 2004. In: PBB 128 (2006), S. 323–326.
53 P. Stotz, Handbuch zur lateinischen Sprache des Mittelalters Bd. V (Handbuch der Altertumswissenschaft 2. Abt., 5. Teil) München 2004. In: PBB 128 (2006), S. 323-326.
54 A. Fingernagel (Hg.), Geschichte der Buchkultur, Bd. 4,1-2: Romanik. Graz 2007. In: ZfdA 136 (2007), S. 503–507.
55 B. Jahn/O. Neudeck (Hgg.), Tierepik und Tierallegorese. Studien zur Poetologie und historischen Anthropologie vormoderner Literatur (Mikrokosmos 71). Frankfurt a. M. u. a. 2004. In: Mlat. Jb. 42 (2007), S. 271–274.
56 Martianus Capella. Die Hochzeit der Philologie mit Merkur (‚De nuptiis Philologiae et Mercurii'), übersetzt, mit einer Einleitung, Inhaltsübersicht und Anmerkungen versehen von H. G. Zekl. Würzburg 2005. In: ZfdA 136 (2007), S. 385–387.
57 M. Giovini/C. Mordeglia (Hgg.), ‚Tenuis scientiae guttula'. Fs. Ferruccio Bertini (FuturAntico 3). Genua 2006. In: Mlat. Jb. 43 (2008), S. 111–114.
58 Hermannus Werdinensis *Hortus deliciarum* cura et studio Pauli Gerhardi Schmidt adiuvantibus H. Mundt et M.-L. Weber (CCCM 204). Turnhout 2005. In: Archiv für das Studium der neueren Sprachen 159 (2007), S. 331–335.
59 M. A. Terzoli (Hg.), Enea Silvio Piccolomini. Uomo di lettere e mediatore di culture. Gelehrter und Vermittler der Kulturen. Atti del Convegno Internazionale di Studi. Basel, 21.-23. April 2005. Basel 2006. In: PBB 131 (2009), S. 181–185.
60 Alexander Gottlieb Baumgarten, Ästhetik. Übersetzt, mit einer Einführung, Anmerkungen und Registern hg. v. Dagmar Mirbach. Lateinisch-deutsch. Bd. 1–2 (Philosoph. Bibliothek 572ab). Hamburg 2007. In: Gnomon 81 (2009), S. 180–181.
61 J. Grosfillier, Les séquences d'Adam de Saint-Victor. Étude littéraire (poétique et rhétorique), textes et traductions, commentaires (Bibliotheca Victorian 20). Turnhout 2008. In: Mlat. Jb. 44 (2009), S. 338–341.
62 Dhuoda, Liber manualis. Ein Wegweiser aus karolingischer Zeit für ein christliches Leben. Eingeleitet, aus dem Lateinischen des 9. Jahrhunderts übersetzt und kommentiert von W. Fels (Bibliothek der Mittellateinischen Literatur 5). Stuttgart 2008. In: ZfdA 139 (2010), S. 101–103.

63 F.-R. Hausmann, Das Fach mittellateinische Philologie an deutschen Universitäten von 1930 bis 1950 (Quellen und Untersuchungen zur lateinischen Philologie des Mittelalters 16). Stuttgart. In: ZfdA 140 (2011), S. 95-97.

6. Kurzrezensionen 1974 bis 2010 im Referatenorgan ‚Germanistik'

E. Hellgardt, Zum Problem symbolbestimmter und formalästhetischer Zahlenkomposition in mittelalterlicher Literatur (Münchener Texte und Untersuchungen 45). München 1973. In: Germanistik 15 (1974), Nr. 3527.

G. Marini, Jacob Grimm (Gli storici 1). Napoli 1972. In: Germanistik 15 (1974), Nr. 4294.

H. van Thiel, Mittellateinische Texte. Ein Handschriften-Lesebuch (Studienhefte zur Altertumswissenschaft 14). Göttingen 1972. In: Germanistik 15 (1974), Nr. 5023.

K. Manitius (Hg.), Eupolemius: Das Bibelgedicht (MGH Quellen zur Geistesgeschichte des Mittelalters 9). Weimar 1973. In: Germanistik 16 (1975), Nr. 1004.

C. Fischer/H. Kuhn/G. Bernt, Carmina Burana. Die Gedichte des Codex Buranus. Zürich u. a. 1974. In: Germanistik 16 (1975), Nr. 1027.

J. G. Bregenzer, Lateinische und deutsch-lateinische proverbia aus der St. Galler Handschrift 841. Zürich 1972. In: Germanistik 16 (1975), Nr. 1101.

H. D. Rauh, Das Bild des Antichristen im Mittelalter: Von Tyconius zum deutschen Symbolismus (Beiträge zur Geschichte der Philosophie und Theologie des Mittelalters N.F. 9). Münster 1973. In: Germanistik 16 (1975), Nr. 2738.

R. Leclercq, Reimwörterbuch zu ‚Sankt Brandan' (Amsterdamer Publikationen zur Sprache und Literatur 24). Amsterdam 1976. In: Germanistik 18 (1977), Nr. 2898.

F. P. Knapp (Hg.), Ruodlieb. Mittellateinisch und Deutsch (RUB 9846). Stuttgart 1977. In: Germanistik 18 (1977), Nr. 5059.

Lexikon des Mittelalters. Bd. I, Lfg. 1. München u. a. 1977. In: Germanistik 19 (1978), Nr. 1343.

Lexikon des Mittelalters. Bd. I, München u. a. 1980. In: Germanistik 22 (1981), Nr. 12.

M. Mairold, Die datierten Handschriften der Universitätsbibliothek Graz bis zum Jahre 1600, Teil 1–2 (Katalog der datierten Handschriften in lateinischer Schrift in Österreich 6). Wien 1979. In: Germanistik 22 (1981), Nr. 1877.

H. Houben, St. Blasianer Hss. des 11. und 12. Jahrhunderts (Münchener Beiträge zur Mediävistik und Renaissance-Forschung 30). München 1979. In: Germanistik 23 (1982), Nr. 36.

K. Ostberg, The Old High German *Isidor* in its relationship to the extant manuscripts (eighth to twelfth century) of Isidorus *De fide catholica*. (Göppinger Arbeiten zur Germanistik 203). Göppingen 1979. In: Germanistik 23 (1982), Nr. 622.

H. Ragotzky, Gattungserneuerung und Laienunterweisung in Texten des Strickers (Studien und Texte zur Sozialgeschichte der Literatur 1). Tübingen 1981. In: Germanistik 23 (1982), Nr. 643.

Lexikon des Mittelalters. Bd. II. Bd. III, Lfg. 1–6. München u. a. 1983–85. In: Germanistik 26 (1985), Nr. 3304.

Lexikon des Mittelalters. Bd. III, Lfg. 7–10. München u. a. 1985–86. In: Germanistik 28 (1987), Nr. 6.

Lexikon des Mittelalters. Bd. IV. München/Zürich 1991. In: Germanistik 33 (1992), Nr. 5529.

I. Elter, Introduzione al *Minnesang* di Walther von der Vogelweide. Pesaro 1991. In: Germanistik 33 (1992), Nr. 6045.

J. Szövérffy, Secular Latin lyrics and minor poetic forms of the Middle Ages (Medieval classics: texts and studies 25). Concord, NH, 1992. In: Germanistik 34 (1993), Nr. 3819.

V. Honemann (Hg.), Dietrich Engelhus. Beiträge zu Leben und Werk (Mitteldeutsche Forschungen 104). Köln u.a. 1991. In: Germanistik 34 (1993), Nr. 3982.

Handschriften der Dombibliothek zu Hildesheim. Bd. I (Hs 124a – Hs 698) und Bd. II (Hs. 700–1050; St. God. Nr. 1–51; Ps 1–6; J 23–95). (Mittelalterliche Handschriften in Niedersachsen 8–9). Wiesbaden 1991–93. In: Germanistik 35 (1994), Nr. 2148.

Lexikon des Mittelalters. Bd. VI. München u. a. 1993. In: Germanistik 35 (1994), Nr. 2658.

W. Berschin/A. Häse (Hgg.), Gerhard von Augsburg: Vita Sancti Uodalrici (Editiones Heidelbergenses 24). Heidelberg 1992. In: Germanistik 36 (1995), Nr. 3027.

J. Duft/W. Berschin, Balther von Säckingen. Sigmaringen 1994. In: Germanistik 36 (1995), Nr. 2713.

P. Dronke (Hg.), Nine medieval Latin plays (Cambridge Medieval Classics 1). Cambridge u.a. 1994. In: Germanistik 36 (1995), Nr. 4683.

G. Vogt-Spira (Hg.), Waltharius. Lateinisch-Deutsch (RUB 4174). Stuttgart 1994. In: Germanistik 36 (1995), Nr. 4932.

D. Walz (Hg.), Lateinische Prosa des Mittelalters. Lateinisch-Deutsch. (RUB 9362). Stuttgart 1995. In: Germanistik 37 (1996), Nr. 836.

Lexikon des Mittelalters. Bd. VII. München u. a. 1995. In: Germanistik 37 (1996), Nr. 5499.

A. L. Harting-Corea, Walahfrid Strabo's *Libellus de exordiis et incrementis quarundam in observationibus ecclesiasticis rerum* (Mitteldeutsche Studien und Texte 19). Leiden u.a. 1996. In: Germanistik 37 (1996), Nr. 6042.

B. Mojsich/K. H. Kandler (Hgg.), Dietrich von Freiberg: Abhandlungen über die Akzidentien (Philosophische Bibliothek 472). Hamburg 1994. In: Germanistik 37 (1996), Nr. 6207.

W. Maaz/F. Wagner (Hgg.), Paul von Winterfeld: Von Horaz bis Hrotsvith von Gandersheim. Gesammelte Schriften (Spolia Berolinensia 6). Hildesheim u.a. 1996. In: Germanistik 38 (1997), Nr. 2145.

Lexikon des Mittelalters. Bd. VIII–X. München u. a. 1997–1999. In: Germanistik 41 (2000), Nr. 4685.

A. N. Cizek (Hg.), Konrad von Mure: Novus Grecismus (Münstersche Mittelalter-Schriften 81). In: Germanistik 51 (2010), Nr. 1517.

Der Wandel der Ordnungsmodelle zu ‘Natur’ im Mittelalter

Von Rudolf Kilian Weigand

1) Naturwissen in der Volkssprache zu Ende des 13. Jahrhunderts

Das Wissen über die Natur ist für den mittelalterlichen Menschen in verschiedene Erfahrungs- und Vorstellungsbereiche aufgegliedert. Der Bamberger Schulmeister Hugo von Trimberg legt einige Erfahrungen des Umgangs mit Natur in seinem Lehrgedicht der ›Renner‹ um 1290 zugespitzt dar (V. 9460-70):[1]

Unmêzic regen verderbet die sât,	Übermäßiger Regen verdirbt die Saat, so
Unmêzic slinden ouch ofte hât	hat oft auch unmäßiges Schlingen einen
Verderbet manigen guoten magen,	guten Magen verdorben. Diese Klage
Daz hœrt man manigen siechen klagen.	hört man von vielen Kranken. Kleine
In kleinen hiusern kleiniu fiur	Feuer in kleinen Häusern kann man
Sint gewarsam und gehiur,	bändigen und sie sind beherrschbar, so
Mêzic trinken und kleine spîse	lobe ich den mäßigen Genuss von Trank
In wîser liute magen ich prîse:	und Speise im Magen kluger Leute: Die
Tôren ist aber diu werlt nu vol,	Welt jedoch ist heutzutage voller Toren,
Die slindent vil und sint doch hol.	welche viel verschlingen und doch
	innerlich hohl sind.

Hugo verdeutlicht eine Wechselbeziehung: Wie überbordende Naturgewalten in Form des Regens den wirtschaftenden Menschen beeinträchtigen, so beeinflusst auch sein Verhalten den Naturgenuss, wenn es nicht den Gesetzen des *mêzic* Seins entspricht. Recht ausführlich, aber übersichtlich und doch eigenwillig gegliedert hat Hugo dann seine Vorstellung von der Aufspaltung dieses Naturwissens in einer späteren Passage seines Lehrwerks in der Volkssprache ausformuliert (19243-58):

Eyâ got herre, sölte ich durch varn	Gott, edler Herr, wenn ich mit Deiner
Mit dîner hilfe, waz an den arn	Hilfe das durchgehen sollte, was Deine
Dîn hôchgelobtiu wirdikeit	hoch gelobte Herrlichkeit an Bewun-
Besunder wunder hât geleit,	dernswertem in den Adler gelegt hat,
An lewen, an hirzen, an den helfant,	in den Löwen, den Hirsch, den Elefant,
An vogel, an manic tier unbekant,	in Vögel und viele unbekannte Tiere,
An slangen, an vische und ouch besunder	in Schlangen, Fische, und noch
An würze, an würme und an manic merwunder.	weiter in Gewürze, Würmer,
	und viele Meerwunder, in Blumen,
An bluomen, an boume, an edel gesteine,	Bäume und Edelsteine, in Berge,
An berge, an manige brunnen reine,	viele klare Quellen (Brunnen), so
Daz ich diu möhte mit mînem getihte	dass ich mit meiner Schrift Gelehrte
Pfaffen und leien alsô verrihte	und Laien genau so unterrichte,
Als ez geschriben ist in latîn,	wie es in Latein geschrieben steht,
Daz si dâ bî gedêhten mîn:	und sie deswegen meiner gedächten:
Des wölte ich in ein büechelîn	dann würde ich sehr gern ein Büchlein

[1] Zu den Zitaten vgl. das Literaturverzeichnis S. 32f.

Vil gerne machen, möhte ez gesîn!	schreiben, wenn es denn sein könnte!

Zur Naturbetrachtung, für die er selbst mangels hinreichender Fähigkeiten kein eigenes *büechelîn* zu schreiben gedenkt, gehören nach dieser Zusammenstellung Hugos: Wilde Tiere und Nutztiere, Pflanzen, Kräuter, Edelsteine, aber auch Bergregionen und Quellen. Im weiteren Sinn umfasst dieses Wissen dann auch noch allgemeine Heilkunde, Ackerbau und andere Segmente. Die Strukturierung der Wissensfelder erfolgt dabei über Ordnungssysteme unterschiedlicher Provenienz. Gut tausend Verse nach der Hinführung zu seinem Naturexkurs von 1200 Versen (V. 19161-20346) teilt uns Hugo auch noch die Gewährsleute mit, aus deren Werken er sein Wissen schöpft, in denen *ez geschriben ist in latîn* (V. 19255). Hier die Auflistung von V. 20283-290:

Solînus und Ysidôrus,	Solin und Isidor,
Physiologus und her Plînius,	der Physiologus und Plinius,
Plâtô und meister Adellîn,	Plato und Meister Aldhelm,
Ambrôsius und sant Augustîn,	Ambrosius und der Hl. Augustinus,
Jerônimus und Orîgines,	Hieronymus und Origines,
Jacob und Aristotiles	Jacobus und Aristoteles
Sint von natûre der schrift geziuge	sind in ihren Werken die Bezeuger der
In irm getihte, daz ich niht liuge.	Schrift der Natur, wenn ich nicht lüge.[2]

Vordergründig handelt es sich bei Hugos Aufzählung also um antikes Wissen: Lateinische Sammelschriften in Form von Plinius' des Älteren *Naturalis historia*, der seinerseits schon Aristoteles und Plato heranzieht, der christliche *Physiologus*, Solinus und andere. Trotz der detaillierten Auflistung hat Hugo sie keineswegs alle selbst durchstudiert. Zu seiner Zeit gibt es bereits eine Reihe von mittelalterlichen Zusammenstellungen, die das Naturwissen der Antike in wohlgeordneten Auszügen präsentieren: *Specula* mit je eigenen Gliederungstypen oder *libri*, Bücher bzw. Buchsammlungen zu Welt, Natur und Mensch, sowie die Reihe der *imago mundi*-Vorstellungen; sie sind in Hugos ›Renner‹ als *der werlde bilde* in V. 19781 genannt. Herauszuheben sind hinsichtlich der Vollständigkeit von Naturwissen im 13. Jahrhundert, das in dieser Hinsicht durchaus ein Jahrhundert der Enzyklopädien ist, die „großen Vier" unter den Wissenssammlern: Thomas von Cantimpré, Bartholomäus Anglicus, Vinzenz von Beauvais und Juan Gil de Zamora.[3] Studiert man die Inhalte ihrer Naturdarstellungen, so überrascht uns moderne Betrachter vor allem der beachtliche Umfang von spezifisch mittelalterlichem „geistigen Sinn" in der Naturkunde[4]. Ob und wie er sich mit Erkenntnisgeschichte oder gar Erkenntnisfortschritt paart oder ihn anderweitig befördert, gerät selten ins Blickfeld.

[2] Zu den Namen der hier aufgezählten antiken und mittelalterlichen Autoritäten vgl. die Liste unten S. 332f.

[3] Vollmann, Spätmittelalterliche Naturlehre (2012), S. 155.

[4] Vollmann, Spätmittelalterliche Naturlehre (2012), S. 156.

Doch man muss diese vormodernen Aufbauregeln und Argumentationsweisen genau studieren, wenn man erfahren will, in welchen funktionalen Verflechtungen das Mittelalter seine Vorstellungen von Natur manifestierte.

Welche Form von Naturdarstellung entsteht nun bei der Nutzung des alten, aus der Antike ererbten Materials, wenn es mit mittelalterlichen Verfahrensweisen neu aufbereitet und damit in seinen Darstellungsstrukturen verändert wird?

Der große Sammler des Naturwissens in der Antike war Plinius d.Ä., auch von Hugo wird er zitiert. Fast alle mittelalterlichen Naturschriftsteller stützen sich auf ihn.[5] Plinius hat den Kunstgriff genutzt, die 37 Bücher seiner *Naturalis historia* so zu gestalten, dass jeder *liber* eigenständig für sich nutzbar ist.[6] Was er in seinem Gesamtwerk vorlegt, beschränkt sich nach unseren Klassifikationen keineswegs auf die Darstellung von Natur als solcher.

Plinius' Themenbereiche der Kosmographie (Buch 2) Geographie und Klimakunde (Buch 3–6), des Wissens um den Menschen (Anthropologie in Buch 7), der Tierwelt (Zoologie Buch 8–11), des Pflanzenreichs (Botanik Buch 12–19) sowie des medizinischen Wissens (20-32) und schließlich der Metallkunde mit Mineralogie neben Malerei und Kunstgeschichte (Buch 33–37) führen weit aus der bloßen Naturbetrachtung heraus. Sie umfassen auch die Anwendungsbereiche unterschiedlicher Praxisfelder. Damit nähert sich das präsentierte Gesamtwissen bei Plinius einem Texttyp, der später unter dem Begriff „Enzyklopädie" gefasst wird. Aufgrund der Anlage seiner Abschnitte schuf der antike Sammler dabei die Möglichkeit, die einzelnen Wissensbereiche separat zu nutzen

Enzyklopädische Systeme im Mittelalter, die in der Substanz zumeist auf das bei Plinius vorfindliche Material zurückgreifen, sind aber dann diversen neuen Formen und Typen von Ordnungsmustern verpflichtet.[7] Vorherrschend war darunter sicher die theologische Orientierung nach dem *ordo rerum.*

2) Der schöpfungsgeschichtliche Aufbau von Naturbetrachtung: *ordo rerum*

Der *ordo rerum* betrachtet alle dinglichen Gegebenheiten der Natur als Bauteile der Schöpfung Gottes. Diese traditionell theologisch bestimmte Gliederung nimmt dem zufolge ihre Abstufung nach den Schöpfungsgegenständen des Sechstagewerks anhand der Genesis vor:

1. Tag: Urflut und Licht
2. Tag: Scheidung des Wassers
   in die Bereiche oberhalb und unterhalb des Himmelsgewölbes
3. Tag: Land, Meer und Pflanzen

---

[5] Vgl. Hübner, Der *descensus* als ordnendes Prinzip (2002), S. 27f.

[6] Vgl. Schönberger, *Physiologus*, 2001, S. 15.

[7] Vgl. Ch. Meier, "Enzyklopädischer Ordo und sozialer Gebrauchsraum", 2002, S. 515.

4. Tag: Sonne, Mond und Sterne
5. Tag: Tiere des Wassers und Vögel
6. Tag: Landtiere und der Mensch

Bei einer solchen Abfolge endet bzw. gipfelt die Darstellung dann beim Menschen als Gegenstand des letzten Schöpfungsaktes: Er wird herausgehoben als Krone dieses Schöpfungsvorgangs in seiner Gesamtheit. Bei Plinius war er noch eingebettet zwischen Geographie mit Klimatologie (3-6) und der Tierwelt (Buch 8-11).

Abweichend von der Typologie des Hexaemeron taucht in den mittelalterlichen Enzyklopädien auch eine Abstufung nach der Wertigkeit der Betrachtungsgegenstände auf. Darin wird nicht mehr rein schöpfungschronologisch gegliedert. An Stelle der Sechs-Tages-Folge wählen die Verfasser eine anders geartete hierarchische Gestaltung, die vom Höherwertigen zu den niedriger eingestuften Gegenständen hinabsteigt. Nach dem Mensch an der Spitze folgen Kapitel über Tiermenschen – höhere Tiere – niedere Tiere – höhere Pflanzen – niedere Pflanzen – Steine – Metalle. Freilich sollte nicht übersehen werden, dass diese Form der Ordnung ursprünglich nicht unbedingt biblisch-theologisch motiviert entstand. Vielmehr ist sie im Kern dem oben vorgestellten Muster von Plinius' *Naturalis historia* verpflichtet (nach der Erdbeschreibung: Mensch – Tier – Pflanzen), auch wenn deren Prinzipien nicht in Gänze übernommen werden.

Schon an diesem einfachen Beispiel erkennen wir den eigentümlichen Verlauf der Rezeptionsgeschichte von Naturbeschreibungen. In der Kombination der Gegenstände und Ordnungsmuster schreiben die Verfasser zwar die Inhalte ab. Doch durch die Umstellungen werden nicht nur herkömmliche Betrachtungsweisen übernommen, sondern neue Blickwinkel ermöglicht. Im vorliegenden Fall bei Hugo wird in der inhaltlichen Ausbreitung im Vergleich zu Plinius ein veränderter Ton greifbar: Wir lesen nicht mehr die locker erzählten Naturbeschreibungen der Antike, sie werden vielmehr ergänzt durch längere moralische Ausdeutungen der nur mehr knapp charakterisierten Naturphänomene. Aber auch diese Form hat eine Vorgeschichte, die neben der direkten Plinius-Rezeption verläuft.[8]

3) Der praktische Nutzen: Heilen und helfen aus Kenntnis der Natur

Plinius' oben angesprochene Aufteilung seiner Naturbeschreibung in selbständige Bücher war nämlich auch der Ausgangspunkt eines breit gestreuten Schrifttums der vornehmlich angewandten Naturkunde.[9] Medizinische Traktate unterschiedlichster Form gründen auf Plinius' Heilwissen seiner Bücher 20 bis 32 und werden in der Schule von Salerno aktualisiert und mit neuem Wissen angereichert. Den pharmakologischen Kenntnisstand sammelt der *Macer floridus* (Odo Magdunensis),

[8] Vollmann, Spätmittelalterliche Naturlehre (2012), S. 156.
[9] Vollmann, Spätmittelalterliche Naturlehre (2012), S. 153.

bis die Gesamtdarstellung im 15. Jahrhundert im *Hortus sanitatis* bzw. dem ambitionierten *Gart der Gesundheit* gipfelt (Johann Wonnecke von Kaub im Auftrag von Bernhard von Breitenbach 1485 bei Peter Schöffer in Mainz). Neben den Medizintraktaten und den Kräuterbüchern liefern auch die Bestiarien, die Tierbücher, weitere Teilaspekte des Naturwissens. Doch schon der verbreitetste Texttyp von Bestiarien, der bei Hugo zitierte *Physiologus* ist kein reines Tierbuch. Diese frühchristliche Naturdarstellung enthält in der griechischen Urfassung 48 kurze Kapitel, in denen neben Tieren auch zwei Bäume und sechs (Edel-) Steine beschrieben werden. Umgekehrt enthalten die *Etymologiae* Isidors selbstredend mit dessen *liber* 12 *de animalibus* ihren Abschnitt über die Tiere.

In der eingangs zitierten Anordnung seiner Tieraufzählung wählt Hugo von Trimberg eine eigentümliche Reihung: Löwe, Hirsch und Elefant bilden eine Gruppe, die in dieser Kombination ungewöhnlich sind. Vergleichbare Anordnungen finden wir bereits im *Physiologus*. Die zahlreichen Variationen, Umstellungen und Erweiterungen des Textes lassen auch nach vielen Rezeptionsstufen immer noch seine ursprüngliche Grundstruktur durchscheinen: Ausgehend von einem Bibelzitat, in dem das Tier erwähnt wird, folgt eine knappe Sachdarstellung, die schließlich in moralische Anweisungen bis hin zu allegorischen Deutungen reicht. Damit wird die ursprüngliche Funktion deutlich: Die in der Bibel aufzuspürenden Naturphänomene sollen in einen umfassenderen Wissenskontext eingebettet werden. Vor diesem Hintergrund einer als frömmlerisch verstandenen Grundhaltung rechnete die Mittelalterforschung den *Physiologus* lange unter die „Volksbücher". Eine solche Zuordnung verkennt jedoch den wissenschaftsgeschichtlichen Standort dieser Literatur aufgrund kurzsichtiger Parallelen: Zur Zeit der Frühdrucke bildeten die Texte durchaus aktuelle (natur-) wissenschaftliche Ordnungssysteme ab.[10]

Weil wir die Verbindung von Bibelstellen und Naturaussagen auch noch im ›Renner‹ finden, erwog KARL LANGOSCH (1942) den *Physiologus* als einzige wesentliche Quelle für Hugos Naturexkurs. Doch er hat übersehen, dass Hugo eine ganze Reihe von Naturphänomenen betrachtet, die sich im *Physiologus* nicht nachweisen lassen. Für seinen ›Renner‹ muss er weitere Texte ausgeschrieben haben. Tatsächlich benutzt Hugo ein Werk, das in seiner Ordnung einem anderen Muster folgt, das in philosophischen Darstellungen im Mittelalter weite Verbreitung gefunden hat: dem *ordo artium*.

4) *ordo artium*: Naturwissen in der Gliederung der Wissenschaften

Die Ordnung des Wissens im mittelalterlichen Bildungsbetrieb präsentieren die in erster Linie im 13. Jahrhundert geschaffenen Enzyklopädien der ‚Großen Vier':

---

10 Vgl. Friedrich, Naturgeschichte (1995), S. 16f.

Thomas, Bartholomäus, Vinzenz, Juan Gil de Zamora. In der ausgefeiltesten Weise beobachten wir unter ihnen Wissensgliederung bei Vinzenz von Beauvais im '*Speculum doctrinale*'.[11]

Zunächst behandelt er dort die logischen Grunddisziplinen (Grammatik: *lib.* 2; Logik, Rhetorik, Poetik: *lib.* 3),

darauf folgt die Praxis/Praktik (*lib.* 4-10 mit unterschiedlichen Aufgliederungen: Monastik *lib.* 5, Ökonomik *lib.* 6, *politica lib.* 7, das Recht/*ius* im Zusammenhang mit *actiones* in *lib.* 8 und mit *crimines* in *lib.* 9 und 10);

es schließt sich an die Mechanik (*artes mechanicae lib.* 11 und die *practica medicinae lib.* 12), ehe die höchste Ebene der Reflexion mit der

Theorik erklommen wird (Medizin: *lib.* 13 und 14, Physik: *lib.* 15, Mathematik: *lib.* 16, Theologie: *lib.* 17).

Bei dieser Anordnung überrascht, dass im mittelalterlichen Wissenschaftssystem Naturbetrachtung als eigenständiger Forschungstyp nicht vor kommt. Die Natur hat keinen festen Ort in dieser methodisch gegliederten Betrachtungsweise, sondern sie wird je nach Interessensgegenstand (Beschreibung und Erklärung der Welt, Hilfe in der Daseinsbewältigung, Hilfe im Krankheitsfall, Deutung der Zusammenhänge) den unterschiedlichen Vorgehensweisen der Wissenschaftler unter- und zugeordnet.

Auch Vinzenz von Beauvais hat sein umfassendes *Speculum* ja weiter gefasst, neben und vor den *doctrinae*, die erst als dritter Teil des umfänglichen *Speculum majus* zur Ausführung kamen, beinhaltet sein *Großer Weltspiegel* nämlich einen *Speculum historiale* und den *Speculum naturale*.[12] Der Naturteil folgt in der Darstellung seiner Inhalte dem oben präsentierten Muster des Sechstagewerkes. Ein kurzer Abriss dieser 32 Bücher umfassenden Ausarbeitung ist allerdings auch im *Speculum historiale* enthalten (lib. 1, c. 1-41 von 131 cap., die von der Schöpfung bis zur Geburt Mose reichen),[13] jenem Teil, der chronologisch die Vorgänge innerhalb des Schöpfungswerks darstellt – und damit natürlich auf dessen Zweck und Ende hinzielt.

Naturwissen um die Schöpfung wird somit als notwendige Basisinformation für das Verständnis der Heilsgeschichte herangezogen. In einem derart fokussierten Konzept muss man die schon in der Patristik so verachtete *curiositas*, die bloß registrierende Neugier auf Naturgegenstände und deren Eigentümlichkeiten, von vorneherein ausschließen. Ersetzt wird sie durch das Streben nach Detailwissen, welches die Basis für eine typologisch-historische Deutung bildet.[14] Auch wenn der dafür gebotene Wissensauszug verhältnismäßig schmal bleibt, dokumentiert diese

[11] Vgl. Weigand, Vinzenz von Beauvais (1991), S. 35-38.

[12] Ebda, S. 28-31.

[13] Vgl. ebda, S. 47 und S. 362.

[14] Vgl. Vollmann, Spätmittelalterliche Naturlehre (2012), S. 154.

Kombination klar ersichtlich die mittelalterliche Vorstellung von der Verteilung und der Hierarchie der Wissenssphären. Im Zeitalter der Sammlung allen verfügbaren Wissens rechtfertigt eine solche Sichtweise dann freilich in gleicher Weise, das gesamte Wissen um natürliche Erscheinungen zu sammeln und in seiner Fülle mitzuteilen, ohne hierbei eine hierarchische Gewichtung vorzunehmen. In der praktischen Ausführung wird dann jedoch das Faktenwissen um die Natur am Beginn stehen, denn die Auslegungen können nur daran anknüpfen, wenn die Gegebenheiten vorher geliefert wurden. Gerade diese zwingende Abfolge wiederum erlaubt es, später den „geistigen Sinn" der Natur auch wegzulassen – und damit eine eigenständige Sammlung des Wissens um die Natur zu präsentieren.[15] Dieser Schritt ist bei Thomas von Cantimpré mit der Umarbeitungssstufe Thomas III vollzogen, eben jener Rezeptionsstufe seiner Naturenzyklopädie, die auch der Anordnung des Naturwissens bei Hugo von Trimberg zugrunde liegt.[16]

5) Neue Wege: Ordnung des Wissens und Sammlung der Erfahrungen

Alle Enzyklopädien der vorgestellten Typologie präsentieren sich bei näherem Zusehen als Sammlungen des Buchwissens ohne Bezug zur realen Natur. Die realitätsbezogene Variante des Blicks auf die Natur finden wir im Mittelalter in den anwendungsorientierten Naturlehren, welche die Handbücher der Human- und Veterinärmedizin in ihren praktischen Teilen enthalten. Auch Übersichten zur Agrikultur gehören zu diesem Genre. Spannende Unternehmungen entstehen, wenn Enzyklopädien aus der Gruppe der „großen Vier" mit solchen praktischen Handbüchern kombiniert werden, aber eben nicht nur durch Aneinanderhängen im Kodex, sondern durch Neuorganisation und zusätzlich durch Zusammenfügen des Materials. Auch wenn sich dabei hin und wieder die paradoxe Situation ergibt, dass aus Erfahrung gewonnene und bewährte praktische Verfahrensweisen der Naturnutzung plötzlich in Kombination mit allegorischen Auslegungen der Naturphänomene gebracht werden, verschiebt sich doch zusehends und überprüfbar der Blick auf die Naturphänomene. In dieser Form stand dem Mittelalter Naturwissen in lateinischen Texten zur Verfügung. Die Edition des Thomas-III-Textes in Band 54/1 dokumentiert ein solche Form. Für ein nicht oder nicht hinreichend lateinkundiges Publikum wird der Text hier in Band 54/2 in deutscher Übersetzung präsentiert.

Eine Parallelisierung der Ausgangsstufe Thomas von Cantimpré (ed. Boese) in der Mitte und zwei der Rezeptionsstufen daneben mag die Vorgehensweise bei der Umgestaltung im späten Mittelalter verdeutlichen:

---

[15] Vgl. Vollmann, Enzyklopädie im Wandel (2002), S. 174.
[16] Vgl. Rosenplenter (1982), S. 477-506.

Edition Thomas III	ThomasI/II bzw. Boese (oder Quelle)	Hugo v. Trimberg
	(Buch 1 *corpus humanum* s.u.	
	Buch 2	
	Buch 3 *homines monstruosi* s.u.)	
Buch 1 *quadrupedes*	Buch 4 *quadrupedes*	*lewe, hirz* etc.
Buch 2 *aves*	Buch 5 *aves*	*vogel*
Buch 3 *monstra marina*	Buch 6 *monstra marina*	*merwunder*
Buch 4 *pisces*	Buch 7 *pisces*	*vische*
Buch 5 *serpentes*	Buch 8 *serpentes*	*slange*
Buch 6 *vermes*	Buch 9 *vermes*	*würme* (auch: Insekten!)
Buch 7 *arbores*	Buch 10 *arbores*	*boume*
Buch 8 *arbores aromatice*	Buch 11 *arbores aromatice*	*balsam*
Buch 9 *herbe*	Buch 12 *herbe*	*würze*
Buch 10 *lapides*	Buch 14 *lapides*	*edel gesteine*
Buch 11 *metalla*	Buch 15 *metalla*	
Buch 12 *VII regiones aeris*	Buch 16 *VII regiones aeris*	
Buch 13 *spera*	Buch 17 *planete*	
Buch 14 *passiones aeris*	Buch 18 *meteora*	
Buch 15 *quattuor elementa*	Buch 19 *elementa*	
Buch 16 *quedam notabilia*	vorwiegend Th-I/II u. Aristoteles	
Buch 17 *corpus humanum*	Buch 1 *corpus humanum*	*mensche*
Buch 18 *homines monstruosi*	Buch 3 *homines monstruosi*	
Buch 19 *diverse minerie*	Ps.-John Folsham u. Th-I/II (13)	*brunnen*
Buch 20 *diverse cure*	unbekannte Quelle (Rezepte)	

6) Fazit : Die dreifache Herausforderung an mittelalterliche Naturkundler und das moderne Wissenschaftssystem

Wenn wir die Entwicklung bis zu diesem Zeitpunkt überschauen, kann man folgendes festhalten: Der mittelalterliche Naturforscher muss sich einer dreifachen Herausforderung stellen:

1) Als Kenner der Welt ist es seine Aufgabe, sich mittels der verfügbaren schriftlichen Quellen die Beschreibung der Phänomene zu erarbeiten. Die Informationen dazu sind aus verschiedenen Informationssystemen zusammenzusuchen.
2) Als Nutzer des Weltwissens muss er diese Informationen möglichst auch einer praktischen Umsetzung zuführen, welche hilft, das Dasein effektiver und fruchtbarer zu bewältigen.
3) Als Deuter der Welt ist es seine Aufgabe, dem „Buch der Bücher" in Form der Bibel das „Buch der Natur" ergänzend an die Seite zu stellen.

In der konkreten Schriftlichkeit werden die drei Bereiche im Laufe des historischen Prozesses aber auch immer wieder auseinander differenziert, es entstehen eigenständige funktionale Aufteilungen. Vor allem für die Theologie war mit dieser Entwicklung eine große Herausforderung verbunden. Wollte sie ihren

Anspruch als führende Wissenschaft aufrecht erhalten, musste sie auch neu gefundene Beobachtungen akzeptieren und mit ihren Deutungen harmonisieren. Ein Ausfluss dieser Bestrebungen ist sicher der Nachdruck von Vinzenz *Speculum majus* in der Monumentalausgabe der Benediktiner von St. Vedastus noch 1624. Freilich wurden solche Unternehmungen von der fortschreitenden experimentellen Erfahrungswissenschaft rasch wieder überholt.

Dennoch ist der Prozess der Ausdifferenzierung und Wiederannäherung zwischen den Disziplinen in den Bereichen bis heute nicht abgeschlossen: Das zeigen uns Strömungen wie die Nutzung von Verfahren eines „ganzheitlichen Ansatzes" von „practical wisdom", das aus mittelalterlicher Spiritualität und Medizin Rezepte für die moderne Lebensgestaltung destillieren will (Klostermedizin, Achtsamkeit, Führungslehren). Wieder, wie im Sechstagewerk, rückt der Mensch, obwohl am Ende der Betrachtungen stehend, an die Spitze der Wertung.

Dass schon das 13. Jahrhundert an den Naturforscher Forderungen stellt, die über bloßes Wissen um die Phänomene hinausgehen, formuliert auch Hugo in seinem ›Renner‹. Bezeichnender Weise geschieht dies nicht im Zusammenhang seiner Erörterungen zum Buch der Natur. Vielmehr äußert er sich dazu bei der Behandlung der Sünde des *frâz*, dem unmäßigen Umgang mit den Geschenken der Natur. Diesem Laster widmet Hugo die *dritte distinctio* seiner Sündenlehre in V. 9432-11726. Es gehört zu den Fehlern maßloser Genießer, dass sie mit ihrer *bœzen gewonheit* die *wâriu lêre*, die sich in der Ordnung der Natur manifestiert, nicht registrieren können. Dies ist einzig möglich mit Hilfe der *sapientia*, der Weisheit (V. 11097-11115):

Swer weste waz rehtiu wîsheit wêre,	Wer wüsste, was wirkliche Weisheit ist,
Alle irdische wisheit er verbêre,	würde auf irdisches Wissen verzichten, denn
Wenne manic man vil buoche kann	viele Menschen kennen viele Bücher, und
Und ist doch niht ein wîser man.	sind denoch nicht weise. Wie die Wolken
Wie wolken swimmen, wie wazzer diezen,	ziehen und Wasser fließt, wie Tiere
Wie tier sich grimmen, wie vische fliezen,	wüten, Fische schwimmen, Kriechtiere
Wie würme kriechen, wie vogel fliegen,	sich bewegen, Vögel fliegen, wie der
Wie sunnen und mânen schîn uns triegen,	Schein von Sonne und Mond uns trügt,
Wie brunnen klingen, wie vogel singen,	wie Quellen rauschen und Vögel singen,
Wie bluomen in maniger varwe ûf dringen,	wie Blumen in vielen Farben blühen,
Wie wazzer und erde sich nider senken,	wie Wasser und Erde absinken,
Wie fiur und luft ze berge ûf swenken,	wie Feuer und Luft zum Berg aufsteigen,
Wie kindes lîp in muoter lîbe	wie der kindliche Körper im Mutterleib
Sich samen und füege, wie ez beklîbe,	sich entwickelt, einpasst und verbleibt,
Mit welhem jâmer ez werde geborn,	unter welchen Schmerzen er geboren wird,
Wie loup und gras, obez, wîn und korn	wie Blätter, Gras, Obst, Weinrebe und Korn
Ûf erden wahse, wie grôz wunder	auf Erden wachsen, welche großen Wunder
Daz mer in im ouch habe besunder:	auch das Meer in sich trägt: Wüsste ich das
Weste ich daz allez, sô diuhte ich wîse!	Alles, dann erschiene ich weise!

Wahre Weisheit ist eben nicht funktionsloses Buchwissen, sondern umfassende Kenntnis der natürlichen Vorgänge und Zusammenhänge. So formuliert es der Bamberger Schulmeister des späten 13. Jahrhunderts in der Nachfolge seiner über fünfzig Jahre älteren Quelle. Seine Stellungnahme macht uns unmissverständlich deutlich, dass die Kenntnisse der Natur auch zu jener Zeit in erster Linie dazu dienen, den Menschen die Schönheit der göttlichen Ordnung vor Augen zu führen. Einer solchen Bewertung enthielt sich der Kompilator des lateinischen Textes von Thomas III. Allein diese wegweisende Haltung ist Rechtfertigung genug, seinen Text einem Publikum des 21. Jahrhunderts für einen Vergleich anzubieten.

Literatur (verwendete und weiterführende Titel)

Quellen und Wörterbücher:

– Hugo von Trimberg, *Der ›Renner‹,* hg. von Gustav Ehrismann. Mit einem Nachwort und Ergänzungen von Günther Schweikle. 4 Bde. Berlin 1970.

– Konrad von Megenberg, *‚Das ‚Buch der Natur'*, Bd. 2. *Kritischer Text nach den Handschriften*, hg. von Robert Luff und Georg Steer, (= TTG 54), Tübingen 2003.

– Mittelhochdeutsches Handwörterbuch von Matthias Lexer, digitalisierte Fassung im Wörterbuchnetz des Trier Center for Digital Humanities, Version 01/21, https://www.woerterbuchnetz.de/Lexer?

– *Der altdeutsche Physiologus*, hg. v. Friedrich Maurer (= ATB 67), Tübingen 1967.

– *Physiologus Griechisch/Deutsch,* übersetzt und herausgegeben von Otto Schönberger, Stuttgart 2001.

– Thomas von Cantimpré, *Liber de natura rerum*. Editio princeps secundum codices manuscriptos ab H. Boese. Berlin, New York 1973.

– Thomas Cantimpratensis, *Liber de natura rerum* (Autorfassungen I-II) , hg. von Mattia Cipriani [Arbeitsedition, basierend auf vier Handschriften, mit Quellenidentifikationen Stand 31/10/2017], online-Version unter < URL: http:// sourcencyme.irht.cnrs.fr/encyclopedie/liste >

– Thomas von Cantimpré, *›Liber de naturis rerum‹*. Band 1: *Kritische Ausgabe der Redaktion III (Thomas III) eines Anonymus*, hg. von Benedikt Konrad Vollmann †, ergänzt und für den Druck eingerichtet von Janine Déus und Rudolf Kilian Weigand, mit einem Beitrag zur Überlieferung von Helgard Ulmschneider (= WILMA 54.1), Wiesbaden 2017.

Untersuchungen:

– Walter Buckl, *Megenberg aus zweiter Hand. Studien zur Redaktion B des „Puochs von den natuerleichen Dingen"* (= Germanistische Texte und Studien. 42), Hildesheim, Zürich, New York 1993.

– Julia Burkhardt, *Von Bienen lernen. Das Bonum universale de apibus des Thomas von Cantimpré als Gemeinschaftsentwurf. Analyse, Edition, Übersetzung, Kommentar.* 2 Bde. (= Klöster als Innovationslabore. 7), Regensburg 2020.

– Albrecht Classen, *The German Volksbuch. A critical history of a late-medieval genre*. Lewiston 1995.

– Udo Friedrich, *Naturgeschichte zwischen artes liberales und frühneuzeitlicher Wissenschaft. Conrad Gessners »Historia animalium« und ihre volkssprachliche Rezeption* (= Frühe Neuzeit. Bd. 21), Tübingen 1995.
– Walter Goetz, Die Enzyklopädien des 13. Jahrhunderts. In: Ders., *Italien im Mittelalter*, Leipzig 1942, S. 62-107.
– Dagmar Gottschall, *Konrad von Megenbergs ›Buch von den natürlichen Dingen‹. Ein Dokument deutschsprachiger Albertus Magnus-Rezeption im 14. Jahrhundert* (Studien und Texte zur Geistesgeschichte des Mittelalters 83), Leiden/Boston 2004.
– Gerold Hayer, *Konrad von Megenberg: Das Buch der Natur. Untersuchungen zu seiner Text- und Überlieferungsgeschichte* (= MTU 110), Tübingen 1998.
– Sandra Hofert, *Didaxe und Natur. Darstellung und Funktionalisierung der Natur in Thomasins von Zerklare WELSCHEM GAST, in Freidanks BESCHEIDENHEIT und in Hugos von Trimberg RENNER* (= WILMA 56), Wiesbaden 2021.
– Wolfgang Hübner, „Der *descensus* als ordnendes Prinzip in der 'Naturalis historia' des Plinius." In: Ch. Meier (Hg.): *Die Enzyklopädie im Wandel vom Hochmittelalter bis zur frühen Neuzeit*. München 2002, S. 25-41.
– Christel Meier (Hg.), *Die Enzyklopädie im Wandel vom Hochmittelalter bis zur frühen Neuzeit* (= Münstersche Mittelalterschriften. 78). München 2002.
– Christel Meier, Enzyklopädischer Ordo und sozialer Gebrauchsraum. Modelle der Funktionalität einer universalen Literaturform. In: Dies. (Hg.), *Die Enzyklopädie im Mittelalter vom Hochmittelalter bis zur Frühen Neuzeit*. München 2002, S. 511-532.
– Lutz Rosenplenter, *Zitat und Autoritätenberufung im Renner Hugos von Trimberg. Ein Beitrag zur Bildung der Laien im Spätmittelalter*. Frankfurt/Main, Bern 1982.
– Benedikt Konrad Vollmann, Enzyklopädie im Wandel: Thomas von Cantimpré, ‚De natura rerum'. In: Christel Meier (Hg.), *Die Enzyklopädie im Wandel vom Hochmittelalter bis zur frühen Neuzeit*. München 2002, S. 169–180.
– Benedikt Konrad Vollmann, Die Arbeitsweise mittellateinischer Fachschriftsteller. Bemerkungen zur Überlieferung des Thomas Cantimpratensis Abbreviatus (Thomas III), in: *Aevum* 84 (2010), S. 465-474.
– Benedikt Konrad Vollmann, Spätmittelalterliche Naturlehre – weltlich und geistlich. In: *Neuere Aspekte germanistischer Spätmittelalterforschung*. Hg. von Freimut Löser u.a., Wiesbaden 2012 (= Imagines Medii Aevi 29), S. 153-159.
– Rudolf (Kilian) Weigand, *Vinzenz von Beauvais. Scholastische Universalchronistik als Quelle volkssprachiger Geschichtsschreibung* (= Germanistische Texte und Studien. 36), Hildesheim, Zürich, New York 1991.
– Rudolf Kilian Weigand und Robert Luff (Hg.), *"Mystik – Überlieferung – Naturkunde"* (= Germanistische Texte und Studien 70), Hildesheim, Zürich, New York 2002.
– Rudolf Kilian Weigand, Die Mongolen in Nürnberg. Zu Expansion des Kanonwissens über den Osten in Enzyklopädien für die Predigt. In: Giancarlo Andenna (a cura di), *Religiosità e civiltà. Conoscenze, confronti, influssi reciproci tra le religioni* (secoli X-XIV), Mailand 2013, S. 133-149.

Vorbemerkungen zur Übersetzung

Der Text wurde für ein Publikum übersetzt, das im Normalfall ausschließlich die neuhochdeutsche Übersetzung liest und nur sporadisch den lateinischen Text konsultiert. Deshalb zielt die Übertragung in erster Linie auf einen gut lesbaren, flüssigen Text, der dem modernen Stilempfinden entgegenkommt. Sie ist nicht als Übersetzungshilfe für den lateinischen Ausgangstext zu verstehen. Da davon ausgegangen wird, dass die Leser wenig oder gar kein Latein kennen, werden bei der Übersetzung von Etymologien nach Isidor – Wortspiele, die sich im Deutschen kaum beibehalten lassen – die lateinischen Lexeme in Klammern mitgegeben, z. B. I.55: Isidor: Das Lamm (lat. *Agnus*) hat seinen Namen vom Erkennen (lat. *agnoscere*).

Die Identifizierung der z. T. fantastischen lateinischen Tiernamen erfolgt sehr vorsichtig und orientiert sich prinzipiell am „Buch der Natur" des Konrad von Megenberg. Wo er kein heimisches Tier identifizieren kann oder zu historisch nicht beständigen Kunstnamen als Eigenschöpfung greift, bleibt daher der lateinische oder griechische Name stehen. Ein offenes Problem ist das grammatische Geschlecht der fantastischen Tiere, da oft nicht klar ist, ob der Name auf Latein oder Griechisch basiert. Auch hier dient Konrad von Megenberg als Leitfaden.

Die Namen der zitierten Autoritäten wurden in ihrer ursprünglichen Form belassen, also nicht mehr oder weniger eingedeutscht. Zu ihrem besseren Verständnis findet man aber in Ergänzung zum Abkürzungsverzeichnis in Buch 19, cap. 23 eine Auflistung der Namen mit knappen Angaben (S. 331f.).

Bibelzitate sind nach der Vulgata auf lateinisch in Klammern mitgegeben, die Übersetzung orientiert sich, soweit möglich, an Luther oder der Jerusalemer Einheitsübersetzung (zu bemerken ist dabei, dass erstaunlicherweise weder Luther noch die Jerusalemer die Vulgata übersetzen), insbesondere, um den Sprachduktus an diesen Stellen vom Rest des Textes abzuheben.

Nicht ganz einfach ist es, formelhafte Wendungen wie *nota*, *adapta* oder wiederholtes *idem*, wenn eine Autorität mehrmals in Folge zitiert wird, durch differenzierte deutsche Ausdrücke angemessen zu ersetzen. Wiederholungen sind dabei unvermeidlich, zugleich aber deutlicher Hinweis auf den mittelalterlichen Schreibgebrauch.

Ein besonderes Problem stellt bisweilen der lateinische Text selbst dar, und zwar immer dann, wenn in der Edition eine Passage steht, die schon in ihrer mittelalterlichen Formulierung missverständlich ist. In nahezu sämtlichen Fällen ist dabei freilich eine korrekte Lesart in den Varianten zu finden. In diesen Fällen wurde prinzipiell ein schlüssiger und sinnvoller Text übersetzt, die Stelle zudem stets mit * gekennzeichnet. Das bedeutet, dass man bei * nicht direkt mit dem edierten Text vergleichen darf, sondern in den Apparat schauen sollte. Steht der Stern vor einem *Wort, bezieht sich der Hinweis nur auf dieses. Das nachgestellte Zeichen* weist darauf hin, dass eine längere Passage betroffen ist.

Trotz aller Mühen bleiben bei einer Übersetzung oft Unschärfen in der Zielsprache. Wenn uns hier Erklärungsbedarf unabdingbar erschien, haben wir bisweilen Anmerkungen in Fußnoten beigegeben. Auch im Text finden sich öfters Ergänzungen in Klammern. Es wurde versucht, diese folgendermaßen zu systematisieren:

< >: Kennzeichnen grammatikalisch notwendige Herausgeber-Eingriffe oder Ergänzungen.

[ ]: Kennzeichnen Herausgeberzusätze aus Verständnisgründen aufgrund nicht eindeutiger Beziehungen.

( ): Kennzeichnen Herausgeberhinweise kommentierender Art.

Grenzfälle in der Zuweisung zu diesen Kategorien sind gleichwohl unvermeidbar.

Namentliche Autorennennungen sind durch Sperrung markiert. Anonyme Werktitel hingegen sind gekennzeichnet wie auch die Werktitel von bekannten Autoren, mit „[Titel]“.

Dagmar Gottschall
Janine Déus

Thomas-III-Übersetzung

Dies ist der Prolog zum nachfolgenden Werk

§1 An diesem Werk arbeitete ein Bruder des Dominikanerordens 15 Jahre, wobei er das Nachfolgende über die Natur der Lebewesen aus [Werken] berühmter Autoren entnahm,[17] wie Aristoteles, Plinius, Solinus, Ambrosius, Basilius des Großen, Isidor, Augustinus und Meister Jacobus de Vitriaco, welch letzterer ein Buch über die „mirabilia ultramarinis" zusammenstellte, das man [als] „Historia orientalis" bezeichnet. **§2** Benutzt wurde auch der „Liber rerum", Galienus, Physiologus, Adelinus phylosophus und ein Buch, das „Narratio ueterum" genannt wird. Ebenfalls herangezogen ist das Buch eines gewissen jüdischen Philosophen mit Namen „Techel" mit einer Beschreibung der Steine, wobei alles für die Erbauung der Gläubigen angepasst wurde.

---

[17] Zu den im Prolog genannten Namen vgl. das Verzeichnis der Abkürzungen der Autoritätennamen und die weiteren Angaben zu ihnen S. 331f.

1 ALLGEMEINE ABHANDLUNG VON DEN VIERFÜSSERN

1.0

§1 Generell muss man zuerst die Natur der Vierfüßer betrachten. Aristoteles [sagt]: Tiere, die zwei oder vier oder gar keine Füße haben, haben Blut; die aber mehr als vier Füße haben, haben kein Blut, wobei man unter Blut eine Flüssigkeit versteht, die nach einem geordneten System durch Adern fließt. Würmer aber wie Läuse und Flöhe haben kein Blut in Adern; sie besitzen nämlich keine Adern. **§2** Plinius [sagt]: Die allgemeine Regel ist, dass alle Meerestiere knöcherne Augen haben und eine harte Haut (darüber), weil salziges Wasser in feine und zarte Augen eindringen würde, und sie dem nicht standhalten könnten, hätte die Natur sie nicht robuster geschaffen als andere. Darin wird deutlich, dass Weltleute einen (zu) harten Verstand haben für geistliche Feinheiten, da das Salz der Weisheit nicht in sie eindringen kann. **§3** Aristoteles [sagt]: Jedes Tier, das Ohren hat, kann sie bewegen, nur nicht der Mensch, und das mit Recht, da er die Gebote Gottes fest im Herzen verankert haben muss. Daher sagt man zu ihm: „Und diese <Worte> in deinem Herzen" usw. (Tob 4,2: *Audi fili mi verba oris mei, et ea in corde tuo, quasi fundamentum construe*). Alle Tiere bewegen den Unterkiefer, nur nicht das Krokodil und die *Centelien*, die den Oberkiefer bewegen. **§4** Die Zunge mag breit oder kurz sein, doch die mittelgroße ist lobenswerter, denn sie ist für gute Beweglichkeit geeigneter. Sei also nicht verschwenderisch mit Worten, da im Geschwätz die Sünde nicht fehlt. Aber sei auch nicht stumm, wie ein stummer Hund, der nicht bellen kann. **§5** Die Augen des Menschen stehen, seiner Größe entsprechend, näher zusammen als bei anderen Tieren. Mögen also in uns Verstand und Leidenschaft oder Erkenntnis Gottes und unserer selbst miteinander verbunden sein. Aristoteles [sagt]: Jedes Tier, das einen buschigen Schwanz hat, hat einen kleinen Kopf und große Kiefer. Passe das auf die Herrscher an, deren Schwänze, d.h. ihre Hausgenossenschaften, üppig sind wie buschige Schwänze, deren Kopf, d.h. ihr Verstand, klein ist, und deren Kiefer, d.h. ihre Gefräßigkeit, groß. **§6** Jedes Tier, das vier Füße hat und Hörner, hat keine oberen Zähne, aber vier Mägen. Aber jedes Tier, das keine Hörner hat, hat nur einen Magen wie der Mensch, der Löwe usw. **§7** Die Haare entstehen aus einem Überfluss und der Überfluss an Säften aus einem Überfluss an Nahrung. Jedes Tier mit viel Fett hat wenig Samen. Ebenso tun diejenigen, die vom Reichtum feist geworden sind, wenig Gutes. Deuteronomium XXXII: „Der Geliebte ist fett geworden" usw. (Dt 32, 15: *Incrassatus est dilectus et recalcitravit; incrassatus, impinguatus, dilatatus, dereliquit Deum factorem suum, et recessit a Deo salutari suo*). Kein Tier von guter Anlage hat viel Samen. **§8**

Aristoteles [sagt]: Jedes Tier mit vielen Haaren und jeder Vogel mit vielen Federn hat viel Samen und oft Beischlaf. Je mehr die Feistigkeit zunimmt, unso mehr verringert sich das Blut, und das ist nicht verwunderlich, weil das Joch vergehen wird vor dem Öl der Gnade (vgl. Jes 10, 27). **§9** Ein Körper mit viel Blut verfault schneller, daher [liest man]: „Das Vieh verfaulte in seinem Mist" usw. (Joel 1, 17: *conputruerunt iumenta in stercore suo*). Im Magen junger Tiere, die noch saugen und die wiederkäuen, nämlich die Heilige Schrift, findet man Lab, und je älter es wird, umso besser ist es; und es hilft gegen die Ruhr, und zwar am allerbesten das Lab von Hase und Hirsch. **§10** Weibchen sind schwächer, mit Ausnahme des Bären- und des Leopardenweibchens, wie Aristoteles sagt. Bei den Vierfüßern ist das Weibchen gelehriger. Alfraganus [sagt]: Je älter das Lab, umso besser ist es, und das Lab eines jungen Hasen und eines Hirsches hilft gegen die Ruhr. [Er sagt auch]: Hundemilch ist dicker als jede andere Milch, mit Ausnahme der Milch von Schweinen und Hasen. **§11** [Ferner sagt er]: Jeder Vierfüßer sucht im Frühling die Begattung. Aller Vierfüßer Fleisch ist schlecht, wenn sie an wasserreichen Orten weiden, und welches Tier einen breiten Schwanz hat, leidet mehr unter dem Winter als eines, das einen langen Schwanz hat. Die Kuh alleine hat unter allen weiblichen Tieren eine kräftigere Stimme als das männliche Tier. **§12** [Er sagt auch]: Das Pferd, der Maulesel, das Kamel und der Elefant haben keine Gallenblase, sondern Adern, in denen sich die Galle befindet. [Und weiter]: Wolf und Fuchs bringen blinde Junge zur Welt. Aristoteles [sagt]: Weissager behaupten, dass es Kampf bedeutet, wenn Tiere auseinander laufen, wenn sie aber einander folgen, wird Frieden sein. **§13** [Er sagt auch]: Tiere, die immer denselben Lebensraum bewohnen, kämpfen gegeneinander, wenn ihre Nahrung knapp wird, zum Beispiel das Männchen gegen das Weibchen, die Alten gegen ihren Nachwuchs, und wenn es Nahrung in Fülle gibt, kehren die wilden Tiere wieder [zu ihrem ursprünglichen Verhalten] zurück und werden zahm. Unter Tieren gibt es Kampf nur um Nahrung und um Unterschlupf. **§14** Die rohes Fleisch fressen, kämpfen mit allen Tieren, da ihre Nahrung aus allen Tieren besteht. [Ferner sagt er]: Das <Tier>, das reinere Körperflüssigkeit hat, hat eine bessere Wahrnehmung. Ein Tier mit viel Wasser, hat größere Furcht. Furcht macht den Körper kalt. **§15** Ein Tier, das warmes Blut hat, braucht eine Lunge zum Abkühlen; ein Tier, das kein Blut hat, braucht sie nicht, weil ihm der natürliche Lufthauch in ihm selbst genügt. **§16** Jedes Tier mit Haaren hat klebrig-zähen Samen; wer nämlich immer dem Genuss lebt, kann keine reinen Werke haben. Ein Mann, der viele Bart- und Brusthaare hat, zeugt in kürzerer Zeit, und das umso mehr, wenn er von schwarzer Hautfarbe ist. **§17** Jedes Tier, das Wimpern hat, schließt sie im Schlaf, mit Ausnahme von Hase und Löwe. Jedes wildlebende Tier, das Sägezähne hat, frisst Fleisch; das verweist darauf, dass ein Herrscher, der von bösen Dienern umgeben ist, hart gegen die Armen vorgeht. **§18**

Tiere, die viele Zähne haben, leben in den meisten Fällen länger; die aber mit wenigen Zähnen leben kurz. Jedes Tier ohne Lunge hat keine Stimme, was aber nicht umgekehrt gilt. Kein Tier ejakuliert weder im Wachzustand noch im Schlaf außerhalb des weiblichen Schoßes, nur der Mensch; daran erkenne seine Schändlichkeit. **§19** Das Gedeihen aller Tiere hängt ab von dem, woran sie sich natürlicherweise erfreuen, und was wird uns erfreuen, wenn nicht unser Gott? **§20** Allen Tieren, die wiederkäuen, ist die Tatsache, dass sie wiederkäuen, äußerst hilfreich und förderlich, weil sie darin ein gewisses Lustgefühl empfinden, und diese Tiere werden mit wenig Nahrung schneller fett als Tiere, die nicht wiederkäuen, und zwar aus purer Freude am Wiederkäuen; und das ist nicht verwunderlich, da „die Seele, die in Gebeten lobpreist" - Gott natürlich -, „feist wird, und wer andere tränkt, der wird selbst getränkt werden" (Prov 11, 25: *Anima quae benedicit impinguabitur; et qui inebriat ipse quoque inebriatbitur*). **§21** Jedes Tier ohne Gallenblase lebt lange wie Elefant, Hirsch, Kamel und Delfin; und das ist nicht verwunderlich, denn „die Sanftmütigen werden das Land der Lebenden erben" (vgl. Ps 36, 11: *Mansueti autem haereditabunt terram*). **§22** Jedes vierfüßige Tier hat einen Schwanz, der Mensch aber hat keinen, sondern er hat einen Hüftbereich, d.h. Gesäßbacken an Stelle eines Schwanzes, und bei ihm bilden die Gesäßbacken das, was bei anderen Tieren den Schwanz bildet; aus demselben Grund haben Bär und Affe keinen Schwanz, weil sie einen Hüftbereich haben. **§23** Tiere mit großem Körper zeugen wenig, und die mit kleinem viel. Und zwar deswegen, weil in Tieren mit großem Körper viel [Nahrung] verbraucht werden muss und es nur wenig Überfluss gibt. Und leider bringen Menschen von größerer Würde wenig Frucht! Denn: wer aufs Große sich versteigt, zum Einzelnen nur wenig neigt. **§24** Jedes Tier, das seine Nahrung [ungekaut] verschlingt wie der Löwe oder der Wolf, hat einen mageren Körper, weil die Nahrung, wo sie nicht gekaut wird, nur schlecht assimiliert wird. **§25** Der Mensch wird in den fünf Sinnen von vielen <Tieren> übertroffen. Die Spinne tastet schneller usw. Daher die Verse:

An Gehör übertrifft uns der Eber, an Scharfsicht der Luchs, der Affe im Schmecken,
es riecht der Geier, es tastet die Spinne weit besser als wir.

§26 Unersättlich sind diejenigen Tiere, bei denen die Nahrung sofort vom Magen aus assimiliert wird, wie Wölfe und Hirsche, bei den Vögeln Taucher und Pelikan. Passe dies auf die vergesslichen Hörer von Gottes Gesetz an! Der Mensch hat acht Rippen und manch einer zehn, horntragende Tiere dreizehn, Schlangen dreißig. Diejenigen werden länger im Mutterleib ausgetragen, deren Lebensspanne länger ist, wie Plinius sagt. **§27** Man stellt oft die Frage, warum einige Tiere wiederkäuen. Hier die Lösung: Feuer hat genau diese Eigenschaft, Verbundenes zu lösen. Tiere also, die einen warmen Magen haben, verdauen die Nahrung mit Leichtigkeit; die Tiere aber, die von kalter Natur sind, können während der Nahrungsaufnahme aufgrund eines Mangels der Beschaffenheit ihres Körpers die Nahrung nicht verdauen. **§28** Deswegen holen sie sie zu den Zähnen zurück, um die dort zum zweiten Mal zermahlene Nahrung leichter durchzurühren und das Durchgerührte verdauen zu können. Es ist also offensichtlich, dass Rinder, Hirsche und ähnliche Tiere kälterer Natur sind. Diese Tiere aber haben trockenes Fett, härter und fester als andere Tiere. **§29** Die einen warmen Magen haben, bedeuten die Scholaren, die, vom Heiligen Geist durchglüht, sich die Nahrung der Heiligen Schrift leicht einverleiben. Das Schwein und das Schaf aber sind warm und sie haben weicheres und faderes Fett. Dennoch käut das Schaf, das warmer Natur ist, wieder; in diesem Fall aber, weil es keine wirkkräftigen Zähne hat; daher nennt man sie auch die 'Zweizähnigen'. **§30** Die anderen Tiere aber bedeuten die Lauen und Gleichgültigen, die die Geheimnisse der Schrift schwer begreifen, „denn in eine böse Seele kehrt die Weisheit nicht ein" (Sap 1, 4: Quoniam *in malevolam animam non introibit sapientia*). Diese haben härteres und trockeneres Fett, d.h. Süße ohne Andacht. Solche fallen eher mit dem Gesäß zur Erde, denn sie vergessen das Versprechen künftiger Seligkeit und hängen ganz und gar am Irdischen.

1.1 DER ESEL (*Asinus*)

§1 Der Esel ist ein Tier, das keine Zwietracht kennt, wie der Liber rerum sagt, ein Freund des Friedens und sehr abgehärtet, sanftmütig, unter Peitschenhieben trägt er Lasten und wehrt sich auch nicht gegen Lasten, die ihm über das hinaus, was er tragen kann, aufgebürdet wurden. Dies sind die in ihm steckenden guten Eigenschaften. Fehler aber sind folgende: er ist ein geiles Tier, stärker in den Hinterbeinen als den Vorderbeinen, faul, von langsamem Gang, stumpfsinniger und unvernünftiger als ander Tiere, wenn er auf einem Weg geht, weiß er einem Entgegenkommendem nicht auszuweichen. **§2** Die Jungen der Esel sind in der Jugend recht ansehnlich, aber mit zunehmendem Alter werden sie immer hässlicher. Doch die Milch der Eselin ist volkommen weiß, wie Plinius sagt, und soll angeblich die Haut weißer machen. Daher findet man die Nachricht, dass sich Neros Gemahlin in der Milch einer Eselin badete. **§3** Der Genuss von Eselsfleisch erzeugt sehr schlechtes Blut und dieses Fleisch wird nur schwer verdaut, auch wenn es zarter ist als Pferdefleisch. Warme Eselsmilch stärkt die Zähne und lindert ihre Schmerzen, vor allem wenn sie damit eingerieben werden. Sogar Keuchen beseitigt sie. **§4** Der Esel ist aber ein sehr kaltes Tier und fürchtet laut Aristoteles mehr als andere Tiere die Kälte. Deshalb paaren sich Esel nicht zur Zeit der Tag-und-Nacht-Gleiche wie die Pferde, sondern im Sommer, damit die Zeugung des Nachwuchses und die Geburt in der warmen Jahreszeit stattfinden. **§5** Sie sind aber mit dem Jungen ein ganzes Jahr lang trächtig. Eselsknochen sind vor allen anderen wohltönend. Wie

Plinius sagt, gebiert eine Eselin selten Zwillinge; die Gebärende flieht das Licht und sucht die Dunkelheit, damit sie nicht vom Menschen gesehen wird. Daher <heißt es>: „Deine Linke wisse nicht" usw. (Mt 6, 3: *nesciat sinistra tua quid faciat dextra tua*). **§6** Sie gebiert ihr ganzes Leben lang, das bis zu dreißig Jahren dauert, denn: „Ist der Mensch am Ende angelangt, dann steht er noch am Anfang" usw. (Sir 18, 6: *Cum consummaverit homo, tunc incipiet*). Matthaeus: „Wer aber beharret" usw. (Mt 10, 22: *qui autem perseveraverit usque in finem, hic salvus erit*). Manche [Esel] trinken nur aus Quellen, die sie gewohnt sind, und nur aus den besten. **§7** Jeremias im zweiten <Kapitel>: „Und was nützt es dir jetzt, nach Ägypten zu laufen, um trübes Wasser zu trinken?" (Jer 2, 18a: *Et nunc quid tibi vis in via Aegypti, ut bibas aquam turbidam?*), das ist die weltliche Wissenschaft, die trübe ist und dunkel, „und was, nach Assyrien zu ziehen, um Flusswasser zu trinken?" (Jer 2, 18b: *Et quid tibi cum via Assyriorum, ut bibas aquam fluminis?*). Esel, die eine Brücke zu überqueren sollen, gehen nicht leicht hinüber, wenn sie [durch die Brücke hindurch] mitten auf den Fluss schauen.

1.2 DER WILDEBER (*Aper silvester*)

§1 Der Wildeber ist, wie der Liber de natura rerum sagt, ein starkes Tier, das nie in guten Sitten belehrt werden kann, sondern immer angriffslustig und wild ist. **§2** Er ist schwarz und hat große und gekrümmte Hauer einen halben Fuß lang, die zum Schneiden taugen; sie vermögen im lebenden Tier dasselbe, was ein Eisen vermag, dem toten Tier aber entnommen sind sie nachweislich nicht mehr scharf. **§3** Dieses Tier bedeutet die zornigen Weltmenschen, die in keinen guten Sitten belehrt werden können, sondern immer angriffslustig und schwarz bleiben; ihre gekrümmten Hauer sind gegen sie selbst gerichtet; denn wer einem anderen schaden will, tötet sich selbst zuerst. **§4** Sie haben halbfußlange Zähne, weil sie zwar den Körper, nicht jedoch die Seele verletzen. Solche Tiere können wüten, solange sie leben, nicht aber nach dem Tod. Wenn dieses Tier morgens, bevor es sein Wasser läßt, von Jägern angegriffen wird, ermüdet es leicht, nach dem Urinieren oder während dessen, ist es schwer zu fangen. **§5** Wie der Experimentator sagt, ist warmer und frischer Ebermist ein hervorragendes Heilmittel gegen Blutfluss aus der Nase. Frisst eine Wildsau viele Eicheln, wenn sie trächtig ist, wird sie eine Fehlgeburt haben. **§6** Es ist Art der Schweine, die Erde auf der Suche nach Nahrung umzugraben und mit dem Maul in Schlamm und Schmutz zu wühlen. Das erste Junge der Sau ist kleiner und schwächer als die übrigen. Wenn sie viele Junge hat, dann hat sie sehr wenig Milch.

1.3 DER HAUSEBER (*Aper domesticus*)

§1 Unter den Hausebern dominiert immer einer, der durch Stärke hervorsticht, über alle andern; denn wenn unvermutet ein Stärkerer als der erste hinzukommt, bemüht sich dieser, seinen Vorgänger im Kampf anzugreifen und durch seine Stärke den Sieg zu erlangen. Danach dominiert er die anderen. **§2** Durch das Quieken eines einzelnen wird die ganze Schweineherde, die von überallher herbeieilt, zur Raserei gebracht; diese Raserei wird besänftigt, indem man die Herde mit Essig bespritzt. Die Eber zeugen nicht länger als bis sie drei Jahre alt sind. Weibliche Schweine werden durch das Zurückschneiden der herabhängenden Haare kastriert, und so werden sie schneller fett. Nach dem Verlust eines Auges stirbt es (sc. das Schwein) ziemlich schnell. **§3** Wenn die Sau geworfen hat, gibt sie die erste Zitze ihrem ersten Sohn. Man sagt, dass das Gehirn beim Schwein mehr als bei einem anderen Tier abnimmt, und zwar so sehr, dass im Vergleich zur Körpergröße nur ein geringer Teil übrig bleibt, immer dann wenn der abnehmende Mond sich dem Ende dieser Phase nähert.

1.4 DER ELCH (*Alches*)

§1 Der Elch ist ein Tier, wie Plinius und Solinus sagen, das beim Abweiden von Kräutern rückwärts geht und diejenigen bedeutet, die vom Schwanz her beginnen, was sie vom Kopf her begonnen haben sollten, und sich eher in der Betrachtung üben, als um ihre Sünden zu trauern. [Vergleiche den] Psalm: „Wie könnt ihr mir sagen: „In die Berge flieh wie ein Vogel?" usw. (Ps. 10, 2: *In Domino confido; quomodo dicitis animae meae: transmigra in montes sicut passer?*).

1.5 DER HAANE (*Ahane*)

§1 Der Haane ist ein Tier, wie Aristoteles sagt, von der Größe eines Hirsches, bei dem die Natur von der gewöhnlichen Anatomie vierfüßiger Tiere abgewichen ist. Jedes vierfüßige Tier hat nämlich seine Galle im Inneren des Bauches, nicht aber der Haane. **§2** Denn der hat die Galle im Ohr, und diese Galle ist sehr bitter und ist die Ursache für heftige Zornesausbrüche und Wildheit. Beziehe das auf diejenigen, die auf Verleumdungen hören und gehörtes Gutes verdrehen und vergiften.

1.6 DER BÜFFEL (*Bubalus*)

§1 Der Büffel ist, wie der Liber rerum sagt, größer als das Rind; er sieht einfältig und gutmütig aus, ist aber von größter Sturheit und Grausamkeit, wenn er zum Zorn gereizt wird. Büffelmilch führt leicht ab, heilt frische Wunden und nützt denen, die Gift genommen haben. **§2** Seine Galle ist ein Heilmittel, da sie Wundnarben heilt. Mit Milch vermischt, lindert sie Ohrenschmerzen. Wenn man dem Büffel eine schwere Last gegen seinen Willen aufbürdet, streckt er sich vor Wut sofort auf der Erde aus und wird nur schwer durch Schläge zum Aufstehen gebracht, außer wenn man ihm die Last, mit der er beschwert wurde, leichter macht. **§3** Der Büffel zieht riesige Lasten unter Wasser, atmet jedoch kräftig an der Luft. Er heißt mit anderem Namen „Bison".

1.7 DER BONACHUS

§1 Der Bonachus ist ein Tier, wie Solinus sagt, das einen Stierkopf und Körper und Beine eines Pferdes hat. Seine Hörner aber sind in vielfacher Krümmung auf sich selbst zurückgebogen, so dass jemand, der gegen sie stieße, nicht verletzt würde. **§2** Wenn sich dieses Tier zur Flucht wendet, so schleudert es über die Strecke eines Joches seinen flüssigen Kot hinter sich, dessen Gestank jeden brennt, den er erreicht; mit diesen Waffen hält es sich seine Verfolger vom Leib. Dieses Tier bedeutet die guten Prälaten, die ein ernsthaftes und nüchternes Leben wie Hörner gegen sich selbst gerichtet führen, und wenn sie dieses bei ihren Untertanen einfordern, verletzen sie nicht, weil sie mit eigenem Beispiel zeigen, was sie lehren.

1.8 DAS KAMEL (*Camelus*)

§1 Basilius der Große sagt über das Kamel, dass es nachtragend und jähzornig ist. Es hegt schweren und anhaltenden Groll und wenn es geschlagen worden ist, unterdrückt es lange seinen Schmerz, doch sobald es eine Gelegenheit findet, zahlt es das zugefügte Unrecht sofort heim. Sie heben die Gerste auf, indem sie sie schnell hinunterschlingen, um sie dann ein zweites Mal zu fressen, indem sie die ganze Nacht wiederkäuen. **§2** Der Liber rerum sagt, Kamelen sei ein solches Mitgefühl eigen, dass, wenn eines in der Herde oder im Stall von einer Krankheit befallen wurde und nicht frisst, auch die anderen gleichsam aus Mitleid sich <der Nahrung> enthalten. Zur Paarungszeit ziehen sie sich in die Einsamkeit oder in Verstecke zurück. **§3** Plinius: Das getrocknete und mit Essig in einem Getränk eingenomme Gehirn eines Kamels heilt die epileptischen, d.h. die Fallkrankheiten. Solinus: Kamele akzeptieren keine Lasten, die das rechte Maß überschreiten. Michael Scotus: Das Junge eines Kamels ernährt sich sofort nach der Geburt von Gras. **§4** Aristoteles: Jemand bedeckte die Mutter eines Kamels mit einem Tuch, damit das Kamel mit ihr kopulierte, ohne zu erkennen, dass es seine Mutter war, doch bevor es die Paarung zu Ende gebracht hatte, stieg es herab und tötete denjenigen, der sich das ausgedacht hatte. Von Natur aus nämlich verabscheut es die Paarung mit der eigenen Mutter und dass Menschen ihm dabei zusehen, denn seine Paarung ist eine Paarung von hinten. **§5** Solinus: Kamele werden durch die Lust auf Zeugung so wild, dass sie in Raserei verfallen.

1.9 DIE HUNDE (*Canis*)

§1 Hunde sind, wie Jacobus sagt, Tiere, die jedes Spiel lernen können. Auch wenn sie gerne schlafen, so schützen sie doch wachsam die Häuser ihrer Herren. Sie lieben ihre Herren so sehr, dass sie manchmal für sie in den Tod gehen. **§2** Solinus: Nur Hunde erkennen ihren Namen. Jacobus: Es gibt eine bestimmte Art Hunde, die Diebe am Geruch erkennt und von den übrigen Menschen mit unerbittlichem Hass unterscheidet. Wenn man das Blut eines Hundes einem anderen kranken Tier zu trinken gibt, so wird dieses gesund. **§3** Wenn Hunde bei den Tischen ihrer Herren liegen, drehen sie sich laut Jacobus so, dass sie mit dem einen Auge die freigebige Hand ihres Herren beobachten, mit dem anderen den Eingang zum Haus sehen können. Das Anspringen und Wüten von Hunden gegen einen Menschen wird sofort besänftigt, wenn dieser zu Boden stürzt. **§4** Plinius: Hunde bringen blinde Junge zur Welt und tragen sechzig Tage. Auf dem Höhepunkt der Kopulation hängt einer am anderen, und zwar wegen der übermäßigen Hitze ihrer Wollust. Der ist in einem Wurf der beste, der zuletzt zu sehen beginnt oder den die Hündin als ersten in ihr Lager trägt. Alle Hunde werden blind geboren und bleiben blind für zwölf Tage, manche aber für drei Monate. **§5** Tollwut von Hunden wird mit Hühnermist besänftigt, den man unter ihr Fressen mischt. Ihren Biss heilt die Wurzel einer wilden Rose; ihr Biss ist nämlich todbringend, wenn sie wüten. Hundemilch ist dicker als jede andere Milch, außer der des Schweins und des Hasens; sie haben ihre Milch aber sieben Tage vor der Geburt in den Zitzen. Wenn ein verletzter Hund laut jault, fallen die anderen empört mit Bissen über ihn her. **§6** Merke, dass in jeder Tiergattung die Männchen länger leben als die Weibchen, außer bei Hunden, die zur Hasenjagd verwendet werden, wegen der Anstrengung, der sie ausgesetzt sind. Wenn Hunde krank werden, fressen sie, wie Aristoteles sagt, die Wurzel eines gewissen Krautes mit ekelhaftem Geschmack, um auf diese Weise die schädlichen Säfte zu erbrechen und gesund zu werden. **§7** Aristoteles: Das Alter von Hunden kann man nur an den Zähnen leicht erkennen, da die der Jungen spitz sind und weiß, die der alten schwarz und stumpf. Viele Leute haben behauptet, dass ein Hund nur unter Menschen leben kann und dass er in Raserei verfällt, wenn er sich außerhalb menschlicher Wohnungen aufhält. Die Zunge eines Hundes hat heilende Kraft, und durch Lecken heilt er seine Wunden und die anderer. **§8** Männliche Hunde verletzen die Weibchen normalerweise nicht, und das gilt für die meisten Tiergattungen, wobei Gott dies bei den unvernünftigenTieren sehr klug eingerichtet hat, um zu zeigen, dass bei den entsprechend mit Vernunft begabten Wesen (sc. den Menschen) Eintracht herrschen und das männliche Geschlecht das schwächere Geschlecht schonen müsse. **§9** Es ist eine besonders unschöne Gewohnheit der Hunde, die angenehmsten Plätze und Grünanlagen überall schändlich zu verunreinigen. Schuhe aus Hundefell an den Füßen heilen Arthritis. Allerdings urinieren die Hunde darauf, wenn sie sie mit ihrem Geruchssinn wahrgenommen haben. **§10** Der Biss eines tollwütigen Hundes lässt sich von dem eines gesunden Hundes folgendermaßen unterscheiden: Der Philosoph: Ein aus einer gut zerstampften Nuss hergestelltes Pflaster wird für einen Tag und eine Nacht auf die Stelle der Wunde gelegt, danach gebe man es einem hungrigen Hahn oder Huhn. Wenn es nach dem Fressen trinkt, handelt es sich nicht um den Biss eines tollwütigen Hundes; wenn es nicht trinkt, stirbt es, wenn auch nicht sofort, sondern es kann vielleicht noch einen Tag und eine Nacht leben. **§11** Desgleichen, wenn es sich um den Biss eines tollwütigen Hundes handelt, wird ein Brot, das man in das aus der Wunde austretende Blut tunkt, von einem gesunden Hund nicht gefressen. Eine erstaunliche Sache: Ein von einem tollwütigen Hund Gebissener leckt manchmal Hundejungen und bellt. Alexander: Ein heilsamer Rat ist es, die Wunde, - natürlich die von einem tollwütigen Hund – für ein Jahr offen zu lassen, damit sie nicht vernarbt.

1.10 DER BIBER (*Castor*)

§1 Der Biber hat seinen Namen vom „Kastrieren“, seine Hoden nennt man Bibergeil. Er erbricht seine Galle, wie Plinius sagt, die für viele Medikamente nützlich ist, und tatsächlich glaubt er, deswegen verfolgt zu werden. Sein Lab lindert die Fallsucht. **§2** Dieses Tier kann auf Dauer nur leben, wenn es seinen Schwanz im Wasser hat, der in jeder Hinsicht einem Fischschwanz gleicht. Bibergeil macht heiß und trocken und hat <die Kraft>, bei denen, die einen Krampf erleiden, den feuchten Geist zu reduzieren. Bei Gliederzittern aufgrund einer Nervenschädigung ist es auch sehr nützlich. **§3** Das Fett seiner Hodensäcke und seines Genitalbereichs hilft ausgezeichnet gegen das oben genannte Leiden. Wird mit Bibergeil gekochter Wein mit dem Geruch eben dieses Bibergeils bei einem Menschen, der an Lähmung leidet, aufbewahrt, so ist es ein unvergleichliches Heilmittel.

1.11 DIE ZIEGEN (*Capra*)

§1 Ziegenmilch ist sehr süß; sobald sie aber geronnen ist, verdirbt sie. Ziegenmilch ist nach Muttermilch am ausgewogensten. Aus Ziegenmilch hergestellter Käse ist zu nichts nütze, wie Aristoteles sagt. Durch Fett werden sie unfruchtbar, auch haben sie Fehlgeburten aufgrund schädlicher Kälte. **§2** Die Wildziege ist ein sehr scharfsinniges Tier, sie liebt hohe Berge und erkennt an Menschen, die sich in weiter Ferne bewegen, ob sie Jäger oder Wanderer sind. Es heißt, das Ziegen mit den Ohren atmen, nicht mit der Nase, und dass sie auch niemals ohne Fieber sind. **§3** Der Ziegenbock verdreht seine Augen vor wollüstiger Begierde. Sie sehen gleich gut in der Nacht wie am Tag; und deshalb stellt der Verzehr von Ziegenleber die Nachtsicht bei denen wieder her, die die Ärzte nachtblind nennen. **§4** Die [auf die Augenbrauen] gelegte Galle eines Ziegenbocks beseitigt die Augenbrauen, sie heilt die Trübung und Verdunkelung der Augen. Legt man die Galle eines Ziegenbocks an irgendeinen Ort, dann bringt sie Frösche dazu, sich bei ihr zu versammeln. Aristoteles aber sagt, dass Ziegenböcke oft am Tag blind sind und nicht gut sehen, in der Nacht aber schärft sich ihr Blick. **§5** Wenn einem, der ernsthaft an Fallsucht erkrankt ist, ein verschmortes Ziegenhorn an die Nase gehalten wird, so fällt er sofort nieder; es verscheucht auch Schlangen. Frisches und noch warmes Bocksblut hat solche Kraft, dass es einen Diamanten zerbricht, den kein Metall zerstören kann. Ziegen leben, wie Plinius sagt, von giftigen Kräutern und sterben nicht daran; aber der Genuss von Honig, wie es heißt, tötet sie. **§6** Ihr Biss ist für einen Baum sehr schädlich. Durch Lecken machen sie einen Ölbaum unfruchtbar. Wenn Wildziegen von einem Pfeil durchbohrt werden, fressen die das Kraut Polei, um den Pfeil aus dem Körper zu ziehen.

1.12 DIE WILDZIEGE (*Capra silvestris*)

§1 Die Wildziege, die Gemse genannt wird oder *Bergziege, wie Plinius sie nennt, ist ein Tier, das gegen seine Artgenossen angriffslustig, aber anderen Tieren gegenüber sehr scheu und sanft ist. Zur Brunftzeit kämpfen die Männchen heftig um die Weibchen.

1.13 DER CACUS

§1 Der Cacus ist ein Ungeheuer in Arkadien. Dieses Tier ist ganz und gar borstig wie ein Schwein und speit, wie der Philosoph Adelinus schreibt, Flammen aus seiner Brust hervor, d.h. einen flammenden Atem und Hauch, und das tut er insbesondere, wenn er vom Zorn erfasst wird. **§2** Das Tier gleicht denen, über die im Buch der Weisheit gesagt wird, dass sie Feuer aus ihrem Mund ausatmeten (vgl. Sap 11,18). Beziehe dies auf zornige Verleumder oder alte Kupplerinnen.

1.14 DER HIRSCH (*Cervus*)

§1 Kein Tier wirft sein Geweih ab, außer dem Hirschen, wie Aristoteles sagt. Alle Hörner von Tieren sind hohl, außer denen des Hirsches, die hart sind, und sie enthalten keinen Hohlraum. Hirsche bewundern jede Harmonie so sehr, dass sie, wenn sie den Hunden entkommen sind, durch melodisches Gebell zur Gefahr zurückgerufen werden. **§2** Über die Maße rühmt sich dieses Tier seiner Hörner. Wenn sie sich durch Krankheit oder Alter beschwert fühlen, ziehen sie, wie Plinius sagt, mit dem Atem ihrer Nüstern Schlangen aus ihren Höhlen; nachdem sie diese verschlungen haben, suchen sie, da ihnen das Gift hart zusetzt, durstig eine Quelle auf. Und sobald sie Wasser getrunken haben, werden sie wieder jung. **§3** Solinus: Ganz offensichtlich hat ein Hirsch noch nie gefiebert; deshalb lindert die aus seinem Mark hergestellte Salbe die Hitze entkräfteter Patienten. Die Weibchen sondern sich [vom Rudel] ab, wenn sie bereit sind zur Paarung; vor der Geburt reinigen sie sich mit einem Kraut, das Silesis genannt wird, und können so leichter gebären. **§4** Solinus: Sie gebären Zwillingskälber, die sie sorgfältig verstecken, und sie bringen den im Gebüsch verborgenen Jungtieren mit Fußtritten bei, sich zu verbergen, bis sie ausgewachsen sind. Das Fleisch eines jungen Hirsches, der im Mutterleib getötet wurde, hilft wirksam gegen Gift und heilt Schlangenbisse. **§5** Werden sie von Hunden verfolgt, so bewundern sie das Gebell und richten sich deshalb nach dem Wind, dass die Stimmen der Hunde *nicht hinter ihnen verklingen. Wer auch täglich am Morgen ihr Fleisch isst, bewahrt sich vor Fieberkrankheiten. **§6** Sie suchen die Sonne, wie Aristoteles und Plinius sagen, und stehen im Sonnenlicht, wenn ihre Hörner jung sind, damit sie durch die Sonnenwärme heranreifen und austrocknen und stark sind; später gehen sie an Bäume, reiben sich dort und probieren ihre Hörner aus, und schließlich treten sie ohne Bedenken heraus, da sie ja Waffen haben, während sie sich in der Zeit nach Abwurf ihres Geweihs aus Furcht vor Wölfen versteckt hielten und nur nachts, gleichsam unbewaffnet, ästen. **§7** Sie werfen ihre Hörner aber im Wasser ab, um sie dort aus Missgunst dem Gebrauch durch Menschen zu entziehen, denn sie wissen sehr wohl, dass sie für Heilmittel nützlich sind, und zwar ganz besonders das rechte Horn. Ein besonderes Heilmittel, um Schlangen zu vertreiben, ist der Geruch eines angebrannten Hirschhornes, sei's des rechten oder des linken. **§8** Platearius: Im Herzen des Hirschen gibt es einen Knochen gleichsam als sein Grundgerüst wie es auch in den übrigen Gliedern der Fall ist. Dieser dem Hirschen entnommene und beinharte Knochen wird, wenn er <*noch*> knorpelig ist, pulverisiert und Kranken gegen Herzbeschwerden und Ohnmacht gegeben. **§9** Manche Hirsche aber sollen ihre Galle im Schwanz haben, andere im Ohr, wie Aristoteles sagt. Die Eingeweide der Hirsche stinken sehr, und zwar, wie Plinius vermutet, deswegen, weil er Galle in den Eingeweiden hat, was die Hunde verabscheuen und sie fressen [das Eingeweide] nur, wenn sie ausgehungert sind. **§10** In seinem Kopf gibt es einen Wurm, der ihn fast unablässig quält. Aber sogar jedes Tier und selbst der Mensch hat einen Wurm unter der Zunge; in dem Teil des Körpers aber, wo sich die Blutadern dem Rückenwirbel am Kopf nähern, gibt es zwanzig Würmer. **§11** Hirsche fürchten die Stimme von Füchsen. Die männlichen Hirsche kämpfen untereinander, und der Sieger herrscht über viele auf einer Weide, die anderen Besiegten aber gehorchen mit erstaunlichem Gehorsam dem Sieger, und halten Frieden unter einander unter dem einen Herrn. Wenn ein Hirschkalb vom Menschen gefangen und nur kurz in Fesseln geführt wurde, folgt es dem Menschen, auch ohne angebunden zu sein. **§12** Wie der Experimentator sagt, ist Hirschfleisch schwarzgallig und schwer zu verdauen. Ein männliches Hirschkalb hat besseres Fleisch; wenn aber das Hirschkalb kastriert wurde, wird es <noch> besser, weil es an Wärme und Feuchtigkeit ausgewogener ist. Hirsche bewundern jede Harmonie so sehr, dass sie, wenn sie den Hunden entkommen sind, durch melodisches Gebell zur Gefahr zurückgerufen werden.

1.15 DER CYROGRILLUS[18]

§1 Der Cyrogrillus ist ein gemäß der Bibel unreines Tier. Es ist übrigens ein kleines und von Natur aus schwaches Tier, und darin ist es sehr zu bewundern, weil es, wenn auch schwach, dennoch gefährlich und räuberisch ist, und anderen Lebewesen der Erde den Tod bringt.

1.16 DER CALOPUS

§1 Der Calopus ist ein Tier, das sich im Efeu nahe des Euphrat mit seinen Hörnern verstrickt und dann brüllt. Wenn ein Jäger dies hört, fängt er ihn. So werden diejenigen gefangen, die sich in Weltfreuden verstricken. Jeremias: „Nahe des Euphrat wurden sie gefangen und stürzten ins Verderben" (Jer 46, 6).

1.17 DER CATHAPLEBA

§1 Der Cathapleba ist ein Tier, wie Plinius und Solinus schreiben, in der Nähe des Nilflusses, so verderblich durch seinen Anblick, dass jeder, der ihm vor die Augen kommt, sofort sein Leben läßt. Das ist die Begierde der Augen. Matthäus VI: „Wer eine Frau angesehen hat" usw. (Mt 5, 28).

---

[18] Vgl. 1,25 Der Igel (*Erinacius*).

1.18 DER COROCRATES

§1 Der Corocrates ist ein Wildtier, wie Solinus und Jacobus sagen, das menschliche Stimmen wie eine Hyäne nachahmt; niemals schließt er die Augen. Im Mund gibt es kein Zahnfleisch, nur einen einzigen Zahn für das ganze Leben. Damit dieser niemals stumpf wird, ist er von Natur aus von einer Art Kapsel umgeben. Dieser hat eine solche Kraft, dass er alles sofort zerteilt. Dieses Wildtier ist, wie es heißt, eine Kreuzung aus Hund und Wölfin.[19]

1.19 DER DAMHIRSCH (*Dammulla*)

§1 Der Damhirsch bzw. das kleine Reh ist ein Tier, wie Isidor sagt, das seinen Namen davon hat, dass es vor einer Hand flüchtet. Es ist nämlich ein furchtsames und schwaches Tier, von dem Martial sagt:

Des Ebers Zahn dient zum Schutze, es verteidigt den Hirsch sein Geweih,
Hilfloses Damwild, - was anderes sind wir als Beute?

Beziehe das auf diejenigen, die dem teuflischen Versucher, aus Feigheit nicht widerstehen.

1.20 DER DURAN

§1 Der Duran ist ein grausames, schnelles und sehr starkes Tier, wie Aristoteles sagt. Wenn dieses Tier von Jägern verfolgt wird und zu verzweifeln beginnt, weil es sieht, dass es nicht entkommen kann, schleudert es aus natürlicher Klugheit seinen Kot heftig den verfolgenden Hunden entgegen und hält sie durch den faulen Gestank seiner Ausscheidung auf. **§2** Beziehe dies auf jene, die mit dem Kot der Weltfreuden die Prediger besiegen, damit sie sie nicht der Kirche eingliedern.

1.21 DER DACHS (*Daxus*)

§1 Der Dachs ist ein Tier von der Größe eines Fuchses, wie der Liber rerum sagt. Sein Fett nimmt bei zunehmendem Mond zu, bei abnehmendem ab. **§2** Aus seinem Fett werden Salben hergestellt, mit denen Nierenschmerzen und Gliederverletzungen gelindert werden, und das ist verwunderlich, dass dieses Wildtier einerseits heilkräftig ist – nämlich was sein Fett betrifft -, sein Biss jedoch meistens zum Tode führt und äußerst unangenehm ist.

---

[19] Zu dieser Kreuzung vgl. 1,42 Der Linsius (*Linsius*).

1.22 DER ELEFANT (*Elephas*)

§1 Der Elefant wird schneller zahm als alle anderen Tiere, und es gibt kein so zahmes und den Menschen gehorsames Tier unter Landtieren. Sie haben ein gutes Gedächtnis, weshalb sie Belehrung und Verhaltensregeln gut annehmen. **§2** Viele Tiere bewahren die Erinnerung an das, was sie sehen oder hinzulernen, wie Aristoteles sagt; das ist richtig für die Erinnerung an instinktgesteuerte Einschätzung. Der Mensch allein aber ist unterscheidungsfähig und hat ein vernünftiges Gedächtnis. **§3** Wie der Elefant gezähmt wird, liegt auf der Hand, nämlich durch Folter und Erpressung. Wenn sie einen Fluss überschreiten wollen, schicken sie die kleineren voraus, damit die größeren das Flussbett nicht zerstören und durch das Niedertreten der Furten tiefe Strudel versursachen. Zwischen ihnen und den Drachen herrscht beständige Zwietracht. **§4** Aus Schamgefühl begatten sie sich nur im Verborgenen, wie Plinius sagt. Sie kehren nicht eher zu den Mitgliedern der Herde zurück, als bis sie sich mit fließendem Wassern abgewaschen haben. Sie kämpfen niemals um die Weibchen, da sie keinen Ehebruch kennen. **§5** Die Elefantenkuh begibt sich vor der Geburt in ein tiefes Wasserloch; denn wenn das Junge auf die Erde fallen würde, wäre es nicht in der Lage auf die Beine zu kommen. Nachdem die Elefantenkuh geboren hat, ruht sie für drei Jahre; nach der Befruchtung wird das Weibchen von keinem Bullen mehr berührt und ist trächtig für zwei Jahre. **§6** Solinus: Alle zwei Jahre paaren sie sich an zwei Tagen und sonst nicht mehr im Jahr. Mäuse fürchten und fliehen sie, weil sie von deren Gestank gequält werden. Am Rücken sind sie sehr hart, auf dem Bauch weicher. Durch den Rauch, der aus dem Eingeweide und der Haut des Elefanten entsteht, werden sämtliche giftigen Tiere verscheucht. **§7** Der Liber rerum sagt, dass sie in der Jugend die Knie beugen können, nicht aber im Alter, wenn sie steif werden. Manchmal richten Jungtiere einen alten <Elefanten>, der fällt, mit ihrem Rüssel wieder auf. Sie leiden unter Gelenkschmerz und ein Getränk aus kaltem Wasser und mit Honig besprengtes Gras hilft ihnen. Von Natur aus trinkt der Elefant gern Wein. **§8** Vierzig Jahre lang wächst er, und danach empfindet er Kälte, Winter und kalten Wind. Sie leben dreihundert Jahre. Kälte können sie gar nicht vertragen. Jacobus: Daher ist auch Elfenbein, das aus ihren Knochen entsteht, kalt und weiß. Denn wenn man über Elfenbein ein Tuch breitet, dann wird das Tuch, wenn man Feuer darüber anmacht, nicht verbrannt, sondern durch die natürliche Kälte des Elfenbeins wird das Feuer gelöscht. **§9** Solinus: Nur wenn sie gereizt wurden, richten sie Schaden an. Sie töten die Fliegen, die sich auf ihren Rücken setzen, indem sie ihre Haut in Falten zusammenziehen; damit behelfen sie sich anstelle von einer Schwanzquaste. Und beachte, dass ihr Inneres anders als bei allen anderen Tieren auf der Erde gestaltet und geformt ist. **§10** Aristoteles sagt aber, dass das Innere eines Elefanten dem Inneren eines Schweins ähnelt und folglich dem eines Menschen. Ein verbrannter Elefantenknochen vertreibt Gift und Schlangen. Die Geschichte Jerusalems: Wenn ein Elefant durch den Anblick roten Weins zum Kampf gestimmt wird und vor ihn ein grunzendes Schwein kommt, verliert er seinen ganzen Mut.

1.23 DIE PFERDE (*Equus*)

§1 Unter Pferden taucht das dasjenige, das feuriger ist und von größerer Hoffnung, beim Trinken die Nüstern tiefer ein. Isidor: Jedem Tier, das im Alter voranschreitet, schwärzen sich die Zähne außer beim Pferd, dem bei fortschreitendem Alter die Zähne weiß werden; daher erkennt man ihr Alter an den Zähnen. **§2** Besonders bei Pferden und bei jeder Gattung von Zugtieren geben die Ohren Hinweise auf das Temperament: schlaffe Ohren gehören erschöpften Pferden, auf und ab wippende den ängstlichen, gespitzte Ohren den feurigen, herabhängende Ohren den kranken Pferden. **§3** Als einzige Tiere haben Pferd, Rind und Hirsch knorpelige Knochen im Herzen, und das wegen ihrer Größe, damit nämlich das Herz durch diese Knochen gestützt wird, wie es bei den übrigen Gliedern der Fall ist; aber nur der Knochen des Hirsches hat heilende Kraft. **§4** Stuten haben so großes Mitgefühl, dass, wenn eine aus der Herde stirbt, eine andere Stute, nämlich ihre Gefährtin, das Fohlen der Toten säugt. Pferde lieben von Natur aus mehr als die anderen Tiere ihre eigene Art. **§5** Alexander: Man berichtet, dass edle Pferde den Tod ihrer Herren durch reichlich Tränen voraussagen. Isidor: Es ist allgemein bekannt, dass außer dem Menschen nur das Pferd weint und um seine toten Herren über die Maßen trauert, so dass sie vor Hunger sterben, da sie nicht fressen wollen. **§6** Aristoteles: Mensch und Pferd lieben die den Geschlechtsverkehr mehr als andere Tiere. Ein König besaß eine schöne Stute und von ihr ein schönes Fohlen. Da er mit diesen beiden ein weiteres Fohlen züchten wollte, bedeckte er das Gesicht der Mutter, damit das Fohlen, also der Sohn, die Mutter besteige. Nach vollzogenem Akt erkannte das Pferd seine Mutter, floh, stürzte sich in die Tiefe und starb. **§7** Michael Scotus: Ein Pferd, nachdem es mit seiner Mutter Geschlechtsverkehr gehabt hatte, zerfleischte seine eigenen Genitalien und stürzte sich selbst zu Tode. Der Philosoph: Aus dem Schwanzhaar eines Pferdes entsteht im Wasser innerhalb weniger Tage ein Wurm.

1.24 DAS DROMEDAR (*Dromedarius*)

§1 Das Dromedar gehört zur Gattung der Kamele, zwar von kleinerer Gestalt, aber viel schneller als ein Kamel, wie Rabanus sagt. Daher hat es auch seinen Namen von *dromos*, was griechisch Lauf oder Geschwindigkeit bedeutet; einhundert und mehr Meilen läuft es an einem Tag. Dieses Tier käut wieder.

1.25 DER IGEL (*Erinacius*)

§1 Der Igel wird mit anderem Namen Cyrogrillus genannt, wie die Glosse zu der Stelle sagt, wo im Gesetz die unreinen Tiere verboten werden. Er ist aber ein stacheliges Tier, das die Gestalt eines Schweinchens hat; außer am Bauch wird es überall von Stacheln umschlossen, zum Schutz gegen Nachstellungen. **§2** Der Experimentator sagt, dass die für den Körper des Igels bestimmte Nahrung in Stacheln verwandelt wird wegen seines Mangels an Wärme. Das Fleisch des Igels hat trocknende und lösende Kraft, insbesondere stärkt es den Magen; es führt ab und ruft Urin hervor. Es nützt denen, die zum elefantenhautartigen Aussatz neigen. **§3** Nur der Igel hat zwei After, durch die er seinen Kot auswirft. Die Asche eines verbrannten Igels vermischt mit flüssigem Pech lässt auf einer Narbe wieder Haare wachsen, wie Plinius sagt. Aristoteles: Ein Igel paart sich mit seinem Weibchen im Stehen, und das wegen der spitzen Stacheln auf seinem Rücken.

1.26 DER FALENA

§1 Der Falena ist ein Tier, das in fernen Teilen der Welt geboren wird, gegeben und geschaffen zur Bestrafung hochmütiger Menschen. Dieses Tier nämlich verabscheut mit einer ihm von Natur aus angeborenen Verachtung den Hochmut im Menschen, und, wenn es die Gelegenheit hat sich im Kampf zu messen, widmet es sich mit Begeisterung dem Gefecht und, wenn es über den Hochmut siegt, schickt es sich an, den Menschen erbarmungslos zu zerreißen. **§2** Wenn ihm dagegen ein Mensch begegnet, an dem es aufgrund seiner Flucht und Furcht ein Zeichen von Demut erkennt, so hält es bisweilen inne und lässt ihn laufen.

1.27 DER FURUNCULUS

§1 Furunculus ist ein Tier, das wir in der in der Volkssprache „Frettchen" nennen, sehr angriffslustig und wild über das hinaus, was ihm die Natur an Kräften zugeteilt hat, und wenig größer als ein Wiesel. Man sagt, sie paarten sich der Länge nach ausgestreckt. Wenn ein Weibchen kein Männchen hat zu dem Zeitpunkt, wenn es brünstig wird, so schwillt es an und stirbt.

1.28 DER FURION (*Furionz*)

§1 Der Furion ist ein wollüstiges Tier, wie Aristoteles sagt; es frisst sich mit Nahrung voll und geht dafür oft Gefahren ein. Es kann sich nicht lange beherrschen, denn das verhindert seine übermäßige Verderbtheit. Dieses Tier frönt haltlos seiner sexuellen Begierde; seine sexuelle Gier ist eine Folge seiner Verfressenheit. §2 Wenn es sich paart, besteigt es das Weibchen und bewegt sich auf ihm fast wie bei einer Vergewaltigung, und wenn es die Paarung, nach der es übermäßig verlangt, nicht vollenden kann, schreit es und wütet zur Zeit der Paarung. Bei jedem Tier versagt die Natur häufige Paarung, auch wenn das wollüstige Verlangen sie oft begehrt. §3 Der gewaltsam ejakulierte Samen der Paarung ist freilich eine Kraft des Blutes; daher wird jeder, der beim Beischlaf das Maß überschreitet, durch die dafür erforderliche Anstrengung geschwächt und beschleunigt seinen Tod vor der Zeit. Man hat nämlich oft gehört, dass ein Mensch plötzlich beim Beischlaf stirbt, weil das allzu heiße Verlangen die Lebensgeister erschöpft und zunichte macht. Also, dieses Tier Furion scheint sich nach der Gewohnheit der Menschen zu paaren. §4 Das Männchen nämlich legt sich von oben auf das Weibchen und das darunter liegende Weibchen schmiegt sich ihm von unten an. Diese Ordnung ändert es niemals, auch wenn der Mensch selbst, das ungeordnetste aller Tiere, die Ordnung seiner Natur verändert, so dass er von hinten wie ein Hund oder stehend wie ein Igel kopuliert oder während die Frau auf ihm liegt, was das aller schändlichste Verbrechen ist bei jedem Lebewesen; man findet nämlich außer dem Menschen kein anderes Tier, das so etwas tut.

1.29 DER SIEBENSCHLÄFER (*Glis*)

§1 Der Siebenschläfer ist ein kleines Tier, wie der Liber rerum sagt; er schläft den ganzen Winter über und ruht in sich zusammengezogen wie ein Ball und wird auf wundersame Weise vom Schlaf selbst fett, wie Isidor sagt. Er läuft auf Bäumen wie auf der Erde und und labt sich gierig an Apfelsaft. Plinius sagt denen, die eine Lähmung befürchten Hilfe zu, wenn sie die Glieder mit dem gekochten Fett des Siebenschläfers einreiben.

1.30 DER GALI[20]

§1 Der Gali ist ein sehr kühnes Tier, wie Aristoteles sagt; es kämpft mit Schlangen und, wenn es sie besiegt hat, frisst es sie, und bald danach frisst es Raute,

---

[20] Ein Wiesel. Vermutlich war Thomas nicht klar, dass es sich beim „gali“ um eine bloße Transliteration des griechischen Wortes „galä“ handelt. Vgl. 1.51 Das Wiesel (*Mustela*).

die gegen Schlangen wirkt. Es kämpft aber hauptsächlich deswegen mit Schlangen, weil die Gattung der Schlangen von Mäusefleisch lebt, und auch das Tier Gali gerne Mäuse frisst; deshalb verfolgt es die Schlangen als seine Nahrungskonkurrenten.

1.31 DIE ROSERULA (*Guessules*)

§1 Guessules oder Roserula – so wird es volkstümlich genannt – ist ein Tier, das oft am Wasser lebt; es scheidet einen stark duftenden Kot aus, dem Moschus im Geruch ähnlich, aber nicht zu vergleichen mit der Wirksamkeit und der Intensität dieses Duftes. **§2** Und das ist erstaunlich an diesem Wildtier: es trägt seinen Kot an einem Ort zusammen, woraus ersichtlich wird, dass es dem Menschen nicht feindlich gesonnen ist, sondern sein Gut einem jeden zur Verfügung stellt. Es flieht die Blicke der Menschen; dadurch wird uns gezeigt, dass wir, wenn wir Gutes tun, die Blicke und Lobsprüche der Menschen meiden sollen.

1.32 DER STEINBOCK (*Ibex*)

§1 Steinböcke sind Wildtiere von kleiner Statur, sie leben in felsigem Gelände und bringen dort ihre Jungen zur Welt, wie Galen sagt. Der Magister sagt in der „Historia scholastica“, dass er zur Gattung der Hirsche gehört. **§2** Man sagt Ibex im Nominativ, daher der Vers:

Ibex ist ein Tier auf vier Füßen; ein Vogel der Ibis,
und voller Neid wirst du gehen (lat. *ibis*), nämlich von (lat.) *eo, is, it.*

1.33 DER HYBRIDE (*Ybrida*)

§1 Der Hybride ist ein vierfüßiges Tier, das zwei Gattungen angehört, d. h. das von unterschiedlichen Eltern geboren wurde, wie Isidor sagt. Wie aus einem Pferd und einem Esel das Maultier entsteht, so der Hybride aus wilden Ebern und zahmen Schweinen; der Titurus (Schiege) aber entsteht aus einem Schaf und einem Ziegenbock, der Musmo (Schiege) aus einer Ziege und einem Widder.

1.34 DAS STACHELSCHWEIN (*Istrix*)

§1 Der Istrix ist ein Wildtier, das bei uns gewöhnlich Stachelschwein genannt wird, wie Solinus sagt. Es lebt in der Nähe des Meeres; auf dem Land und im Wasser behauptet es sich gleichermaßen gut. Sein Rücken ist mit Stacheln überzogen; nachdem es diese Stacheln größtenteils gelockert hat, verletzt es mit einem gezielten Schuss Hunde oder Menschen, wenn sie ihm nahe kommen. Sein Jähzorn ist nämlicht sehr schnell zur Rache bereit, wie Jacobus sagt.

1.35 DIE HYÄNE (*Hyena*)

§1 Die Hyäne ist ein Tier, das immer in den Gräbern von Toten lebt, wie Plinius und Solinus sagen. Sie hat zwei Naturen, nämlich die eines Männchens und die eines Weibchens. Da ihre Wirbelsäule starr ist, kann sie den Hals als solchen nicht umwenden, es sei denn sie dreht sich mit dem ganzen Körper um. Wenn die Jagdhunde mit dem Schatten der Hyäne in Kontakt gekommen sind, können sie nicht bellen, da sie ihre Stimme verloren haben. **§2** Sie kann ihre Farbe nach Belieben verändern. Jedes Tier, das sie genau betrachtet hat, haftet an ihrer Spur; sie trägt einen Edelstein in den Augen oder, wie einige <sagen>, in der Stirn. Sie ist groß wie ein Wolf; an ihrem Hals sind Haare wie am Hals von Pferden, und Borsten hat sie über allen Wirbeln, wie Plinius sagt. **§3** Laut Aristoteles und Jacobus stellt sie den Pferdeställen nach. Wenn sie ihn immer wieder hört, lernt sie einen Namen, den sie auch aussprechen kann, da sie die menschliche Stimme nachahmt, um schließlich mit hinterhältiger Schlauheit einen Menschen herauszurufen und zu töten. Sie täuscht auch menschliches Stöhnen vor mit falschem Hecheln und lockt so die Hunde zu sich und verschlingt sie.

1.36 DER LÖWE (*Leo*)

§1 Der Löwe heißt der König der Tiere, wie Jacobus und Solinus sagen; er ist frei von Hinterlist und Argwohn. Stirn und Schwanz zeigen den Mut der Löwen. Sie sind von so heißer Natur, dass man sagt, sie könnten sich jederzeit paaren. **§2** Eine Löwin zieht beim ersten Mal fünf Junge auf, beim zweiten Mal vier, beim dritten drei, beim vierten zwei, beim fünften Mal aber gebiert sie nur eins, danach bleibt sie unfruchtbar. Sie hat nur zwei Zitzen auf der Brust, das heißt auf der Mitte des Bauches, diese sind klein und passen nicht zur Größe ihres Körpers, und aus diesem Grund hat sie wenig Milch, da ihre Nahrung vom Körper assimiliert wird. **§3** Augustinus: Wenn sie gebiert, schläft das Junge angeblich drei Tage lang, bis es vom Gebrüll des hinzukommenden Vaters erschreckt wird und aufwacht. Solinus: Ein Löwe gerät nur leicht in Zorn, wenn er verletzt wurde, wenn er aber immer weiter gereizt wird, zerreißt er seinen Gegner ganz und gar; die sich vor ihm zu Boden werfen, verschont er; er lässt Leute, die offenbar Gefangene sind, unbehelligt ausweichen; einen Menschen tötet er nur, wenn er sehr hungrig ist, wie der Liber rerum sagt. **§4** Wenn er schläft, sind seine Augen doch wach, wie Adelinus sagt; wenn er geht, verwischt er mit seinem Schwanz seine Spuren, um nicht von Jägern entdeckt zu werden. Wie Plinius sagt, kämpfen die Löwen in ihrer Wildheit nicht mit einander, sondern sind friedlich unter sich. **§5** Aristoteles: Ein Löwe hebt das Bein wie ein Hund, wenn er uriniert; wenn er sein Maul aufreißt, strömt ein starker Geruch daraus hervor; wenn er hungrig ist, zieht er mit seinem Schwanz einen weiten Kreis auf die Erde und erschreckt mit seinem Gebrüll <andere> Tiere, und sie wagen es nicht, die von seinem Schwanz gezogene Linie zu überschreiten Nahrung von gestern verschmäht er und wendet sich auch mit Abscheu von den Resten seines Fressens ab. Liber rerum: Einige behaupten, dass der Löwe an seiner eigenen Wut sterbe und innerlich verzehrt werde von feurigem Blut, solange er maßlos wütet. **§6** Der Löwe jagt den Wildesel und hasst ihn von Natur aus. Ein kranker Löwe, wie Ambrosius sagt, sucht einen Affen und frisst ihn, um dadurch gesund werden zu können. Ein Löwe wird durch Trinken von Hundeblut von seiner Krankheit geheilt. Ein Löwe flieht den Stachel eines Skorpions wie einen Feind. Er fürchtet das Knarren von Rädern, aber noch mehr das Feuer. Solinus und Plinius: Bei einem sanftmütigen und friedlichen Löwen steht der Schwanz still, was allerdings selten ist. **§7** Wenn er in Wut gerät, schlägt sein Schwanz auf die Erde, wenn sich sein Zorn steigert, so peitscht er seinen Rücken [mit dem Schwanz]. Ein verwundeter Löwe behält den, der ihn getroffen hat, mit bewundernswerter Konzentration im Auge und fällt ihn in jeder noch so großen Menge an; denjenigen aber, der Pfeile nach ihm schickte, ihn aber nicht verwundet hat, den packt er, schleudert ihn im Kreis herum und wirft ihn zu Boden, doch er verletzt ihn nicht. **§8** Plinius: Das Fleisch des Löwen, und vor allem sein Herz, verschafft denen, die es essen, Hitze, und wird daher denen zur Heilung gegeben, die an übermäßiger Kälte leiden. Seine Knochen sind so hart, dass man aus ihnen Feuer schlägt wie aus einem Feuerstein. Das Fett eines Löwen hilft gegen Gift. Wenn sich ein Mensch mit Wein und Löwenfett eingerieben hat, verjagt er alle wilden Tiere, sogar die Schlangen treibt er in die Flucht. Sein (sc. des Löwen) Fett ist wärmer als das Fett aller <anderen> Vierfüßer. Der Löwe leidet fast ständig am Viertagefieber, und so verlangt er vor allem nach Affenfleisch, um gesund zu werden. Löwenfett mit Rosenöl [vermischt] bewahrt das Gesicht vor Flecken, macht es strahlend weiß und heilt es. **§9** Sein Halsknochen ist aus einem Stück, das Fleisch des Halses aber ist knorpelig und gleichsam wie ein Nerv; daher kann er den Hals nicht vollständig und nicht einmal teilweise nach hinten drehen. Alexander: Der Löwe hat in der Brust und in den Vorderfüßen große Kraft, und auch im Schwanz. Der Löwe wird aber von griechisch „leon“ so benannt, was ‚König’ heißt auf Lateinisch, da er der König der Tiere ist. Der Löwe ist im vorderen Teil von warmer Natur, im hinteren von kalter; so ist die Sonne, wenn sie im Sternzeichen Löwe steht. **§10** Aristoteles: Nur beim Löwen gibt es, außer im Hüftknochen, kein Knochenmark; daher sind seine Knochen härter als die Knochen anderer Tiere, außer denen des Delfins. Sein ganzes Inneres ist wie das Innere eines Hundes. In jedem Sommer fiebert er, im Winter ist er gesund. Ein Löwe bekommt auch Fieber vom Anblick eines Menschen.

1.37 DER LEOPARD (*Leopardus*)

§1 Der Leopard ist ein von Löwe und Pardel gezeugtes Tier, wie Solinus sagt. Ihre Weibchen sind mutiger und stärker als die Männchen. Plinius: Wer einem wütenden Leoparden standhalten will, der soll Knoblauch zwischen seinen Händen zerreiben; sofort wird der Leopard zurückspringen und nicht standhalten, weil er den Geruch von Knoblauch nicht ertragen kann. **§2** Ambrosius: Der von einer inneren Krankheit befallene Leopard trinkt das Blut einer Wildziege und überwindet die Erkrankung. Wenn er etwas Giftiges gefressen hat, sucht er Menschenkot, den er frisst, und er wird gesund. Manchmal werden Leoparden zahm, doch nie so, dass sie ihre Grausamkeit vergessen; dennoch werden sie für die Jagd abgerichtet. **§3** Wenn er also auf die Jagd mitgenommen wird, lässt man ihn auf die Beute los. Wenn er diese beim vierten oder fünften Sprung nicht packen kann, bleibt er außer sich vor Zorn stehen, und wenn der Jäger dem Wütenden nicht sofort ein [totes] Wildtier anbietet, mit dessen Blut er besänftigt wird, so greift er den Jäger an oder wer auch immer ihm in den Weg kommt, weil man ihn nur mit Blut besänftigen kann. **§4** Aber darauf sind sie vorbereitet und haben immer Schafe oder andere Tiere zur Hand, mit denen sie die zornigen Leoparden besänftigen. Manche glauben, dass Leopard und Pardel das gleiche Tier sind, aber mit verschiedenen Namen.

1.38 DIE LAMIA

§1 Die Lamia ist ein großes und sehr grausames Tier, wie der Liber rerum sagt. Nachts verläßt sie die Wälder und dringt in die Gärten ein, bricht Bäume ab und zerstreut ihre Äste, und das tut sie mit ihren überaus starken Armen, die für jede Unternehmung geeignet sind. **§2** Ein von den Zähnen der Lamia zerfleischter Mensch wird von dem Biss nicht geheilt, bis er die Stimme eines brüllenden Tieres hört. Dieses Tier ist sehr wild, dennoch gibt es seinen bettelnden Jungen die Brüste und säugt sie. Noch grausamer als diese wilden Tiere sind die Prälaten, die ihren Schutzbefohlenen das geistliche Brot nicht brechen und diejenigen behindern, die es brechen wollen.

1.39 DER LANZANI

§1 Der Lanzani ist ein sehr grausames Tier, wie Solinus und Jacobus sagen, vor dessen Grausamkeit kein Wildtier sicher sein kann. Denn es erschreckt selbst den

Löwen, wie sie sagen, vor dem sich doch alle fürchten. Es wütet gegen jedes Tier, das nicht seiner Gattung angehört, seine eigene Gattung aber verschont es. **§2** Jene Tiere aber, die die anderen Tiere ausplündern, verfolgt es mit unversöhnlichem Hass, und obwohl es dieses Verbrechen bei anderen verfolgt, erinnert es sich nicht an die eigene Ungerechtigkeit. Den Menschen aber verfolgt es auf bemerkenswerte Weise, und das ist vielleicht von Gott verhängt, dass derjenige, der seiner Natur nach das sanfteste aller Tiere sein sollte, durch die Bosheit lasterhafter Ungerechtigkeit der grausamste ist.

1.40 DER LUCHS (*Linx*)

§1 Der Luchs ist ein Wildtier, das so scharfsichtige Augen hat, dass er feste Körper dank der Schärfe seines Blicks durchdringt, wie Plinius und Jacobus sagen. Er hat eine den Schlangen ähnliche, aber freilich größere Zunge, die er in großer Länge herausstreckt. **§2** Sein Urin soll sich zu einem wertvollen Stein verhärten, der Ligurius genannt wird. Aber aus einer angeborenen Missgunst heraus verbirgt er, soweit er kann, die ausgeschiedene Flüssigkeit, damit eine derartige Ausscheidung nicht in unseren Gebrauch übergeht. Dieser Stein lindert Nierenschmerzen und heilt die Gelbsucht.

1.41 DER WOLF (*Lupus*)

§1 Der Wolf ist ein hinterlistiges und äußerst räuberisches Tier. Am Meer zerreißen sie die zum Trocknen ausgelegten Fischernetze, außer es wurden ihnen an dieser Stelle Fische übriggelassen. Der Experimentator: Der Wolf nimmt Weidenbüschel ins Maul und versteckt sich unter ihnen, um die Ziegen, die zu den Blättern kommen, zu fangen, ohne gesehen zu werden. **§2** Wenn der Wolf zwischen Blättern läuft, leckt er mit seiner Zunge seine Füße und macht sie so schlüpfrig und feucht, um nicht durch das Rascheln bemerkt und von Hunden gehört zu werden. Wenn ein Wolf in einen Schafstall eindringt, begnügt er sich nicht damit, ein Schaf zu erwürgen und seinen Hunger zu stillen, sondern er erwürgt nach Möglichkeit alle. Das Fell eines Wolfes wimmelt von Würmern. **§3** Aristoteles: Nicht nur sein Blut, sondern auch sein Kot hilft gegen das Leiden an einer Kolik. Am Tag ist seine Sehkraft schwach, in der Nacht sieht er schärfer. Plinius: Wenn ein Wolf sich von einem Menschen beobachtet fühlt, legt er seine Wildheit ab; auch läuft er nicht mit kraftvoller Schnelligkeit wie sonst. **§4** Ambrosius: Wenn dich ein Wolf früher sieht [als du ihn], nimmt er dir die Stimme, und wenn du verstummt bist, löse deinen Mantel, um deine Sprache zu lösen. Wenn dich ein Wolf anspringt, verjage ihn mit einem Stein, denn vor dem flieht er. Wenn er dich verfolgt, indem er langsam hinter deinen Rücken schleicht, um dir nachzustellen, dann lege vor seinen Augen ein Zeichen zwischen dich und ihn, und er wird aus Furcht vor einer Falle stehenbleiben. **§5** Kein Tier, das sich von Fleisch ernährt, frisst ungestraft Kräuter außer dem Menschen und dem Bären. Wenn der Wolf die Süße von Menschenfleisch kostet, das wohlschmeckender ist als jedes andere Fleisch, versucht er wiederholt es zu fressen, und von der Süße des Fleisches angelockt fürchtet er keine Gefahr, selbst wenn er den Menschen angreift. **§6** Es ist eine Eigenart der Wölfe Feuer zu fürchten. Die gleiche Medizin hilft beim Biss eines Wolfes wie beim Biss eines tollwütigen Hundes, weil ja Gift von ihnen ausgeht. Wenn ein Wolf durch eine Hecke dringt, weil er den Schafen heimlich nachstellen will, und dabei sein Fuß zufällig ein Geräusch macht, so beißt er sich sogleich selbst in den Fuß, als ob der schuld sei. **§7** Man sagt, das Gehirn des Wolfes nehme zu und ab je nach Mondphase; und wenn dies auch für alle Vierfüßer gilt, so doch am meisten für den Wolf mit Ausnahme des Hundes, bei dem die Natur dasselbe Phänomen zur Ausprägung brachte. **§8** Das verbrannte und zu Asche zerriebene Herz eines Wolfes in ein Getränk gegeben soll Epileptikern helfen, doch nur, wenn der Kranke danach von keinerlei Wollust befleckt wird. Wenn man das Herz des Wolfes trocknet und konserviert, dann wird es sehr aromatisch, wie der Experimentator sagt.

1.42 DER LINSIUS (*Linsius*)

§1 Der Linsius ist ein vierfüßiges Tier aus einer Kreuzung von Hund und Wolf, und zwar mit einer Wölfin als Mutter und einem Hund als Vater.[21] Jedes Elternteil ist nämlich so wollüstig, dass sie, obwohl der natürliche Hass zwischen Hund und Wolf dem widerspricht, aus Freude am Geschlechtsverkehr zur Paarung zusammen kommen und so kommt es, dass das Junge Farbe und Verhalten beider Elternteile annimmt. Sie sind kräftig und sehr scharf.

1.43 DIE LEOCOFANA

§1 Die Leocofana ist ein kleines Tier, wie Solinus und Jacobus sagen[22], das, wenn man es fängt, verbrannt wird, um seine Asche auf die Pfade der Löwen zu streuen. So werden mit der Demut und Vorbild der Bekehrten die Pfade der Hochmütigen bestreut. **§2** Denn die Löwen sterben, wenn sie nur wenig davon berührt haben; daher verfolgen Löwen dieses Tier mit natürlichem Hass und wenn

---

[21] Zu dieser Kreuzung vgl. 1,18 Der Corocrates.

[22] Leontophonos ist sinngemäß „der Löwentöter", Plinius nat. hist. 8,136.

sie es ergriffen haben, zerreißen sie es, aber wenn sie es beißen, gehen die Löwen zugrunde. Die Leocofana aber spritzt dem auf sie zukommenden Löwen ihren Urin entgegen, wohl wissend, dass dieser für den Löwen todbringend ist.

1.44 DER HASE (*Lepus*)

§1 Der Hase geht selten auf Nahrungssuche, außer in der Nacht, da er ein furchtsames Tier ist. Nach dem Zeugnis des Plinius wird er niemals fett. Man sagt, das Wiesel spiele zum Scherz mit dem Hasen, und wenn es sieht, dass der Hase vom Spiel erschöpft ist, packt es ihn mit den Zähnen an der Kehle, beißt kräftig zu und frisst den so Getöteten. **§2** Die auf die Augen gelegte Lunge eines Hasen heilt die Augen, zerrieben aber und aufgestrichen heilt sie wunde Füße. Sein Lab hilft gegen Durchfall. Seine Hinterläufe sind länger; daher kommt es, dass es für ihn leichter ist, einen Berg hinaufzulaufen als hinunter. Er schläft mit offenen Augen. Wenn ein zahmer Hase keine Bewegung hat, wächst auf seinen Nieren Fett und er stirbt.

1.45 DER FISCHOTTER (*Luter*)

§1 Der Fischotter ist ein schlaues und boshaftes Tier, wie der Liber rerum sagt. Er lebt an Teichen und Flüssen und gleicht an Größe und Gestalt einer Katze, außer am Kopf. Mag der Otter auch beträchtliche Zeit unter Wasser leben, so atmet er doch an der Luft. **§2** Daher geschieht es manchmal, dass er in eine Reuse, nämlich ein aus Weidenzweigen geflochtenes Gerät zum Fischfang, eindringt der Beute wegen; da er aber die Beute nicht zurücklassen will und durch die Stelle, durch die er eingedrungen ist, nicht wieder zurück kann, da die Konstruktion einer Reuse genau das verhindert, und da er auch das Gerät nicht so schnell zerreißen kann, muss er während dessen im Wasser ersticken, weil er keinen Atem holen konnte an der Luft. **§3** Manche nennen dieses Gerät „Nassa“. Dieses Wildtier ist von solcher Gier nach Nahrung besessen, dass es die gefangenen Fische in seiner Höhle, in der es sich verbirgt, zu so einem großen Haufen ansammelt, dass es aufgrund des übermäßigen Verwesungsgestanks, der aus den verfaulten Fischen entsteht, nicht nur sein Loch, sondern auch die Luft verpestet. Das hat manch einer, der dieses Tier zu jagen pflegt, nicht ohne Gefahr für sich selbst am eigenen Leib erfahren.

1.46 DIE HEUSCHRECKE (*Locusta*)

§1 Die Locusta ist ein vierfüßiges Tier, wie Jacobus sagt, in den Landstrichen des Ostens, in der Nähe des Jordan; es ist ziemlich klein, aber, wie diejenigen sagen, die das Tier gesehen haben, es hat einen großen fleischigen und essbaren Kopf.

Daher liest man im Evangelium, dass Johannes der Täufer sich ausschließlich vom Fleisch dieser Tiere ernährte. **§2** Das Tier tritt scharenweise auf; daher heißt es in den Sprichwörtern: „Die Locusta hat keinen König, und doch schwärmt sie aus als Ganzes in geordneten Scharen" (Prov 30, 27: *Regem locusta non habet, et egreditur universa per turmas suas*), was man freilich von dem Insekt ‚Locusta' (Heuschrecke) nicht sagen kann, weil jene nicht in Scharen ausschwärmen, sondern einzeln auftreten. **§3** Von diesen Locusten scheint Aristoteles zu sprechen; er sagt nämlich, dass eine Frau eine Locusta fütterte von der Zeit an, als sie klein war und noch jung. Als sie aber herangewachsen war, entdeckte die Frau, dass sie von sich selbst aus und ohne ein Männchen trächtig geworden war. Daran sieht man, dass die Locusta ein vierfüßiges Tier ist und dass das Weibchen bisweilen ohne ein Männchen gebiert.

1.47 DAS MAULTIER (*Mulus*)

§1 Das Maultier ist, wie der Liber rerum sagt, dank seiner Stärke ein hervorragendes Arbeitstier und ist entstanden aus der ehebrecherischen Vermischung der Samen eines Esels und eines Pferdes. Die Fußtritte eines Maultiers verhindert man, indem man ihm wiederholt Wein zu trinken gibt. Aus Esel und Stute entstehen Maultiere, aus Eselin und Pferd der Maulesel.

1.48 DER MOLOSSERHUND (*Molosus*)

§1 Der Molosserhund ist ein wildes, recht großes Tier, wie Adelinus sagt; mag er auch stark und schrecklich sein und furchtlos alle anfallen, die ihm begegnen, so entsetzt es sich doch vor der Unschuld der Kinder und ihrer Schwäche und flüchtet vor ihren Schlägen.

1.49 DAS MOSCHUSTIER (*Musquelibet*)

§1 Das Moschustier ist ein Wildtier aus dem Osten, wie Plinius sagt, von der Größe eines Rehs, in dessen Eingeweide ein Geschwür aus angesammelten Körpersäften wächst. Wenn dieses reif geworden ist, zerdrückt es das Tier und reibt es an einem Baum, und durch das Aufpressen bricht das Geschwür auf und sein Eiter läuft heraus, verdickt und verhärtet sich, und diese Substanz wird Moschus genannt. **§2** Sein ganzes Fleisch und sogar sein Kot wird Moschus genannt; aber der aus dem Geschwür austretende Moschus erlangt seine Kraft, wenn er seinen Geruch verloren hat, in stinkenden Latrinen wieder. Er hilft gegen Ohnmacht und Schwäche von Herz, Gehirn, Leber und Magen.

1.50 DIE KATZE (*Musio*)

§1 Der ‚Mäuser' (*musio*; *mus* ‚Maus') oder ‚Mäusefänger' (*murilegus*) oder die Katze wird griechisch gleichsam der ‚Schlaue' genannt, wie Jacobus sagt. Sie sieht scharf, so dass sie die Mäuse in volkommener Dunkelheit sieht, wie der Experimentator sagt; zur Zeit der Paarung streunt sie gern. Sie kämpfen sehr grausam untereinander, und das recht oft, um die gewohnten Grenzen ihres Jagdreviers zu behalten. **§2** Um ihr Maul herum haben sie lange Haare; wenn sie die verlieren, geht ihnen auch ihre Kühnheit abhanden. Wenn eine zahme Katze zu streunen beginnt, soll man ihr die Ohren amputieren, damit sie an den offenen Stellen ihrer Ohren das Eindringen von Tautropfen oder Regen nicht ertragen kann und daher gezwungen wird, wieder die Dächer des Hauses aufzusuchen. **§3** Gegen ihresgleichen ist die Katze von solcher Liebe erfüllt, dass sie, wenn sie oben am Brunnenrand steht und ihren Schatten im Wasser sieht, willentlich von oben in die Tiefe stürzt, um mit ihresgleichen zusammen zu sein, und so, getäuscht durch ein bloßes Schattenbild, ertrinkt. **§4** Das passiert meistens, wenn das Weibchen ein Männchen sucht und allzu heftig von der Hitze der Brunst erfasst wird, und das besonders bei jüngeren Katzen, die wenig erfahren sind und Gefahren nicht auszuweichen wissen.

1.51 DAS WIESEL (*Mustela*)

§1 Das Wiesel wird im Liber rerum ‚lange Maus' genannt; „telos" nämlich auf Griechisch heißt „lang" im Lateinischen. Es gibt zwei Arten von Wieseln, wie Isidor sagt: größere und ein kleinere, die ‚Ictide' heißt*. Wenn es mit einer Schlange kämpfen will, bewaffnet es sich mit Feldraute. Es verfolgt Mäuse und Schlangen. **§2** Solinus aber sagt, dass es den Basilisken tötet, der allein mit seinem Blick Menschen, mit seinem Atem aber die anderen Tiere tötet. Die Wiesel aber sterben, sobald sie den Basilisken getötet haben. Die Galle des Wiesels ist ein Heilmittel gegen die Natter, alles übrige ist giftig, wie Plinius sagt. **§3** In den Häusern, wo es seinen Wurf großzieht, verlegt das Wiesel seine Jungen oft von einem Platz an den andern, damit sie nicht gefunden werden. Es ist ein kundiger Mäusejäger; auch rächt es prompt jedes Unrecht, das ihm zugefügt wurde.

1.52 DIE MÄUSE (*Mus*)

§1 Der Geruch von Mäusen quält die Elefanten. Aristoteles: Wenn eine Maus Wasser trinkt, stirbt sie, weil sie von sehr feuchter Natur ist. Und merke, dass Plinius sagt, es sei die Libysche Maus, die nicht trinkt, nicht etwa jede Maus im allgemeinen. **§2** Mäusekot führt sehr stark ab, und daher nehmen ihn die Landstreicher als *Medizin. Wenn eine Maus sehr viele Käse an einem Ort findet, probiert sie alle durch und den sie am besten findet, frisst sie auf. Mäuse quieken bei Vollmond, bei Neumond sind sie stumm, wie Plinius sagt. **§3** Diese Tierchen sind schädlich, wenn sie in Brunst geraten, so dass ihr Urin, wenn er die nackte Haut eines Menschen berührt, dessen Fleisch *bis auf die Knochen faulen lässt, - eine offene Wunde, die von nun an nicht mehr verheilt. **§4** Den Mäusen wächst bei Vollmond die Leber, wie Isidor sagt; so wie auch manche Meerestiere wachsen, wie die Muscheln, die dann bei abnehmendem Mond wieder kleiner werden.

1.53 DER WILDESEL (*Onager*)

§1 Onager wird mit ‚Wildesel' übersetzt. Dieser schreit am fünfzehnten Tag des Märzes zwölfmal in der Nacht und ebenso oft am Tage, wie Isidor sagt; daran erkennt man, dass Tag- und Nachtgleiche ist. Wenn junge Hengste geboren werden, werden die Väter eifersüchtig und beißen ihnen die Hoden ab, wie Solinus sagt; da die Stuten dies befürchten, gebären sie an geheimen Orten und verstecken ihre Jungen. **§2** Die Wildeselstuten sind sexuell sehr aktiv und da sie kein Maß für ihre Triebhaftigkeit respektieren, werden sie deswegen von den Hengsten oft gehasst. Und dasselbe beobachten wir bei den Menschen, nämlich dass Ehefrauen von den Männern gehasst werden, wenn diese allzu ungeduldig zur Wollust gedrängt werden. **§3** Wird der Wildesel von Hunden verfolgt, setzt er mit natürlicher Geschäftigkeit seinen Kot ab, den die Hunde gerne riechen; während die Hunde damit beschäftigt sind, täuscht er sie, entkommt und flieht an sicherere Orte. **§4** Männliche Wildesel, die keine Stute haben, steigen zur Paarungszeit auf die Gipfel der Berge, und, brennend vor sinnlicher Begierde, ziehen sie mit den Nüstern den Wind ein und schreien so heftig, dass sie die anderen Tiere mit ihrem Geschrei erschrecken.

1.54 DER ONOCENTAURUS[23]

§1 Der Onozentauer ist ein Wundertier, wie die Leute sagen, nämlich von Natur zweigestaltig, das den Kopf eines Esels, aber den Körper eines Menschen hat. Andere wollen, dass er halb Mensch, halb Esel ist. Sein oberer Teil nämlich vom Nabel nach oben ist der eines Menschen, der untere aber der eines Esels.

[23] Eine Affenart.

1.55 DAS SCHAF (*Ovis*)

§1 Das Schaf ist ein bekanntes Tier. Die Hirten machen eine Probe, welche ihrer Schafe den Winter überstehen können, wie Aristoteles sagt. Sie spritzen Eiswasser auf ihre Schwänze. Ein Schaf, das dieses abschüttelt, ist stark, welches es aber nicht abschüttelt, ist schwach. Das Schaf ist weniger intelligent als andere Vierfüßer. **§2** Ein krankes Schaf steckt die anderen leicht an und muss deswegen schnell ausgestoßen bzw. von den anderen getrennt werden. Für den Widder ist es natürlich, dass er die Lämmer verschmäht und sich zu den älteren hingezogen fühlt. Seine Kampflust wird gebändigt, indem man sein Horn auf der Höhe des Ohres durchbohrt*. Donner bewirkt bei einzeln lebenden Schafen Fehlgeburten; gegen Donner hilft es, sie zu einer Herde zu versammeln. **§3** Schafe werden fett, wenn sie viel Wasser trinken, und besonders, wenn sie trübes Wasser nach dem Mittag trinken. Und daher geben ihnen manche Hirten Salz in ihr Fressen, damit sie noch mehr trinken und noch mehr Milch geben. Aristoteles: Schafe werden durch Fett unfruchtbar. Die Milch schwarzer Schafe fließt reichlicher und ist besser, aber bei den Ziegen ist es genau umgekehrt. **§4** Ambrosius: Unersättlich rupft das Schaf Kräuter ab, weil es den kommenden harten Winter im Voraus fühlt, um sich an Grünfutter zu sättigen, bevor jedes Kraut unter der schneidenden Kälte verdorrt. Wenn sie auf trockenes Weideland gebracht werden, leben Schafe länger; wenn sie oft an sumpfigen Orten weiden, können sie nicht lange leben. **§5** Ein Schaf lässt sich nur schwer aus einem brennenden Haus treiben, und wenn es, einmal hinausgetrieben, nicht mit Gewalt festgehalten wird, läuft es wieder ins Feuer zurück. Wenn junge Schafe sich zur Paarung drängen, ist das ein sehr schlechtes Zeichen, und bedeutet, dass sie von einer Seuche befallen sind. Aristoteles: Schafe, die salziges Wasser trinken, paaren sich vor der Zeit. **§6** Schafe, die gegen den Nordwind geschwängert werden, werfen Böckchen, die gegen den Südwind, Weibchen. Wenn die Adern unter der Zunge eines Schafes weiß sind, wird es weiße Lämmer werfen, wenn sie schwarz sind, schwarze, wenn sie rot sind, rote, wenn sie zweifarbig sind, zweifarbige. **§7** Derselbe: Wenn Schafe an den Nieren sehr fett werden, sterben sie. Schafe werden von klarem Wasser fett. Ebenso: Weide und Bewegung am Ende des Tages hilft den Schafen. Isidor sagt, dass der Widder einen Wurm im Kopf hat und daher seinen Kopf wegen des Juckreizes schüttelt. **§8** Wie der Experimentator sagt, liegt er (sc. der Wurm) ein halbes Jahr auf der einen Seite und ein halbes Jahr auf der anderen. Man sagt, das Schafe schnell sterben, wenn im Mai oder später Honigtau auf das Gras fällt und wenn sie sich im August mit Ähren überfressen. **§9** Michael Scotus: Lammfleisch ist für Starke und Gesunde sehr gesund, aber für Kranke ungesund. Isidor: Das Lamm (lat. *Agnus*) hat seinen Namen vom Erkennen (lat. *agnoscere*), weil es besser als andere Tiere seine Mutter erkennt – in einer großen Herde nämlich erkennt es das Blöken seiner Mutter – oder von griechisch „(h)agnon“, was ‚rein’ heißt. **§10** Aristoteles: Die Wolle der vom Wolf gefressenen Schafe enthält, wenn sie verwebt wird, mehr Läuse. Alexander: Aus der Haut eines toten Schafes wird niemals gutes Pergament, auch nicht aus dicker Haut.

1.56 DIE PARDEL (*Pardus*)

§1 Die Pardel sind wilde Tiere, wie Jacobus sagt, und gehören zur Gattung der Panther, die durch die Buntheit ihrer Flecken auffallen. Solinus: In Afrika versammeln sich wegen des Wassermangels unterschiedliche wilde Tiere an den Flüssen, wo sich die Löwinnen mit verschiedenen wilden Tieren paaren, gewaltsam oder aus Begierde, und so, heißt es, würden die Pardel entstehen. **§2** Der Pardel ist wild und sehr angriffslustig und hat einen zu seinem Temperament passenden Körper, d.h. verschiedenfarbig.

1.57 DER PANTHER (*Panthera*)

§1 Der Panther ist ein buntgefärbtes Tier, wie Solinus sagt, wunderschön anzusehen, mit zierlichen Kringeln über und über bemalt, so dass sie wie Augen aus dem gelben Grund hervorleuchten und sich bei diesen Kreisen eine Schwankung des Farbtons ins Schwarzblaue oder ins Weiße unterscheiden lässt. **§2** Dieses Tier ist sehr sanft, zum Feind aber hat es nur den Drachen. Wenn es gefressen hat und satt ist von mancherlei Nahrung, zieht es sich in seine Höhle zurück und schläft, wie der Physiologus sagt. Nach drei Tagen erhebt es sich sodann aus dem Schlaf und stößt ein Brüllen aus. **§3** Wenn aber die anderen wilden Tiere seinen Ruf hören, versammeln sie sich und folgen der Süße, die aus seinem Maul strömt, erschrecken sich aber vor seinem wilden Gesichtsausdruck. Deshalb verbirgt der Panther sein Gesicht und fängt seine Gäste mit dem weiter bestehenden süßen Duft. **§4** Dieses wilde Tier gebiert nur einmal, wie Isidor sagt. Denn die Jungen, die die vorgesehene Geburtsstunde nicht abwarten, zerfleischen mit ihren Krallen die Gebärmutter; und machen ihre Mutter, die nahezu halbtot bleibt, gebärunfähig. **§5** Denn Tiere mit scharfen Krallen können oft nicht gebären, wie Plinius sagt; sie werden nämlich inwendig von den sich bewegenden Jungen verletzt. Eine Überlieferung berichtet von einem mondähnlichen Fleck auf der Schulter des Panthers, der manchmal rund anwächst und sich mit den Mondphasen verändert. Nur der Drache fürchtet seine Stimme.

1.58 DER PILOSUS

§1 Der Pilosus ist ein Tier, wie die Glosse zu Jesaja sagt, das oben in der Gestalt eines Menschen beginnt, aber unten mit den Füßen eines Tieres aufhört. Dieses wilde Tier definiert Hieronymus im „Leben des Eremiten Paulus“ als ein Wesen, das oben ein Mensch ist, mit einer von Hörnern gehärteten Stirn, und mit Ziegenfüßen endet; man nenne sie Satyrn oder Faune oder Incubi, das sind Albträume verursachende Dämonen.

1.59 DER ILTIS (*Putorius*)

§1 Der Iltis ist ein Tier, das seinen Namen nach dem Gestank hat, weil es übermäßig stinkt und zwar am allermeisten, wenn es zornig ist, wie der Liber rerum sagt. Wie der Dachs hat es auf der linken Seite kürzere Beine als auf der rechten. Er ist verrückt nach Hühnern und ihren Küken. Er lebt nämlich ausschließlich von Geflügelfleisch und wohnt in den Dachstühlen und Innenräumen von Häusern.

1.60 DAS EICHHÖRNCHEN (*Pyrolus*)

§1 Das Eichhörnchen ist ein kleines Wildtier, wie der Liber rerum sagt, größer, aber nicht länger als ein Wiesel, am Körper ist es rot und am Bauch weiß; es hat einen buschigen Schwanz fast so groß wie es selbst. **§2** Wenn dieses Tier auf Nahrungssuche sein Revier wechselt und ein Gewässer überqueren muss, trägt es ein leichtes Holzstück auf das Wasser, auf das es sich setzt, und streckt seinen Schwanz wie das Segel eines Schiffes in die Höhe und, wenn der Wind günstig weht, setzt es mit Hilfe seines Schwanzes auf dem Holzstück segelnd über.

1.61 DER AFFE (*Symia*)

§1 Der Affe ist ein Wildtier mit dichtem Pelz, wie Isidor sagt, das nahezu alle Glieder wie ein Mensch geformt hat. Er kennt die Elemente, bei Neumond freut er sich, in der mittleren und in der letzten Mondphase aber ist er traurig. Solinus: Affen haben einen stärker ausgebildeten Geschmack als die anderen Tiere. Sie sind ständig in Bewegung, und sehr bissig; auch sind sie nie so zahm, dass sie nicht wütend werden könnten. **§2** Wie der Experimentator sagt, liebt er es sehr, sich zu schmücken. Daher zieht er Handschuhe und Schuhe an, die man ihm als Falle in den Weg stellt, wenn er gefangen werden soll. Seinen Herrn erkennt er wieder, auch wenn er nach vielen Jahren zurückkehrt. Gern spielt er mit Kindern und würgt sie, wenn sich eine Gelegenheit ergibt. **§3** Er frisst gern Äpfel und Nüsse, aber wenn er unter ihnen eine bittere Schale findet, wirft er die Schale zusammen mit der Nuss weg und verzichtet auf das Süße wegen des Bitteren, und das ist töricht, wie Boethius im „Trost <der Philosophie>" sagt, weil es in Jupiters Tempel zwei Fässer gibt, eines voll Wermut, das andere aber voll süßem Honig. **§4** Unter der Bedingung nämlich muss man unter Jupiter leben, dass die Ursachen für Schmerz und die für Freude denselben Ursprung haben. Wer ihm Leid zugefügt hat, gegen den hegt er lange Groll; ganz besondere Liebe hat er zu seinem Nachwuchs. Seine Jungen, die von zahmen Affen in den Häusern geboren werden, zeigt er allen und freut sich, wenn man sie in die Hand nimmt. **§5** Mögen Affen auch äußerlich dem Menschen fast gleich sein, so haben sie doch innerlich keine Übereinstimmung mit dem Menschen, ja in noch in geringerem Maße als irgendein anderes Tier, wie Aristoteles sagt. Im Vergleich zum menschlichen Körper fehlt ihm ein Bauchnabel. Die Gebärmutter des Affen ist wie die einer Frau, und die Rute eines Männchens wie die eines Hundes.

1.62 DER STIER (*Thaurus*)

§1 Der Stier ist ein kraftvolles Tier und sanftmütig unter allen Herdentieren außer gegen die Raubtiere, die den anderen Tieren nachstellen, wie der Liber rerum sagt. Wenn sie kämpfen, strecken sie ihre Zunge heraus, mit den Zähnen tun sie nichts; denn ihre Zähne erregen keinen Schrecken. **§2** Wenn sie Kräuter abweiden, schaden sie den Wurzeln nicht, sondern nehmen nur das, was aus der Erde herausschaut. Je älter Stiere sind, umso zarteres Fleisch haben sie, wenn sie gemästet wurden. Alle Weibchen haben eine feinere und höhere Stimme als die Männchen außer bei den Rindern, bei denen es umgekehrt ist. **§3** Unter den Zugochsen gibt es eine besondere Zuneigung zu ihren Genossen, wie Isidor sagt; denn der eine sucht den anderen, mit dem er gewöhnlich den Pflug gezogen hat, und durch wiederholtes Muhen bezeugt er seine Sympathie, wenn dieser schon verstorben ist. Durch häufiges Waschen mit warmem Wasser sollen sie fett werden. Das Rind hat stärkere und härtere Herznerven als die übrigen Tiere; der Stier aber hat noch stärkere. **§4** Rindfleisch macht dickes, trübes Blut voll Melancholie; es ist schwer verdaulich, außer [man isst es] mit starkem Wein und Knoblauch. Alexander: Rinder haben gelernt, sich bei drohendem Regen in der Nähe des Futtertrogs aufzuhalten. Will man männliche Nachkommen haben, so versichern die Griechen, dass der linke Hoden des Stiers bei der Paarung abgebunden werden müsse, will man weibliche haben, der rechte. **§5** Wenn einem Stier das Ende naht, stirbt er schnell und siecht nicht in langer Krankheit dahin. Dasselbe sehen wir bei den Bauersleuten, die ihr

Leben ohne jeden verzärtelnden Genuss, sondern mit täglicher Arbeit verbracht haben. Die Hörner der Kuh sind härter als die der Stiere. Wie Basilius der Große sagt, ist ein Trunk Stierblut tödlich. **§6** Warmes Stierblut heilt gebrochene Knochen. Mit Honig vermischte Rindergalle zieht einen Dorn oder einen Holz- oder Eisensplitter heraus. Der Philosoph: Wenn man einen wilden Stier an einen Feigenbaum bindet, so wird er zahm.

1.63 DER BOCKSHIRSCH (*Tragelaphus*)

§1 Der Bockshirsch ist ein gemäß der Bibel unreines Tier. Wie Isidor sagt, hat er in vielem das Aussehen eines Hirsches, zottige Schultern wie der Ziegenbock und ein Kinn mit dem Bart des Ziegenbockes. Er hat einen wehrhaften Kopf mit verzweigten Hörnern und ist in der Lage, dank seiner Stärke und seiner Waffen allen Unbill zu vertreiben und sich unverletzt vor seinen Feinden zu schützen.

1.64 DER MAULWURF (*Talpa*)

§1 Der Maulwurf ist ein kleines, schwarzes und blindes Tier, wie der Liber rerum und die Glosse sagen. Das entsteht aus durchfeuchteter und morastiger, jedoch verdorbener Erde, wie die Glosse sagt. Dementsprechend wohnt es in der Erde und lebt von der Nahrung der Würmer (d.h. von der Erde). **§2** Liber rerum: Manchmal kommt es aus der Erde heraus, von brennendem Durst getrieben, aber weil es blind ist, vermag es nicht zu der Stelle zurückzukehren, von wo es herausgekommen ist. Wenn es Hunger hat, frisst es Erde. Ein zu Pulver verbrannter und mit Eiweiß auf das Gesicht aufgetragener Maulwurf ist ein Heilmittel gegen Lepra. Wenn man das Blut eines getöteten Maulwurfs auf einen von Haaren entblößten Kopf streicht, so sollen davon die Haare wieder wachsen.

1.65 DER TIGER (*Tigris*)

§1 Der Tiger ist ein wildes Tier, mit verschiedenfarbigen Flecken gezeichnet und bewundernswert wegen seiner Tapferkeit und Schnelligkeit; nach ihm wird der Fluss Tigris benannt. Sie werden in Hyrkanien geboren. **§2** Die „Geschichte Jerusalems“: Sie sind aber sehr grausam und rasen mit unvergleichlicher Wut, besonders, wenn sie die Jäger verfolgen, die ihnen ihre Jungen weggenommen haben; diese könnten kaum entkommen, wenn sie nicht gläserne Schilde und gläserne Kugeln auf den Weg werfen würden, in denen die Tiere wie in Spiegeln das eigene Bild sehen und, in der Meinung, ihre Jungen gefunden zu haben, innehalten, und das bloße Glas umarmen und küssen und schließlich mit den Füßen [auf die Spiegel] treten und auf ihnen herumscharren und doch nichts finden. **§3** In der Zwischenzeit aber entfliehen die Jäger. Aristoteles: Das Tier (sc. der Tiger) ist dem Stier in vielerlei ähnlich und neigt ein wenig zum Rötlichen. Sein Fleisch ist süß, deswegen wird es auch gefangen.

1.66 DAS EINHORN (*Unicornis*)

§1 Das Einhorn ist, wie Isidor sagt, im Verhältnis zu seiner Körperkraft ein kleines Tier. Im Verhältnis zu seiner Größe hat es kurze Beine. Es ist ausgesprochen wild, so dass es von keinem Jäger mit Gewalt gefangen werden kann. **§2** Aber nach Jacobus und Isidor fängt man es auf folgende Weise: Man bringt ein jungfräuliches Mädchen in den Wald und lässt es dort alleine zurück. Wenn das Einhorn herbeikommt, lässt es all seine Wildheit fahren und verehrt an der Jungfrau die Reinheit eines keuschen Körpers; es legt seinen Kopf in den sich öffnenden Schoß des Mädchens und vom Schlaf überwältigt und wehrlos wird es ergriffen und von den Jägern getötet oder im königlichen Palast zur Schau gestellt. **§3** Zum ersten Mal stellte Pompeius der Große in Rom ein solches Tier zur Schau, wie Plinius sagt. Dieses grausame Tier bezeichnet Christus, der vor seiner Fleischwerdung im Himmel wütete und die Engel wegen ihres Hochmutes bestrafte, auf Erden die Menschen wegen ihres Ungehorsams wie Adam, wegen ihrer Wollust wie die Sodomiter, wegen ihrer Völlerei wie die Söhne Israels. Da niemand dagegen vorzugehen wagte, ruft Ysaias aus: “Niemanden gibt es”, sagt er, “der aufsteht und an dir festhält” (Is 64, 7: *Non est ... qui consurgat et teneat te*). **§4** Diesen fing Maria gleichsam in der Wüste der Welt, als der Sohn Gottes, angelockt von der unvergleichlichen keuschen Schönheit der glorreichen Jungfrau, in ihren mütterlichen Schoß eindrang und durch sie Mensch geworden einen Körper erhielt, in dem er von den Juden wie von den grausamsten Jägern ergriffen und getötet wurde und sodann auferstand und zum Himmel auffuhr zum Palast des himmlischen Reiches und zur Rechten des Vaters sitzt, im Angesicht aller Heiligen*.

1.67 DER BÄR (*Ursus*)

§1 Der Bär ist ein sehr wildes Tier und von ungeschlachtem Aussehen; wenn er gehäutet ist, hat er Glieder* fast wie ein Mensch. Seine Kraft ist am größten in den Armen und den Lenden, er hat aber einen kraftlosen und schwächlichen Kopf. Ambrosius: Die Bärin gebiert am dreißigsten Tag nach der Empfängnis ein unreifes Junges, wenig größer als eine Maus. **§2** Wie Plinius sagt, leckt sie das

Fleisch, das sie geboren hat, und lässt dem Jungen durch Hegen und Formen Gliedmaßen wachsen. An dem Jungen selbst ist, wenn es geboren wird, kein Glied sichtbar außer den Umrissen der Krallen. Plinius: Bären kopulieren nicht wie die anderen Vierfüßer, sondern wie Menschen. **§3** Solinus: Die Männchen verehren in geheimer Ehrfurcht die trächtigen Bärinnen. Nichts ist seltener zu sehen als eine Bärin während der Geburt. Die Bärenweibchen sind stärker und mutiger als die Männchen, wie es auch in der Gattung der Leoparden der Fall ist; sie werden schneller zahm und sind klüger. **§4** Ein Bär frisst Krebse und Ameisen als Medizin; gekochtes Bärenfleisch scheint zu wachsen, wie Plinius sagt, was sonst kein anderes Fleisch tut. Der Bär ist so verpestet, dass kein wildes Tier etwas anrührt, das von seinem Atem* verseucht wurde, und alles Angeblasene schneller verfault. **§5** Wenn ein Bär gefangen wird und nicht auf des Menschen Kommando zahm wird, wird er mit glühendem Erz geblendet. Wenn er nämlich auf das glühende Erz schaut, verliert er seine Sehkraft fast ohne es zu bemerken. Er kann kaum stillstehen, so dass er von einem Fuß auf den anderen tritt. Unter nahezu allen Lebewesen der Erde wächst ein Bär beständig, solange er lebt. **§6** Solinus: Ein Bär hat es auf Bienenkörbe abgesehen; am meisten nämlich verlangt es ihn nach Honigwaben und er greift nach nichts gieriger als nach Honig. Daher besprengen die Bärenjäger nach Aushebung einer Grube, in die der Bär fallen soll, um ihn dort zu fangen und zu töten, den Weg zur Grube mit Honig, damit er der Honigspur folgt und [Honig] leckend am Ende in die Grube fällt.

1.68 DER FUCHS (*Vulpes*)

§1 Der Fuchs sucht bei drohender Todesgefahr eine Fichte, wie Ambrosius sagt, und frisst die Harztropfen, die aus dem Fichtenstamm herausquellen, und gewinnt so seine Gesundheit wieder und verlängert seine Lebensspanne. **§2** Der Experimentator sagt, dass Füchse selbst keine Höhlen graben, sondern ein Wildtier, das wir Dachs nennen. Wenn der Dachs nämlich eine Schlafhöhle gegraben hat, entleert der hinterlistige Fuchs am Eingang der Grube seinen Bauch von Kot, damit die Höhle vom Gestank der fauligen Entleerung besudelt ihren Reiz verliert; diesen Gestank verabscheut der Dachs auf das Entschiedenste und verläßt den Ort und so nimmt ihn das listige Tier in seinen Besitz. **§3** Der Experimentator sagt, dass der Fuchs ein stinkendes Maul hat und auch an seinem Hinterteil stinkt. Er stellt besonders den Nutztieren nach. Wenn das Fleisch eines Fuchses verbrannt wird, hilft sein Pulver mit Wein eingenommen Asthmatikern. Sein ausgelassenes Fett* hilft gut bei Ohrenschmerzen. Wenn ein Fuchs Mandeln gefressen hat, soll er angeblich sterben. **§4** Im Sommer leidet er an einer Überhitzung der Leber. Er stellt sich auch tot, wenn er Hunger hat und nichts zum Fressen findet, und hält, auf dem Rücken liegend, den Atem an, wobei ihm die Zunge aus dem Maul hängt. Wenn sich dann unvorsichtige Vögel auf ihm niederlassen wie auf einem Stück Aas, packt er sie mit seinem geöffneten Maul und verschlingt sie. **§5** Nach Isidor heißt der Fuchs (*vulpes*) gleichsam ‚Wankel-Fuß' (*volu-pes*); er bewegt sich nämlich auf schwankenden Füßen und läuft nie auf geraden, sondern auf verschlungenen Pfaden. Manchmal entkommt er den Hunden, indem er sich durch ähnliches Gebell als Hund unter Hunden ausgibt, und indem er sich an einem Zweig hochzieht und die Hunde in die Irre führt. **§6** Selbst wenn er in einem Fußeisen gefangen wurde, trennt er manchmal mit einem Biss seinen Fuß ab, um noch auf diese Weise zu entkommen. Wenn aber keine Flucht möglich ist, stellt er sich tot, um, sobald er aus der Falle gezogen wurde, die Flucht zu ergreifen. Manchmal täuscht er auch aus Hunger den Tod vor und packt und verschlingt so die Vögel, die sich auf dem [angeblichen] Kadaver niederlassen.

2 DIE VÖGEL

2.0 ALLGEMEINE ABHANDLUNG VON DEN VÖGELN

§1 Jeder Vogel, der gut d.h. schnell fliegt, ist schlecht zu Fuß, d.h. hat schwache Füße, wie die Schwalbe und ähnliche Vögel. Vögel von kleiner Statur singen mehr als Vögel von großer Statur, und zwar zur Paarungszeit. **§2** Jedes gefiederte Tier, das gekrümmte Krallen hat, fliegt gut, und jedes gefiederte Tier, das am Bein eine Kralle hat wie der Haushahn, fliegt schlecht und kraftlos. Jeder Vogel mit gekrümmten Klauen lebt von Fleisch, die anderen aber ernähren sich von Früchten, Insekten und Schlangen. **§3** Aristoteles: Vögel, die Fleisch fressen, legen nur einmal im Jahr Eier mit Ausnahme der Schwalben, die zweimal Eier legen. Derselbe: Man erkennt am schlechten Zustand der Flügel, dass ein Vogel krank ist. Derselbe: In der Regel leben männliche Vögel länger als weibliche. Derselbe: Wenn Vögel miteinander kämpfen, legen sie <danach> wilden Oregano auf die Wunden. **§4** Raubvögel sind cholerischer Natur und daher von sehr warmer Komplexion. Wieder (Aristoteles): Alle Vögel mit gekrümmten Klauen bedrängen ihre Jungen und werfen sie aus dem Nest, wenn sie sehen, dass sie fliegen können, und wenn sie ausgewachsen sind, kümmern sie sich nicht mehr um sie mit Ausnahme der Krähe, die noch für lange Zeit ihre Jungen im Sinn hat. **§5** Jeder Greifvogel frisst Fleisch. Jeder Vogel, der Beute jagt, jagt sie bei einer anderen Gattung als seiner eigenen Art, und darin unterscheiden sie sich von den Fischen. Nur dem Sperber fehlt dieser die eigene Art verschonende Instinkt. Das Fleisch von Vögeln, die Fleisch fressen, ist wohlschmeckender als anderes Fleisch, es sei denn etwas Außergewöhnliches in ihrer Natur steht dem entgegen. **§6** Alle Vogeljungen haben einen länglich geformten Bauch, wenn sie klein sind, und wenn sie größer werden, verkürzt sich ihre Leibesmitte. Vögel fallen nicht über einen stinkenden Kadaver her, nur über einen, der gut riecht. Männliche Vögel leben in der Regel länger als weibliche, und zwar deswegen, weil die Weibchen durch das Brutgeschäft oft bis zur tödlichen Erschöpfung geschwächt werden. **§7** Kein Vogel besitzt eine Harnblase, weil sie nur wenig trinken, vor allem aber deswegen, weil bei allen Vögeln aus dem überschüssigen Wasser Federn gebildet werden. Jeder Vogel mit langen Beinen hat einen langen Hals; sind die Beine kurz, ist auch der Hals kurz, mit Ausnahme bei den Vögeln, die zwischen den Zehen eine Schwimmhaut haben, wie die Gans. **§8** Kleine Vögel sind fruchtbarer als größere. Eier sollen so große Kraft haben, dass ein mit Ei bestrichenes Holzstück nicht brennt und nicht einmal ein Gewand, das in seine Nähe kommt. Auch sollen sich Glasstücke zusammenleimen, wenn man Kalk untermischt. Diese beiden Aussagen stammen von Isidor, aber wir haben beträchtliche Zweifel. **§9** Vögel, die sehr viele Junge haben, brüten ganz im Verborgenen. Je größer aber ein Tier ist, umso länger wird es im Mutterleib ausgeformt. Alle Vögel mit gekrümmten Klauen haben eine stromlinienförmige Brust, die bedeutet ‚aufbewahrten' Zorn, und sie zerteilen schnell die Luft, das bedeutet einen Menschen mit himmlischem Lebenswandel.

2.1 DER ADLER (*Aquila*)

§1 Der Adler ist der vornehmste Vogel, nämlich der König der Vögel, wie Augustinus sagt. Er ist ein großer Räuber und lebt von Fleisch. Seine Augen haben einen so scharfen und festen Blick, dass er, ohne zur Abkehr seines Blicks gezwungen zu werden, in die Strahlen der Sonne schauen kann; daher sitzt er gern der Sonne zugewandt. **§2** Er hebt seine Jungen mit den Krallen hoch und hält sie den Strahlen der Sonne entgegen. Die er den Blick unbeweglich halten sieht, die hegt er als würdige Vertreter seiner Art und füttert sie; die er aber den Blick abwenden sieht, verstößt er, so als ob sie nicht zu ihm gehörten. Wenn ein Adler vom hohen Alter geschwächt ist, so fliegt er dort, wo er eine eiskalte Quelle findet, in die Höhe und steigt über alle Wolken auf; so spricht Adelinus. Von der Hitze der nahen Sonne aber wird der dunkle Schleier vor seinen Augen verzehrt und er stößt jäh herab in ihrer glühenden Hitze und taucht dreimal unter in das eiskalte Wasser; sodann taucht er auf und sucht sogleich sein Nest auf. Unter seinen Jungen, die schon kräftig sind für den Beutefang, wie vom Fieber befallen durch den jähen Wechsel von Kälte und Hitze, entledigt er sich unter Schweiß seiner Federn, und wird von seinen Jungen gewärmt und genährt, bis er seine Flaumfedern und Flugfedern wiedererlangt und erneuert hat. **§4** Augustinus: Auch schlägt er seinen Schnabel, wenn sich an ihm eine unförmige hakenartige Krümmung bildet, so dass er nur mit Mühe seine Nahrung aufnehmen kann, instinktiv gegen einen Stein und durch die schlagende Bewegung ebnet er den Haken ein und verleiht dem Schnabel wieder seine Funktion der Nahrungsaufnahme. Die Jungen der Adler mucksen sich nicht. **§5** Jacobus: Er hat den Stein Echites in seinem Nest oder, wie einige meinen, den für viele Heilmittel nützlichen Gagates. Dieser Stein, gleichsam schwanger, birgt in sich einen <anderen> kleinen Stein wie einen in seinem Inneren klappernden Fötus. **§6** Man sagt, der Adler habe diesen Stein in seinem Nest gegen die übergroße Hitze, die ihm von Natur aus eigen ist, damit seine Eier durch die übergroße Hitze nicht gekocht werden und verderben; dem Stein Echites kann nämlich die Hitze des Feuers nicht schaden. Andere sagen auch, dass er zwei wertvolle Steine mit Namen Indes in sein Nest legt, ohne die der Adler nicht brüten kann, wie der Experimentator berichtet. **§7** Der Adler teilt seine Beute mit anderen Vögeln und duldet, das sie zusammen mit ihm fressen. Aber sie sollen sich in

Acht nehmen: Wenn ihm das vorhandene Fressen nicht genügt, packt er einen der am Mahl teilnehmenden Vögel und frisst ihn auf. Die Krähe verfolgt manchmal den Adler, und auch wenn der Adler lange so tut, als ob er sie nicht bemerke, ergreift er am Ende doch die Krähe mit seinen Krallen. **§8** Mischt man Adlerfedern mit den Federn anderer Vögel, so erweisen sie sich, gleichsam von natürlichem Instinkt abgestoßen, als unverträglich und verderben die letzteren, wie Plinius sagt. Der rechte Fuß des Adlers ist größer als sein linker. Er lässt seine Jungen auf seine Schultern steigen, um sie zum Fliegen zu ermuntern. **§9** Alle edlen Vögel erschrecken beim Anblick des Adlers, sie verlieren an diesem Tag ihren Mut und können nicht leicht auf Beute ausfliegen. Nur vom Gerfalken sagt die Glosse, dass er den Adler fängt. Alexander: Der Adler, heißt es, hemmt allein durch seinen herrischen Schrei den Flug anderer Vögel. **§10** Tagelanges Fasten gleicht er durch die Aufnahme einer großen Nahrungsmenge wieder aus, gewissenhaft lehrt er seine Jungen das Fliegen. Wenn er Nachstellungen durch Bogenschützen fürchtet, bringt er seine Jungen in Sicherheit, indem er sie sich auf den Rücken setzt und er positioniert seinen eigenen Körper wie einen Schild zwischen sie und den Schützen, um, wenn es notwendig ist, den Schuß abzufangen, wie Gamaliel sagt. **§11** Wenn eine tödliche Viehseuche herrscht und [der Adler] sich nach dem Verzehr eines einzigen Kadavers wieder erholt, soll das der Grund sein, weshalb diese Epidemie zum Stillstand kommt.

2.2 DIE HARPYE (*Arpia*)

§1 Die Harpye ist ein Vogel in fernen Teilen der Welt an einem Ort, der Strapedes genannt wird, abgeschieden am Ionischen Meer, wie Adelinus sagt. Rasend vor Hunger ist sie immer nahezu unersättlich. Sie hat gekrümmte Klauen, stets bereit zum Reißen und Rauben. **§2** Sie hat zwar ein menschliches Gesicht, aber nichts von menschlicher Tugend. Denn sie wütet in ihrer Wildheit über <jedes> menschliche Maß hinaus. Man sagt, sie töte den ersten Menschen, dessen sie ansichtig wird in der Wüste. **§3** Sodann, wenn sie zufällig Wasser findet und ihr Gesicht im Wasserspiegel betrachtet, erkennt sie, dass sie mit dem Menschen ihresgleichen getötet hat und und verfällt in maßlose Trauer, manchmal bis zu ihrem Tod, und weint den Rest ihres Lebens. Manchmal wir dieser Vogel gezähmt und spricht dann mit angelernter menschlicher Stimme, es fehlt ihm aber die Vernunft.

2.3 DER REIHER (*Ardea*)

§1 Der Reiher (*ardea*) ist ein Vogel, wie Jacobus, Isidor und Ambrosius sagen, der gleichsam „hoch hinaus“ (*ardua*) genannt wird, aufgrund seines hohen Flugs. Er fürchtet nämlich Regengüsse und fliegt deshalb über die Wolken hinaus, damit er die Wirbelstürme nicht mehr fühlen kann. Wenn er also höher fliegt <als andere>, entflieht er dem Unwetter. **§2** Obwohl dieser Vogel seine Nahrung im Wasser sucht, baut er sein Nest in Wäldern und auf hohen Bäumen. Habichte sind ihre Feinde. Der Reiher aber dreht seinen After gegen den Habicht und spritzt ihm seinen Kot entgegen, bei dessen Berührung die Federn des Habichts faulen. Er hat nur einen einzigen Darm wie der Storch.

2.4 DIE GÄNSE (*Anser*)

§1 Gänse oder Geins (schwdt.) verkünden mit ihrem Geschrei die Stunden der Nacht wie der Hahn. Es heißt, sie melden auch Diebe mit ihrem Geschrei, weil nämlich kein Tier so schnell den Geruch eines Menschen wahrnimmt, wie Isidor sagt. Manchmal legen sie Eier, ohne sich zu paaren, aber aus diesen Eiern schlüpfen keine Küken, wie Aristoteles sagt. **§2** Wie der Experimentator sagt: Solange die Jungen der Gänse noch nicht flügge sind, hält eine Gans immer mit ausgestrecktem Hals Ausschau, damit der räuberische Adler nicht über sie kommt. Die Gans unterscheidet zwischen Adler und Geier, was für einen Menschen durchaus schwierig ist. Die Wildgänse unter ihnen richten ihren Flug nach den Windströmungen aus, und zwar des Süd- oder des Nordwindes. **§3** Wenn der Nordwind weht, fliegen sie nach Süden. Sie machen kaum Ruhepausen beim Fliegen, außer um zu fressen; sie haben solche Freude am Fliegen, dass sie nur selten schlafen. Dagegen ist den Hausgänsen das Fliegen beschwerlich, beim Fressen sind sie eifrig, Ruhen und Schlafen ist typisch für sie.

2.5 DIE ENTE (*Anas*)

§1 Die Ente ist ein bekannter Vogel, dessen Jungen, sobald sie aus dem Ei schlüpfen, mit so großer Wendigkeit auf den eigenen Füßen stehen, dass sie, selbst im Falle, dass ihre Mutter stirbt oder ihnen weggenommen wird, ohne Ernährerin leben können. Sind mehrere Männchen zugleich anwesend, werden sie von solch rasender Begierde ergriffen, dass sie die einzige weibliche Ente zu Tode vögeln, indem sie sie abwechselnd und miteinander wetteifernd besteigen.

2.6 DER HABICHT (*Accipiter*)

§1 Der Habicht ist ein edler Vogel, viel größer, aber auch viel träger als der Greiffalke, dennoch ist er wachsamer was seinen eigenen Schutz betrifft, wie der Liber rerum sagt. Denn er fliegt vorsichtiger. Wenn er einen Vogel geschlagen hat, durchbohrt er ihn sofort mit dem Schnabel an der Seite, um sich einzig und allein am Herzen zu sättigen. Daher belohnt sein Herr den Sieger allein mit dem Herzen des Beutevogels, das Übrige behält er selbst zum eigenen Gebrauch. **§2** Wenn der Habicht seine alten Federn abgestoßen hat, breitet er seine Flügel nach Süden aus, um wieder neue zubekommen, und zwar deshalb, damit die Poren sich durch die Hitze der Sonne öffnen und ihm so die Federn leichter wieder nachwachsen. Die Natur nämlich ist eine Meisterin der Nützlichkeit in nahezu allen Dingen dieser Welt, die da vergehen und entstehen. Ist er gesund, hat er aufgerichtete Federn, ist er krank, herabhängende. **§3** Er wird auf der linken Hand getragen, wie der Experimentator sagt, damit er auf die rechte fliegt, wenn er etwas fängt. Dieser Vogel treibt seine noch zarten Jungen mit einem Flügelschlag zum Beutefang, wirft sie aus dem Nest und bringt ihnen keine Nahrung, damit sie, laut Ambrosius, einmal ausgewachsen nicht faul werden. Kein Wunder, wenn sie, ans Beutemachen gewohnt, das Füttern lästig finden. Ein in Rosenöl gekochter Habicht ist ein sehr wirksames Heilmittel gegen Gebrechen der Glieder, wie Plinius sagt. **§4** Alexander: Ein Habicht hält im Winter einen Vogel, den er zum Einbruch der Nacht gefangen hat, die ganze Nacht über unter seinen Füßen, aber bei Sonnenaufgang, auch wenn er selbst hungrig ist, lässt er ihn frei davonfliegen und auch wenn er diesem Vogel ein ander Mal begegnet, verfolgt er ihn nicht auf der Jagd. Er wechselt die Farbe seiner Augen und den Schnabel. Augustinus: Brot tötet einen Habicht.

2.7 DER AMRAAM

§1 Der Amraam ist ein Vogel des Orients, wie Aristoteles sagt, der auf Bergen nistet, die der Mensch nicht besteigen kann, und deshalb findet man sein Nest nicht, seine Jungen aber nur sehr selten; denn auch die Jungen kommen nicht herab in die Täler, außer sie sind in jeder Hinsicht kräftig und ihrer Mutter ähnlich. Dies [beziehe] auf die Heuchler.

2.8 DER ZEISIG (*Achantis*)

§1 Der Zeisig ist ein Vogel, wie Plinius sagt; er nährt sich von Grassamen und hasst deshalb Pferde. Wo er sie über sein Futter kommen sieht, flieht er und rächt sich, so gut er kann, durch Spott über das Wiehern der Pferde, indem er das Wiehern der Pferde mit der eigenen Stimme nachahmt. Dieser Vogel, mag er auch von kleiner Statur sein, ist dennoch fruchtbar; denn er brütet in einem einzigen Gelege zwölf Junge aus.

2.9 DIE LERCHE (*Alauda*)

§1 Die Lerche, wie der Liber rerum sagt, ist ein Vogel, der seinen Namen vom Lob (lat. *a laude*) hat, weil sie sich zur fröhlichen und milden Frühlingszeit in bewundernswerter Heiterkeit mit in der Luft ausgebreiteten Schwingen an ihrem [eigenen] Gesang erfreut. **§2** Plinius nennt sie ‚Vogel mit einer Haube'; bei wolkenverhangenem oder regnerischem Himmel singt sie nämlich praktisch nicht. Sie verkündet den Tag, der mit der Morgenröte heraufzieht, durch den Jubel ihrer Stimme; wenn sie auf der Erde sitzt, singt sie so gut wie nie. Sie singt aber, wenn sie aufsteigt, wie der Experimentator sagt; allmählich steigt sie auf, aber ganz plötzlich, wie ein Stein, stürzt sie hinab. **§3** Der Philosoph: Den Habicht fürchtet sie so sehr, dass sie, wenn sie von ihm angegriffen wird, in den Schoß des Menschen fliegt oder, auf die Erde gepresst, sich von seiner Hand fangen lässt, wohl wissend, dass sich der Mensch ihrer eher erbarmt als der Habicht, und das mit Recht, denn dieser hat manchmal Mitleid, jener nie.

2.10 DIE EISVÖGEL[24] (*Alcion*)

§1 Eisvögel sind kleine Vögel, wie Plinius sagt. Dieser Eisvogel legt zur Winterzeit seine Eier in den Sand, und zwar wenn das Meer am stärksten anschwillt und ungestüm mit seinen Fluten die Ufer peitscht, wodurch freilich die Gnade, die diesem Vogel zuteil wird, noch besser zur Geltung kommt, nämlich wenn feierliche, plötzliche Ruhe eintritt. **§2** Denn wo das Meer zuerst stürmisch wogte, beruhigt es sich nach dem Ablegen der Eier schnell, und alle Stürme legen sich, und das Meer wird windstill, solange der Eisvogel seine Eier ausbrütet. Denn dieser Vogel wohnt im Meer. Sieben Tage (aber) dauert die Brutzeit, wenn diese verstrichen sind, schlüpfen seine Jungen; er fügt noch sieben weitere hinzu, an denen er seine Brut füttert, bis sie erwachsen werden. **§3** So viel Gnade aber hat dieser winzige Vogel von Gott erhalten, dass sich die Seeleute auf diese vierzehn Tage voraussichtlicher atmosphärischer Ruhe freuen, die sie auch „halkyonische Tage" nennen, an denen sie keine Angst haben müssen vor stürmischem Wind und Wellen. **§4** Der Vogel aber bedeutet diejenigen, die sich eingestehen, in glücklichen Zeiten träge und gleichsam ohne Frucht zu sein, aber wenn sie Notzeiten auf sich zukommen sehen, dann erst hoffen sie voll Zuversicht die Früchte ihrer Verdienste zu erhalten. **§5** Daher heißt es, dass „die Apostel freudig gingen" usw. (*Ibant* <sc. apostoli> *gaudentes*; Act 5, 41). Durch ihre Verdienste geschieht es bisweilen, dass die erwünschten Früchte dank der Verdienste nicht vereitelt werden und friedliche Zeiten von unserem barmherzigen Herrn geschenkt werden, der unter keinen Umständen zulässt, dass wir versucht werden über das hinaus, was wir ertragen können.

---

24 Vgl. 2.43 Der Eisvogel (*Isida*).

2.11 DER UHU (*Bubo)*

§1 Der Uhu hat einen Namen, der nach dem Klang seiner Stimme gebildet wurde. Mit diesem Vogel werden andere Vögel gefangen, und er bedeutet die Sünder, die in Gegenwart anderer offen sündigen. Der Uhu trinkt die Eier der Taube aus, jagt Mäuse, und, da er in den Kirchen wohnt, trinkt er das Öl aus den Lampen und beschmutzt doch die Kirchen mit seinem Kot, wie der Experimentator sagt. **§2** Wenn er von anderen Vögeln, (die im Licht wohnen) die tagaktiv sind, angegriffen wird, verteidigt er sich auf dem Rücken liegend mit den Krallen seiner Füße. Wenn das Herz eines Uhus einer schlafenden Frau an die linke Seite gelegt wird, erzählt sie alles, was sie getan hat. **§3** Diese Vögel bedeuten die frechen und schamlosen Kleriker in der Christenheit, die, obwohl sie von der reichen Wohltat der Kirche leben, diese dennoch mit ihren Sünden beflecken, und wenn sie von den Guten beschuldigt werden, gehen sie gegen diese mit der Grausamkeit ihrer Krallen vor. Der Vogel besitzt zwar ein üppiges Federkleid, ist aber stets behindert durch die ihm eigene Schwere und Trägheit.

2.12 DIE BAUMGANS (*Bachadis*)[25]

§1 Baumgänse entstehen aus Holz, wie Aristoteles sagt; und er sagt ferner, dass solch ein Holz viele Verzweigungen besaß, wie jemand beobachtete, d.h. eine Vielzahl geflügelter Vögel. Sie sind kleiner als Gänse und haben die Füße von Enten, aber schwarze, und sie sind aschfarben. **§2** Sie hängen mit den Schnäbeln an Bäumen, und nicht an den Zweigen, sondern an der Rinde und am Stamm der Bäume. Ausgereift fallen sie ins Meer und wachsen heran und beginnen schließlich zu fliegen. Manche Leute pflegten ihr Fleisch auch während der Fastenzeit zu essen, aber Innozenz III. hat es auf einem Laterankonzil verboten.

2.13 DER CALADRIUS

§1 Der Caladrius ist ein ganz weißer Vogel, wie Jacobus und Isidor sagen. Der innere Teil seines Schenkels nimmt den Augen die Dunkelheit. Aber die Natur des Caladrius ist so beschaffen, dass er, wenn er mehrmals zu einem Kranken gebracht wird, den Umstehenden mit Gewissheit anzeigt, ob der Kranke sterben oder leben wird. **§2** Wenn er nämlich das Gesicht des Kranken nicht beachtet und die Augen abwendet, ist es ein Zeichen für den Tod; wendet er aber die Augen nicht ab, ist es ein Zeichen für das Leben. Denn er konzentriert sich auf sein Gesicht, versammelt in sich alle Krankheiten des Kranken und fliegt in die Luft, wo er die Krankheiten verbrennt

[25] Nach LexMA 1,1474f. vermutlich die Barnikelgans, wohl ein Schreibfehler in der lateinischen Vorlage: *de bachate* statt *de barliate*. Vgl. Vollmann, Literaturverzeichnis, Aufsätze, Nr. 37.

und verstreut, und sofort wird der Kranke gesund. **§3** Diese Vögel schlossen die Könige zu alter Zeit in den königlichen Sälen ein. Alexander soll diese Vögel in Persien gefunden haben. Der Caladrius hat einen starken Knochen im Oberschenkel; wenn jemand mit seinem Mark getrübte Augen bestreicht, macht er sie wieder klar.

2.14 DER SCHWAN (*Cignus*)

§1 Der Schwan ist ein Vogel, der seinen Namen vom Singen (lat. *canere*) hat, weil er süßen Gesang mit melodischen Tönen erklingen läßt. Jacobus: Der Schwan hat weiße Federn, aber schwarzes Fleisch. Von Natur aus sagt er seinen eigenen Tod voraus mit einem Gesang voll Freude und Jubel, dann wenn er sterben muss; seine Stärke liegt in den Schwingen. Wenn sein Tod bevorsteht, *flieht er den Todesschmerz in seiner Vorstellungskraft und singt deshalb süß. **§2** Er ist von cholerischer Komplexion und daher leicht reizbar. Mit einem Fuß schwimmt er, mit dem anderen hält er die Richtung wie ein Segelboot. Im Verhältnis zur Größe seines Körpers frisst er wenig; er hat in seinem Schnabel winzige Zähne, daher zerteilt er seine Nahrung. Am Kopf getroffen stirbt er sogleich, obwohl er viele andere Verletzungen ertragen kann.

2.15 DIE CARISTEN (*Carista*)

§1 Die Caristen sind Vögel, die ungestraft in Flammen hineinfliegen, so dass weder ihre Federn noch ihr Fleisch den Feuerflammen zum Opfer fallen, wie Solinus sagt.

2.16 DIE STÖRCHE (*Ciconia*)

§1 Störche sind aschfarbene Vögel, wie Isidor sagt; sie werden nach dem klappernden Geräusch benannt, das eher von ihrem Schnabel als von ihrer Stimme erzeugt wird, wie Solinus sagt. Sie klappern aber aus dreierlei Gründen: wegen der Ankunft ihres Gefährten – und das aus Freude; wegen über sie hinwegfliegender Vögel – und das aus Furcht; aus Zorn – und das geschieht zu ihrer Verteidigung. **§2** Wenn sie über das Meer fliegen, ziehen ihnen die Krähen als Führer ihrer Schar voraus. Sie zeigen sehr große Fürsorge und Liebe zu ihren Jungen, so dass sie mit ihren eigenen Federn die Nester auslegen, so lange sie gewissenhaft brüten. Aber auch die Jungen sind von eben solch dankbarer Liebe zu ihren Müttern erfüllt. Denn für soviel Zeit, wie die Mütter zur Aufzucht ihrer Brut aufwenden, werden sie selbst von den Jungen ernährt; daher wird der Storch auch der pflichtbewusste Vogel genannt. **§3** Diese Vogelgattung stellt auf vielfältige Weise den Schlangen nach, und obwohl er diese und andere giftige Tiere frisst, stirbt er nicht davon, wie Adelinus sagt. Kröten frisst er nur bei großem Hunger, und daran erkennt man die natürliche Schlechtigkeit der Kröte. **§4** Der Storchenmagen ist ein Heilmittel gegen giftige Tiere, wie Plinius sagt. In Asien gibt es ein Feld, wo sie zusammenkommen und „sich besprechen", und wer als letzter angekommen ist, den zerreißen sie, und dann erst fliegen sie wieder fort.

2.17 DIE KALANDERLERCHE (*Calendris*)

§1 Die Kalanderlerche ist ein kleiner Vogel, der einer Lerche fast gleich ist. Sie erfreut ihre Zuhörer mit dem wunderbaren Klang ihrer Stimme; daher kommt es, dass sie von den Menschen gefangen und in Käfige gesperrt wird. Sie aber vergisst ihre Gefangenschaft und ihr Unglück und läßt kaum eine Stunde des Tages verstreichen ohne Gesang, ja es hat sogar den Anschein, dass sie es für eine Freude hält, auf diese Weise gefangen zu sein, so dass sie an keinen anderen Ort strebt. **§2** Sie sorgt sich auch nicht um ihre Nahrung oder um ihr irdisches Leben, sondern sondern erfreut sich an der einzigen Notwendigkeit: nämlich ihren Gesang zu verbreiten und sich von unterschiedlichen Vogelstimmen zu jeder Stunde anregen zu lassen. Sie ahmt nämlich alle Stimmen nach, und dieses Verhalten bezeichnet geistlich die Freude der Betrachtenden schon im irdischen Leben, da sie sich kaum oder selten ihres Exils erinnern wegen der Süße Gottes und, wie der Apostel sagt, schon im Himmel zu wandeln scheinen.

2.18 DER RABE (*Corvus*)

§1 Der Rabe ist ein Vogel, dessen Männchen dem Weibchen Futter bringt, solange es die Eier ausbrütet, wie Isidor sagt. Der Rabe füttert die ausgeschlüpften Jungen nicht, bis er ihre Federn schwarz werden sieht und erkennt, dass es seine eigenen sind, wie Augustinus sagt. **§2** Daher bleiben sie sieben Tage ohne jede Nahrung, wie es heißt; am siebenten Tag aber werden sie schwarz. Die Raben werfen einige der Jungen aus dem Nest, wenn sie des Fütterns überdrüssig sind. Man sagt, sie würden mit dem Schnabel gebären und empfangen. **§3** Johannes: Mit dem Schnabel empfängt der Rabe und durch seine Kloake treten die Eier aus. Raben, sagt man, werden befruchtet, wenn es geschieht, dass sie ein Rabenei fressen. Der Rabe schreit laut und bringt verschiedene Stimmen hervor, nämlich LXIIII. Wie Fulgentius sagt, paaren sie sich manchmal im Flug. **§4** Ein Rabe frisst die Eier eines Uhus am Tag und der Uhu die Eier des Raben in der Nacht. Ein Rabe ist stärker am Tage, ein Uhu in der Nacht. Es gibt eine Rabengattung im Orient, die mit Esel und Stier kämpft. **§5** Wenn diese fliehen, fliegt der Rabe über sie und stößt mit aller Kraft in ihre Augen und, indem er sie blendet, macht er sie nutzlos für ihre Herren; folglich werden sie getötet und enthäutet und ihre Kadaver dienen den Vögeln zum Fraß, und so besiegt der nichtswürdige Vogel die starken Tiere, und eine nichtswürdige Frau besiegt starke Männer. **§6** Der Rabe liebt von Natur aus den Fuchs und hilft ihm deshalb gegen den Vogel, der Achylon heißt. Der Achylon ist aber ein Feind des Raben.

2.19 DIE KRÄHEN (*Cornix*)

§1 Die Krähen gehören zur gleichen Gattung [wie die Raben], wie Plinius sagt; sie werden auch zur Sonnenwende von einer Krankheit dahingerafft. Wie der Experimentator sagt, bekämpfen sie die edlen Vögel als ihre Feinde, und das häufig zu ihrem Nachteil. Denn wenn die edlen Vögel ihre Attacken lange ertragen haben, so werden sie am Ende von Ungeduld überwältigt und zerfleischen die lästigen Angreifer. **§2** Die Krähe frisst gerne Nüsse; wenn aber manchmal eine Nuss so hart ist, dass sie sie mit dem Schnabel nicht öffnen kann, so fliegt sie in die Höhe und lässt sie einmal, zweimal und öfter auf Felsgestein fallen, bis sie die zerschmetterte Nuss aufbrechen kann. Das Männchen füttert das brütende Krähenweibchen.

2.20 DER KUCKUCK (*Cuculus*)

§1 Der Kuckuck variiert beim Singen seine Melodie nicht, sondern wiederholt immer dieselbe Tonfolge. Er ist ein sehr träger Vogel und nicht sesshaft. Er legt seine Eier in das Nest eines kleinen Vogels einer anderen Gattung und reduziert die Anzahl der Eier, die er im Nest vorfindet, damit der kleine Vogel, wenn er überzählige Eier findet, sie nicht als fremde hinauswirft. **§2** Der getäuschte kleine Vogel einer anderen Gattung brütet also das in sein Nest gelegte Ei aus und zieht das Junge auf und ist nicht so schlau, das Junge an seiner Größe von seinen eigenen kleineren Jungen zu unterscheiden. Daher, wie Plinius sagt, reißt der Kuckuck, solange er noch mit den anderen Jungen im Nest sitzt und nicht flügge ist, mit seiner natürlichen Gier vor den anderen Jungen die Nahrung an sich und wird durch diesen Überfluss fetter und schöner als die anderen. **§3** Von seiner eleganten Erscheinung vereinnahmt erfreut sich seine Ernährerin an seiner Gestalt und bewundert sich selbst, dass sie solch ein schönes [Küken] ausgebrütet hat, aber ihre eigenen verschmäht sie im Vergleich mit jenem und lässt vor lauter Bewunderung geschehen, dass sie selbst völlig ausgezehrt wird. Und das ist ihr Lohn: unwissend hat sie Unwissenheit gefunden. **§4** Denn sobald die vermeintliche Mutter den Kuckuck großgezogen und zu Kräften gebracht hat, dass er ausfliegt, erhebt sich der Kuckuck im Gegenzug gegen seine Ernährerin und tötet sie, wenn sie ihm folgt. Man sagt, der Kuckuck werde im Winter seines Federkleides beraubt. Er zieht sich in ein Versteck in der Erde oder in Baumhöhlen zurück und *dort hat er im Sommer zusammengetragen, wovon er im Winter lebt. **§5** Isidor berichtet [folgendes] vom Kuckuck, was aber recht zweifelhaft ist: Wenn die Zeit ihrer Rückkehr kommt, sagt er, sitzen sie auf den Schultern der Gabelweihen, damit sie, die nur zu kurzen Flügen von geringer Dauer befähigt sind, nicht durch die langen Strecken im Luftraum ermüden und zu Tode kommen. Aus ihrem Speichel entstehen Zikaden.

2.21 DER COREDULUS

§1 Der Coredulus ist ein Vogel, der so genannt wird, weil er gleichsam das Herz frisst (lat. *cor edens*), wie Isidor sagt; er lebt nämlich von Fleisch und Beute und verlangt am meisten danach, sich am Herzen zu sättigen, und bedeutet daher Gott selbst, der sagt: „Gib mir dein Herz, mein Sohn." (Prov 23, 26: *Praebe, fili mi, cor tuum mihi*). Darüber sagt Augustinus: „Er kaufte es so teuer, dass er allein es besitzen musste."

2.22 DIE TAUBE (*Columba*)

§1 Die Taube ist ein sanfter Vogel, wie Augustinus sagt. Sie zerfleischt nicht mit ihrem Schnabel und ist ohne Galle, wie Beda sagt. Aristoteles sagt jedoch, dass sie wohl eine Galle hat, aber nicht an der Stelle, an der sie die übrigen Tiere haben; denn sie hat sie in ihrem Eingeweide. Der Widerspruch zu Beda, der sagt, dass sie keine Galle hat, wird also aufgelöst dadurch, dass man ergänzt: an der Stelle, an der sie die übrigen Tiere haben. **§2** Mit einen Kuss erregt sie die Liebe, sie fliegt in Scharen, schadet niemandem, lebt nicht von Aas, ernährt sich von reinem Korn, sie klagt, statt zu singen, sie füttert fremde Junge. Neunmal erlangt die Taube ihre Sehkraft wieder, sie nistet in der Höhe, wie Jacobus und Beda sagen, wo kein böses Wildtier sie erreichen kann. „Unser Wandel aber ist im Himmel." (Phil 3, 20: *Nostra autem conversatio in coelis est*). Sie ruht gern am Wasser, um ihren Durst zu löschen und auch um den Schatten des herankommenden Habichts im Voraus im Wasser zu sehen. Es gibt einen Baum im Orient, der auf Griechisch „Peredixion" heißt, auf Lateinisch aber „Circadextram", wie Isidor sagt. **§3** Die Frucht dieses Baumes ist süß, woran sich die Tauben ganz wunderbar ergötzen; von seinem Schatten aber und seinen Zweigen werden sie geschützt. Es gibt aber in jenen Gegenden eine Gattung von Drachen, die den Tauben nachstellt; der Drache aber schreckt von Natur aus so sehr vor diesem Baum zurück, dass er schon fürchtet, [nur] von seinem Schatten berührt zu werden. **§4** Wenn also die Tauben auf dem Baum sitzen, lauert in der Ferne der Drache und schaut, ob eine von ihnen den Baum verlässt und ihm zur Beute wird. Fällt aber der Schatten [des Baumes] nach links, so strebt der Drache nach rechts, fällt er nach rechts, so strebt er nach links. **§5** Unter den Drachen verstehe die Dämonen, unter den Tauben die gläubigen Seelen, unter dem Peredixion das Kreuz Christi, zu dessen rechter Seite seine Mutter [stand], unter dem Schatten des Baumes das Zeichen des Kreuzes. Aristoteles: Die Tauben sind im höchsten Maße keusch und kennen keinen Ehebruch. **§6** Sie verletzten die Treue nicht, wie Plinius sagt, und lieben das gemeinsame Haus und verlassen dieses Haus nicht, außer es handelt sich um eine unvermählte und reine oder um eine verwitwete Taube. Sie bringen immer zwei Junge auf die Welt, zuerst ein Männchen, nach drei Tagen aber ein Weibchen. Beide brüten abwechselnd: das Weibchen brütet nach dem Mittag bis zum Morgen, die übrige Zeit aber das Männchen; am XVIII. Tag schlüpfen die Jungen. **§7** Wenn Tauben eine Taube finden, die sich verflogen hat, so nehmen sie sie bei sich auf. Sie fressen Steinchen, um den Magen zu regulieren; sie haben nämlich eine sehr heiße Natur. Die Taube kämpft mit aufgerichteten Federn; sie hat einen recht beissenden Kot, den sie aus dem Nest wirft, und sie lehrt auch ihre Jungen, diesen hinauszuwerfen. **§8** Das Blut einer Taube und einer Schwalbe und einer Turteltaube, das jeweils aus dem unteren Teil des rechten Flügels entnommen wurde, hat heilende Wirkung, wenn es auf das Auge gelegt wird; es ist nämlich scharf und hat die Kraft, [Verdicktes] aufzulösen. Das Männchen wirft die ausgewachsenen Jungen aus dem Nest, doch bevor es sie hinauswirft, paart es sich aber mit ihnen. **§9** Die Taube wird von der Eiablage sehr geschwächt; hält sie die Eier aber zurück, wird sie vom Männchen misshandelt. Tauben haben unter den *Vögeln die Eigenart, dass sie den Hals nicht heben, wenn sie trinken, solange bis sie genug haben. **§10** Die jungen Tauben sind im Frühling und im Herbst besser und gesünder als zu anderen Zeiten, weil sie dann hauptsächlich von Korn leben. Plinius: Frisches Fleisch von Taube und Schwalbe zusammengemischt hilft gegen Schlangen. **§11** Sicher ist, dass es Tauben gibt, die keine Paarung kennen, und andere, die nach dem Tod ihrer ersten Partner Witwen bleiben. Solche aber meiden das gemeinsame Haus der Tauben, die in ehelicher Bindung leben, um nicht von den Männchen bedrängt und belästigt zu werden, und sie fliehen und wohnen in den Felsen. **§12** Der Sperber stellt besonders dann den Tauben nach, wenn sie die Federn mit dem Schnabel glätten. Darauf verwenden sie nämlich große Sorgfalt und betrachten fleißig ihre Schönheit und werden sodann [vom Sperber] gefangen.

2.23 DIE WACHTEL (*Coturnix*)

§1 Die Wachtel ist ein Vogel, den wir in Vulgärlatein „quascula“ nennen, von den Griechen aber wird sie „ortigia“ genannt, weil derartige Vögel zum ersten Mal auf der Insel Ortigia gesehen wurden, wie der Liber rerum sagt. Sie heißt auch „ortigometra“, das ist soviel wie „Heerführerin“. Wenn sie das Meer überqueren wollen, kommen sie zusammen und fallen nachts in die Segel ein und versenken manchmal die Schiffe aufgrund ihrer großen Menge. **§2** Solinus: Sie haben ihre Ankunftszeiten; wenn sie am Ende des Sommers die Meere überqueren müssen und sich dem Festland, d. h. einem Meereshafen, nähern, so fallen die Habichte, die bereits Ausschau halten, über sie her, und darum ist es allen ein Anliegen, einen Anführer aus einer anderen Gattung zu gewinnen, durch den [schon] die ersten Geplänkel vereitelt werden; sie haben aber als Anführer die Krähen. **§3** Denke also auch du daran, was vom Teufel gesagt wurde: „Du wirst seine Ferse treffen" (Gn 3, 15: *Et tu insidiaberis calcaneo eius*), d. h. seinem Ende; denn dann werden wir aufs Härteste versucht. Gewinne also deine Führer, d. h. die Engel, dass sie dich beschützen vor der Nachstellung des höllischen Habichts. Unter den Vögeln hat die Gattung der Wachteln sehr wenige Weibchen, unter den Fischen sind es die Kammmuscheln, die ganz wenige weibliche Tiere haben. **§4** In der Gattung der Menschen aber werden weniger und seltener Männer geboren als Frauen, und zwar deshalb, weil die menschliche Natur zu allen Zeiten zum Beischlaf geneigt ist und sie häufig am Abend und in den ersten Nachtstunden mit ihren Frauen schlafen, das heißt: wenn der Körper noch von den Dämpfen der Speisen erfüllt ist und die Lebensgeister noch nicht durch den Schlaf gereinigt sind. **§5** Wenn dann ein Kind empfangen wird, erhält es das schwächere weibliche Geschlecht. Diejenigen aber, die im Morgenlicht <gezeugt werden>, in der Stunde des <reinen> Blutes, wenn Körper und Geist durch die Verdunstung der Dämpfe gereinigt sind, erhalten bei der Empfängnis öfter das männliche Geschlecht. **§6** Nur dieser Vogel und der Mensch leiden unter allen Lebewesen der Erde an Fallsucht. Als äußerst willkommene Nahrung dienen den Wachteln die Samen von Giftpflanzen; aus diesen Gründen sind Wachteln vom Tisch der klugen Leute verbannt.

2.24 DER DISTELFINK (*Carduelis*)

§1 Der Distelfink ist ein kleiner Vogel, der seinen Namen davon hat, wie Isidor sagt, dass er sich von Disteln ernährt, und es erscheint verwunderlich, dasss dieses Vögelchen von den stacheligen Dornenspitzen der Distel lebt. Dieser Vogel wird von schwarzer und gelber Farbe am Körper und von roter Farbe am Kopf geschmückt. **§2** Der Volksmund berichtet von ihm, dass er, wird er in einen Vogelkäfig geperrt, unter den Käfig gestelltes Wasser von unten mit einem Faden aus einem untergehängten Gefäß zu sich in den Schnabel zieht und mit dem unter seinen Fuß gelegten Faden, wenn dieser das Gefäß berührt hat, zuweilen seinen Durst durch Trinken löscht; das aber ist ein Wunder der Natur, die dem kleinen Vögelchen Distelfink eine solche Gewitztheit verlieh, die sie weder dem Rind, noch dem Esel oder anderen großen Tieren zuteilen wollte.

2.25 DER ZAUNKÖNIG (*Crochilos*)

§1 Der Crochilos ist ein Vogel, den wir in Italien den König der Vögel nennen, wie Plinius sagt. Der Vogel ist zwar der kleinste von allen Vögeln, aber, wie Plinius sagt, je kleiner der Körper, umso größer die Schnelligkeit. Er ist aber so mutig, dass er es wagt, den Adler, den König der Vögel, anzugreifen. **§2** Die Zaunkönige versammeln sich im Winter in großer Zahl in einer Höhle, damit die Wärme, die in ihren winzigen Körpern nur schwach ist, zur Hitze vergrößert wird, wenn sie sich zusammendrängen. Salomon: „Wenn es zwei sind, werden sie sich gegenseitig wärmen" (vgl. Ecl 4, 11: *Duo fovebuntur mutuo; unus quomodo calefiet*).

2.26 DIE DIOMEDISCHEN VÖGEL (*Dyomedice aves*)

§1 Die Diomedischen Vögel sind Vögel, die nach dem König Diomedes so genannt werden, wie Solinus sagt; die Griechen nennen sie „*herodios*". Sie sind groß wie ein Schwan, ihre Farbe ist schneeweiß, ihre Augen sind feurig, ihre Schnäbel mit Zähnen versehen und sie fliegen im Schwarm. Der erste in der Reihe führt die Schar an, der letzte aber beschließt den Zug. Wenn sie mit weinerlichen Stimmen klagen, dann kündigen sie im Voraus die Veränderung oder den Tod des Königs [ihres Landes] an. **§2** Von ihren Nestern fliegen sie nach Osten zur Nahrungssuche, der nach Westen gelegene Eingang des Nestes empfängt die Zurückkehrenden. Jacobus: Wenn ein Grieche zu ihnen kommt, empfangen sie ihn freundlich, wie es heißt, dieVertreter anderer Nationen aber greifen sie mit Bissen an.

2.27 DER GREIFFALKE (*Herodius*)

§1 Der Greiffalke, auch „Grifalle", wie die Glosse zum Leviticus an der Stelle sagt (Lev 11, 19: *Herodionem et charadrion iuxta genus*), wo die unreinen Vögel verboten werden, oder „Gerfalke" genannt, wie der Liber rerum sagt, ist unter allen Vögeln der vornehmste Vogel; er ist von blauer Farbe, die jedoch größtenteils ins Weißliche übergeht, außer auf der Brust. **§2** Dieser Vogel ist so stark und groß, wie die Glosse zum Leviticus sagt, dass er selbst den Adler, der der stärkste Vogel ist, besiegt und fängt. Beim Flug auf Beute zieht er seine Füße an die Brust und schlägt so die Beute. **§3** Fängt er seine Beute nicht beim ersten Anflug, so steigt er in die Höhe und kehrt aus Unwillen fast nicht zum Federspiel zurück. Wenn er eine Beute erblickt, ermutigt er sich duch Schütteln und entscheidet, ob sie zum Fang geeignet ist.

2.28 DER PHÖNIX (*Fenix*)

§1 Der Phönix Arabiens, wie Solinus, Jacobus, Isidor und Ambrosius sagen, lebt ohne seinesgleichen dreihundertvierzig Jahre lang allein auf der Welt; er hat die Größe eines Adlers und ist am Kopf geschmückt wie ein Pfau, mit Federbüscheln an der Kehle, um den Hals herum von Goldglanz, auf der Rückseite purpurfarben; der Schwanz ist von blauer Farbe und durchzogen von rosenfarbenen Federn in wunderbarer Abwechslung. **§2** Wenn er angesichts seines Alters beginnt an mancherlei Beschwerden zu leiden, so errichtet er in den höchsten Gegenden des Orients auf dem schönsten Baum, der an der lieblichsten Quelle steht, einen Altar wie ein Nest, aus Weihrauch, Myrrhe, Zimt und kostbaren Gewürzen. **§3** Dann lenkt er die glühendheißen Sonnenstrahlen flügelschlagend auf sich selbst, stürzt auf den aufgeschichteten Haufen, fängt Feuer zusammen mit den von der Sonnenhitze entzündeten Gewürzen und verbrennt. Wenige Tage nach seiner Verbrennung entsteht sodann ein Wurm aus der Asche des Phönix, entwickelt in kurzer Zeit Flugfedern und wird dann auf das Vollkommenste in den vormaligen Vogel zurückgeformt. **§4** Isidor sagt, der Vogel Phönix habe die ägyptische Stadt Heliopolis im Monat Adar, das ist im April, aufgesucht und habe, auf den Flügeln beladen mit verschiedenen Gewürzen, den Reisighaufen entzündet, den der Priester des Herrn für das Opfer zusammengetragen hatte, und sich auf dem Haufen zwischen den Gewürzen, die er auf seinen Flügeln getragen hatte, verbrannt. **§5** Am ersten Tag aber nach (dem Tag) der Verbrennung kam der Priester und fand das verbrannte Holz, das er auf den Altar gelegt hatte; er untersuchte die Asche und fand einen kleinen Wurm, der sehr süß duftete. Am zweiten Tag aber fand man den Wurm in einen Vogel verwandelt. Am dritten Tag aber sagte er, seinem Zustand nach unversehrt und in höchster Perfektion, dem Priester Lebewohl und flog davon. **§6** In dieser Stadt war, wie Haymo sagt, vor der Ankunft des Heilands ein Tempel nach Art des Tempels von Jerusalem von Onias, dem Sohn des Onias, zur Ehre des höchsten Gottes errichtet worden, und zwar auf Befehl des ägyptischen Königs Ptolemäus, nach den Worten des Jesaias: „Es wird im Land Ägypten einen Altar des Herrn geben" (Is 19, 19: *In die illa erit altare Domini in medio terrae Aegypti*). **§7** In dieser Stadt hielt sich die selige Jungfrau mit ihrem Sohn mehrmals auf, wie Haymo sagt, als sie vor Herodes auf der Flucht war. Dieser Vogel bedeutet die heilige Seele: sie hat die Größe eines Adlers, was ihre Fähigkeit der Kontemplation betrifft; ihr schönes Haupt wie das eines Pfaues <bedeutet> die Reinheit des Geistes. **§8** Mit der von Federbüscheln gezierten Kehle wird das zweifache Verlangen im Gebet bezeichnet, nämlich nach dem eigenen Heil und dem des Nächsten. In ihrem goldenen Hals kommt die heilige Ermahnung, im purpurfarbenen Hinterteil die Nachahmung des Leiden Christi zum Ausdruck.

2.29 DER FALKE (*Falco*)

§1 Der Falke dreht mit einer einzigen Wendung seinen Hals im Kreis herum, wobei die Brust unbewegt bleibt, so dass seine Augen den zweihundert Augen des Argus zu entsprechen scheinen in der Art, wie er seine natürliche Wahrnehmungsgabe zum Einsatz bringt. Vorausschauend wacht er über die Beute, die sich hinter seinem Rücken befindet. Er hat schwache Nieren, eine kräftige Brust und will weniger als die übrigen Vögel, die man <auf der Faust> trägt, mit Leckerbissen gefüttert werden. **§2** Er fliegt sehr ungestüm und ist weniger vorsichtig, wenn es um seinen eigenen Schutz geht. Wenn aber zur Reiherjagd zwei Falken losgelassen werden, fliegen sie gemeinsam: der eine steigt in die Höhe auf, der andere fliegt ganz unten in der Nähe des Erdbodens, damit nämlich der, der in die Höhe aufgestiegen ist, den fliegenden Reiher mit einem Stoß zum Absturz bringt, und der, der unten fliegt, den herabstürzenden greift. **§3** Es gibt zwei Arten von Falken: eine unedle, die einen Vogel nur fängt, nachdem sie mit großer Mühe und Quälerei daran gewöhnt wurde; eine andere edle aber, die einen Vogel von Natur aus mit wenig Übung fängt. **§4** Wenn die erste Art, die für minderwertiger gehalten wird, einen Reiher auf die Erde niedergestoßen hat und kurz davor steht, ihn zu greifen, würgt der Reiher einen Aal oder einen anderen Fisch, den er kurz vorher verschlungen hatte, aus seinem Schnabel hervor, und ohne zu zögern lässt der unedle Falke den gefangenen Reiher frei in die Luft davonfliegen und ergreift schnell das angebotene und unehrenhafte Geschenk, dem er den Vorzug gibt. **§5** So handelt der edle Falke nicht, vielmehr verachtet er das vom Reiher hervorgewürgte Geschenk und fährt unnachgiebig fort, den Betrüger zu fangen und zu bestrafen. Der unedle Falke bedeutet die schlechten Prälaten der Kirche oder die Dekane und auch die weltlichen Richter, die nach Empfang von Geld die Angeklagten frei lassen, und die ungestraften Sünden auf verachtenswerte Weise auf sich beruhen lassen, nach dem Wort Jesaias: „Für Geschenke sprechen sie den Frevler frei." (Is 5, 23: *Qui iustificatis impium pro muneribus.*) **§6** Der Falke hat aber in der Brust einen spitzen und harten Knochen, den ihm die vorausschauende Natur zum Schlagen der Beute gab. Nach der zweiten oder dritten Mauser ist der Falke am besten. Den wilden Habicht soll man lange fasten lassen, <dadurch> wird er sehr zahm.

2.30 DAS BLÄSSHUHN (*Fulica*)

§1 Das Blässhuhn, wie Ambrosius berichtet, ernährt die aus dem Nest gestoßenen Jungen des Adlers mit bewundernswerter Sanftmut zusammen mit seinen eigenen Jungen und gibt dadurch ein Beispiel <für den Umgang> mit Fremden.

2.31 DER FATATOR

§1 Der Vogel Fatator ist so begierig nach Nachwuchs, dass er die Frühlingszeit, in der die übrigen Vögel empfangen, vorwegnimmt. Daher kommt es, dass „die Erbschaft, zu der er eilt" usw. (Prov 20, 21: *ut hereditas, ad quam festinatur in principio, in fine careat benedictione*). Denn seine Eier werden durch den Winter verdorben.

2.32 DIE GREIFE (*Gryphus*)

§1 Greife sind Vögel, wie Jacobus sagt, die maßlos wüten und sie sind von so großem Körperbau, dass sie bewaffnete Männer im Kampf überwältigen und töten. Sie haben nämlich sehr große und hakenförmige Krallen, mit denen sie Menschen und Tiere zerfleischen. **§2** Diese (sc. Krallen) sind aber von solchem Umfang, dass man aus ihnen Becher macht, die für den menschlichen Gebrauch geeignet sind. Dieser Vogel ist vierfüßig, an Kopf und Flügeln dem Adler ähnlich, aber viel größer, am restlichen Körper gleicht er dem Löwen, er wohnt in den Hyperboreischen Bergen und ist vor allem Pferden und Menschen feindlich gesinnt. **§3** Wie der Experimentator sagt, legt er den Achatstein in sein Nest, zweifellos als ein Heilmittel. Das jedenfalls steht fest, da ja einige Steine von Gott als Heilmittel gegeben wurden. Greife sollen Gold ausgraben und sich am Anblick ihrer Ausgrabung erfreuen, wie Rabanus sagt.

2.33 DER GRACOCENDERON

§1 Der Gracocenderon ist ein Vogel des Orients, der mit wunderbarer Keuschheit und Mäßigkeit begabt sein soll. Dieser Vogel betreibt seine Fortpflanzung nämlich mit dem geringstmöglichen Paarungseinsatz; denn er paart sich einmal im Jahr und nur wegen der Nachkommenschaft, und daher ist er frei von jeglicher [sexueller] Begierde. **§2** Schamrot werden sollte also der vernunftbegabte Mensch, weil er unterschiedslos zu jeder Zeit den Beischlaf pflegt und in keiner Weise diese Mäßigkeit besitzt, sondern seinen schwachen Körper durch Geilheit erschöpft und durch ein Übermaß an Ausschweifung sein Leben verkürzt.

2.34 DIE KRANICHE (*Grus*)

§1 Kraniche sind Vögel, die in einer ausgeklügelten Ordnung fliegen. Den Kranich beschreiben Plinius, Solinus, Jacobus, Ambrosius und Isidor. Immer wenn sie eine Unternehmung organisieren, fliegen sie unter einer Art militärischem

Kommando. Denn wer dem ganzen Zug vorsteht, kommandiert die anderen mit seiner Stimme, dass sie nicht aus der Ordnung ausscheren. Wenn dieser heiser wird, rückt ein anderer nach, der für dasselbe Amt abgestellt ist. **§2** In der Nacht teilen sie die Wachen unter sich auf, so dass der jeder zehnte Kranich ohne Schlaf bleibt. Die Wachhabenden halten Steinchen mit dem angezogenen Fuß; wenn sie einschlafen wollen und das Steinchen herabfällt, schrecken sie auf und rufen laut. Sie schlafen aber, indem sie abwechselnd auf dem einen und auf dem anderen Fuß stehen und ihren Kopf unter einem Flügel verbergen; ihr Anführer aber hält mit ausgestrecktem Hals vorsorglich Umschau. **§3** Wenn Kraniche in der Ferne Wolken sehen, so rufen sie laut und drängen ihren Anführer zu schnellerem Flug, wie der Experimentator sagt. Wenn sie in einen Landstrich eingefallen sind, um zu fressen, reckt ihr Anführer zum Schutz aller seinen Kopf in die Höhe; und tatsächlich fressen die übrigen in Sicherheit. Sieht er einen Menschen, dann ruft er, um die Sorglosen aufmerksam zu machen. **§4** Kraniche fliegen gegen den Wind. Sie haben einen einzigen Darm. Wollen sie über das Meer fliegen, so fressen sie Sand. Manchmal haben sie einen Stein im Magen, den sie herauswürgen. Von diesem Stein sagen diejenigen, die Erfahrung darin haben, dass derselbe Stein mit Hilfe von Feuer zu Gold wird. Solinus: Sie fressen Sand, um ein maßvolles Gewicht zu haben; aus dem gleichen Grund nehmen sie auch mit den Füßen Steinchen auf. **§5** Wenn sie aber sehen, dass sie zur Mitte eines Schiffes gekommen sind, befreien sie die Füße von der Last der Steine. Seefahrer berichteten, dass sie deswegen oft von einem Steinregen überschüttet wurden. Den Sand würgen sie nicht eher wieder aus, als bis sie sich sicher [irgendwo] niedergelassen haben. **§6** Wenn einem [beim Flug] die Kräfte schwinden, kommen alle zusammen und tragen den Erschöpften, bis er durch die Ruhe seine Kräfte wiedererlangt. Im Alter werden sie schwarz; mit Hilfe zahmer Kraniche werden die anderen gefangen, und wer jetzt vor den anderen fliegt, wird <später> ohne Neid der letzte sein. **§7** Da sie nach Aristoteles den Winter fürchten, ziehen sie bis über Ägypten und kämpfen dort gegen nur ellenlange Menschen, die Pygmäen heißen. Und das ist nicht erdichtet, wie Aristoteles sagt. Sogar die Glosse über jene Stelle Ezechiels „Das Volk der Pygmäen in deinen Türmen" (Ecl 27, 11: *Sed et Pigmei, qui erant in turribus tuis*) sagt, dass es ein solches Volk in östlichen Gegenden gibt. **§8** Es gibt [dort] auch kleine Pferde. **§8** Der Kampf der Kraniche ist so unerbittlich und heftig, dass ein Mensch sie [während dessen] mit der Hand fangen kann. Das Kranichweibchen steht, während es bei der Paarung vom Männchen getreten wird.

2.35 DER HAHN (*Gallus*)

§1 Wenn der Hahn zum Krähen ansetzt, schlägt er mit den Flügeln, um sich wacher zu machen. In tiefer Nacht kräht er energischer, gegen Morgen sanfter. Durch sein

Krähen besänftigt er Pferde, Kamele stachelt er an und er soll auch Gespenster vertreiben. Mancherlei Kräuter, die den Hahn neu beleben, töten andere Tiere. **§2** Wenn er schlafen will, sucht er einen hochgelegenen Platz und ruht auf einem Fuß. Der Löwe fürchtet den weißen Hahn. Nach Aristoteles kräht der Hahn laut nach einem Kampf und einem Sieg, nicht aber die Henne. Wie der Hahn so verzehrt auch die Wachtel, wenn sie ihr eigenes Bild im Spiegel anschauen, ihre Kräfte. **§3** Mit sanftem Gurren ruft er seine <Hennen> zum Fressen reinen Korns. Manchmal geschieht es, dass er im Alter ein Ei legt, das dann eine Kröte ausbrütet, und daraus entsteht eine Art Basilisk. Nach dem Tod der Hennen verzehrt sich der Hahn vor Trauer und vor lauter Schmerz kräht er nicht mehr.

2.36 DIE HENNE (*Gallina*)

§1 Die Henne ist ein Vogel, der sich sehr eifrig um seine Jungen kümmert, wie Augustinus sagt. Sie versammelt sie unter ihren Flügeln und wärmt sie, und meistens verteidigt sie sie [erfolgreich] gegen die Weihen und beschützt sie. Naseweise Küken verlassen jedoch manchmal den Schutz der mütterlichen Flügel und werden Beute der Raubvögel. Jacobus: Täglich nimmt man den Hennen die Eier weg, aber sie hören doch nicht auf, Eier zu legen, wenn man ihnen nur eines lässt. **§2** Überschreiten sie beim Legen das Maß, sterben sie schnell. Johannes: Legen sie aber ihre Eier an einer versteckten Stelle, so verraten sie sie den Räubern, weil sie laut gackern, wenn sie sich erheben. Plinius: Die Eier, aus denen Männchen schlüpfen werden, trägt die Henne auf der rechten Seite des Bauches, die Eier aber, aus denen Weibchen schlüpfen werden, auf der linken Seite. **§3** Aus den Eiern, die an der Spitze abgerundet sind, entsteht ein weibliches Küken, die länglichen aber und am Kopf spitzen Eier bringen männchliche Küken hervor; die länglichen schmecken besser. Alle Vögel kommen im Gegensatz zu den <anderen> Tieren mit den Füßen voran auf die Welt. Wie der Experimentator sagt, strengt sich eine Henne beim Eierlegen sehr an und dennoch gackert sie, laut dem Philosophen Johannes, nach dem Legen entsprechend dem Wort: „Wenn eine Frau gebiert usw." (Io 16, 21: *Mulier cum parit tristitiam habet*). **§4** Das beste Gelege kommt vor der Tag- und Nachtgleiche im Frühling zustande; nach der Sonnenwende wächst es nicht mehr zur rechten Größe heran und zwar um so weniger, je später es gelegt wurde. Plinius: Ein Huhn stirbt an dem Tag, an dem es ein Ei gelegt hat, nicht am Biss einer Aspisviper, sondern ist sogar ein Heilmittel für Gebissene. Also sollst auch du jeden Tag etwas Gutes tun, auch wenn es ganz gering ist, um dich auf diese Weise vor drohendem Schaden durch den Feind zu schützen. **§5** Im Wasser kann man ausprobieren, welche Eier man den Hennen unterlegen soll, damit sie Küken ausbrüten. Ein leeres Ei schwimmt, wenn es ins Wasser geworfen wird, eines aber, das zu Boden sinkt, ist voll, und das muss [der

Henne] untergelegt werden. Das Brutgeschäft wird nach Neumond begonnen, denn wenn es früher beginnt, misslingt es häufig, auch verderben [die Eier] vom Ruf eines Habichts. **§6** Ein Mittel gegen Donner ist ein Eisennagel, der quer über die Eier gelegt oder in die Erde gesteckt wird. Plinius: Wenn man Gold flüssig macht und die Glieder von Hennen dazumischt, nehmen sie das Gold in sich auf, so dass man sagen kann, dass Hennen Gift sind für das Gold. **§7** Das Eigelb, das bei Vollmond gelegt wurde, entfernt jeden Fleck auf einem wollenen Gewand, wenn man es gut einreibt und später auswäscht. Aristoteles: Wie die meisten Vögel mit gekrümmten Krallen haben sie nur wenige Eier. Derselbe: Längliche Eier mit spitzem Kopf bringen Männchen hervor; runde aber, die an der Stelle der Spitze abgerundet sind, Weibchen. Die Küken aber entstehen aus dem spitzen Ende. **§8** Derselbe: Eier haben zwei Farben; das Prinzip der Geburt geht vom Eiweiß aus, die Ernährung vom Eigelb. Derselbe: Eier können keine Küken hervorbringen, außer sie wurden bei der Begattung durch den Hahn empfangen und sind von Lebenskraft durchdrungen. Derselbe: Ein Küken wird in zehn Tagen nach der Erzeugung des Eies reif zum Schlüpfen; zuerst kommt der breite Teil heraus, danach der schmale. **§9** Alle Vögel werden zweimal geboren; zuerst nämlich entstehen die Eier, danach werden sie durch die Wärme des mütterlichen Körpers geformt und beseelt. Ebenso [Aristoteles]: Donner verdirbt die Eier zur Brutzeit. **§10** Ein Ei soll so große Kraft haben, dass ein Holzstück, wenn es damit übergossen wird, nicht brennt; mit Kalk vermischt soll es Glasstücke zusammenleimen. Derselbe: Eiklar in eine zähe Flüssigkeit wie z. B. Sirup geträufelt, macht diese fein und dünn. **§11** Die Geschichte Jerusalems: In Ägypten werden aus Hühnereiern, die in einem Ofen erwärmt wurden, Küken erzeugt, ohne dass sie von Hennen ausgebrütet wurden; daher können sie, wenn es ihnen beliebt, dank der oben genannten Kunst so viele Küken an ein und demselben Tag haben, wie ihnen Eier zur Verfügung stehen. **§12** Aristoteles: Ein Trinker legte Eier unter ein Kissen und sagte, er würde so lange weitertrinken, bis aus ihnen Küken schlüpften. Derselbe: Ein Huhn legt zu jeder Zeit Eier außer in den beiden Monaten der Sonnenwenden. Derselbe: Hühner, die viele Eier legen, sterben schnell. **§13** Im Allgemeinen [gilt]: Bebrüten Hühner ihre Eier nicht, werden sie krank. Mit halbgekochter Gerste werden sie dazu gebracht, viele und größere Eier zu legen. Michael Scotus: Einem Huhn sollen Eier bei zunehmendem Mond untergelegt werden.

2.37 DER KAPAUN (*Gallus gallinacius*)

§1 Der Kapaun ist ein der Hoden beraubter Vogel, wie der Liber rerum sagt, den die Schrift „Pepo" nennt, wir aber volkssprachlich „Kapaun". Es heißt aber, sie würden schneller fett, da sie von der Lust nicht behindert werden. **§2** Er wird mit den Hühnern gemästet, wie der Experimentator sagt, aber niemals befruchtet er sie durch

Begattung; er wird mit ihnen gefüttert, verteidigt sie aber niemals. Er kräht nicht und verkündet weder die Stunden des Tages noch die der Nacht. Sie sind zu nichts anderem nütze als für die Küche. **§3** Sie haben schmackhafteres Fleisch als alle anderen Vögel; sie machen nämlich gutes Blut und sind ganz besonders nahrhaft. Davon handelte Magister Jordanus aus dem Predigerorden - möge Gott seiner gedenken - in einer (gelehrten) Predigt, als er zu Kanonikern und Klerus auf einer Synode sprach: **§4** „Der Schreiber Sobna (vgl. Is 22, 15f)," sagte er, „wird mit ‚Kapaun' übertragen". Und wohin [wird er getragen]? An keinen anderen Ort als in des Teufels Küche. Und warum? Weil er weder zeugt noch verteidigt noch kräht. Er zeugt keine geistlichen Söhne und - wollte Gott - keine fleischlichen! Er singt keine Tagzeiten und - wollte Gott - dass er auch keine Gassenhauer oder Possen vorträgt. **§5** Er verteidigt seine Schäfchen weder mit Gebet noch mit Predigt oder kirchlichem Tadel. Er ist also ein Lohndiener, „der den Wolf sieht" usw. (vgl. Io 10, 12: *mercennarius ... videt lupum venientem et dimittit oves et fugit*) und ist deshalb zu nichts anderem nütze als für des Teufels Küche. Mit ihm werden diejenigen bezeichnet, die sich als Kanoniker, Pröbste oder Kleriker ausgeben, ohne die Frucht zu bringen, die sie schuldig sind. **§6** Jacobus und das Steinbuch: Manchmal werden sie kastriert, wenn sie schon drei Jahre alt sind, und man lässt sie weitere fünf oder sechs Jahre leben, und dann findet man in ihrer Leber einen wertvollen Stein, der Allectorius heißt. Wenn also dem Kapaun dieser Stein in seiner Leber gewachsen ist, trinkt er von nun an nicht mehr. Hat daher jemand diesen Stein im Mund, so löscht er den Durst.

2.38 DER FASAN (*Gallus silvester*)

§1 Der Waldhahn, der von Plinius auch Fasan genannt wird – und der französische Name ist zutreffend – ist ein sehr schöner Vogel. Er hat keinen Kamm auf dem Kopf und keine Sporen an den Füßen; auch wenn ihm diese Waffen vorenthalten wurden, so gilt er doch als mutiger Vogel. In diesem Wissen fertigen die Vogelfänger einen Schild aus weißer Leinwand an, in dessen Mitte sie ein kleines rotes Tuch befestigen. **§2** Diesen roten Fleck inmitten des Weißen betrachtet der Hahn aufmerksam, fixiert ihn mit seinem Blick und wundert sich über das Ungewohnte; ohne zu zögern zwingt ihn der Vogelfänger, sobald er sieht, dass er mit dem Blick gebannt ist, unter Einsatz seines Schildes rückwärts zu gehen, bis er seinen Gefangenen in die in einiger Entfernung vorbereiteten Netze drängt, und so fängt man den Fasan. **§3** Er bedeutet aber diejenigen, die von Schaulust getrieben allmählich in die Netze des Teufels fallen so wie Dina und David. **§4** Alexander sagt: So wird ein Fasan gefangen: Der Vogelfänger, bedeckt mit einem Tuch, auf dem dieser Vogel abgebildet ist, zeigt sich dem Fasan; der folgt oder besser: verfolgt den Bedeckten, der bald zurückgeht, bald flüchtet, und schließlich wird er von einem versteckten Helfer des Vogelfängers in die heimtückischen Netze verstrickt. **§5** Wie der Experimentator sagt, steckt dieser Vogel seinen Schnabel in die Erde und versteckt seinen Kopf und hält sich so für vollständig verborgen. Bei regenverhangenem Himmel trauert er und verbirgt sich dann in Hecken und Wäldern; gegen Abend oder im Morgengrauen kommt er aus dem Wald und ist dann leicht zu jagen. Ist er zu fett geworden, mausert er sich und erneuert sich. Er hat feineres und zarteres Fleisch als die übrigen Waldvögel.

2.39 DER EICHELHÄHER *(Garrulus)*

§1 Der Eichelhäher ist nach seiner Geschwätzigkeit benannt, wie Isidor sagt. Es handelt sich nämlich um eine äußerst schwatzhafte und durch ihr Geschrei lästige Vogelart. Er fliegt zeternd von einem zum anderen <Vogel> und kaum einer kann über ihn hinwegfliegen, den er nicht anschreit. **§2** Man sagt, er ahme die Stimmen und Melodien der anderen Vögel nicht zur vergnüglichen Kurzweil nach, sondern wegen seiner Schwatzhaftigkeit, gleichsam als ob er ihrer spottete. Diesen Vogel fängt man in seiner Jugend und sperrt ihn in einen Käfig, damit er artikulierte Worte sprechen lernt; sobald er entkommen ist, verlangt es ihn, noch mehr zu schwatzen. Manchmal passiert es aber, dass ihn ein Sperber unvermutet raubt, wenn er sich nicht vorsieht und aufs Schwatzen aus ist. **§3** Dieser Vogel ist mit so bunten Federn gezeichnet, dass keine Farbe der anderen Vögel an ihm fehlen soll. Häufig soll er in Raserei verfallen, wie der Experimentator sagt, so dass er sich rasend vor übermäßiger Wut an einem Baum zwischen Astgabeln erhängt.

2.40 DIE ALPENDOHLE (*Graculus*)

§1 Die Alpendohle ist ein Vogel aus der Gattung der Krähen und einfarbig schwarz gefärbt, allerdings von kleinerer Statur [als die Krähe]. Gerne nistet sie in den Baumwipfeln, und das in solcher Anzahl, dass häufiger auf einem einzigen Baum sieben Paare von Alpendohlen ihre Nester bauen; denn diese Vögel vertragen sich untereinander sehr gut. **§2** Der Vogel schreit übermäßig viel, besonders aber zur Paarungszeit. Und wenn die Frühlingszeit zur Paarung animiert, füttert das Männchen aus Liebe das Weibchen. Das Fleisch ihrer Jungen ist essbar, und zwar besonders, wenn man ihnen die Haut abzieht.

2.41 DER IBIS (*Ibis*)

§1 Der Ibis ist ein Vogel, der sich von Schlangen und ihren Eiern ernährt; daher verschlingen sie in der Luft die geflügelten Schlangen, die von Arabien kommen, wenn sie ihnen in der Luft begegnen, bevor diese auf die angrenzenden Gegenden hinabfliegen können. Das Gift dieser Schlangen wirkt so schnell, dass der Tod auf den Biss folgt noch vor dem Schmerz. **§2** Dieser Vogel bringt seine Eier durch den Schnabel hervor, wie Solinus sagt. Wenn jemand seine Eier isst, stirbt er. Isidor: Er purgiert sich selbst mit dem Schnabel, indem er Wasser in seinen After gießt. An den Ufern des Meeres und anderer Gewässer läuft er Tag und Nacht auf und ab; doch geht er niemals ins Wasser hinein, sondern tut sich nur an den herausgeworfenen Kadavern von Fischen und anderen Tieren gütlich. **§3** Beachte *die Verse:

Der Ibis ist ein Vogel, eine Schlange die Ybex, gehen wirst du voller Neid,
Ibex, ibicis ein Ziegenbock, der auf Felsen lebt,
Ybex ist ein Tier auf vier Füßen, ein Vogel der Ibis,
und gehen wirst du voller Neid.[26]

2.42 DIE SCHWALBE (*Yrundo*)

§1 Die Schwalbe nährt sich im Flug von Stechmücken, Fliegen und kleinen Bienen. Isidor: Von Raubvögeln wird sie nie angegriffen, so als ob sie heilig sei. Auf die verletzten Augen der Jungen legen die Mütter Schöllkraut als Medizin. Plinius: Unter den Vögeln ohne Krallen ernährt sie (sc. die Schwalbe) sich allein von Fleisch. Sie überfliegen die Meere und verbringen dort den Winter. **§2** Wie der Experimentator sagt, hat die Schwalbe wenig und schwarzes Fleisch, viele Federn und lange Schwingen, und hat deshalb einen schnellen Flug. Ihr unter dem rechten Flügel entnommenes Blut heilt die Augen. Solinus: Sie hat eine gewisse Vorahnung, so dass sie einstürzende Dächer verläßt und auch keine besonders hoch gelegenen Punkte aufsucht. **§3** Die meisten tragen Edelsteine in der Brust, wie der Liber rerum sagt. Man findet jedoch diesen Edelstein manchmal in schwarz, manchmal in rot und nennt ihn Celidonius. Er hilft den Mondsüchtigen und vertreibt schädliche Säfte; wird er mit Wasser gewaschen, heilt er kranke Augen. **§4** Diejenigen Schwalbenjungen, die den Stein tragen, erkennt man daran, wenn sie im Nest als Zeichen des Friedens mit den Schnäbeln einander zugewandt sitzen; denn die übrigen Jungen, die ihn nicht tragen, sitzen mit gegeneinander gekehrten Rücken. Der Kot der Schwalben wirkt sehr stark erblindend, wenn er in die Augen fällt. Siehe dazu das Beispiel von Tobias. **§5** Plinius: Die Schwalbenjungen sind zuerst blind. Die Weibchen empfangen allein von der Vorstellung geschlechtlicher Lust. Wenn jemand Schwalbenjunge blendet, erhalten sie ihr Augenlicht wieder zurück, wie Aristoteles, Plinius und Adelinus sagen. **§6** Schwalben und Mäuse lassen sich nicht abrichten, während Löwen und Elefanten sanft und zahm werden, wie Plinius sagt. Die Schwalbe legt

---

[26] Vgl. hierzu 1.32 Der Steinbock (*Ibex*)

zweimal im Jahr Eier, wie Aristoteles sagt, aber ihre Eier im Winter verderben wegen der Kälte.

2.43 DER EISVOGEL[27] (*Isida*)

§1 Den Eisvogel nennen wir so [sc. *Isida*] nach dem Klang seiner Stimme. Er hat nur zwei Finger am Fuß, gekrümmte Krallen, aber einen kleinen und geraden Schnabel. Der Vogel ist zwar klein, aber seine Federn sind von strahlender Schönheit. **§2** Von diesem Vogel glauben die einfachen Leute folgendes: wenn man dem toten Vogel die Haut mit den Federn abzieht und an die Wand heftet, dann wird die Haut in jedem Jahr die Federn wechseln, als wenn sie am Körper wäre. Der Eisvogel bedeutet aber diejenigen, die zu Lebzeiten ihre alten Sitten und schlechten Gewohnheiten nicht aufgeben wollten, als Tote freilich ändern werden, weil sie an Stelle von Vergnügungen Strafe, an Stelle leerer Sinnenlust Schmerz, an Stelle vergänglicher Güter ewige Strafe erhalten werden.

2.44 DER KICHES

§1 Der Kiches ruft mit unterschiedlichen Stimmen und verändert fast an jedem Tag seinen Ruf. Wenn die Jungen dieses Vogels zum Fliegen kräftig genug sind, füttern sie ihre Eltern, wenn diese alt geworden sind, und sorgen dafür, dass sie ohne zu arbeiten im Nest bleiben.

2.45 DIE MÖWE (*Larus*)

§1 Die Möwe ist ein Vogel, dem zweierlei Natur gegeben ist. Der Vogel wohnt sowohl im Wasser als auch auf der Erde, wie die Glosse sagt, und erfreut sich an beiden Elementen: im Wasser schwimmt er, in der Luft fliegt er.

2.46 DIE NACHTIGALL[28] (*Lucinia*)

§1 Die Nachtigall ist ein Vogel, wie Ambrosius im *Exameron* berichtet. Wenn sie auf ihren Eiern sitzt, tröstet sie sich über die Mühen der langen Nacht mit der Süße ihres Gesanges, mit der Absicht, wie es Ambrosius erscheint, ihre Eier, auf denen sie sitzt, sowohl mit süßen Melodien als auch mit Körperwärme zu zu beleben. Der selige Augustinus und viele andere haben vom Löwen ganz Ähnliches überliefert.

---

[27] Vgl. 2.10 Die Eisvögel (*Alcion*).

[28] Vgl. 2.62 Die Nachtigall (*Philomena*).

2.47 DIE GABELWEIHE (*Milvus*)

§1 Obwohl die Gabelweihe aufgrund ihrer Kräfte und ihres Flugverhaltens gleichsam als „weichlich“ (lat. *milvus* von *mollis*) bezeichnet wird, ist sie dennoch sehr räuberisch und stellt immer zahmen Beutetieren nach. Sie ist dem Habicht, was Krallen, Füße und Schnabel betrifft, ähnlich, aber sie hat gekrümmte und keine geraden Flügel wie der Habicht. **§2**: Die Gabelweihe ist mutig bei kleinen Vögeln, furchtsam bei großen, wie der Experimentator sagt. Vom Sperber wird sie in die Flucht geschlagen, obwohl sie dreimal größer ist als jener. Die Gabelweihe kann ihre Federn nicht abwerfen, nur wenn sie in südlichen Landen salziges Meerwasser trinkt. **§3** Daher verläßt sie zur Zeit ihrer Mauser ihren angestammten Wohnsitz und sucht jene südlichen Lande auf, und das ist es, was Jeremias meint: „Die Weihe am Himmel” usw. (Jer 8, 7: *Milvus in coelo cognovit tempus suum*).

2.48 DIE MEERGANS (*Meauca*)

§1 Meergänse sind Meeresvögel, größer als Enten, wie der Liber rerum sagt, die nach ihrem Ruf benannt sind. Die Meergans schreit nämlich immer und sucht gierig nach Aas, und zwar nach menschlichem Aas. **§2** Steht ein Unwetter bevor, so schreit sie besonders intensiv, als freute sie sich über die zu erwartende Beute an Aas. Zuerst attackiert sie an einem Kadaver das Auge. Sie stellt kleinen Tieren nach, wo auch immer sie sich versammelt haben.

2.49 DIE AMSEL (*Merula*)

§1 Die Amsel wurde von den Alten ‚melodische Sängerin’ (lat. *modula*) genannt, weil ihr Gesang so melodisch ist, wie Jacobus sagt. Sie gibt wunderbare Klangvariationen von sich, besonders wenn sie spürt, dass der Frühling kommt; denn zur Winterzeit schweigt sie stumm. Die zahme Amsel frisst gegen ihre Natur Fleisch und diese singt süßer. **§2** Im Winter kann sie vor Fett kaum fliegen. Sie badet sich gern und reinigt mit dem Schnabel die Federn, obwohl sie doch schwarz und häßlich ist. Die Amsel wechselt von schwarzer zu roter Farbe. In allen Jahren verändert sie die Farbe ihres Schnabels. **§3** Es gibt auch noch eine andere Gattung von ihnen, die aber viel größer ist. Diese, die den Namen ‚Ziegenmelker’ haben aufgrund ihres Verhaltens, fliegen in die Ställe der Hirten und hängen sich an die Euter der Ziegen, um Milch zu saugen; von diesem Raub stirbt das Euter der Ziege ab und die Ziegen erblinden. Diese Vögel sollen bisweilen keine Sehkraft haben.

2.50 DIE DOHLE (*Monedula*)

§1 Die Dohle, wie Jacobus sagt, heißt gleichsam ‚Münzensammler' (lat. *monetam tollens*) oder ‚Münzenliebhaber' (lat. *monetam diligens*). Wenn sie nämlich Gold oder Silbergefunden hat, stiehlt sie es und versteckt es. Ihr Fleisch ruft Kopfjucken hervor; deshalb verlangt es sie auch danach, am Kopf gekrault zu werden.

2.51 DER TAUCHER (*Mergus*)

§1 Der Taucher hat seinen Namen davon, dass er unablässig taucht. Auf den Grund getaucht nehmen sie oft die Anzeichen für Luftbewegungen unter Wasser wahr, wie Ambrosius sagt, und wenn sie stürmische See voraussehen, flüchten sie unter Geschrei ans Ufer. **§2** Wenn der Taucher tödlich getroffen werden soll, taucht er unter Wasser und er bedeutet diejenigen, die sich entschuldigen, wenn sie in der Beichte mit Buße belegt werden. Wie der Experimentator sagt, sind sie im Winter feister aus Mangel an Bewegung. Denn jedes Tier erfreut sich an heiterem Wetter und schweift dann mehr umher als bei trübem.

2.52 DER SPERBER (*Nisus*)

§1 Der Sperber ist ein edler Vogel, wie der Liber rerum sagt, kleiner an Gestalt und (von geringerer) Kraft als der Greiffalke, doch haben beide die gleiche Gefiederfarbe. Dennoch weigern sie sich, gemeinsam zu fliegen; denn man sagt ihm nach, gehässig und arrogant sein. **§2** Der Sperber verachtet seinesgleichen und verfolgt ihn wie einen Vogel einer fremden Gattung, und das widerspricht allen Vogelgattungen, weil, wie Aristoteles sagt, jeder Vogel, der seine Beute im Flug schlägt, die Vögel seiner eigenen Gattung verschont. **§3** Nur dem Sperber also fehlt dieser Edelmut, und das hat er mit dem Menschen gemeinsam, der unter den vierfüßigen Tieren nicht aufhört, seiner eigenen Gattung nachzustellen. Der Sperber hält im Winter wegen der Kälte einen gefangenen Vogel die ganze Nacht lebend unter seinen Füßen. **§4** In Anerkennung der empfangenen Wohltat, wie das Volk *sagt, läßt er seinen Gefangenen am Morgen davonfliegen. [Welch] ein erinnerungswürdiges und gottgefälliges Beispiel! Wehe denen, die nicht nur nicht Gutes mit Gutem bezahlen, sondern sogar Gutes mit Bösem vergelten.

2.53 DIE EULE (*Nicticorax*)

§1 Nycticorax heißt ein ‚Nachtrabe', wie Adelinus sagt, der Vogel jedenfalls, den wir Eule nennen. Diese liebt die Dunkelheit der Nacht. Der Philosoph: Er fliegt aufgerichtet und schreit, er lebt von menschlichem Schmutz, er singt gegen das Böse und er hasst das Licht. **§2** Wenn andere Tiere Schlafen gehen, wird er erst richtig wach und beginnt mit der Nahrungssuche; flöge die Eule am Tag, so würde sie von den übrigen Vögeln der Luft angegriffen. Sie hat einen riesigen Kopf, der nicht so geformt ist wie der anderer Vögel; sie hat einen gekrümmten Schnabel wie der Sperber und hakenförmige und rauhe Krallen an den Füßen. Die Eulen führen einen geschickten Kampf gegen die Tagvögel. **§3** Plinius: Wenn eine Eule von einem Menschen oder von Vögeln attackiert wird, wehrt sie sich auf dem Rücken liegend mit dem Schnabel und den Krallen an den Füßen. Es kommt ihr aber der Habicht zur Hilfe aufgrund einer natürlichen Genossenschaft und trennt die Streitenden. Wenn eine Eule auf die Insel Kreta kommt, stirbt sie sogleich. Ihr Fleisch ist gut für Menschen, die gelähmt sind.

2.54 DER ONOCROTALUS[29]

§1 Der Onocrotalus ist ein Vogel mit langem Schnabel, der im Orient lebt. Wenn dieser seine Stimme erschallen lassen will, steckt er den Kopf ins Wasser und gibt einen Ton von sich, der einem Brüllen gleicht. Es gibt aber zwei Arten von ihnen, eine am Wasser lebende, die andere in der Ödnis. Als einziger von allen Vögeln hat dieser Vogel keine Milz, wie Aristoteles sagt. **§2** Isidor aber sagt, dass dieser Vogel viel Nahrung gleichzeitig in seinem Magen ansammelt, und darin steht er für die Habgierigen, von denen Hiob sagt: „Die Reichtümer, die er verschlang, soll er wieder erbrechen usw." (Job 20, 15: *Divitias quas devoravit, evomet et de ventre illius extrahet eas Deus*). Später, wenn er Hunger hat, würgt er sie heraus und frisst sie ein zweites Mal. **§3** Wie der Experimentator sagt, hat er im Schlund häutige Säckchen, in denen er die Nahrung zuerst ablegt und danach das Aufgenommene in einen zweiten Magen befördert. Er hat nämlich zwei Mägen, von denen der eine im Hals sitzt; im anderen kocht und verdaut er die Nahrung. Bei anderen Vögeln verhält es sich nicht so.

2.55 DER PELIKAN (*Pellicanus*)

§1 Der Pelikan heißt so, weil er gleichsam „graue Haut" (lat. *pellem canam*) hat. Daher sagen Augustinus und Isidor, er habe graue Federn. Dieser Vogel lebt in Ägypten; in der Gegend um den Nil ist er häufig. Weil er seine Jungen liebt, scherzt er mit ihnen, sie aber hacken im Spiel nach seinen Augen; deshalb tötet er sie. **§2** Von maßlosem Schmerz ergriffen reißt er sich drei Tage lang selbst die Federn aus. Mit dem Schnabel öffnet er seine Seite und macht die mit seinem eigenen Blut

---

[29] Aufgrund der Namensform *pelecanus onocrotalus* ‚(gemeiner) Pelikan' wurde offensichtlich der lat. Name des Pelikans als zwei Namen missverstanden, so dass zwei Kapitel entstanden.

bespritzten Jungen wieder lebendig. Man sagt aber, dass er das auch tut, wenn er entdeckt, dass seine Jungen von einer Schlange aus dem Hinterhalt tot gebissen wurden. **§3** Der Experimentator sagt, dass der Pelikan nach dem Vergießen seines Blutes so geschwächt ist, dass er das Nest nicht verlassen kann; dann füttern ihn jedes Mal seine Jungen. Einige von den Jungen kümmern sich jedoch nicht um ihn; die verstößt er, wenn er wieder zu Kräften gekommen ist. Es gibt zwei Pelikanarten, eine Wasservogelart, die von Fischen lebt, und eine zweite Landvogelart, die sich von Schlangen ernährt. **§4** Der Pelikan lebt auch von Krokodilsmilch, die dieses wilde Tier aus übergroßem Überfluss seiner Brüste an einem sumpfigen Ort absondert. Daher folgt der Pelikan auch gerne dem Krokodil. Oder, wie andere sagen, dass er deshalb Pelikan genannt wird, weil seine (abgezogene) Haut (lat. *pellis*), wenn man sie anschlägt, zu klingen (lat. *canere*) scheint. **§5** Dieser Vogel ist mager, da, wie es heißt, jede von ihm aufgenommene Nahrung vollkommen ohne Verdauung seinen Darm durchläuft, der sich durch die Eingeweide hinzieht. Daher kommt es, dass er nur ganz wenig Fett besitzt, das durch die kleinste Menge an Körpersaft gespeist wird.

2.56 DAS PURPURHUHN (*Porphirius*)

§1 Das Purpurhuhn ist ein Vogel, der nicht der Lebensweise anderer Vögel entspricht, wie der Philosoph Johannes sagt; denn es hat einen breiten Fuß zum Schwimmen, den anderen aber gespalten, um auf dem Land zu Laufen, und daran merkt man, dass es in beiden Elementen zu Hause ist und sowohl im Wasser schwimmt wie die Enten, als auch auf der Erde umherläuft wie die Rebhühner. **§2** Allein das Purpurhuhn nimmt, einmal abgeshen vom Papagei, mit seinem Fuß wie mit einer Hand das Wasser auf, führt es zum Schnabel und trinkt und isst auf menschliche Art, wie Plinius sagt.

2.57 DER PFAU (*Pavo*)

§1 Der Pfau ist ein wunderschöner Vogel, ein Freund der Schönheit und Reinheit, wie Aristoteles sagt. Er hat einen langen mit einem Augenmuster, eine saphirfarbene Brust und einen ähnlich gefärbten Hals. Mit seinem Geschrei vertreibt er alle giftigen Tiere, und sie wagen es nicht dort zu bleiben, wo sie die Stimme eines Pfauen gehört haben. **§2** Er hat eine schreckliche Stimme, er kommt ungekünstelt und gleichsam wie ein Dieb daher. Augustinus sagt in seinem Buch „Vom Gottesstaat", dass das Fleisch eines toten Pfaues ein ganzes Jahr lang weder fault noch stinkt. Derselbe Gelehrte sagt auch, dass es sogar niemals fault. **§3** Jacobus: Wenn man einen Pfau ansieht und lobt, so stellt er seinen Schwanz auf und schlägt ein Rad und zeigt seine Schönheit, und dies vor allem gegen die Sonne, weil dann seine Federn noch leuchtender erstrahlen. Liber rerum: Wenn der Pfau seinen Schwanz ausgebreitet hat und danach sein Blick auf seine unförmigen Füße fällt, lässt er den ausgebreiteten Schwanz bald wieder sinken. **§4** Plinius: Vom dritten Jahr an beginnt er, seine wie Edelsteine glänzenden Farben sehen zu lassen, und dann legt er Eier. Der Pfau verliert im jährlichen Wechsel seine Schwanzfedern und versteckt sich dann aus Scham und Trauer unter den Blättern der Bäume, bis sie ihm wieder nachgewachsen sind. Wenn der Pfau in der Nacht erwacht und sich in der Dunkelheit nicht sehen kann, schreit er ängstlich, weil er glaubt, seine Schönheit verloren zu haben. **§5** Die Männchen zerbrechen aus Verlangen nach ihren brütenden Weibchen deren Eier; deshalb legen die Weibchen ihre Eier im Verborgenen. Wenn der Pfau hoch aufsteigt, ist es ein Zeichen für Regen. Nach dem Zeugnis des Aristoteles ist der Pfau gehässig; er würdigt seinen eigenen Nachwuchs keines Blickes, bis er ihn an dem Pfauenkamm (auf dem Kopf) als seines gleichen erkannt hat.

2.58 DAS REBHUHN (*Perdix*)

§1 Das Rebhuhn hat seinen Namen von seiner Stimme; daher sagen Jacobus, Ambrosius und Isidor, dass der Vogel so listig und betrügerisch ist, dass er die Eier eines anderen plündert, um sie auszubrüten. Aber dieser Betrug hat keinen Erfolg; denn wenn die Küken die Stimme ihrer eigenen Mutter hören, verlassen sie aus natürlichem Instinkt diejenige, die sie ausgebrütet hat, und kehren zu derjenigen zurück, die sie hervorbrachte. **§2** Das Rebhuhn hat aber im Vergleich zu anderen Vögeln ein trockenes Gehirn, und infolgedessen geschieht es, dass es vergesslich ist und so sein Nest vergisst und seine Eier verliert, und diese werden dann von einem anderen (Rebhuhn) geplündert und ausgebrütet. **§3** Wenn jemand ihren Nestern zu nahekommt, kommen die Mütter heraus und bieten sich selbst freiwillig den Zudringlingen an und, indem sie eine Schwäche an Füßen oder Flügeln simulieren, so als ob man sie auf der Stelle einfangen könnte, täuschen sie langsame Schrittchen vor. Durch diese Lüge führen sie die ihnen Entgegenkommenden in die Irre, bis sie sich weit genug von den Nestern entfernt haben. Wenn die Küken fürchten, eingefangen zu werden, heben sie mit den Füßen Erdschollen auf und verstecken sich darunter. **§4** Wenn die Hähne um die Weibchen kämpfen, werden die Besiegten von den Siegern getreten in einer Art widernatürlicher Begattung und, wie der Experimentator sagt, lässt die (alles) überwältigende Lust das Geschlecht vergessen. Wenn sie in einer Netzreuse von einem Vogelfänger gefangen werden, läuft eines dem anderen nach: weder erkennt das Bedauernswerte [was vor sich geht] noch zieht es sich zurück, sondern tappt in die Falle des schon gefangenen, - eine getäuschte Schicksalsgemeinschaft. **§5** Nutze das als ein Beispiel törichten Verhaltens. **§5** Des nachts sitzen sie mit einander zugewandten Rücken; die sexuelle Lust erregt die Weibchen der Rebhühner so sehr, dass sie angeblich vom bloßen Geruch empfangen. Wenn nämlich der Wind von einem Männchen herweht, werden die Weibchen befruchtet. Zur Zeit der Brunst strecken sie die Zungen gegeneinander aus und brennen vor Verlangen nach der Paarung. **§6** Was wir über die Rebhühner sagten, nämlich dass sie vom Wind empfangen, das gilt auch von Tauben, Gänsen, Pfauen und Hühnern. Die Brust mit den oberen Körperteilen ist sehr schmackhaft, die unteren Teile aber nicht so sehr. Plinius: Wenn man die Galle von Rebhühnern zu gleichen Teilen mit Honig <vermischt>, macht sie die Augen klar.

2.59 DIE REGENVÖGEL (*Pluvialis avis*)

§1 Regenvögel haben die Größe eines Rebhuhns. Sie sind mit bunten Federn geschmückt, in gelb, weiß und schwarz, von einander abgesetzt. Man sagt, sie leben allein von der Luft, und dennoch sind sie feist. Obwohl sie feist werden, kann doch nie irgendetwas in ihren Eingeweiden gefunden werden, und das ist der Beweis dafür, dass sie tatsächlich allein von der Luft leben.

2.60 DIE ELSTER (*Pica*)

§1 Die Elster ist ein sehr schlauer Vogel, wie Plinius sagt. Das Fleisch ihrer Jungen soll man zum Verzehr reichen, um die Sehkraft zu schärfen; es lässt sich aber nicht leicht garen, es sei denn, man zieht ihnen vorher die Haut ab. Der Schwanz der Elster gleicht mit seiner Länge die kurzen Flügel aus. Sie baut ihr Nest mit zwei Öffnungen: durch die eine kommt sie herein, durch die andere streckt sie ihren Schwanz hinaus. **§2** Plinius: Es ist gewiss, dass sie im Monat August verrückt werden und sich manchmal im Gebüsch zwischen den Dornen selbst erhängen. Die Elster hat ein Auge auf die Höfe oder Gärten, in denen sie nistet, und meldet mit lautem Geschrei die Verstecke der unerlaubt dort Hausenden. Jung eingefangen lernt sie zu sprechen; und manchmal kommt sie vor Anstrengung zu Tode, weil sie ein schwieriges Wort einfach nicht herausbringt.

2.61 DER SPERLING (*Passer*)

§1 Ein Sperling, der auf dem Boden sitzt, stampft mit dem Fuß auf die Erde, bevor er auffliegt, und dann erst erhebt er sich in die Luft. Er lässt sich schnell in Wut bringen, aber seine Streitlust ist nicht von Dauer, wie der Experimentator sagt. Sperlinge sind von heißerer Natur als alle anderen Vögel; daher wirken sie verstopfend und erhitzen das Blut. **§2** Sie sind auch über die Maßen wollüstig, und daher hat der Sperling (lat. *passer*) seinen Namen erhalten, weil er leiden (lat. *a patiendo*) -schaftlich ist. Sein Kot ist sehr heiß, wenn er ausgeschieden wird, kühlt aber sehr schnell ab, und bedeutet diejenigen, die „zeitweise glauben" usw. (Lc 8, 13: *qui ad tempus credunt*). **§3** Er verdaut schnell, was auch immer er verschluckt, und deshalb wird er von der aufgenommenen Nahrung nie fett, sondern nur am Leben erhalten. In einigen Gegenden leiden die Sperlinge an der Fallsucht, und zwar, wie Aristoteles glaubt, weil sie die Samen des Bilsenkrauts fressen. **§4** Er raubt der Taube ihr Nest. Wenn die jungen Sperlinge flügge werden, begleiten die Sperlinge aus der Nachbarschaft zusammen mit den Eltern die unbeholfenen Flugversuche der Jungen und drängen sich zusammen und stützen sie.

2.62 DIE NACHTIGALL[30] (*Philomena*)

§1 Die Nachtigall soll sich so sehr an ihrer lieblichen Stimme erfreuen, dass sie nur selten frisst, und wenn, so tut sie es aber in größter Eile. Sie singt nur zur Frühlingszeit, nie im Winter. **§2** Sie soll sich so ausdauernd und unterschiedslos an ihren Liedern erfreuen, dass sie lieber geschwächt ihr Leben aushaucht als der Melodie ihrer Stimme beraubt zu werden. Daher wird sie auch Philomena genannt von *philos*, das heißt ‚Liebe', und *menos*, das heißt ‚ermattet', gleichsam ‚von Liebe verzehrt'. **§3** Merke auch, dass die Nachtigall, sobald sie sich zu paaren beginnt, ihre liebliche Stimme umgehend verliert, und dass, wie Plinius sagt, ihre Stimme anders wird und auch ihre Farbe sich verändert. Bisweilen treibt sie es mit dem Sperling und und lässt sich von ihm besteigen. Die anderen Vögel verfügen nicht über die besondere Zartheit der Nachtigallzungen.

2.63 DER PAPAGEI (*Psitacus*)

§1 Der Papagei ist ein Vogel aus Indien, wie Jacobus und Solinus sagen, von grüner Farbe, mit einem purpurfarbenen, nahezu goldenen, Halsring und einer großen und breiten Zunge; daher bringt er auch deutlich ausgesprochene Worte hervor, derart, dass man glaubt, ein Mensch spricht, wenn man ihn nicht sieht. Einen Menschen aber begrüßt er, indem er sagt: „Ave" bzw. „Chere". **§2** Im ersten und zweiten Jahr lernt er besonders schnell und behält das Gelernte am längsten im Gedächtnis. Sein Schnabel ist so hart, dass er sich mit Hilfe seines Schnabels am Felsen abfängt, wenn er aus der Höhe herabstürzt, so dass er ihn gleichsam als Stütze benutzt. **§3** Er hat aber einen so mächtigen Kopf, dass ihn die Menschen mit einem

---

[30] Vgl. 2.46 Die Nachtigall (*Lucinia*)

eisernen Schlüsselchen schlagen müssen, wenn sie ihn zwingen, menschliche Laute nachzuahmen. Er füttert sich selbst mit dem Fuß und und führt die Bissen zum Mund wie ein Mensch mit der Hand. **§4** Man sagt, sie nisten in den Bergen von Gelboa, weil es dort nie oder nur selten regnet; Regen können sie nämlich nicht vertragen. Anderes Wasser ertragen sie irgendwie, aber vom Regen sterben sie. Auf seinen Schwanz achtet er mit höchstem Eifer und glättet die Schwanzfedern immer wieder mit seinem Schnabel. **§5** Die edleren haben je fünf Zehen an den Füßen, die gewöhnlichen aber nur drei. Wie Aristoteles sagt, trinkt er gern Wein und ist ein überaus wollüstiger Vogel; kein Wunder, dass er gern Wein trinkt in dem die Wollust enthalten ist. Der Philosoph: Wenn er vom Wein berauscht ist, ergötzt er sich sehr am Anblick junger Mädchen.

2.64 DER STRAUSS (*Strucio*)

§1 Der Strauß ist ein Vogel, wie Isidor sagt, der griechisch „assida" genannt wird; er heißt auch „camelon", weil er Füße wie ein Kamel hat. Wenn die Zeit der Eiablage gekommen ist, schaut dieser Vogel zum Himmel auf, um zu sehen, ob der Stern Virgilia aufgegangen ist, denn er legt seine Eier nur auf die Erde, wenn dieser Stern aufgegangen ist, und das aus folgendem Grund: **§2** Zur Sommerszeit nämlich, wenn die künftige Ernte in Blüte steht, um den Monat Juli herum, geht der Stern Virgilia am Himmel auf, und dann gräbt der Strauß in der Erde und legt dort seine Eier ab und bedeckt sie mit Sand. Danach verlässt er den Ort und vergisst bald seine abgelegten Eier und kommt auch nicht mehr zu ihnen zurück. **§3** Denn er ist von Natur aus vergesslich, und deshalb legt er in der warmen Jahreszeit und bedeckt <seine Eier> in der Erde mit Sand, damit ihm das ruhige Wetter und die milde Luft das gewähre, was er selbst sitzend und brütend bewirken sollte. Also schlüpfen die Jungen aus den Eiern, die vom sonnenbeschienen Sand gewärmt wurden. **§4** Dieser Vogel hat die Federn des Greiffalken und des Habichts, aber er fliegt schwerfällig. Er frisst Eisen und verdaut es, da er von sehr heißer Natur ist. Von Natur aus hasst er das Pferd und verfolgt es; das Pferd aber fürchtet und hasst ihn so sehr, dass es ihn nicht anzusehen wagt. Diese Vögel laufen auf der Erde so schnell, dass sie an Schnelligkeit Pferde übertreffen. **§5** Beim Laufen stellen sie ihre Schwingen auf; ihre Federn sind wie Haare, ihre Flügel sind zart; sie haben Augenlider. Sie haben gespaltene Klauen, mit denen sie Steine greifen können, die sie auf der Flucht ihren Verfolgern entgegenschleudern. **§6** Ihre Torheit ist so groß, dass sie glauben, wenn sie ihre Köpfe im Gebüsch verborgen haben, sei auch ihr übriger Körper in seiner ganzen Größe versteckt. Es heißt auch, der Strauß betrachte mit einem Auge den Himmel und mit dem anderen die Erde. **§7** Er hat einen großen und breiten Knochen in der Brust nach Art eines Schildes, und der wurde ihm zum Schutz seines großen

Körpers geschaffen; denn er hat einen fast so großen Körper wie ein Esel mittlerer Statur. Von Natur aus wird er kahl, wie Plinius sagt, aber seine Haut hat eine sehr starke ledrige Oberhaut, die ihn, wenn er keine Federn mehr hat, vor dem Unbill der Kälte schützt.

2.65 DER WALDKAUZ (*Strix*)

§1 Der Kauz ist ein Vogel. Wie Isidor sagt, hat er den Namen nach seiner Stimme; wenn er nämlich schreit, knirscht er (lat. *stridet*). Daher <sagt> Lukan: „Was der träge Uhu[31], was der nächtliche Kauz sucht." **§2** Daher ist der Kauz ein nächtlicher Vogel und wird volkstümlich *„amma" genannt von *amando* (‚lieben'); er liebt nämlich seine Jungen. Allein dieser Vogel, und gegen die Gewohnheit anderer Vögel, soll seinen Jungen eine milchige Flüssigkeit einträufeln.

2.66 DIE STARE (*Sturnus*)

§1 Stare sind kleine Vögel, die in lang auseinandergezogenen Scharen fliegen, wie Plinius sagt. Sie sind von dunkel glänzender Farbe. Sie fliegen in Scharen und bewegen sich in einem kugelförmigen Haufen, wobei alle zur Mitte streben, und zwar wegen der Habichte, die ihnen nachstellen. Sie versammeln sich am Abend und lärmen in riesigen Scharen. Der Liber rerum: Des nachts schweigen sie und mit der Morgenröte heben sie wieder an zu lärmen; schließlich fliegen sie in kleineren Gruppen auf Nahrungssuche.

2.67 DER TRAGOPALES

§1 Der Tragopales ist ein Vogel, der in Äthiopien lebt, wie Solinus sagt. Er ist größer als ein Adler und hat Hörner wie ein Widder, weswegen er ein gewappnetes Haupt aufweist, und zwar gegen alle Vögel, die ihm feind sind und die er mit Entschiedenheit vertreibt. Er ist dunkel gefärbt wie Eisen. Er hat einen Kopf wie der Phönix, nur dass er, wie oben gesagt, einen bewaffneten Kopf vorstreckt.

2.68 DIE TURTELTAUBE (*Turtur*)

§1 Die Turteltaube ist nach Aristoteles von bewundernswerter Keuschheit, sie liebt ihren Gefährten und hält ihm allein die Treue, und zwar so sehr, dass sie nach seinem Tod keine neue Bindung mehr eingeht, sondern einsam umherschweift und

---

[31] Vgl. 2.11 §1 Der Uhu (*Bubo*) zur Stimme des Vogels.

sich auf den trockenen Zweigen der Bäume niederlässt; wehklagend und traurig lässt sie an Stelle des Gesangs Klagelaute ertönen. Sie bedroht keinen Vogel, sondern erträgt mit großer Geduld die Belästigungen von allen Vögeln. **§2** Aus ganz wenigen Zweigen baut sie ihr Nest, in dem sie ruht und ihre Eier ausbrütet. Die Turteltaube legt über ihr Nest die Blätter der Meerzwiebel, damit kein feindliches Tier ihre Jungen angreift; sie weiß nämlich, dass ihre Blätter giftige Tiere vertreiben, wie Ambrosius sagt. Das Blut aus dem rechten Flügel, in die Augen geträufelt, ist heilkräftig. Bei südlichem Wind können sie nicht gut fliegen.

2.69 DIE FLEDERMAUS (*Vespertilio*)

§1 Die Fledermaus heißt gleichsam eine „Abendfliegerin“ (lat. *vespere utens ala*), wie der Liber rerum sagt; denn sie fliegt nur abends und in der Nacht. Im Winter bleibt sie versteckt. Sie hat keine Flaumfeder am Körper und keine Federn an den Flügeln, nichts an ihrer Gestalt unterscheidet sie von einer Maus, da sie als einziger Vogel nach Art der vierfüßigen Tiere gebiert und an der Brust säugt, nur dass sie einen Schwanz und Flügel hat wie die eines Vogels, die aber nicht aus Federn, sondern nur aus (dünnen) Häuten bestehen, die gleichsam durch eine kreisende Bewegung der Haut wie ausgespannte Flügel schlagen. **§2** Ihr Blut ist ein hervorragendes Heilmittel gegen Schlangenbisse, wenn man es mit Distel mischt, wie Plinius sagt. Er sagt auch, dass sie den Lärm sucht und dass ihr Blut enthaart. Sie hat Zähne, was wir bei anderen Vögeln normalerweise nicht vorfinden. In Indien sind die Fledermäuse größer als Tauben und haben Zähne fast wie Menschen, mit denen sie den Menschen das Gesicht zerfleischen und ihnen Nasen, Ohren und andere Glieder abbeißen.

2.70 DIE SPERBEREULE (*Ulula*)

§1 Die Sperbereule ist ein Vogel, der seinen Namen von Klage und Trauer hat, wie Isidor sagt. Sein Ruf ahmt nämlich ein Weinen oder Stöhnen nach. Daher soll sie irrtümlich bei den Vogelschauern Unglück anzeigen, wenn sie klagt, Glück, wenn sie schweigt.

2.71 DER WIEDEHOPF (*Upupa*)

§1 Der Wiedehopf ist ein gemäß der Bibel unreines Tier (vgl. Dtn 14,18). Wie Isidor sagt, baut der unreine Vogel sein Nest im Mist und hält sich gern im Gestank auf. Dennoch ist er ein recht schöner Vogel und ist mit einem Kamm aus Federn geschmückt, die wie ein Helmbusch emporstehen. Im Winter verbirgt er sich und ist stumm, im Frühling kommt er hervor und verkündet Unglück mit nur einem einzigen [immer wiederkehrenden] Ruf, wie der Kuckuck. **§2** Die alternden Elterntiere mausern sich im Nest zwischen den schon ausgewachsenen Jungen und werden von den Jungen gefüttert, bis sie ihre Kräfte und Federn wieder erlangen. Der Physiologus sagt, dass sie noch einen weiteren Zug kindlicher Liebe ihren Eltern gegenüber aufweisen. **§3** Wenn ihre Eltern nämlich aus Altersschwäche ihre Sehkraft eingebüßt haben, holen die Jungen ein ihnen von Natur aus bekanntes Kraut und bestreichen damit die erblindeten Augen der Eltern, so dass sie, dank dieses Gegenmittels, die Gesundheit ihrer Augen wiedererlangen. Jacobus: Wenn jemand die Schläfen seines Kopfes mit dem Blut eines Wiedehopfes einreibt und schlafen geht, glaubt er im Schlaf Dämonen zu sehen, die ihn ersticken. Das Herz eines Wiedehopfs ist für Hexenmeister und Zauberer von Nutzen.

2.72 DER GEIER (*Vultur*)

§1 Der Geier ist ein Vogel, dessen Federn, wenn man sie ins Feuer legt, mit ihrem Qualm Schlangen vertreiben, wie Plinius sagt. Derselbe: Wer das Herz eines Geiers an seiner Seite trägt, ist sicher vor dem Angriff wilder Tiere, Schlangen und anderen Gewürms. Geier wittern, wie Adler, das Aas jenseits des Meeres. **§2** Isidor: Zuerst geht er bei einem Kadaver auf das Auge. Er folgt den Heerhaufen, um sich an den Kadavern der Toten zu satt zu fressen; daher freut er sich über Raufhändel und Kriege. Wenn ein Geier herangewachsen ist und sieht, dass seine Mutter alt ist und zu schwach zum Fliegen, tötet er sie und macht ihr den Garaus. **§3** Wenn etwa ein Vogel, mag er auch stärker sein, seine Jungen reißen will, so stellt er sich der Gefahr entgegen, schlägt mit den Flügeln und verletzt ihn mit seinen Krallen. Die Mutter verwehrt ihren aus dem Nest geworfenen Jungen, natürlich nachdem sie flügge geworden sind, die Rückkehr an den Ort ihrer Geburt, und zwar aus Futterneid, weil ein Geierpaar ein weites Revier besetzt. **§4** Sie jagt aber nicht in der unmittelbaren Nähe ihres Nestes, sondern weit entfernt davon, um nicht den Hass der Menschen auf sich zu ziehen, die in ihrer Nachbarschaft wohnen. Wenn der Geier etwas schlägt, schleppt er die Beute nicht sofort weg, sondern prüft zuerst ihr Gewicht, und erst danach trägt er sie fort. **§5** Rabanus: Manche Geier sollen sich nicht paaren und ohne Begattung empfangen und Nachwuchs hervorbringen, und ihre Jungen sollen beinahe bis zu hundert Jahren leben. Plinius: Der Geier jagt von Mittag bis zur Nacht und von der Zeit des Sonnenaufgangs bis zur Mittagszeit ruht er. **§6** Wenn er alt wird, verlängert sich das Schnabeloberteil derart, dass es mit der Krümmung das Unterteil berührt, und so geschieht es, dass er vor Hunger und Nahrungsmangel stirbt, weil der den Schnabel nicht mehr öffnen kann; er wetzt seinen Schnabel nämlich nicht an einem Felsen wie der Adler und *vermag seine Beschwerden nicht zu vertreiben, und also stirbt er. **§7** Manche sagen, dass der Geier, wenn er sterben soll, sein eigenes Gehirn verschlingt, aus Missgunst natürlich, damit die Menschen keinen Nutzen davon haben, da es gegen Lähmung helfen soll. Wenn er sieht, dass seine Jungen allzu leicht fett werden, verletzt er sie mit dem Schnabel an den Füßen, um sie so wieder mager zu bekommen. **§8** Er kämpft mit dem Greiffalken und stürzt auf ihn herab, aber, da der Greiffalke wendig ist und dem Sturzflug ausweicht, und er als schwerer Vogel sich nicht abfangen kann, stürzt er sich selbst zu Tode. Da sich der Geier ohne Unterschied über jeden Kadaver hermacht, weicht er weder Gefahren noch Fallstricken aus. **§9** Geier scheinen mit gewissen Zeichen den Tod von Menschen anzukündigen, wie Ambrosius sagt. Wenn nämlich feindliche Heere der Menschen unter einander Krieg anzetteln, folgen sie ihnen in großer Schar und zeigen dadurch an, dass viele Menschen im Krieg fallen werden, den Geiern zur künftigen Beute.

3 DIE MEERWUNDER

3.1 DER ABIDES

§1 Abides ist ein Meerestier, das zunächst ein Wassertier ist und seine Nahrung im Salzwasser findet. Sodann ändert sich die Gestalt dieses Tieres und wird eine andere, und dann verlässt es das Wasser und ernährt sich an Land. **§2** Dann ändert sich auch sein Name und es wird *Astans genannt, und das Wunder besteht darin, dass sich mit der Gestalt seines Körpers auch seine Lebensweise verändert.

3.2 DER AHYME

§1 Der Ahyme ist ein Ungeheuer des Meeres, wie Aristoteles sagt. Dieses Tier ist von allen Untieren im Meer das gefräßigste; es lebt von Beute und alles, was es frisst, wird bei ihm zu Körperfett. Daher kommt es, dass sich sein Bauch über den denkbaren und seiner Körpergröße entsprechenden Umfang ausdehnt. **§2** Wenn es von Hunger gequält wird, verschlingt es sein eigenes Fleisch, weil es lieber teilweise sich selbst verzehrt, als im Ganzen als Beute von Ungetümen gefressen zu werden. Dieses Tier hat keinen Magen und deshalb bläht sich sein Bauch auf, wenn es viel gefressen hat, und wenn sich sich sein Bauch nicht weiter ausdehnen kann, erbricht es die Fische und zwar ganz leicht, weil sein Maul in den Bauch übergeht, und zwar weil es keinen Hals hat, wie auch die übrigen Meerestiere; kein Fisch nämlich hat einen Hals. **§3** Der Ahyme, wie Aristoteles sagt, rollt sich wie ein Igel in sich selbst zusammen, weil er die Jäger fürchtet, und wenn er merkt, dass die Gefahr nicht nachlässt, verschlingt er sein eigenes ausgehungertes Fleisch, weil er lieber teilweise sich selbst verzehrt, als im Ganzen als Beute von Ungetümen gefressen zu werden.

3.3 DIE BARCHORA

§1 Die Barchora ist ein Meerestier, wie Aristoteles sagt, und frisst kleine Fische. Die Mundöffnung dieses Tieres ist ein Maul stärker als das irgendeines anderen Tieres, denn es bricht sogar einen Stein, wenn es ihn in sein Maul nimmt.

3.4 DAS KROKODIL (*Cocodrillus*)

§1 Das Krokodil ist ein vierfüßiges Tier, das sich an Land wie im Meer gleichermaßen wohl fühlt, wie Jacobus, Solinus und Plinius sagen. Den Tag über ruht es recht oft an Land, und zwar so unbeweglich, dass man es für tot hielte, wenn man seine Gewohnheit kennen würde, wobei es mit seinem offenen Rachen die Vögel zum Fressen einlädt; in der Nacht aber hält es sich im Wasser auf. **§2** Es hat keine Zunge, die Öffnung seines Mauls reicht bis zu den Ohren; es bewegt seinen oberen Kiefer. Mit geschlossenen Augen stellt es sich schlafend, wobei sein Maul weit offensteht. Die Vögel aber, die sich auf ihm niederlassen wie auf einem Köder, tötet und verschlingt es. Und darin bedeutet es die Wucherer, die armen Kaufleuten ein Darlehen anbieten und sie später mit Haut und Haar verschlingen. **§3** Das Krokodil ist mit riesigen Krallen bewaffnet. Im Winter nimmt es keine Nahrung auf. Wenn es einen Menschen getötet hat, trauert es um ihn. Wenn man einem Krokodil das Herz herausreißt, lebt es danach noch eine Weile, was jedenfalls jedem anderen Tier zuwiderläuft, das sein Leben dem Herzen verdankt.

3.5 DER CRICOS

§1 Der Cricos ist ein Meerestier, wie Aristoteles sagt. Er hat zwei Einschnitte am Fußende, die drei Zehen mit drei Krallen bilden. Der rechte Fuß ist klein, der linke aber groß, und deshalb trägt er beim Gehen seinen ganzen Körper auf dem linken Fuß. **§2** Bei stürmischem Wetter wird er krank und presst sich in der Windrichtung an Steine und bewegt sich nicht. Das Tier bedeutet diejenigen, die Verfolgungen fürchten.

3.6 DER CHYLON

§1 Der Chylon ist ein Meerestier, wie Aristoteles sagt. Dieses Tier (allein) frisst nicht, sondern ernährt sich nur von der ihm eigenen Feuchtigkeit, die aus ihm austritt. Die Feuchtigkeit aber, die dieses Tier als seine einzige Nahrung aufnimmt, ist zäh. **§2** Daher kommt es, dass dieses Tier immer nüchtern ist und dennoch kräftig an seinem Leib. Bei Frauen sehen wir, dass sie das Fasten länger ausdehnen können als Männer, so dass sie viele Tage lang nicht essen, und zwar wegen der feuchten und zähen Ausscheidungen, die bei Frauen reichlicher fließen als bei Männern.

3.7 DIE MEERHUNDE (*Canis maris*)

§1 Die Meerhunde sind Ungetüme des Meeres, wie Plinius sagt, die Schrecken erregen durch Fauchen und Feindseligkeit. Sie sind jedem Lebewesen feind, das ihren Schlägen ausweicht. Sie jagen im Meer massenhaft Fische in Schwärmen wie Hunde, die an Land Wild jagen, mit dem einzigen Unterschied, dass sie nicht bellen können, sondern statt des Bellens geben sie ein schreckliches Fauchen von sich.

3.8 DER MEERDRACHEN (*Draco maris*)

§1 Der Meerdrache ist ein grausames Wundertier. Er erreicht die Länge eines Landdrachens, hat aber keine Flügel. Er hat einen gewundenen Schwanz und einen im Verhältnis zu seiner Körpergröße kleinen Kopf. **§2** Sein Biss ist für Fische und die übrigen Lebewesen des Meeres und auch für den Menschen todbringend. Er hat an Stelle von Flügeln Flossen, derer er sich beim Schwimmen bedient. Er legt große Strecken im Meer in einem Zuge zurück, und das eher mit seiner enormen Stärke als mit Hilfe seiner Flossen. Die Asche seiner Knochen heilt Zahnschmerzen.

3.9 DIE DELFINE (*Delphinus*)

§1 Delfine haben ihren Mund nicht an der Stelle, wo die übrigen Ungetüme ihn haben, sondern am Bauch. Entgegen der Natur von Wassertieren bewegen sie als einzige ihre Zunge. Sie haben Stacheln auf dem Zungenrücken, die sich aufrecht emporsträuben, wenn die Ungetüme in Zorn geraten; wenn sie sich aber beruhigt haben, werden sie von einer Art Futteral umhüllt. **§2** Der Sitz ihres Geruchssinns ist nicht sichtbar, obwohl sie dennoch die feinsten Nuancen riechend wahrnehmen. Sie leben bis zu einhundertvierzig Jahren, und zwar nachdem ihre Schwänze amputiert worden sind, wie der Experimentator sagt. Sie erfreuen sich an Musik; wunderbare Schnelligkeit zeichnet sie aus. Nur der Delfin hat keine Galle, wie Aristoteles sagt. **§3** Wenn jemand das Fleisch eines Delfins isst, wie der Experimentator sagt, und ins Meer fällt, fressen ihn sogleich die Delfine, wenn er von ihnen entdeckt wird; wenn er aber kein Fleisch gegessen hat, heben sie ihn auf ihre Schnäbel, tragen ihn an Land und verteidigen ihn gegen andere Fischen, wie der Experimentator sagt. **§4** Als Seeleute Arion, den Leierspieler, töten wollten, bat er darum, zuvor noch einmal sein Instrument spielen zu dürfen. Als er spielte, versammelten sich Scharen von Delfinen, und als er sich ins Meer gestürzt hatte, wurde er von einem herausgezogen und ans Ufer gebracht. **§5** Einen gefangenen Delfin beweinen die anderen, einen getöteten begraben sie, wie Plinius sagt. Unter Kaiser Augustus lockte in Kampanien ein Junge einen Delfin mit Brot an und fütterte ihn schließlich aus der Hand. Zuletzt setzte er sich auf seinen Rücken und der Delphin trug ihn oft übers Meer und zurück ans Ufer. Als dieser Delfin entdeckte, dass der Junge, sein Spielgefährte, tot war, starb auch er selbst vor Schmerz im Beisein vieler.

3.10 DAS FLUSSPFERD (*Equus fluminis*)

§1 Das Flusspferd, wie Aristoteles sagt, ist ein Wundertier in östlichen Gegenden, von erstaunlicher Gestalt, das sich an Land wie im Meer gleichermaßen wohlfühlt. Es hat aber eine Mähne wie ein Pferd, gespaltene Füße, Hufe wie eine Kuh und ein in der Höhe getragenes Antlitz. Es hat einen Schwanz wie ein Schwein, wiehert wie ein Pferd, seine Haut ist sehr hart und derb, sein Inneres ist wie das eines Pferdes, seine Größe wie die eines Esels.

3.11 DIE ROBBE (*Foca bos*)

§1 Die Robbe (*foca*) bzw. das Meerrind (*bos marinus*) ist in seiner Gattung ein sehr starkes Tier, wie der Experimentator sagt. Sie ändert nicht leicht ihren Lebensraum, sondern bleibt immer dort, wo die Natur sie hingestellt hat. Sie ist ein mutiges und leicht aufbrausendes Tier, aber nicht gegen andere Lebewesen, sondern innerhalb des eigenen Rudels. **§2** Aristoteles: Die Robbe kämpft nämlich immer gegen das eigene Weibchen, bis sie es tötet. Die Getötete aber wirft sie aus ihrem Revier und nimmt eine andere Frau, und hört nicht auf Frauen zu nehmen, bis sie selbst stirbt oder von ihrem Weibchen besiegt und getötet wird. Nach ihrem Ableben verzehren die rivalisierenden Jungen die Beute.

3.12 DER SCHWERTFISCH (*Gladius*)

§1 Der Schwertfisch ist ein Meerwunder und hat von der Sache her seinen Namen, weil er einen spitzen Schnabel hat wie ein Schwert, womit er Schiffe durchbohrt und versenkt, wie Isidor und Plinius sagen. Sein Schnabel ist gebogen, die Klauen zweigespalten, sein Schwanz gewunden, seine Zähne gekrümmt, ähnlich den Hauern von Ebern. Er empfängt lieber Wunden an den Füßen als an den übrigen Körperteilen; aus seiner Haut werden Lanzen gedrechselt.

3.13 DER KYLION

§1 Der Kylion ist ein recht sonderbares Meerestier, wie Aristoteles sagt, bei dem man meinen könnte, die Natur habe geirrt oder den Lauf ihrer Ordnung geändert. Während nämlich bei allen Tieren der Erde, sowohl bei den kleinen als auch bei den großen, die Leber auf der rechten Seite sitzt, die Milz aber auf der linken, verlegte die Natur beim Kylion jedoch die Milz auf die rechte, die Leber aber auf die linke Seite.

3.14 DER LUDOLACRA

§1 Der Ludolacra ist ein Meerestier, von Natur und Gestalt sehr sonderbar, wie Aristoteles sagt. Es hat vier Flügel, die wie folgt angeordnet sind: zwei hat es im Gesicht und zwei am Rücken, mit denen es sich mit erstaunlicher Geschwindigkeit von einem Ort zum anderen bewegt, wohin auch immer sein Wille es treibt.

3.15 DIE MEERMÖNCHE (*Monachus maris*)

§1 Meermönche sind Meerwunder, die von der Sache her ihren Namen haben. Im unteren Teil [ihres Körpers] haben sie die Gestalt von Fischen, im oberen Teil aber ein zum Teil menschliches Aussehen. Sie haben einen Kopf nach der Art eines gerade geschorenen Mönchs: oben eine weiß rasierte Krone und einen schwarzen Kreis um den Kopf herum oberhalb der Ohren nach Art des Haarkranzes, der von den dichten Haaren auf dem Kopf eines Mönches übrigbleibt. **§2** Jenes Wundertier lockt gerne Menschen an, die am Meeresufer entlanglaufen, spielt vor ihnen und nähert sich ihnen mit Sprüngen. Wenn es aber sieht, dass der Mensch sich an seinem Spiel ergötzt, freut es sich auch und spielt umso mehr an der Wasseroberfläche. **§3** Sieht es aber, dass der Mensch von Bewunderung hingerissen ihm immer näherkommt, kommt es auch selbst auf ihn zu und wenn sich die Gelegenheit bietet, packt es den Menschen, zieht ihn in die Tiefe und sättigt sich auf diese Weise von seinem Fleisch. Es hat ein Gesicht, das dem des Menschen nicht vollständig gleicht, denn es hat eine fischähnliche Nase und einen mit der Nase zusammenhängenden Mund.

3.16 DIE NEREÏDEN (*Nereïs*)

§1 Nereïden sind Meerestiere, wie Plinius sagt. Sie sind am ganzen Körper von Stacheln überzogen und haben eine menschenähnliche Gestalt. Wenn eines von ihnen sterben muss, hören die Anwohner von Ferne sein Stöhnen und Klagen in Nachahmung (menschlichen) Verhaltens, und darin zeigt sich, dass die Trauer in Todesangst allen Sterblichen bittere Notwendigkeit ist.

3.17 DIE SIRENEN (*Sirena*)

§1 Sirenen sind stimmbegabte Tiere, wie der Physiologus sagt, die vom Kopf bis zum Nabel eine weibliche Gestalt haben von hohem Wuchs, mit einem Schrecken erregenden Gesicht und langen, vor Schmutz starrenden Kopfhaaren. Sie zeigen sich aber mit ihren Kleinen, die sie auf dem Arm tragen. **§2** Sie säugen nämlich ihre Kleinen an ihren großen Zitzen, die sie vorne auf der Brust haben. Der übrige Teil aber ihres Körpers ist wie der eines Adlers, wie Adelinus sagt, mit Krallen an den Füßen, die zum Zerreißen geeignet sind. Am Körperende aber haben sie schuppige Fischschwänze; mit dieser Ruderhilfe schwimmen sie in der reißenden Strömung. **§3** In ihrer Stimme liegt Musik und eine überaus süße Melodie; von dieser Stimme werden Seefahrer, die sich daran erfreuen und davon angezogen werden, in den Schlaf gewiegt und sodann von den Krallen der Sirenen zerrissen. Doch die Seeleute verstopfen auf klugen Rat hin fest ihre Ohren, um nicht durch den todbringenden Gesang der Sirenen zum Schlafen verführt zu werden, solange sie vorübersegeln. **§4** Auch fürchten sich die Seeleute sehr, wenn sie die Sirenen sehen, und werfen ihnen dann leere Weinkrüge hin, mit denen sie spielen, damit das Schiff in der Zwischenzeit vorbeifahren kann. Dies behaupten diejenigen, die bezeugen, sie gesehen zu haben. Ihr Gesang soll aber undeutlich sein, nicht in sinnerzeugende Elemente gegliedert, eher wie Vogelgesang.

3.18 DIE SKYLLA (*Scilla*)

§1 Die Skylla ist ein Meerwunder und den Seeleuten und jedem Menschen feindlich gesonnen, und erfreut sich an ihrem Blut und ihrem Fleisch. Sie hat aber Kopf und Brust wie eine Jungfrau geformt, so wie die Sirenen; sie hat einen klaffenden Rachen und ein weit aufgesperrtes Maul, schrecklichen Zähne, einen tierischen Bauch und einen Schwanz wie ein Delfin. **§2** Liber rerum: Sie sind von besonderer Tapferkeit und werden im Wasser nicht leicht besiegt; an Land aber sind sie weniger stark und fast hilflos. Adelinus sagt: Auch diese haben Stimmen, die ein wenig musikalisch sind, und erfreuen sich außerordentlich an einem Lied. Adelinus sagt, dass dieses Wundertier in dem Meer lebt, das Italien und Sizilien trennt.

3.19 DIE SKINKE (*Scincus*)

§1 Skinke leben häufig auch am Nil, wie Isidor sagt. Sie sind krokodilähnliche Ungetüme, aber an Gestalt viel kleiner und schmaler. Von ihrem Fleisch berührte Becher neutralisieren die Wirkung von Gift.

3.20 DAS SCHALTIER (*Testeum*)

§1 Das Schaltier ist ein Meerwunder; seinen Namen mag es von der Sache her haben, weil es eine Haut hart <wie eine Schale> hat. Aristoteles: Es kommt im arabischen Meer auf die Welt. Wenn es krank ist, sucht es Süßwasser auf und trinkt davon eine Zeitlang; ist es aber geheilt, so kehrt dieses Tier ins Salzwasser zurück. **§2** Es ist aber offensichtlich, dass es Süßwasser im Meer gibt, und das kann folgendermaßen nachgewiesen werden: Man nehme ein wächsernes Gefäß, verschließe es von allen Seiten und werfe es leer ins Meer, wo es einen Tag und eine Nacht lang bleibt, und danach findet man eben dieses Gefäß mit Süßwasser gefüllt.

4 DIE FISCHE

4.0 ALLGEMEINE ABHANDLUNG ÜBER DIE FISCHE

§1 Kein Fisch, wie Aristoteles sagt, hat einen Hals oder Penis oder Hoden oder Brüste. Davon jedoch nehmen wir die Meerwunder aus, weil sie ihresgleichen gebären. Jeder Fisch und alle Tiere mit weicher Haut schlafen wenig und bewegen sich nicht, während sie schlafen, nur den Schwanz, und auch den nur wenig. **§2** Eine Glosse sagt, dass sich Fische aufgrund eines Instinktes zurückziehen, wenn ihre Heimat, in der sie sich aufzuhalten pflegten, entvölkert zu werden droht. Es hat den Anschein, dass sich nie ein Fisch mit Fischen einer anderen Gattung paart, sondern sie bewahren ihre natürliche Ordnung sowohl in bezug auf das Geschlecht als auch auf die Gattung. **§3** Alle Meeresfische fressen sich gegenseitig, mit Ausnahme des Tieres, das Aristoteles „fastaleon" nennt. Der Grund dafür aber ist, dass dieses Tier überhaupt kein Fleisch frisst. Kein Meerestier frisst seine Jungen, außer sie sind ausgewachsen und haben eine den Eltern ähnliche Gestalt. **§4** Das Fleisch von Fischen, die nahe am Ufer leben, ist kräftiger und gesünder, das Fleisch aber von denen, die in der Tiefe leben, ist feuchter und weniger gesund. Alle Fische, die in einem steinigen Lebensraum leben, sind fett, und alle Fischschwärme haben einen Anführer. Jeder Fisch, der von Beute lebt, schwimmt im Schwarm, wie der Hecht und seinesgleichen. **§5** Alle Fische, die mit der Breitseite voranschwimmen wie die Plattfische und die Kammmuscheln, werden feist, wenn der Südwind weht. Die Fische aber, die sich in die Länge strecken wie die Hechte, werden sicherlich feist, wenn der Nordwind weht. Die Fischweibchen sind größer als die Männchen. Man fängt Fische eher vor Sonnenaufgang, denn dann ist der Gesichtssinn der Fische am stärksten beeinträchtigt. **§6** In der Nacht sehen sie ebenso gut wie am Tage. Schmecken sie Öl, so sterben sie. Der größte Teil der Eier geht bei den Fischen zugrunde, wenn das Weibchen beim Umherschweifen laicht. Manche Fische pflanzen sich aus sich selbst heraus fort ohne jegliche Paarung, und einige aus dem Schmutz anderer Fische, einige einfach mit Hilfe von Erde, einige aus Fäulnis und Zerfallenem, das wie Öl auf dem Wasser zu schwimmen scheint. **§7** Vor der Zeit der Geburt oder Paarung schweifen sie umher. Manche Fische werden vom Laichen geschwächt und deshalb fängt man sie meistens zu dieser Zeit, mehr als zu einer anderen. Trockenheit schadet den Fischen, und die meisten Fische werden zur Regenzeit fett, weil der Regen ihnen guttut wie den Pflanzen der Erde. Daher scheinen sie an der Oberfläche zu schwimmen und zu spielen, wenn es regnet. **§8** Wenn ein Holz mit der Leber eines Meerfisches eingerieben wird, brennt es anscheinend wie Öl.

Daher pflegte man aus der Leber einiger Meeresfische Öl herzustellen. Wie der Experimentator sagt, berühren einige Fische den Behälter, mit dem sie gefangen werden, nicht, außer wenn er neu ist. Die Fischweibchen sind länger als die Männchen und haben festeres Fleisch. **§9** Die Fische streben immer danach, an den Ort ihrer Geburt zurückzukehren, egal ob sie flussabwärts oder flussaufwärts schwimmen müssen, und deshalb geraten sie oft in Gefahr. Basilius der Große sagt: „Sieh, wie die einzelnen Fischgattungen sich an die ihnen zugewiesenen Lebensräume halten, und keiner die Grenzen eines anderen besetzt, sondern jeder mit seinem Wohnsitz zufrieden ist."

4.1 DER AAL (*Anguilla*)

§1 Der Aal ist ein schlangenähnlicher Fisch; daher hat er auch von der Schlange (lat. *anguis*) seinen Namen erhalten. Je fester man ihn [mit den Händen] packt, um so schneller entgleitet er. Er lässt sich nur schwer enthäuten. Plinius: Bei den Aalen gibt es kein männliches oder weibliches Geschlecht. Wer einen Aal in Wein tötet, wie Isidor sagt, und von diesem Wein trinkt, dem wird Wein zuwider. **§2** Das Fett eines Aales heilt Ohrenkrankheiten. Er hat einen sehr qualvollen Tod, denn sogar enthäutet lebt er noch weiter. Er wird länger als ein anderer Fisch gekocht; sonst ist sein Genuss schädlich. Über Feuer gebraten ist er bekömmlicher, da das Schädliche aus ihm entweicht. Im Fluss Ganges gibt es Aale, die sind dreißig Ellen lang.

4.2 DIE HERINGE (*Allec*)

§1 Der Hering lebt als nahezu einziger von allen Fischen nur von Wasser und kann nur im Wasser leben. Er stirbt auf der Stelle, sobald er mit der klaren Luft in Berührung kommt. Seine Augen leuchten nachts im Meer wie ein Licht, aber ihre Leuchtkraft stirbt mit dem Fisch. **§2** Wo auch immer im Meer sie ein Licht über dem Wasser sehen, kommen sie in Scharen heran und werden mit dieser List in die Netze gelockt. Die besten Heringe gibt es in schottischen Gewässern, die schlechtesten aber in Deutschland.

4.3 DIE GOLDWOLLE (*Aureum vellus*)

§1 Das Meer nährt auch die Goldwolle, wie Ambrosius bezeugt, und diese Art Wolle, *die an das Metall erinnert, erzeugen die Küsten. Ihre Farbe hat bis jetzt noch niemand von denen, die Wolle aus unterschiedlichen Fäden färben, nachahmen können, wie erfahren sie auch immer sein mögen in dieser Kunstfertigkeit. **§2** Von dieser Art Wolle, so glaubt man, sei jenes Vlies gewesen, für das viele Tausende vor Troia gefallen sind.

4.4 DER AFORUS

§1 Der Aforus ist ein Fischchen, wie Isidor sagt, das wegen seiner Winzigkeit nicht mit einem Angelhaken gefangen werden kann. Beziehe dies auf die Demut der Seligen Jungfrau Maria. Demut kennt nämlich keinen Fall.

4.5 DIE MEERESSPINNE (*Aranea*)

§1 Die Meeresspinne ist eine Fischgattung im Meer, wie Isidor sagt, die im Ohr Stacheln hat und die in ihre Nähe Kommenden damit sticht. Sie bedeutet aber diejenigen, die, wenn es sie in den Ohren juckt, (oftmals) Schlechtes über die Beziehungen zu ihren Nächsten zu hören, diesem Gerede ihre Ohren leihen und ernsthaft verletzen und daher <heißt es>: „Umzäune deine Ohren mit Dornen." (Sir 28, 28: *sepi aures tuas spinis*).

4.6 DIE BUTTE (*Botha*)

§1 Butte sind Flussfische, die nur mit der Breitseite ihres Körpers schwimmen; denn sie sind sehr zart und breit. Ihre Flossen haben sie rund um ihren breiten Körper. Wenn der Butt von Fischern gejagt wird, lässt er sich auf den Grund (des Wassers) sinken und trübt das Wasser über sich, so dass man ihn nicht sehen kann, besonders, weil er mit ausgestrecktem Körper an die Erde geschmiegt oben auf dem Rücken der Erde ganz ähnlich ist.

4.7 DER WAL (*Cetus*)

§1 Der Wal ist der allergrößte Fisch, wie Isidor sagt, mit einer Größe von vier Morgen Land. In der Jugend hat er schwarze Zähne, die freilich im Alter weiß werden. Auf der Stirn hat er ein Horn. **§2** Einige Wale sind so gewaltig, dass sie wie Inseln, Wälder oder Berge erscheinen. Sie nehmen manchmal Sand auf ihren Rücken. Wenn Seeleute bei einem drohenden Sturm auf ihnen anlegen, voll Freude, dass sie „Land" gefunden haben, um von den Fluten zu ruhen, werfen sie die Anker und holen die Segel ein; da sie darauf hoffen, auszuruhen, fachen sie Feuer an auf dem falschen Festland. **§3** Sobald das Ungetüm diese spürt, taucht es ab, da unversehens und plötzlich gereizt, und zieht Schiffe wie Menschen mit sich in die Tiefe. Und mag er auch von allen Fischen der größte sein, so hat er dennoch enge Schlundröhren; daher verschluckt er nur kleine Fischchen, die er mit dem wohlriechenden Atem aus seinem Maul anlockt, zu sich zieht und in seinen Bauch befördert. **§4** Wenn man Wale zusammen dahinschwimmen sieht, meint man, es flösse ein sehr schneller Sturzbach, sagt Isidor. Dies habe ich selbst gesehen und Gottes Weisheit bewundert. Wenn ein Wal älter als drei Jahre ist, paart er sich mit einem Walfischweibchen. **§5** Und sogleich wird er bei der Paarung selbst der Kraft seines Zeugungsglieds beraubt , so dass er sich nicht weiter paaren kann, sondern in die Tiefe des Meeres taucht und so sehr heranwächst, dass er mit keiner menschlichen Kunstfertigkeit mehr gefangen werden kann, so dass man glaubt, wenn man ihn sieht, unendlich große Berge ragten mit den höchsten Spitzen heraus. **§6** Er kann also nur gefangen werden, solange er unter drei Jahre alt ist; hört er die Töne von Flöten und Spielleuten, kommt er heran. Und die Fischer werfen von oben einen eisernen Haken, der, über den Sand schleift und sich ins Fleisch eingräbt; und dann speit das Meer den Wal aus.

4.8 DIE KREBSE (*Cancer*)

§1 Krebse haben einen harten Rücken wie Krokodile, acht Füße und Arme und anstelle der Hände Scheren. Der Krebs geht rückwärts und versteht es nie, wie Adelinus sagt, in Richtung seines Gesichts zu gehen. Wenn sie alt geworden sind, findet man in ihrem Kopf zwei weiße mit Rot vermischte Steine. **§2** Manche sagen, dass diese Steine so große Kraft haben, dass sie, in ein Getränk gegeben, Herzstechen heilen, was durchaus recht glaubwürdig ist, weil Galen in seiner „Anathomia" sagt: „Das Herz wird am meisten durch harte, steinartige Substanzen gestärkt, wie Perlen, Saphire, Hyazinthe und dergleichen." **§3** Krebse leben lange; bei den Weibchen ist der erste Fuß gespalten, beim Männchen einfach; der rechte Arm ist bei fast allen größer. Die Männchen haben zwei Dornen zwischen Bauch und Schwanz, die den Weibchen fehlen, die Eier im Bauch haben. Die Weibchen helfen gegen Schlangenbisse. Ein in Milch getränkter Krebs lebt viele Tage lang ohne Wasser. **§4** Bei Krebsen erstreckt sich der Darm vom Bauch bis zum Schwanzende. Wenn dieser Darm schwarz und voll ist, ist es ein Zeichen für ihre Qualität; wenn er aber leer und weiß ist, ein Zeichen für Hunger, und dann ist der Genuss von Krebsen gefährlich.

4.9 DIE MUSCHELN[32] (*Concha*)

§1 Muscheln und Schnecken (lat. *coclee*) heißen so, weil sie bei abnehmendem Mond hohl (lat. *cauantur*), d.h. leer werden; alle Meerestiere mit Schalen und alle Meeresschnecken schwellen nämlich bei zunehmendem Mond an, bei abnehmendem werden sie hohl, wie Rabanus sagt. **§2** Meeresschnecken tragen Perlen in sich, wie

[32] Vgl. 4.21 Die Perlmuscheln (*Margarita*)

ebenfalls Rabanus sagt; sie suchen zu nächtlicher Zeit die Meeresufer auf und werden schwanger vom himmlischen Tau; daher wachsen die Perlen in ihrem Fleisch. **§3** Solinus: Zu einer bestimmten Zeit im Jahr lechzen Muscheln nach Empfängnis und dürsten nach Tau wie nach einem Ehemann, dessen Verlangen sie sich öffnen, und wenn der Mondregen (sc. der Tau) am dichtesten fällt, schöpfen sie mit einem Gähnen den begehrten Tau und empfangen auf diese Weise und werden schwanger. **§4** Aus der Beschaffenheit ihrer Nahrung (sc. des Taus) ergibt sich das Aussehen ihrer Leibesfrucht; denn wenn das, was sie empfangen, klar gewesen, sind die Perlkügelchen weiß; wenn es trübe ist, sind sie von matter Blässe oder von rötlichem Schimmer, und daher gebären sie mehr vom Himmel als vom Meer.

4.10 DIE DELFINE (*Delfinus*)

§1 Es gibt eine andere Gattung von Delfinen,[33] wie Isidor sagt, anders als die delfinartigen Ungetüme, aber von kleinerer Gestalt, die sich bei drohendem Sturm an der Oberfläche des Wassers zeigen und spielen. An diesem Anzeichen erkennen die Seeleute im Voraus, dass Unwetter bevorstehen. Sie sind so kraftvoll in der Beweglichkeit ihres Körpers, dass sie nach dem Zeugnis des Solinus manchmal im Sprung über die Segel der Schiffe hinwegfliegen.

4.11 DIE MEERRABEN (*Corvus maris*)

§1 Meerraben heißen nach ihrer Stimme, wie Isidor sagt; sie krächzen nämlich mit der Brust und werden gefangen, da sie von ihrer eigenen Stimmer verraten wurden. Sie bedeuten aber ungeduldige Menschen, die zwar nach außen in ihrem Wirken Geduld vortäuschen, aber dennoch drinnen im Herzen murren, und deswegen werden sie oft mit den Fallstricken des Teufels gefangen.

4.12 DER KATZENFISCH (*Clautius*)

§1 Der Katzenfisch, auch Wels genannt, wie Plinius sagt, beißt von hinten in die beköderten Angelhaken, aber verschlingt sie nicht, sondern leert sie ab und wird davon fett. Der Fisch verweist auf diejenigen, die zwar öffentlich das Laster des Ehebruchs meiden, um nicht vielleicht durch Anzeichen zukünftiger Nachkommenschaft gefangen zu werden, sich aber dennoch mit dem, was zum Ehebruch gehört, wie Küsse, vertrauliches unerlaubtes Geplauder und dergleichen, auf das Schamloseste beschmutzen.

---

[33] Vgl. 3.9 Die Delfine (*Delphinus*)

4.13 DER SCHIFFSHALTER (*Echinus*)

§1 Der Schiffshalter ist ein halbfußlanger Fisch, wie Isidor und Jacobus sagen, von solcher Kraft, dass er ein Schiff festhält, indem er sich daranhängt. Mögen die Winde stürmen, Unwetter wüten, Wogen sich erheben, das Schiff bleibt gleichsam wie angewurzelt unbeweglich stehen und kann weder vor noch zurück, solange das Fischchen es weniger zurückhält als an ihm hängt. **§2** Darin stimmen der selige Ambrosius, Jacobus Aquensis, Aristoteles, der selige Isidor und der große Basilius überein. Es gibt aber keinen anderen Grund für das staunenswerte Wunderzeichen des Schiffhalterfisches, als dass Gott in seinen Geschöpfen als wunderbar gepriesen wird, und dadurch die Torheit der Ketzer außer Fassung gebracht wird, weil sie nichts anderem Glauben schenken wollen als dem gewöhnlichen Lauf der Natur. **§3** Die Schiffshalter gehören zur Gattung der Krebse, wie Plinius sagt, die in ähnlicher Weise Stacheln anstelle von Füßen haben. Diesen Fisch kann man nicht essen, denn gegessen bringt er dem Menschen den Tod, da er ihn aus der Gesetzmäßigkeit seiner natürlichen Disposition herauslöst. **§4** Der Schiffshalter verleiht mitten auf dem Meer Standfestigkeit, die er freilich sich selbst nicht geben kann, sondern er erbettelt sich von Steinchen, was er den Schiffen reichlich zuzuteilen vermag. Sie haben ihr Maul mitten auf dem Körper, sind glasfarben und der Gestalt nach einem Skorpion ähnlich; an Stelle von Zähnen haben sie starke Stacheln im Maul. **§5** Ihre Eier sind bitter, fünf an der Zahl: Wenn der Schiffshalter einen Sturm kommen fühlt, wie Ambrosius und Aristoteles sagen, umklammert er einen starken Kiesel, damit er nicht von den Wellen weggerissen wird; auf eben diese Weise soll ein in Versuchung Geratener einen Heiligen anrufen.

4.14 DER HAUSEN (*Esox*)

§1 Der Hausen ist ein Fisch in der Donau; an ihn drängt sich besonders gerne der Stör, um mit ihm zu spielen. Sobald der Hausen ihn bemerkt hat, flieht er auf der Stelle. Der Stör verfolgt den Fliehenden; weil beide groß sind und sich nicht verstecken können in den Wassern, auch wenn sie sehr tief sind, da sie hin- und herschwimmen und dabei das Wasser vor sich aufwühlen, werden sie oft gleichzeitig gefangen. **§2** Gefangen aber und mit sehr starkem Wein oder Milch getränkt, kann er viele Tage leben, wenn er mit viel Wein betrunken gemacht wurde. Bevor er betrunken wird, trinkt er vier Schoppen Wein. Er hat nur einen Darm, wenige und kleine Knochen, diese aber sind eher knorpelig als fest. **§3** Im Kopf aber hat er viele und feste <Knochen>. Und damit werden diejenigen bezeichnet, die in der Begierde ihres Herzens große Vorsätze zur Tugend hegen, aber schwach sind, wenn es um die Ausführung ihres Werkes geht.

4.15 DER GRANUS

§1 Der Granus ist ein Meeresfisch. Wie der Philosoph sagt, hat er entgegen der Natur aller Tiere nur ein Auge oben auf dem Kopf. Mit diesem Auge sieht er immer nach oben und nimmt sich so vor Nachstellungen in Acht. Er bedeutet einen Mann, der ein kontemplatives Leben führt und sagt: „Meine Augen sind immer zum Herrn <emporgerichtet>" (Ps 24, 15: *Oculi mei semper ad Dominum*).

4.16 DIE MEERSCHWALBE (*Yrundo*)

§1 Die Meerschwalbe ist ein Meeresfisch, sehr ähnlich dem Vogel Schwalbe, wie Plinius sagt. Dieser Fisch hat, außer dem Luligo und einem anderen Meeresfisch, eine allen anderen Fischen entgegengesetzte Lebensweise. Er hält sich nämlich wie ein Fisch im Wasser auf und, da er Flügel hat, erhebt er sich auch in die lieblichen Lüfte. Diese Fische bedeuten diejenigen, die sich, auch wenn sie aufgrund ihrer Pflichten zeitweise in weltliche Aufgaben eingebunden sind, zu gegebener Zeit und an entsprechendem Ort, wenn sie zu sich selbst zurückgefunden und sich an die himmlische Süße erinnert haben, doch begierig zur Betrachtung geistlicher Dinge aufschwingen.

4.17 DER KALAOZ

§1 Der Kalaoz ist ein Meerfisch, wie Aristoteles sagt, vielfältig in seinen Erscheinungsformen. Dieser Fisch hat entgegen allen (anderen) Fischgattungen die natürliche Veranlagung, dass der Regen vom Himmel, der den übrigen Fischen gewöhnlich zur Erhaltung des Lebens und zum Fettwerden hilft, diesem Fisch Verderben bringt, weil er, wenn es viel regnet, erblindet und folglich, da er kein Futter suchen kann, an Hunger und Nahrungsmangel stirbt.

4.18 DER HECHT (*Lucius*)

§1 Der Hecht ist ein Fisch, der auch Wasserwolf genannt wird, wie der Liber rerum sagt. Seine Nahrung besteht aus Fischen und allem, was er nach Art der Frösche schnappt. Er verschlingt einen Fisch, der fast so groß ist wie er selbst, auf folgende Weise: Sobald er ihn (sc. den Besiegten) überwunden hat, verschlingt er mit seinem Maul zuerst den Kopf; ist dieser verdaut, kommen allmählich die folgenden Teile an die Reihe, bis er ihn ganz verzehrt hat. **§2** Seine eigene Gattung verschont er nicht, entweder aus natürlicher Grausamkeit oder aus Futterneid und Beutegier. Er verfolgt gar seinen eigenen Samen, sobald er die Form eines Fisches angenommen hat.

4.19 DIE MURÄNE (*Murena*)

§1 Muränen sollen nur weiblichen Geschlechts sein, wie Isidor bezeugt, und sie empfängt von der Schlange. Denn, wie Basilius berichtet, die Viper lockt sie mit schmeichelndem Zischeln aus dem Wasser, solange bis sie sich mit ihr gepaart hat. Daher wird sie von den Fischern mit einer Art Zischeln, wie von einer Schlange, herausgelockt und gefangen. **§2** Ambrosius sagt, dass eine Schlange, die zur Muräne kommen will, um sich mit ihr zu paaren, vorher all ihr Gift erbricht. Hierin wird bedeutet, wie groß das Wohlwollen eines Mannes gegen seine Frau sein soll, die darin übereinkamen, zwei in einem Fleisch zu sein. **§3** Es ist sicher, dass die Muräne ihre Seele im Schwanz hat, wie Alexander sagt; denn auch wenn ihr Kopf durchbohrt wurde, wird sie nur mit Mühe getötet, wenn aber der Schwanz, ist sie sofort tot. Muränen haben einen giftigen Biss, aber mit der Asche ihres Kopfes wird dieser Biss geheilt.

4.20 DER MEGARUS

§1 Der Megarus ist ein Meeresfisch, wie der Liber rerum sagt; er hat eine Länge von zwei Handbreit. Er scheint in den Gegenden, in denen er gefangen wird, wenig wert zu sein, aber eingesalzen und in ferne Lande exportiert macht seine Seltenheit ihn kostbar. **§2** Frisch gefangen aber und ungesalzen gibt er ein köstliches Essen ab für die Speisenden. Der Fisch bedeutet diejenigen, die, wenn sie auch unter den ihren gering geachtet werden, weil kein Prophet in seinem Vaterland anerkannt ist (vgl. Lc 4, 24: *Quia nemo propheta acceptus est in patria sua*), Ehren und Ämter erhalten, wenn sie in fremde Gegenden kommen.

4.21 DIE PERLMUSCHELN[34] (*Margarita*)

§1 Die Perlmuscheln, wie Solinus sagt, kommen mit den Muscheln zu nächtlicher Zeit ans Ufer und empfangen vom Himmelstau die Perlen. Wenn die Muscheln den Samen der Morgenluft aufnehmen, wird <die Perle> schimmernder, wenn den der Abendluft, wird sie dunkler, und je mehr Tau sie getrunken haben, desto mehr wächst gewisslich die Größe des (Perl-) Steins. **§2** Wenn ein Blitz plötzlich in geöffnete Muscheln herabzuckt, schließen sie sich *in plötzlichem Schrecken. Sie schwimmen im Schwarm, und wer am meisten Erfahrung hat, führt den Schwarm an. Sie suchen die Tiefe des Meeres auf, wenn sie vor Sonnenhitze oder Hagel fliehen; denn durch beide wird die Farbe <der Perlen> verdorben. **§3** In Essig gelegt lösen sie sich schnell auf. Sie heißen *uniones*, <das sind einzelne große Perlen>, weil man keine

[34] Vgl. 4.9 Die Muscheln (*Concha*).

zwei in einer Muschel findet. Der (Perl-) Stein, zerrieben und auf gehörige Weise behandelt, hilft gegen Magenschwäche, besitzt die Kraft, Eintracht zu stiften und macht seinen Träger keusch.

4.22 DIE MEERBARBE (*Mullus*)

§1 Die Meerbarbe ist ein Fisch, wie Isidor sagt; sie hat ihren Namen daher, dass sie weich (lat. *mollis*) und sehr zart ist. Ihr Verzehr vermindert die sexuelle Begierde; sie schwächt die Schärfe der Augen, und wer sich häufig von ihr ernährt, riecht nach Fisch. Wer Wein, in dem eine Meerbarbe getötet wurde, trinkt, ekelt sich vor Wein, wie Rabanus sagt.

4.23 DIE AUSTERN (*Ostrea*)

§1 Austern, wie Plinius sagt, sind eine Art Muscheln oder Schnecken, von deren Fleisch die Krebse auf wunderbare Art und Weise leben. Wenn sie nämlich einmal ihre Schale öffnen, um sich an den Wonnen milder Luft zu ergötzen, stellt ihr der Krebs unvermutete nach und wirft einen Stein zwischen die Schalen der Auster, damit sie sie nicht mehr schließen kann, und so, nach Ausschaltung des Schließmechanismus, zernagt der Krebs das Fleisch der Auster.

4.24 DAS MEERSCHWEIN (*Porcus marinus*)

§1 Das Meerschwein ist ein essbarer Fisch; es hat zum großen Teil das Aussehen eines Landschweins. Seine Zunge ist frei beweglich wie die des Schweins, aber in der Stimme unterscheiden sie sich. Auf seinem Rücken sind Stacheln, die ein sehr wirksames Gift enthalten, aber die Galle der Meerschweine ist ein Mittel gegen die Stiche dieser Stacheln. **§2** Ihr Leiden ist aber groß. Wie Plinius sagt, suchen sie auf dem Meeresboden nach Nahrung und graben danach nach Art von Schweinen; sie haben eine Öffnung an der Kehle.

4.25 DER STÖR (*Sturio*)

§1 Der Stör ist ein großer Fisch; er lebt in fließenden Gewässern; er lässt in seinem Körper keine oder nur sehr wenig Nahrung zu, da ihm als Futter zu seiner Ernährung allein die heitere Stille der Luft genügt; daher kommt es, dass er einen kleinen Bauch hat. **§2** Auch wenn er sehr kleine Eingeweide im Verhältnis zu seiner Körpergröße hat, so hat er doch eine ziemlich große Leber und so süß, dass sie kaum gegessen werden kann, ohne dass sich einem der Magen umdreht. Daher pflegt man die Leber mit der angrenzenden Galle zu reiben, damit das Übermaß an Süße der Leber mit dem Übermaß an Bitterkeit der Galle ausgeglichen wird. **§3** Er hat kein Maul, und jener Teil ist unversehrt, der bei anderen Tieren die Mundöffnung zu tragen pflegt, und hat nur ein kleines Loch unter der Kehle, verschlossen, wenn er es will, offen aber bei heiterem Wetter. Wenn der Südwind weht, werden die Störe schneller fett, aber wenn der Nordwind weht, halten sie sich in der Tiefe auf. In Milch gelegt, lebt der Stör lange ohne Wasser.

4.26 DIE SKOLOPENDER (*Scolopendra*)

§1 Skolopender sind, wie Plinius sagt, den Landtieren ähnlich, die Hundertfüßer heißen. Wenn sie einen Angelhaken verschluckt haben, würgen sie alle Innereien aus, bis sie den Haken ausgespuckt haben; sodann nehmen sie ihre Innereien wieder zu sich. Diese Fische bezeichnen diejenigen, die glauben, irdische Genüsse seien eine Gefahr für sie, und sie aufgeben, indem sie sich dem gemeinschaftlichen Leben in einem Kloster weihen. **§2** Nachdem sie dort eine Zeitlang verweilt hatten und sich mit den gemeinschaftlichen Einkünften nicht zufriedengeben wollten, häufen sie wieder Eigentum an und werden dadurch noch schlechter, da sie gleich Hunden zu ihrem Erbrochenen zurückkehren.

4.27 DIE SALPE (*Salpa*)

§1 Die Salpe ist ein ekelhafter und wertloser Fisch, wie Plinius sagt. Er kann niemals weichgekocht werden, außer er wird vorher mit einem Knüppel oder einem Stock feste geschlagen. Dieser Fisch bedeutet Sünder mit einem so niederträchtigen Leben, dass sie niemals durch das Feuer des Heiligen Geistes oder der Liebe erweicht werden können, so dass sie eine vom göttlichen Willen auserwählte Speise darstellen, außer sie werden vorher heilbringend mit der Geißel einer Krankheit oder Heimsuchung gezüchtigt.

4.28 DER TREBIUS

§1 Der Trebius ist ein schwarzer Fisch; er ist ein Fuß lang. Plinius berichtet, dass ihm die folgende Kraft innewohnt, und zwar dass ein in Salz eingelegtes Stück von diesem Fisch, wenn man es in die Nähe von Gold bringt, das in sehr tiefe Brunnen gefallen ist, dieses herauszieht und <an der Oberfläche> schwimmen lässt.

4.29 DIE MEERVIPERN (*Vipera marina*)

§1 Die Meervipern sind ziemlich kleine Meeresfische, nur wenig größer als eine Elle; am Kopf tragen sie über den Augen ein kleines Horn, scharf und todbringend. Denn jeden, den der Fisch mit diesem Horn verletzt, den infiziert er mit Gift. Um dies zu vermeiden, trennen die Fischer den Kopf des gefangenen Fisches ab, der restliche Körper aber fällt dem menschlichen Nutzen zu; denn er ist sehr gut zu essen.

Anhang

4.30 DIE SCHILDKRÖTE (*Testudo*)

§1 Die Schildkröte, wie Isidor sagt, heißt so, weil sie von einem Schalen (lat. *testa*)-Panzer umhüllt ist wie von einer Kammer. Es gibt aber vier Gattungen von Schildkröten, nämlich Land-, Meeres-, und Uferschildkröten, das sind solche, die im Schlamm und in Sümpfen leben; die vierte Gattung sind Flussschildkröten, die im Süßwasser leben. Manche berichten – was freilich unglaublich ist – dass Schiffe langsamer fahren, die den rechten Fuß einer Schildkröte mit sich führen.

5 DIE SCHLANGEN

5.0 ALLGEMEINE ABHANDLUNG

§1 **Z**uerst muss man die Schlangen im allgemeinen betrachten. Aristoteles: Die Zunge einer Schlange ist dünn, lang, schwarz und gespalten, und deshalb scheint sie weit aus dem Maul herauszukommen. Ihr Herz liegt hinter dem Hals und ähnelt der Niere. Große Schlangen haben ihr Gift über der Leber, kleine aber über dem Eingeweide. **§2** Wenn man eine Schlange blendet, wird sie wieder sehend, wie die Schwalbe; wird aber ihr Schwanz abgetrennt, wächst er von Natur aus wieder nach, wie der Schwanz einer Eidechse. Eine Schlange hat dreißig Rippen. Schlangen schmiegen sich bei der Paarung so eng aneinander an, dass sie als ein Körper mit zwei Köpfe erscheinen. Jede Schlange frisst Fleisch und Pflanzen ohne Unterschied. **§3** Sie ist aber ein Tier, das wenig trinkt. Eine Schlange hat großes Verlangen nach Wein; daher locken sie die Schlangenjäger mit Wein an. Die Erde birgt eine Schlange, die einen Menschen tot gebissen hat, nicht länger, wie Plinius sagt, sondern die Schlange büßt und stirbt zur Strafe bald danach. Die Schlange kann nur jeweils ein Lebewesen <mit einem Biss> töten und nicht mehrere, mit der einzigen Ausnahme des Salamanders. **§4** Ihr Gift ist nichts anderes, wie Plinius sagt, als die Galle der Schlangen, von dort gelangt es zu den Blutadern unter der Wirbelsäule und danach zum Maul bzw. zum Schwanz, wie beim Skorpion. In Syrien sind die Schlangen unschädlich; deshalb töten die Syrer sie nicht. **§5** Dagegen sagt Aristoteles, dass auf dem Lacedomos, einem Berg Kariens, Gäste von Skorpionen nicht verletzt werden, sie töten aber die Einheimischen. Schlangen sind von heißer Natur, deshalb schaden sie gar nicht oder wenig, wenn sie kalt geworden sind; des nachts verletzen sie weniger als am Tag, weil sie durch den nächtlichen Tau abkühlen. **§6** Wer durch ihr Gift getötet wird, erstarrt zuerst; wenn aber das Gift heiß geworden ist, tötet es den Menschen durch Austrocknung. Man sagt aber, dass das Gift nicht schaden kann, wenn es nicht ins Blut des Menschen gelangt. Es heißt auch, dass die Schlange einen nackten Menschen flieht und es nicht wagt, ihm Schaden zuzufügen. **§7** Ambrosius: Der Speichel eines nüchternen Menschen tötet eine Schlange; denn wenn die Schlange nur ein wenig davon berührt, stirbt sie auf der Stelle. Du siehst also, Mensch, welche Kraft das Fasten hat, dass ein Mensch mit seinem eigenen Speichel eine irdische Schlange töten kann, und verdientermaßen <auch> eine geistliche. Es gibt so viele Gifte, wie es Schlangengattungen gibt, so viele Formen der Vernichtung, wie es Arten gibt, so viele Todesschmerzen, wie sie Farben haben. **§8** Ihre Milz ist klein und rund. Die Schlange verbirgt ihren Kopf und wirft ihren ganzen Körper dem Angreifer entgegen; denn wenn sie den Kopf gerettet hat, lebt sie auch ohne Körper. Will sie ins Wasser gehen, gibt sie ihr Gift ab; nach dem Verlassen des Wassers nimmt sie das Gift wieder auf. Findet sie etwa zufälligerweise das abgegebene Gift nicht wieder, so schlägt sie ihren Kopf immer wieder auf den Boden und stirbt vor Schmerz. Guten Geruch flieht sie und wird meistens davon getötet. Man sagt, dass aus menschlichem Mark Schlangen entstehen, und zwar besonders aus dem Rückenmark. Rabanus: Gift (lat. *venenum*) heißt so, weil es durch die Adern (lat. *venae*) wandert; es kann nämlich keinen Schaden anrichten, bevor es nicht ins Blut gelangt ist. Jedes Gift aber ist kalter Natur, daher flieht das Leben, weil es feuriger Natur ist, das Gift. **§10** Aristoteles: Schlangen haben die Eigenschaft, ihren Kopf bewegen zu können, während der Körper ruht. Rabanus: Alle Schlangen sind schwachsichtig; daher erblicken sie selten, was vor ihnen ist. Denn sie haben ihre Augen nicht vorne, sondern an den Schläfen, derart, dass sie eher hören als sehen. **§11** Alexander: Eine Schlange vertreibt Blindheit, die sie sich *zugezogen hat, indem sie Fenchel frisst. Sobald sie daher fühlt, dass ihr Augenlicht schwindet, sucht sie die bekannten Heilmittel auf und deren Wirkung ist ihr sicher. Aristoteles: Kein Tier bewegt mit solcher Schnelligkeit seine Zunge, dass es eine dreifache Zunge zu haben scheint, obwohl es nur eine ist. Augustinus: Gift bedeutet für den Menschen den Tod, für die Schlange das Leben.

5.1 DIE ASPIS

§1 Die Aspis ist von bläulicher Farbe; mit ihrem Biss injiziert sie Gift und bewirkt, dass es sich ausbreitet; und daher hat sie ihren Namen erhalten. Denn „aspis“ heißt auf Griechisch Gift, wie Jacobus sagt. Die Aspis wird durch die Kraft gewisser Worte gebannt, damit sie mit ihrem Gift nicht schadet, oder damit sie, wie manche sagen, in Ruhe gefangen und aus ihrer Stirn ein kostbarer Stein entnommen werden kann, der von Natur aus dort wächst; doch von Natur aus ist sie schlau dem gegenüber, der sie besprechen will. **§2** Denn sie presst das eine Ohr an die Erde, das andere verschließt sie mit dem Schwanz, so dass sie wohlweislich die Stimme des Besprechers nicht hört. Lukan nennt sie ‚schlafbringend', weil wer von ihr verwundet wurde, in den Tod hinüberschläft. **§3** Die Aspis lebt nur mit ihresgleichen, wie Solinus sagt, und daher kommt es, dass nach dem Tod der einen die andere in unglaublicher Weise den Mörder um der Rache willen verfolgt und ihn in einer beliebig großen Menschenmenge angreift; sie überwindet alle Schwierigkeiten, wandert über weite Entfernungen und lässt den nicht am Leben, der ihren Gefährten getötet hat, es sei denn er kann sich durch Flüsse oder sehr schnelle Flucht in Sicherheit bringen. **§4** Wie der Experimentator sagt: Eine Aspis schadet Afrikanern oder Syrern nicht; daher bieten sie ihre Kinder den Schlangen dar; wenn die Schlangen sie verletzen, verstoßen sie sie als Bastarde; wenn aber nicht, ziehen sie sie als ihre eigenen auf.

5.2 DIE ANSIBENA

§1 Die Ansibena ist eine Schlange mit zwei Köpfen, einer, wo er hingehört, der andere am Schwanz. Dieser Schwanz bewirkt, dass die Schlange von beiden Köpfen gezogen im Kreis läuft. Solinus nennt sie in seinem Buch „amphis“, aber auch Aristoteles berichtet von Schlangen des Orients, die zwei Köpfe haben, jedoch sagt er, dies komme von einem Geburtsfehler; sie haben nämlich zwei Köpfe und einen Körper. **§2** Beide Köpfe nehmen Nahrung auf und übermitteln sie dem einen Körper. Mit beiden Köpfen schlängeln sie sich gegen Feinde. Jorach sagt in seinem Buch über die Tiere, dass die *Amphisibena so wachsam ist, wenn sie ihre Eier ausbrütet, dass ein Teil von ihr schläft und der andere wacht.

5.3 DER BASILISK (*Basiliscus*)

§1 Der Basilisk ist eine Schlange, die die Königin der Schlangen sein soll, wie Jacobus sagt, weswegen „basiliscus“ auf Griechisch dasselbe ist wie „regulus“ auf Latein. Und so ist der Basilisk auf der Erde ein einzigartiges Übel, von Halbfußlänge, am Kopf mit weißen Flecken gezeichnet als sei er mit einem Diadem geschmückt. **§2** Alle Schlangen fürchten und fliehen ihn, weil er sie allein mit seinem Hauch tötet, Menschen aber vernichtet er allein mit seinem giftigen Blick. Denn wenn er einen Menschen als erster ansieht, stirbt der Mensch; sieht aber der Mensch zuerst die Schlange an, so stirbt die Schlange, wie Jacobus von Akkon sagt. **§3** Kein Vogel passiert unbeschadet seinen Anblick, er beschmutzt und verbrennt die Erde, über die er sich bewegt, vernichtet die Pflanzen, vergiftet und verdirbt die Bäume, vernichtet Sträucher und verdirbt die Luft so sehr, dass kein Vogel ungestraft die Luft durchfliegt, denn sie ist von seinem verderblichen Hauch vergiftet. **§4** Er zerbricht das Gestein allein *durch seinen Anhauch. Wenn er sich bewegt, kriecht er mit dem mittleren Teil seines Körpers, mit dem er steil emporragt. Was auch immer er durch seinen Biss tötet, wird weder von einem wilden Tier noch von einem Vogel verzehrt. Sogar sein Zischen lässt die anderen Schlangen erschaudern. Er wird auch „Zischer“ genannt, weil er durch Zischen tötet. **§5** Jedoch wird er vom Wiesel besiegt; Menschen bringen sie in die Höhlen, in denen er sich versteckt. Wenn die <Basilisken> tot sind, sterben auch die Wiesel, wie Plinius sagt. Dennoch fehlt es auch einem toten Basilisken nicht an Kraft. **§6** Denn wo auch immer seine Asche ausgebracht wird, können weder Spinnen ihr Netz weben, noch irgendwelche Gifttiere sich einnisten, noch Vögel ihren Kot lassen. Man sagt sogar, dass dies in jedem Haus geschieht, in dem auch nur ein Teil seines Körpers aufbewahrt wird. Silber mit seiner Asche bestrichen soll die Farbe von Gold annehmen. **§7** Es gibt eine Basiliskenart, die fliegt; aber sie überschreitet die Grenzen ihres Gebietes, die ihr die göttliche Ordnung gesetzt hat, nicht, damit sie nicht im Falle eines Aufbruchs die ganze Erde bedecken. Es gibt auch eine weitere

Basiliskenart, die aus einem Ei entsteht, das ein altersschwacher greiser Hahn gelegt hat, wie man den Schriften der Alten entnehmen kann.

5.4 DIE BOA

§1 Die Boa ist eine Schlange in Kalabrien, wie Solinus sagt, die auf folgende Weise zu gewaltiger Größe heranwächst: Sie greift zuerst Büffelkühe oder Kühe an und umschlingt die Euter derjenigen, die von allzu viel Milch strotzen, und saugt daran. **§2** Unablässig gemästet und über einen langen Zeitraum von solchem Überfluss genährt, wächst sie schließlich so sehr, dass keine Kraft ihrer Größe widerstehen kann, und zuletzt, nach der Entvölkerung der Landstriche, die sie in Besitz genommen hat, lässt sie sie zur Wüste werden. Daher schreibt Hieronymus: Als der selige Hilarion darum gebeten wurde, zwang er sie durch das Wort von göttlicher Kraft, einen Holzstoß zu besteigen, und verbrannte das ungeheuere Tier, indem er Feuer an den Holzstoß unter ihr legte. **§3** Diese Drachengattung beschreiben Plinius und die Geschichte der heiligen Väter als so groß, dass sie Hirsche und Rinder am Stück hinunterschlingt. Von dieser Gattung soll jene einhundertzwanzig Fuß lange Schlange gewesen sein, die Regulus, Führer der Römer, in Afrika tötete, wie die Römische Geschichte erzählt, und die abgezogene Haut des wilden Tieres wurde nach Rom gebracht und zur Schau gestellt, und seine Kiefer wurden in Rom zur Bewunderung aufgehängt. **§4** Von diese Schlange schreibt Plinius, dass man, als sie gefangen wurde, Schleudern und verschiedene Geschosse zur Anwendung bringen musste wie bei der Eroberung eines befestigten Kriegslagers.

5.5 DIE KREUZOTTER (*Berus*)

§1 Die Kreuzotter ist die aller hinterhältigste Schlange und schlauer als alle anderen Schlangen, wie der Experimentator sagt. Diese Schlange lockt mit ihrem Zischeln die Muräne ans Meeresufer und umschmeichelt sie, um sie zur Paarung zu bewegen. Die Meeresmuräne aber ist nachgiebig und lässt den Beischlaf geschehen, bisweilen aber zu ihrem eigenen Verderben. **§2** Denn durch die Nachstellungen ihrer Gegner wird sie überlistet und getötet, bevor sie ins Wasser zurückkehren kann, und büßt mit ihrem Tod. Beziehe dies auf Frauen, die durch das ‚Zischeln' von Flöten und Leiern von jungen Männern aus ihren Häusern gelockt und entehrt werden, und sodann vom Teufel um ihr Seelenheil gebracht werden.

5.6 DIE CERASTES

§1 Die Cerastes ist eine Schlange, wie Solinus sagt, die auf dem Kopf acht Hörner hat, die Widderhörnern ähneln. Sie verbirgt ihren ganzen Körper im Staub und lässt nur die Hörner draußen. Wenn herbeifliegende Spatzen oder andere Vögel sich auf ihnen niederlassen, um sich auszuruhen, zerreißt die giftige Schlange die zuvor Getöteten. **§2** Diese Schlange ist aber biegsamer als andere Schlangen, weil sie anscheinend keine Wirbelsäule hat, die sie versteift. Ihr Horn, auf den Tisch der Reichen gelegt, verrät Gift durch [das Austreten von] Schweiß. Aus diesen Hörnern werden Messergriffe hergestellt; diese Messer wurden vor jedem Gang auf die Tafeln der Kaiser gelegt, um durch ihren Schweiß zu offenbaren, ob eine aufgetragene Speise vergiftet war.

5.7 DIE CELIDROS

§1 Die Celidros ist eine Schlange, die im Wasser und auf dem Lande lebt, wie Isidor sagt. Sie hat ihren Namen von der Sache her; denn *cyron* heißt griechisch ‚Erde', *hydros* ‚Wasser'. Sie läßt die Erde, über die sie sich fortbewegt, rauchen. Immer aber bewegt sie sich ausgestreckt; denn wenn sie sich im Laufen windet, so zerplatzt sie sofort.

5.8 DIE CENCRIS

§1 Die Cencris ist eine nicht biegsame Schlange, die immer geradeaus kriecht, wie Isidor sagt. Daher <sagt> Lukan:

„Und die immer auf gerader Linie dahingleitende Cencris."

Aber der Hundertfüßler ist eine Schlange mit vielen Füßen, wie Isidor sagt.

5.9 DREI GATTUNGEN VON SCHLANGEN

§1 Gegen drei Schlangengattungen, die die Kinder Israels in der Wüste quälten, wurde auf Befehl des Herrn durch Moses eine eherne Schlange an einem Pfahl errichtet. Dabei soll es sich um Dipsades, Situlae und Skorpione gehandelt haben.

5.10 DIE DIPSAS

§1 Die Dipsas ist eine Schlange, wie Jacobus und Solinus sagen, von der man sagt, sie sei so zart ist, dass sie gleichsam unsichtbar zubeißt und nicht gesehen wird, wenn man auf sie tritt. Nach dem Zeugnis des Solinus tötet sie mit Durst; denn sie erzeugt damit eine Schwellung und Blähung und der so Vergiftete stirbt; und sie bedeutet Hochmut. **§2** Wie der Experimentator sagt, tötet die Dipsas so, dass das Gesicht des Sterbenden keine Trauer zeigt, da der Tod zuvorgekommen ist. Die Hochmütigen zeigen nämlich nur schwer Zerknirschung, wie beim Teufel deutlich wird, der allein aufgrund seines Hochmuts verdammt wird: niemals will er um Nachsicht bitten, und sich eines Verbrechens schuldig bekennen.

5.11 DER DRACHE (*Draco*)

§1 Der Drache ist das größte aller Lebewesen auf der Erde, wie Jacobus und Augustinus sagen. Er hat kein Gift, trägt aber einen Kamm auf dem Kopf, mit einem im Verhältnis zu seiner Körpergröße kleinen Maul und engen Blutgefäßen; beim Gehen streckt er die Zunge heraus und reißt sein Maul auf, fügt aber mit seinen Zähnen keinen Schaden zu. **§2** Sein Biss ist dennoch sehr schlimm, obwohl geringfügig, da er giftige Nahrung frisst; wenn er aber jemanden mit seinem Schwanz umschlingt, so tötet er ihn. Vor ihm ist auch ein Elefant trotz seiner Körpergröße nicht sicher. Zur Frühlingszeit erbricht sich der Drache; diesem Übel hilft er mit Lattichsaft ab, wie Plinius sagt. **§3** Er wohnt häufig in Höhlen, die er gern an felsigem Abgrund wählt wegen der ihm angeborenen übergroßen Hitze seines *Leibes – vor allem nach dem Fliegen – und der klimatisch bedingten Sonnenhitze, die in jenen Gegenden, nämlich im Orient, besonders stark ist. Seine Stimme und sein Gebrüll erschrecken die Menschen. **§4** Sein Aussehen ist den Menschen unerträglich, so dass sie manchmal sogar von seinem bloßen Anblick zu Tode erschreckt werden. Wenn er in seine Jahre kommt und eine entsprechende Länge erreicht hat, lebt er lange Zeit ohne Nahrung, wie Aristoteles sagt; wenn er aber frisst, wird er nicht so leicht satt. **§5** In den Abgründen der Erde, wie Augustinus sagt, haust manchmal ein Drache und wenn er ein Unwetter in der Luft spürt, kommt er hervor und wird in die Lüfte emporgetragen, indem er mit seinen gewaltigen Flügeln die Luft schlägt und trifft; denn seine Flügel bestehen aus einer beweglichen Haut und sind seiner Körpergröße entsprechend weit ausgespannt. Wo auch immer er sich aufhält, verpestet er die Luft und bringt mit seinem todbringenden Hauch Verderben. **§6** Er hat keine Füße. Eine bestimmte Gattung von ihnen kriecht mit der Brust über die Erde. Eine andere Gattung hat Füße; aber die findet man selten. Aus seinem Gehirn wird der Drachenstein herausgeschnitten, wie Adelinus sagt; er soll aber keinen Wert haben, außer er wird einem lebenden Exemplar entnommen. Unversehens nämlich, wenn sie in der Sommerhitze ruhen, wird ihnen mit einem einzigen Hieb der Schädel durchschlagen, und so wird den noch mit voller Kraft Zuckenden der Stein herausgenommen. **§7** Zunge und Galle des Drachen in *Wein gekocht dienen denjenigen als Heilmittel, die von Dämonen gequält werden, wenn man damit ihre Körper einreibt. Drachenfleisch ist von gläserner Farbe und kühlt diejenigen, die davon essen. Deshalb ernähren sich die Äthiopier in ihrem heißen Land gerne von Drachenfleisch, weil es sehr kalt ist. **§8** Ein Drache erhitzt sich sehr beim Fliegen und sucht sodann sich mit Elefantenblut zu erfrischen, das jedenfalls in seiner Wirkung sehr kalt ist. Mehr als alle anderen Tiere fürchtet er das Krachen des Donners und den Blitz und flieht deshalb, wenn er Donner hört, in die Grotten und Höhlen der Erde. **§9** Kein Wunder; sagt man doch, dass unter allen Tieren der Drache besonders leicht vom Blitz getroffen wird, wo hingegen nach dem Zeugnis von Plinius geschrieben steht, dass der Adler unter den Vögeln, der Lorbeer unter den Bäumen nicht vom Blitz getroffen werden. Ein Drache wird bis zu zwanzig Ellen lang und mehr, **§10** *und so groß, dass er seinen Reiter über viele Landstriche trägt; aber wenn er müde ist, taucht er sich und seinen Reiter ins Meer. Man schlägt mit Korallenzweigen auf einen luftgefüllten Lederschlauch in seiner Gegenwart; dieses Geräusch fürchtend und im Glauben, es sei Donner, wird er gefügig.

5.12 DIE DRACHENFÜSSLER (*Dracontopedes*)

§1 Drachenfüßler sind große und mächtige Schlangen, wie die Griechen nach Auskunft des Adelinus sagen. Sie haben Mädchengesichter, menschlichen Gesichtern ähnlich, aber sie enden in einen Drachenkörper. Es ist anzunehmen, dass von dieser Art die Schlange war, von der Eva getäuscht wurde. **§2** Beda sagt nämlich, dass diese Schlange ein Mädchenantlitz hatte, damit der Teufel [Eva] mit einer <ihr> ganz ähnlichen Gestalt anlocken konnte; denn jedes Lebewesen liebt das ihm Ähnliche. Aber den restlichen schlangenähnlichen Teil versteckte er zwischen den Früchten der Bäume. **§3** Wie es der Teufel aber erreichen konnte, dass die Schlange verständliche Worte formte, wissen wir nicht, es sei denn wir würden vielleicht sagen, dass die Schlange, so wie sie ein Menschenantlitz hatte, auch Luftröhren und geeignete Vorrichtungen besaß, um menschliche Laute hervorzubringen, wenn man es sie lehrte, wie wir Vögel kennen, die menschliche Laute durch Sprechen nachahmen.

5.13 DIE IPNAPIS

§1 Die Ipnapis ist eine Schlange, wie Solinus sagt, die ihre Gattung von der Aspis herleitet; diese tötet diejenigen, die sie beißt, durch Schlaf. Durch ihr Gift nämlich führt sie einen Schlaf herbei, der durch keine äußere Einwirkung den Vergifteten mehr verlässt. **§2** Diese Schlange ergriff Kleopatra mit dem linken Arm und legte sich ins Grab neben ihren Mann, Antonius nämlich, um durch die Berührung der Schlange in den Schlaf zu sinken und mit einem sanften Tod ihr Leben zu beenden. Solinus nennt sie „ipsinale“, Hieronymus aber und die „Römische Geschichte“ „aspis“, weil *“ipsinale“ eine Aspis-Gattung ist.

5.14 DIE WASSERSCHLANGE (*Ydros*)

§1 Die Wasserschlange, wie Isidor sagt, ist eine Schlange im Nil. Wenn sie sieht, dass ein Krokodil mit offenem Maul am Nilufer schläft, wälzt sie sich in schmutzigem Schlamm, um leichter in den Schlund des Krokodils hineinzugleiten. **§2** Wenn das Krokodil aufwacht, verschluckt es den Eindringling, und bald kommt die Schlange wieder lebend heraus, nachdem sie die Eingeweide des Krokodils zerfleischt hat. Die Wasserschlange, wie Plinius sagt, ist die schönste Schlange der Welt; ihre Leber wird als Heilmittel gegen Schlag- und Stoßverletzungen aufbewahrt. Daher schwellen Menschen an, die von dieser Schlange gebissen wurden; diese Krankheit nennt man „boa", weil sie mit Rindermist (*fimo bovis*) geheilt wird.

5.15 DIE EIDECHSE[35] (*Lacerta*)

§1 Die Eidechse, wie Solinus sagt, nannten die Alten eher einen Wurm als eine Schlange, weil sie weniger wütet; dennoch zischt sie wie eine Schlange und hat einen ganz ähnlichen Schwanz. Sie hat eine gespaltene und rauhe Zunge; sie nährt sich von Waldspinnen. Die Eidechse brütet nicht, da sie vergessen hat, wo sie die Eier abgelegt hat, denn sie hat kein Erinnerungsvermögen, wie Plinius sagt. **§2** Die Jungen kommen von selbst heraus, jeweils elf an der Zahl. Manche sagen, dass die Jungen von ihren Müttern gefressen werden und nur das klügste übrigbleibt, das sich auf den Schoß seiner Mutter setzt. Dieses übriggebliebene Junge rächt seine Brüder und tötet seine eigenen Eltern. In Indien gibt es Eidechsen von leuchtender Farbe mit vierundzwanzig Füßen.

5.16 DIE RINGELNATTER (*Natrix*)

§1 Die Ringelnatter ist eine Schlange, die Wasser vergiftet, wie Isidor sagt; in welcher Quelle auch immer sie sich aufhält, sie vermischt diese mit Gift. Daher <sagt> Lukan: „Und die Natter, Zerstörerin des Wassers."

5.17 DIE NATTER (*Naderos*)

§1 Die Natter kommt in Teilen Deutschlands vor, dick wie ein menschlicher Arm, goldfarben am Bauch, grün am Rücken. Ihr Atem soll so schädlich sein, dass sie die Rinde eines frisch geschnittenen Zweigs, wenn man ihn an ihr Maul hält, mit ihrem Atem in gallige Bläschen aufquellen lässt. **§2** Aber auch wenn man ein glänzendes Schwert an ihr Maul hält und sie es nur mit der Zunge an der untersten Spitze berührt,

---

[35] Vgl. 5.23 Die Eidechse (*Salburra*).

vergiftet sie es und (das Gift) läuft bis an die Schwertspitze und überzieht es mit ekelhafter, blauer Farbe, als würde es von einer lodernden Flamme zerstört. **§3** Ein mit diesem Gift infizierter Mensch stirbt, wenn man ihm nicht mit Theriak zu Hilfe kommt. Dieses Gift aber hat die Art, dass es, wenn es einen Menschen am Fuß getroffen hat, nach und nach zu den anderen Gliedern vordringt durch die übermäßige Hitze seiner Natur, die wie Feuer immer aufsteigt. **§4** Daher steigt das Gift immerzu auf, bis es zum Herzen gelangt, und dann bricht der Mensch zusammen und stirbt. Es gibt aber ein Heilmittel: wenn ein am Fuß verletzter Mensch an den Füßen mit dem Kopf nach unten hochgezogen wird und das Gift so nicht zum Herzen gelangen kann, sondern stehenbleibt, wenn es die Höhe der Füße erreicht hat, und wenn die so vergiftete Stelle herausgeschnitten wird und mit entsprechenden Medikamenten geheilt wird. **§5** Wenn sich jemand ohne Schaden, d.h. sicher, an einem Ort bewegen will, wo diese Schlangen leben, soll er sich Füße und Hände mit Raute und Absinth einreiben, diejenigen Glieder also, die gefährdet sind, und so wird er stets heil davon kommen, denn die mit den Heilkräutern eingeriebenen Glieder werden die Schlangen nicht zu berühren wagen.

5.18 DIE PESTER

§1 Die Pester ist eine Schlange, die sich immer mit offenem Maul fortbewegt, aus dem ein Pesthauch strömt, wie Jacobus und Solinus sagen. Wen sie beißt, der bläht sich zu ungeheuerem Umfang auf, als wenn er an Wassersucht leiden würde, und stirbt so.

5.19 DIE RUTELA

§1 Die Rutela ist eine Schlange des Orients, die für viele Rezepturen nützlich ist, wie Aristoteles sagt. Diese Schlangengattung wird von Apothekern gefangen und im Käfig gehalten. Daraus ist ersichtlich, dass sie lange Zeit ohne Nahrungsaufnahme lebt, aber auch jede Schlangengattung kann lange Zeit ohne Nahrung auskommen, besonders aber die Rutela.

5.20 DER SALAMANDER (*Salamandra*)

§1 Der Salamander heißt griechisch „stellio", wie Jacobus sagt. Manche nennen ihn „Chamäleon", d.h. „Erdlöwe", wie Plinius und Adelinus sagen. Er hat vier Füße, so sagen sie, und hat das Gesicht einer Eidechse, bzw., wie Aristoteles sagt, ein Gesicht halb Schwein, halb Affe. **§2** Plinius: Hinten hat er gerade Beine und längere <als vorne>, die an den Bauch geschmiegt sind; er hat einen langen und gewundenen Schwanz, der dünn ausläuft. Seine Krallen haben Haken und sind leicht gekrümmt;

sein Körper ist rauh, die Haut wie die eines Krokodils. Er lebt im Feuer und brennt nicht nur nicht, sondern löscht sogar den Brand, wie Augustinus, Adelinus und Isidor sagen. **§3** Sein Gang ist träge, wie Solinus sagt, wie die Bewegungen von Schildkröten; seine Augen, die sich nie schließen, sind in eine nach innen gewölbte Vertiefung eingelassen; Plinius sagt, seine Augen können eine vollständige Kreisbewegung ausführen. Seine Leber liegt auf der linken Seite, im Gegensatz zu allen <anderen> Tieren. **§4** Sein geöffnetes Maul schließt sich nie, zumal er es nicht zum Fressen oder Trinken gebraucht, da er allein durch das Aufnehmen von Tau oder von Luft lebt. Wie Aristoteles sagt, ist er sehr mager, und zwar deshalb, weil er wenig Blut hat, und daher ist er auch ein furchtsames Tier, weil die Hitze, die den Mut anstachelt, in ihm abnimmt. **§5** Die Furcht dieses Tieres ist aber der Grund, dass seine Farbe variiert und sich von einem Moment zum andern so verändert, dass er, wo auch immer er sich anschmiegt, farblich mit seiner Umgebung verschmilzt, wie Ambrosius sagt. Zwei Farben aber gibt es, die er nicht hervorbringen kann: weiß und rot. **§6** Sein Körper ist nahezu fleischlos, in seinem Herzen findet sich nur ganz wenig Blut. Er hat keine Milz. Im Winter versteckt er sich, im Frühling kommt er hervor. Unter allen giftigen Tieren ist er am schädlichsten, wie Isidor sagt. Die anderen nämlich töten einzelne <Lebewesen>, er aber sehr viele auf einmal. **§7** Denn wenn er auf einen Baum kriecht, vergiftet er seine Äpfel, dass jeder, der von ihnen isst, stirbt. Wenn er aber in einen Brunnen fällt, tötet die Kraft seines Giftes jeden, der daraus trinkt. Diese Tiere kommen besonders in Asien vor. Der Salamander kennt weder Männchen nochWeibchen, sondern alle legen Eier, wo sie wollen, wie die Hühner, und daraus kommen Junge hervor. **§8** Man berichtet, dass Papst Alexander ein Gewand aus der Wolle dieses Tieres besaß, das, wenn es gewaschen werden musste, mit keinem anderen Wasser gereinigt wurde als mit Feuer, in das man es warf, und durch das Feuer erglänzte es wieder weiß. **§9** Auch ich sah einen aus der Wolle dieses Tieres gewebten Gürtel, den ich zur Erprobung der Wahrheit mit eigener Hand in ein gewaltiges Feuer warf und nach geraumer Zeit holte ich diesen Gürtel, der wie Eisen vom Feuer weißglühte, wieder heraus und nach einer Stunde, als er abgekühlt war, befühlte ich ihn mit den Händen und konnte nicht einmal an einem einzigen Haar feststellen, dass er versengt worden war. **§10** Isidor berichtet ebenfalls, dass ein aus Salamanderwolle gewebter Gürtel nicht verbrannt werden konnte.

5.21 DIE SALPE (*Salpiga*)

§1 Die Salpe ist eine Schlange, die nicht leicht gesehen werden kann, so klein ist sie, und dennoch ist ihre Macht zu schaden sehr groß. Beziehe das auf einen verborgenen Groll im Herzen, der großen Schaden anrichtet, mag man ihn auch nicht leicht erkennen.

5.22 DIE STERNEIDECHSE (*Stellio*)

§1 Die Sterneidechse hat ihren Namen von ihrer Farbe; denn auf dem Rücken ist sie gezeichnet mit leuchtenden Augen nach Art von Sternen (*stelle*), wie Isidor sagt. Den Skorpionen ist sie so feind, dass sie bei ihrem Anblick Furcht ergreift und sie wie gelähmt sind. Sie bedeutet aber diejenigen, die mit der Schönheit natürlicher guter Werke oder der Macht himmlischer Gnade begabt denen zum Schrecken gereichen, die schlecht handeln. **§2** Die Sterneidechse ist eine Schlange, wie Plinius sagt; ihr Gift ist tödlich, aber man kann ein Heilmittel aus zerriebenem Skorpionfleisch dagegen zubereiten. Wein, in dem eine Sterneidechse ertränkt und getötet wurde, entfernt Sommersprossen im Gesicht. Galle von Sternechsen im Wasser zerstoßen soll Wiesel zusammentreiben wie durch einen verborgenen Zwang. **§3** Die Sterneidechse ist ganz besonders den Skorpionen feind, und sie verfolgen sich gegenseitig mit natürlichem Hass; aber weil die Sterneidechse größer und kräftiger ist, fürchtet sie der Skorpion so außerordentlich, dass ihm bei ihrem Anblick der kalte Schweiß ausbricht.

5.23 DIE EIDECHSE (*Salburra*)[36]

§1 Die Eidechse ist eine Schlange; wenn sie alt wird, erblinden ihre Augen, wie Jacobus und Solinus sagen; sie geht aber in eine Maueröffnung, die gegen Sonnenaufgang gerichtet ist, so dass sie bei aufgehender Sonne mit ihren Augen direkt in die Sonne schaut und so ihre Sehkraft wiedererlangt.

5.24 DIE GEMEINE SCHLANGE (*Serpens vulgaris*)

§1 Die gemeine Schlange, wie Alexander sagt, lässt einen schlafenden Menschen in Ruhe, aber wenn der Mensch aufwacht, wird er von der Schlange gebissen. Dies geht gegen jene, die einen Abwesenden beissen, der gleichsam schlafend weder hört noch sieht noch fühlt.

5.25 DIE DURSTSCHLANGE[37] (*Situla*)

§1 Die Durstschlange, wie Jacobus und Solinus sagen, ist eine bösartige und kleine Schlange, die einen Menschen durch Durst töte. **§2** Diese Schlange leuchtet in solch bunter Farbenpracht, dass sie mit ihrer Schönheit die Betrachter in ihren Bann schlägt, und die Natur richtete es ein, dass diese Schlange, die beim Kriechen recht

---

[36] Vgl. 5.15 Die Eidechse (*Lacerta*), vgl. auch Appendix 6: Die Saura.

[37] Vgl. Appendix 9 Die Scitalis.

träge ist, die beim Anblick des Wunders Staunenden festhält, die sie <sonst> nicht einholen kann. Sie ist aber von so großer Hitze, dass sie sich im Winter häutet. Wird jemand von ihr gebissen, so entflammt er, von feurigem Brand ergriffen, und verzehrt sich.

5.26 DIE SIRENEN (*Sirene*)

§1 Sirenen sind sowohl Schlangen als auch Meerwunder. Wie der Experimentator sagt, leben die Schlangen in Gegenden Arabiens und laufen schneller als Pferde. Einige unter ihnen gibt es, die haben Flügel und können fliegen. Ihr Gift ist von so tödlicher Wirkung, dass der Tod eintritt, bevor der Schmerz auf den Biss folgen kann.

5.27 DER SKORPION (*Scorpio*)

§1 Der Skorpion ist eine Schlange, wie Solinus sagt, die ein zärtliches und gleichsam mädchenhaftes Gesicht haben soll, doch sie hat einen giftigen Stachel in ihrem gewundenen Schwanz, mit dem sie sticht und jeden, der sich nähert, vergiftet. Er sticht aber zu in einer zum Bogen gekrümmten Bewegung und sucht unaufhörlich nach Gelegenheiten zu stechen. **§2** Wer mit seinem Gift infiziert ist, stirbt am dritten Tag. Man berichtet, dass manche (Skorpione) Stacheln mit doppelter Spitze haben, und dass die Männchen aggressiver sind; man erkennt sie aber an ihrem zierlichen Körperbau und an ihrer Länge. Einem Menschen, der von einem Skorpion gestochen wurde, soll es helfen, wenn er ihre Asche in Wein trinkt. **§3** Ein Skorpion lebt von Erde, wie der Experimentator sagt. Aristoteles: Ein Skorpion hat zwei Stachel, und wenn sie schwarze Schweine beißen, töten sie sie, und zwar um so schneller, je eiliger sie ins Wasser laufen; ein Schwein anderer Farbe jedoch kommt heil davon, aber nicht immer. **§4** Der Skorpion aber hat die Eigenschaft, dass er die Handfläche nicht verletzt und nur behaarte Stellen berührt. Mit dem aus Skorpionen gewonnenen Öl heilt man ihre Bisse. Ertränkt man einen Skorpion in Öl und gießt Essig darüber, so lebt er bei Sonnenschein sofort wieder auf. Denn Öl verschließt die Poren, Essig öffnet sie. Ein Skorpion fügt eine gekrümmte Wunde zu, d.h. eine dreieckige, wie Hieronymus sagt.

5.28 DIE SERPS[38]

§1 Die Serps ist eine Schlange mit kleinem Körper, aber von ungeheurer Bösartigkeit, wie Solinus sagt. Wenn sie jemanden gebissen hat, verzehrt sie mit

---

[38] Vgl. Appendix 5 Die Seps.

ihrem Gift Fleisch und Knochen gleichzeitig, als würde als würde der Mensch von einer gefräßigen Flamme ergriffen.

5.29 DIE SCHILDKRÖTE[39] (*Tortuca*)

§1 Einige meinen, dass die Schildkröte zur Gattung der Schlangen gehöre. Sie ist aber ein Tier mit zwei Füßen; sie wird von zwei sehr harten Schilden wie von einer Schale bedeckt und von diesen so vollständig umhüllt, dass sie selbst von den stärksten Schlägen nur schwer getötet werden kann. Sie hat einen Kopf wie eine Kröte, einen Schwanz wie ein Skorpion und eine schwache Stimme. **§2** Sie legt Eier wie ein Huhn, aber ihre Eier sind schädlich, wenn man sie isst. Solange sie lebt, ist sie nicht giftig, wohl aber nach dem Tod. Wie nämlich Ambrosius sagt: Tritt jemand mit nacktem Fuß nach ihrem Tod auf ihre Nieren, wird er sofort vergiftet. **§3** Die weibliche Schildkröte, wie Aristoteles sagt, hat nur einen Ausgang für Exkremente, obgleich sie eine Blase hat, und das steht im Widerspruch zu allen (anderen) Tieren, die eine Blase haben. Sie hat also eine Blase im Gegensatz zur Natur aller Tiere, die Federn, Schuppen oder eine Schale haben, da sie alle keine Blase besitzen.

5.30 DER TARANT (*Tarans*)

§1 Der Tarant ist eine Schlange, wie Plinius sagt, aus der Gattung der Skorpione. Sie ist klein, hat Federn und Flügel und ist gefährlich; denn jeder, den sie beißt, stirbt, außer man kommt ihm mit Theriak oder Arzneimitteln zu Hilfe. **§2** Die größten Vorkommen hat Italien, aber sie sind meistens harmlos; im Osten aber gibt es viele und immer giftige. Der Tarant lebt gewöhnlich zwanzig Tage und mehr ohne Nahrung. Getötet und in Öl eingelegt ist das Öl selbst ein Heilmittel gegen das Gift und die Bisse des Tarants.

5.31 DER TYSUS

§1 Der Tysus ist eine Schlange in den euganeischen Bergen, sechs oder sieben Fuß lang, jedoch sehr schlank, und im hinteren Teil kräftiger als im vorderen. Sie schadet niemandem, außer sie wird heftig angegriffen. Ihr verfaultes Fleisch gibt man in Speise und Trank gegen Lepra und es hat häufig eine überaus wirksame heilende Kraft.

[39] Vgl. 4.30 Die Schildkröte (*Testudo*).

5.32 DER TYRUS

§1 Der Tyrus, wie Jacobus und der Liber rerum sagen, ist eine Schlange in der Gegend um Jericho, in der Richtung zur Wüste am Jordan. Sie ist aber eine Schlange, die Vögeln und Tieren nachstellt und vor allem den Eiern der Vögel, die sie mitsamt den Eiern auffrisst und hinunterschlingt. **§2** Ihr Fleisch, mit gewissen Beigaben als Latwerge[40] zubereitet, beseitigt Gift von Grund auf. Diese Zubereitung nennt man Theriak. Manche sagen, dass es gegen den Tyrus vor Christi Leiden kein Heilmittel gegeben habe, und dass er für Menschen besonders bedrohlich gewesen sei. **§3** Es sei aber genau an dem Tag, an dem Christus ans Kreuz geschlagen wurde, geschehen, dass eine von diesen sehr gefährlichen Schlangen bei Jerusalem ergriffen und neben Christus gekreuzigt wurde, und von jenem Tag an habe diese ganze Schlangengattung vom vergossenen Blut Christi die Kraft erhalten, ein äußerst wirksames Mittel gegen jedes Gift darzustellen. **§4** Während aber Theriak gegen jedes Gift hilft, hilft er gegen das Gift des Tyrus, das „tychicon" genannt wird, überhaupt nicht.

5.33 DIE VIPER (*Vipera*)

§1 Die Viper, wie Jacobus und Isidor sagen, ist eine Schlange, die so heißt, weil sie gewaltsam gebiert (lat. *vi pariat*). Man berichtet über ihre Natur, dass ihr Vater bei der Empfängnis stirbt, ihre Mutter aber bei der Geburt ums Leben kommt. Denn von sexueller Wollust gleichsam in den Wahnsinn getrieben umfängt das Weibchen den Kopf des Männchens mit ihrem Maul, packt ihn und beißt ihn ab. **§2** Wenn ihr Bauch zur Geburt angeschwollen ist, warten die Jungen die natürliche Öffnung, wenn die Zeit reif ist, nicht ab, sondern brechen gewaltsam hervor, nachdem sie die Flanken ihrer Mutter zerbissen haben, wobei sie ihren Tod in Kauf nehmen. Sie haben nur Höhlungen an Stelle der Ohren, und nur drei Zähne. Ihr Biss soll unheilbar sein; auch lässt er die gebissene Stelle anschwellen und sich aufblähen. **§3** Dies wussten jene wohl, die mit Paulus dem Meer entkamen, und als eine Viper Paulus in die Hand biss, glaubten sie, er würde anschwellen, sofort zu Boden fallen und sterben. Ihre Eingeweide helfen gegen jeden Schlangenbiss, wie Plinius sagt. **§4** Der Experimentator sagt, dass die Haut der Viper, d.h. ihre Lederhaut, die sie abwirft, wenn sie sich häutet, in Wein gekocht Zähne und Augen heilt. Ihr Fett aber nimmt das Dunkel von den Augen. Der Physiologus sagt, dass die Viper ein menschliches Aussehen hat bis zum Nabel, vom Nabel aber bis zum Schwanz die Gestalt eines Krokodils. **§5** Ihr Verdauungskanal soll fast <so eng> wie ein Nadelöhr sein, und daher kann sie nicht nach Art der übrigen Tiere empfangen, sondern nur durch ihr Maul.

---

[40] Hier wohl breiiges Arzneimittel, das man im Mund zergehen läßt. Ähnliche Formen von Latwerge in 8.14 §2; 8.28 §4; 9,59 §2.

Plinius scheint <darüber> viel richtiger und glaubhafter zu berichten, nämlich tiefgründiger. **§6** Er sagt nämlich von der Viper, dass die schwangere Mutter, wenn die Zeit kommt zu gebären, pro Tag nur ein Junges gebiert; und da es viele Junge sind, nämlich zwanzig an der Zahl, - dass diejenigen, die noch nicht geboren werden können und über die erforderliche Zeit hinaus im Mutterleib bleiben, aus Ungeduld über diese Langsamkeit die Flanken ihrer Mutter durchbeißen, so dass sie ums Leben kommt. **§7** Diese Schlange, obgleich sie unter fast allen Schlangengattungen die grausamste ist, ist zu ihrem Weibchen dennoch zärtlich, wie Basilius der Große und Ambrosius sagen. Denn die Viper sucht das abwesende Weibchen, ruft die Abwesende und lockt sie mit schmeichelndem Zischeln, und wenn sie merkt, dass die Gefährtin herankommt, erbricht sie ihr Gift; aus Respekt, den sie der Gattin entgegenbringt, hält sie sich zurück und erbittet hochzeitliche Freude. **§8** Du also, oh Mensch, mit Vernunft begabt, weist deine Ehefrau zurück und hältst sie für wankelmütig, und wenn sie nur einen Tag abwesend war, verdächtigst du sie des Ehebruchs und strafst sogleich angeblich bekanntes Unrecht aus unbekanntem Grund! Lege deine groben Umgangsformen ab, wenn dir deine geschäftige Ehefrau begegnet; vertreibe deinen Unwillen! Denn du bist kein Herr, sondern ein Ehemann, du hast keine Magd vom Schicksal erhalten, sondern eine Ehefrau.

Anhänge

5.34 Appendix 1 DIE EMORROIS

§1 Die Emorrois, wie Isidor sagt, ist eine Schlange, die so bezeichnet wird, weil wer von ihr gebissen wurde, Blut schwitzt, so dass er nach Auflösung der Adern jegliche Lebenskraft mit dem Blut verströmt. Auf Griechisch heißt ‚Blut' nämlich ‚emath' (gr. αἷμον, - ατος).

5.35 Appendix 2 DIE HYDRA (*Idra*)

§1 Die Hydra, wie Isidor sagt, ist ein Drache mit vielen Köpfen, wie es einen im Sumpf von Lerna gab, einer Provinz Arkadiens. Sie wird auf Latein ‚excedra' genannt, denn wenn ein Kopf abgeschlagen worden war, wuchsen drei wieder nach. Aber das gehört ins Reich der Sage. **§2** Denn es ist bekannt, dass Hydra ein Ort war, der Wasser ausspieh und die nahegelegene Stadt verwüstete; an diesem Ort brachen viele Wasserläufe hervor, wenn man nur einen verschloss. Als Herkules das sah, brannte er diese Stellen nieder, legte sie trocken und verschloss jene Wasserläufe. Denn Hydra hat seinen Namen vom Wasser.

5.36 Appendix 3 DIE GESCHOSSCHLANGE (*Iaculus*)

§1 Die Geschoßschlange ist eine Schlange, wie Isidor sagt, die fliegt. Von ihr <sagt> Lukan:

„Geflügelte Geschoße."

Denn sie springen auf Bäume, und wenn ihnen ein Tier begegnet, werfen sie sich darauf und töten es, und daher werden sie Geschoße genannt.

5.37 Appendix 4 DIE PARIAS

§1 Die Parias, wie Isidor sagt, ist eine Schlange, die immer auf dem Schwanz läuft und <damit> eine Furche zu ziehen scheint. Von ihr <sagt> Lukan:

„Die Parias, damit zufrieden, zieht mit dem Schwanz ihren Weg."

5.38 Appendix 5 DIE SEPS[41]

§1 Die Seps, wie Isidor sagt, ist eine kleine Schlange, die mit ihrem Gift nicht nur den Körper, sondern auch die Knochen verzehrt.

5.39 Appendix 6 DIE SAURA[42]

§1 Die Saura, wie Isidor sagt, ist eine Eidechse, die im Alter erblindet; dann geht sie in eine Maueröffnung, die gegen Sonnenaufgang schaut, und blickt direkt in die aufgehende Sonne und wird wieder sehend.

5.40 Appendix 7 DIE SIBILUS

§1 Die Sibilus, wie Isidor sagt, ist dasselbe Tier wie die Schlange Regulus; unter Zischen nämlich tötet sie, bevor sie beißt oder verbrennt.

---

[41] Vgl. 5.28 Die Serps.

[42] Vgl. 5.23 Die Eidechse (*Salburra*).

5.41 Appendix 8 DIE SPECTABIFICUS

§1 Die Spectabificus (= *Seps tabificus*; d.h. eine Seps, die nach und nach verzehrt) ist eine Schlange, wie Isidor sagt, die einen Menschen, wenn sie ihn gebissen hat, sofort verzehrt, so dass er sich vollständig im Maul der Schlange auflöst.

5.42 Appendix 9 DIE SCITALIS[43]

§1 Die Scitalis ist eine Schlange, wie Isidor sagt, so genannt, weil ihr Rücken in solch bunter Farbenpracht leuchtet, dass sie durch die Anmut ihrer Zeichnung die Betrachter in ihren Bann schlägt; und da sie beim Kriechen recht träge ist, fängt sie die beim Anblick des Wunders Staunenden, die sie <sonst> nicht einholen kann.

[43] Vgl. 5.25 Die Durstschlange (*Situla*).

6 DIE INSEKTEN[44]

6.0 ALLGEMEINE ABHANDLUNG ÜBER DIE INSEKTEN

§1 Zuerst sind Insekten im Allgemeinen zu betrachten. Isidor: Ein Insekt ist ein Tier, das meistens aus Fleisch oder Holz oder Erdigem ohne jede Paarung entsteht, wenn auch manchmal aus Eiern, wie der Skorpion. **§2** Kein *Insekt, d. h. Wurm, wie Plinius sagt, hat Blut, außer in <ganz> geringer Menge. *„Insekten" aber nennt man jede Vermehrung von diesen Würmern. Einige Insekten haben keine Füße, im Inneren jedoch Knochen wie Schlangen; sie kriechen über die Erde. **§3** Andere aber gibt es, die keine Knochen im Körper haben und keine Füße, diese ziehen sich vielmehr <vorwärts> gleichsam mit äußerst feinen Runzeln ihrer Haut, mit denen sie sich bewegen oder kriechen. Andere laufen mit zwei oder vier Füßen und haben ein wenig Blut. **§4** Andere aber, die mehr als vier Füße haben, laufen auch, haben aber gar kein Blut, weil ihr Blut in Nahrung für ihre vielen Füße übergeht und das vernichtet das Blut. Jede Insektengattung hat eine blutähnliche Flüssigkeit an Stelle von Blut.

6.1 DIE BIENEN (*Apis*)

§1 Wie Aristoteles und Basilius der Große und Ambrosius berichten, haben die Bienen <als einzige> unter allen Lebewesen gemeinsamen Nachwuchs, sie bewohnen alle einen Stock, werden durch die Grenze eines Vaterlandes umschlossen, alle sind für den gemeinschaftlichen Nutzen tätig, sie essen und wirken in Gemeinschaft, Nießbrauch und Gewinn stehen allen gemeinschaftlich zu, sie fliegen gemeinsam. **§2** Was noch? Gemeinsam ist allen die Zeugung und Unversehrtheit ihres jungfräulichen Körpers, gemeinsam ist allen auch die Geburt, weil sie sich einander nicht in einer Paarung verbinden noch in Wollust erschlaffen oder von Schmerzen bei der Geburt gepeinigt werden, und dennoch sogleich einen enormen Schwarm junger Bienen aussenden. **§3** Sie ernennen sich selbst einen König, schaffen Bienenvölker, und wenn sie auch dem König unterstellt sind, so doch als Freie. Denn sie besitzen sowohl das Vorrecht, Urteile zu fällen, als auch leidenschaftliche Hingabe im Glauben, denn sie lieben ihren König, weil sie ihn selbst

---

[44] Im Mittelalter wurde *vermes* für Insekten, Würmer und wurmähnliche Tiere wie Schnecken etc. gebraucht. Da es im Buch 6 hauptsächlich um Insekten geht, wird *De vermibus* mit „Die Insekten" übersetzt und dementsprechend jeder *vermis* im Text mit „Insekt", außer es handelt sich um einen echten Wurm oder ein wurmähnliches Tier. Auch Boese konjiziert hier *insecta*.

Streitigkeit und Unstimmigkeit gegen ihn aufgebracht werden. **§4** Das ist nicht verwunderlich, weil eine milde Gesinnung des Königs seinem Volk gegenüber und der Gehorsam des Volks seinem König gegenüber gewahrt wird. Bienen haben untereinander *Versammlungen und fliegen als Schar zu ihren Anführern. Sie schaden keinen Früchten, nicht einmal abgestorbenen Blüten. Wenn sie auf einem Ausflug von der Nacht überrascht werden, ruhen sie draußen auf dem Rücken, um ihre Flügel vor Tau und Regen zu schützen. **§5** Die Bevölkerung der Bienen wird in drei Gruppen eingeteilt. Es gibt Könige und gleichsam Fürsten unter den Bienen; in einem Korb herrscht nämlich nur einer mit den Insignien des Kaisers. Dieser ist erhabener an Gestalt und doppelt so groß wie die übrigen, seine Flügel sind kürzer, seine Beine emporgerichtet, sein Gang vornehmer, er hat einen weißen Fleck auf der Stirn wie ein Diadem; auch unterscheidet er sich durch seinen leuchtenden Glanz vom gemeinen Volk. **§6** Der Kaiser der Bienen hat keinen Stachel, mit Hoheit allein ist er bewaffnet. Der erste Teil also jener Bienen, das sind Mütter und verdiente Bienen, sind kleiner als die Übrigen. Der zweite Teil sind die jüngeren Bienen, die mit viel Energie ihre Arbeit verrichten und gleichsam in der Hierarchie der Disziplin den Müttern untertan sind und nichts ohne den Befehl der Älteren tun. **§7** Der dritte Teil sind jene Bienen, die Drohnen genannt werden. Sie haben keinen Stachel, wie unvollkommene Bienen; sie sind gleichsam Hörige und Diener der ersten und wahren Bienen. Ihren jugendlichen Kaiser begleiten sie mit eifriger Ehrerbietung. **§8** Die Kaiser erzeugen viele Nachkommen, aber wenn diese herangewachsen sind, töten alle Bienen gemeinsam die minderwertigen, damit sie die Bienenvölker nicht entzweien und Aufstände verursachen. Sie brüten ihre Jungen nach Hühnerart aus. Das geschlüpfte ist zuerst ein weißes Würmchen. Ein Nachkomme des Kaisers aber ist sofort honigfarben, geschaffen mit ausgesuchter Blütennahrung und einem reichen Vorrat. **§9** Die Errichtung ihrer Wohnungen betreiben sie nach der Art, wie man ein Heerlager baut: Als erste werden drei leere Reihen gebaut, damit nichts einsehbar ist, was einen Außenstehenden einladen könnte; die letzten werden bis oben hin mit Honig gefüllt. Am Morgen ist es bei ihnen ruhig, bis eine sie mit zwei- oder dreifachem Trompetensignal aufscheucht. **§10** Wenn der kommende Tag mild ist – sie ahnen nämlich Regen und Wind voraus – dann fliegen alle zusammen aus; ist er aber stürmisch, dann halten sie sich unter schützendem Dach. Wenn also der Schwarm zur Arbeit ausgezogen ist, sammeln die einen Blüten mit ihren Füßen, die anderen Tropfen mit ihrem Mund und Wasser mit der wolligen Behaarung ihres ganzen Körpers. **§11** Ambrosius: Man sieht alle wetteifern um ihre Aufgabe, die einen unermüdlich nach Nahrung suchen, andere eifrig Wache halten bei ihren Burgen, wieder andere Nachforschungen über zukünftige Regenfälle anstellen und den Lauf der Gestirne beobachten. Diejenigen, die zur Jugend gehören, fliegen zu ihrem Tagwerk hinaus und sammeln das oben Genannte, die Älteren sind im Inneren tätig. **§12** Diejenigen, die

Blüten zusammentragen, beladen mit den Vorderfüßen ihre Oberschenkel, und kehren zurück, ganz schwer von herabhängender Last. Im Inneren gibt es verschiedene Aufgaben: Die einen bauen, die anderen glätten, andere schaffen herbei, wieder andere verteilen die herbeigebrachte Nahrung. Sie fressen auch nicht jeder für sich, damit keine Ungleichheit durch Arbeit, Nahrung und Zeit entsteht. **§13** Plinius: <Es gibt> ein erstaunliches Pflichtbewusstsein bei der Arbeit: Sie bemerken die Trägheit von Nachlässigen, weisen sie sogleich zurecht und bestrafen sie mit dem Tod. Unter ihnen herrscht bewundernswerte Reinlichkeit: Alle Abfälle tragen sie in der Mitte zusammen; kein Schmutz bleibt bei ihren Tätigkeiten liegen, ja sie tragen sogar die Exkremente der Arbeitsbienen nach drinnen, damit sie nicht allzu weit entfernt liegen bleiben, um das an einer Stelle Gesammelte an stürmischen Tagen in der arbeitsfreien Zeit hinauszuschaffen. **§14** Wenn es Abend wird, summen sie im Stock immer weniger, bis eine mit dem gleichen Trompetensignal, mit dem sie sie weckte, Ruhe zu halten befiehlt, wie in einem Kriegslager. Dann werden sie schnell alle still. Zuerst bauen sie Häuser für das Volk, dann für die Könige. Wenn größerer Zuwachs erwartet wird, fügen sie Behausungen hinzu. **§15** Für ihre zukünftigen Herrscher bauen sie in einem Teil des Stockes weite, prächtige und freistehende Paläste, die unter den übrigen hervorragen. Der König wird aber nicht durch das Los gewählt, sondern derjenige <wird König>, der sich durch Körpergröße und schöne Gestalt und auch durch Sanftmut auszeichnet. Obgleich er einen Stachel hat, gebraucht er ihn daher nicht zum Strafen, wie Ambrosius sagt. **§16** Wenn einige Bienen den Gesetzen des Königs nicht gehorchen, vollstrecken sie mit dem eigenen Stachel an sich das selbstgewählte Todesurteil, was auch die Völker Persiens heute noch so halten sollen. Aber sie fliegen auch nicht auf Weideplätze hinaus, es sei denn der König ist als erster herausgekommen und übernimmt die Führung des Flugs. **§17** Ihren König aber schützen und verteidigen sie in höchstem Maße und halten es für rühmlich, für ihn zu sterben. Aristoteles: Die Könige erscheinen nicht allein außerhalb des Stocks, nur mit großem Bienengefolge; er selbst ist in der Mitte und die Bienen umringen ihn. Wenn einer <aus dem Gefolge> im Vorüberfliegen an einen Flügel des Herrschers stößt, wird er dem <strafenden> Bienenheer nicht entkommen. **§18** Wenn sie schwärmen, will eine jede ihm am nächsten sein und freut sich, in seinem Dienst gesehen zu werden. Ist er erschöpft, so stützen sie ihn mit ihren Schultern, die stärkeren tragen ihn ganz. Wenn es im Stock an Honig mangelt, stürzen sie sich voll Ungestüm, wie Plinius sagt, auf die nächsten <Bienen> mit räuberischem Vorsatz; jene aber bringen ihre Schlachtreihen dagegen in Stellung. **§19** Sie kämpfen auch aus anderen Gründen, nämlich um die Blüten, die einzubringen sind. Dieser Kampf wird gänzlich vereitelt, indem man Staub unter sie wirft oder Rauch <dazwischen bläst>, aber versöhnt werden sie mit Milch oder Wasser. Stinkende Gerüche sind ihnen verhasst und sie fliehen weit. Sogar künstlich hergestellte Salben beunruhigen sie. **§20**

Basilius: Bei Bienen und Wespen sind überall Einschnitte sichtbar, da es ja bei ihnen weder Atmung noch eine Lunge gibt, sondern sie nähren sich mit der ganzen Körperoberfläche gänzlich von Luft und deshalb werden sie auch vernichtet, wenn Öl über sie gegossen wird, da die Poren verstopft sind, und durch unverzüglich eingegebenen Essig beleben sie sich wieder, weil davon die Ausgänge geöffnet werden. **§21** Wenn Bienen krank werden, fressen sie mehr als gewöhnlich, und das tun sie nur aus Liebe, die sie dem Honig gegenüber haben. Ihr Feind ist der Schmetterling, und das nicht nur auf eine Weise; denn er frisst sogar das Wachs weg und läßt seine Exkremente zurück, aus denen Holzwürmer entstehen. Auch die Frösche stellen ihnen nach, wenn sie sich dem Wasser nähern, und man sagt, dass die Frösche die Stiche der Bienen nicht spüren. **§22** Auch die Wespen bekämpfen sie von Natur aus; Hornissen, Schwalben und andere Vögel dezimieren sie. Nach Bestattungssitte geleiten Bienen <ihre Toten> zu Grabe. Stirbt ihr Herrscher an der Pest, so trauert das Volk. Diese aber sind die Zeichen ihres Schmerzes: sie sammeln keine Nahrung und fliegen nicht aus, traurig drängen sie sich um den Leichnam ihres Herrschers, schauen ihn an und betrauern den *Toten. **§23** Wenn man ihnen nicht zu Hilfe kommt, dann sterben sie vor Hunger, wie der Experimentator sagt. Bienen erkranken besonders dann, wenn die Blüten vor Kälte welken. Das Echo mit seinem widerhallenden Klang schadet ihnen, desgleichen auch Nebelschwaden. Besonders feindlich sind ihnen auch Spinnen; wenn die Spinnen die Oberhand gewonnen haben und <im Stock> ihre Netze weben, töten sie die Bienen. **§24** Michael Scotus: Den Bienen schadet ihr Glück; denn wenn ein Jahr im Übermaß Blüten hervorbringt, verwenden sie keinen Gedanken an Nachwuchs, während sie sich einzig um das Eintragen von Honig kümmern. Bienen sterben aus vielen Gründen, vor allem, wenn es viele Könige gibt und ein jeder von ihnen eine Schar befehligt. **§25** Sie erfreuen sich am Händeklatschen, und werden durch klingendes Erz zusammengerufen. Bienen können aus frischen Bäuchen von Waldrindern entstehen, die mit Mist überdeckt wurden. Ebenso entstehen Bienen aus einer Stierhaut, die in Erde verborgen wurde, aus einer Eselshaut aber entstehen Wespen, aus Fliegenmist Minze, aus Melden Frösche, aus der von menschlichem Atem verpesteten Luft Stechmücken. **§26** Vergil sagt, dass sie aus dem entseelten Körper von Zugtieren entstehen, aber aus Pferdekörpern <entstehen> Wespen und Hornissen, aus Eselskörpern Skarabäen. Beachte aber, dass Bienen, die aus Zugtieren und Waldrindern entstehen, sich wie Fliegen paaren, aber bei der Geburt sind sie fast von derselben Natur wie die echten Bienen. Honig soll man bei Vollmond an einem heiteren Tag einbringen. **§27** Wenn seine Tropfen sofort abreißen und sich zusammenziehen, ist das ein Zeichen für die Wertlosigkeit <des Honigs>; der Beweis aber für gute Qualität ist, dass er wohlriechend und süß, klebrig und durchsichtig ist; auch stammt guter Honig aus neuem Wachs, und derjenige, der aus altem kommt, ist rötlich, doch guter Honig ähnelt Gold, und guter weißer <Honig> hilft bei

Augenkrankheiten und <bei Beschwerden> an den Körperöffnungen und reiner Honig ist weiter unten <in der Wabe>. **§28** Platearius: Honig ist warm im ersten, trocken im zweiten Grad.[45] Honig konserviert und reinigt. Er wird Arzneimitteln beigegeben, um die Bitterkeit von Gewürzen mit seiner Süße zu mildern, und wegen der Süße des Honigs gelangen die Arzneistoffe in die Tiefe der jeweiligen Glieder. **§29** Er wird auch Stärkungsmitteln und Pulvern beigemischt, um diese länger und in größerer Wirksamkeit zu konservieren. Gegen kalte Magensäfte wird Honig mit warmem Wasser gegeben; er reinigt und löst auch. Auch zur Reinigung des Gesichts hilft eine Lotion aus Honig und Wasser. Auch ein Zäpfchen aus Honig, der mit Salz in einem Tontopf gekocht wird, hilft Fiebernden sehr. **§30** Aristoteles: Alte Bienen bereiten süßeren Honig als jüngere, da sie die entsprechende Erfahrung haben. Nicht entschäumter Honig bläht auf, getrunken hilft er gegen die Bisse eines tollwütigen Hundes und schädlicher wilder Tiere. Laudonischer Honig ist bitter; wer ihn isst, wird wahnsinnig, aber durch Schwitzen kommt er wieder zu Sinnen. Honig beseitigt Widerwillen gegen das Essen und Übelkeit.

6.2 DIE SPINNE (*Aranea*)

§1 Die Spinne webt mit Hilfe ihrer Eingeweide hauchdünne Netze, um Fliegen zu fangen. Sie verausgabt sich jedoch für das Fliegenfangen oft so sehr, dass sie gänzlich entleert dem Tod erliegt. Denn in den Spinnen gibt es eine wolletragende Feinheit, die als Grundstoff für ihr Werk ausreicht. Man glaubt, das Weibchen sei die Weberin, das Männchen der Jäger. **§2** Mit ihrem Steiß gebären sie eiähnliche Würmchen; sie gebären aber die Eier in ihren Netzen. Spinnen entstehen auch ohne Paarung aus Fäulnis, nämlich aus dem Staub kleinster Teilchen und dem Speichel eines Menschen, nachdem er gegessen hat. Bei heiterem Wetter webt sie, bei bewölktem nicht. Eine Spinne jagt nicht, bis sie wiedererlangt hat, was sie für ihr Gewebe aufgewendet hat, wie der Experimentator sagt. **§3** Spinngewebe auf eine Wunde gelegt bewahrt diese vor Geschwüren und Fäulnis. Sie lebt von Saft und daher stirbt keine von ihnen an Hunger. Wenn die Spinnen ihre Netze höher hängen, ist das ein Zeichen für Regen. Eine Spinne schwebt an einem Faden über dem Kopf einer Schlange, die sich im Schatten eines Baumes ausgestreckt hat, und die Kraft ihres Bisses ist so groß, dass er ihr Gehirn angreift, bis die Schlange stirbt. **§4** Ein aus Fliegen gemachtes Pflaster, das auf die schmerzende Stelle aufgelegt wird, lindert die Schwellung, die von einem Spinnenbiss herrührt, wie Aristoteles sagt. Michael Scotus: Eine Spinne dreht im Schlaf ihren Rücken der Erde zu und schläft in der Luft an den Fäden hängend, die sie gewebt hat; ihr Gesicht wendet sie dem Himmel zu.

---

[45] Grad von lat. *gradus* ist gleich Abstufung. Zur Differenzierung innerhalb der Elemente vgl. Pfeiffer S. 624.

6.3 DIE KRÖTEN (*Buffo*)

§1 Kröten werden zu den anderen Insekten gezählt, wie der Liber rerum sagt. Sie ist ein giftiges Kriechtier mit einem Verderben bringenden Blick und beschmutzt bei Berührung. Sie ernährt sich von Erde, und zwar nach Gewicht und Maß. Denn soviel sie mit einem Vorderfuß umschließen kann, das dient ihr als Tagesration. **§2** Sie fürchtet nämlich, dass ihr die Erde als Nahrung ausgeht, und bedeutet darin die Geizigen und Gierigen. Alexander: Die Kröte ernährt sich gern von Salbei, dessen Wurzel sie manchmal vergiftet. Daher kommt es, dass der Platz für Salbei mit Raute umgeben werden muss, deren Tau für die Kröte tödlich ist. **§3** Derselbe: Der Stein, der im Kopf einer Kröte gefunden und vom Menschen getragen wird, behütet vor der Tücke des Giftes. Aus einer Kröte, die zu Asche verbrannt wurde, entsteht, wenn man sie liegen lässt, nicht nur eine einzige lebendige Kröte, sondern gleich mehrere. **§4** In Gallien gibt es eine Krötengattung, die eine Stimme hat wie eine Trompete; wird sie außer Landes gebracht, verliert sie ihre Stimme. Sie bedeutet diejenigen, die nur in ihrem eigenen Land predigen wollen.

6.4 DER FROSCH[46] (*Borax*)

§1 Der Frosch gehört zur Gattung der Kröte; diese hat das Gesicht eines Frosches. Wie der Experimentator sagt, ist er ein giftiges Tier; deshalb bläht er sich wegen der Menge an Gift auf, wenn er berührt wird. Er kämpft mit der Spinne und wird von ihr besiegt, weil er, wenn sie ihn mehrmals gestochen hat und er sich nicht rächen kann, sich so sehr durch Aufblähen emporwölbt, dass er in der Mitte auseinanderplatzt. **§2** Der Biss eines Frosches ist sehr schlimm und ist unheilbar. In seiner Stirn gedeiht ein kostbarer Stein, um dessentwillen er getötet wird. Es gibt zwei Sorten dieser Steine, eine weiße und die ist besser; die andere aber ist dunkel und schwarz und hat in ihrer Mitte ein Auge von nahezu bläulicher Farbe und der von der dunklen Sorte ist der bessere. **§3** Dieser Stein, mit dem Essen eingenommen, soll die inneren Krankheiten eines Menschen heilen; er wandert nämlich durch die Eingeweide und tritt nach erfolgter Heilung durch den Afterbereich (wieder) aus. Er muss aber im Ganzen verschluckt werden. Der Frosch bedient sich eines besonderen Krautes, wenn er ein erblindetes Auge hat, und gewinnt damit seine Sehkraft zurück. **§4** Mit Raute wird er getötet, er hasst das Sonnenlicht, nachts läuft er umher, besonders auf von Menschen begangenen Wegen. Tagsüber ruht er im Verborgenen; den Duft eines blühenden Weinstocks flieht er. Der Stein, den er trägt, soll gegen Gift wirken.

---

[46] Vgl. 6.20 Der Frosch (*Rana*).

6.5 DER SEIDENWURM (*Bombex*)

§1 Der Seidenwurm, wie Plinius sagt, ist ein kleines Insekt, das in Assyrien vorkommt. Nach Spinnenart webt er Fäden für ein Prachtgewand der Frauen, das Seide genannt wird. **§2** Dieses Insekt, wie Michael Scotus sagt, lässt ein Fadenknäuel aus seinem Mund entstehen, in dem es sich begräbt, um wiedergeboren zu werden, nachdem es alles, was schmutzig, schwarz ist und stinkt, aus seinem Körper ausgeworfen hat; und dann ist sein Körper durchsichtig, wenn man ihn gegen die Sonne betrachtet. **§3** Du sollst dem Seidenwurm ähnlich sein, der keine Nahrung mehr aufnimmt, nachdem er geschlüpft ist, wenn sich seine Wiedergeburt erfüllt hat.

6.6 DAS GLÜHWÜRMCHEN (*Cicendula*)

§1 Das Glühwürmchen gehört zur Gattung der Skarabäen, wie Isidor sagt. Es hat seinen Namen von der Sache her, weil es beim Fliegen oder Kriechen leuchtet. Dieses Insekt sieht man wie kleine Fliegen in vielen Teilen der Welt, aber ganz besonders in Italien sieht man es nachts fliegen. Es strahlt in der Dunkelheit wie Funken schimmernd so sehr, dass man glaubt, wenn man es im Dunkeln sieht, es handele sich um einen Funkenregen. **§2** Jener Schimmer steckt besonders im Schwanz und ist stärker, wenn (das Glühwürmchen) fliegt; wenn es aber seine Flügel zusammenfaltet, ist es weniger sichtbar. Man findet es mit einer wunderlichen Kraft begabt; denn wer drei dieser Insekten gegessen hat, in dem erlischt sinnliche Lust völlig, und das haben schon sehr viele erfahrene Leute ausprobiert. **§3** Selig also ist, wer aufgrund seiner Werke und seines tugendhaften Rufes leuchtet, und zwar besonders am Schwanz, d.h. am Ende, und der in der Dunkelheit der Welt lebt, ohne von ihr ergriffen zu werden. Mögen also eure guten Werke vor den Menschen leuchten usw.

6.7 DIE HUNDSFLIEGE (*Cynomia*)

§1 *Cynomia* ist ein Insekt, wie Isidor sagt, das auf griechisch „Hundsfliege" heißt; denn *cinos* heißt Hund auf griechisch. Diese Fliege belästigt die Ohren junger Hunde, und mögen sie sie auch noch so häufig abschütteln, immer wieder kommen die lästigen Fliegen zurück. **§2** Wo sie aber junge Hunde finden, die zu träge zum Abschütteln sind, peinigen sie sie ohne Unterlass bis aufs Blut. Damit *wird der Teufel bezeichnet; wenn jemand seine Einflüsterungen mit dem Ohr seines Geistes aufnimmt, weil er zu träge ist, sie abzuschütteln, bis hin zum Einverständnis in die Sünde oder in den Genuss, dem schlägt der Teufel eine Wunde. **§3** Mit Abraham also verjage die Fliegen und die Vögel der bösen Gedanken, und zwar mit Hilfe einer Gerte, das ist das Zeichen des Kreuzes. Am Stab nämlich kam David zu Goliath und am Stab überwand Jakob den

Jordan, d.h. den Angriff der Versuchungen und der bösen Gedanken, die nach dem Buch der Weisheit von Gott trennen.

6.8 DIE MOSKITOS (*Ciniphes*)

§1 Moskitos, wie der Liber rerum sagt, sind winzige fliegende Insekten. Sie folgen dem Atem des Viehs, und vor allem dem des Menschen. Sie stechen, wie Adelinus sagt, die Schlafenden mit ihren Stacheln, die spitz genug sind für eine Wunde bzw. für den Schmerz.

6.9 DIE STECHMÜCKE (*Culex*)

§1 Die Stechmücke ist ein Insekt, wie Isidor sagt, und erhält ihren Namen von ihrem Stachel (lat. *aculeus*), der Blut saugt. Sie hat nämlich eine Röhre in der Art eines Stachels im Mund, mit der sie das Fleisch von Tieren durchbohrt, um Blut zu trinken. Wie der Experimentator sagt, liebt die Stechmücke das Licht, so dass sie sich manchmal am Licht verbrennt. **§2** Isidor: Stechmücken suchen Saures und fliehen Süßes, wie Plinius sagt. Und das <verstehe so>: Wehe den Verleumdern, die sich immer nur mit den menschlichen Untaten beschäftigen, indem sie sie herumerzählen, und sich nicht um das Gute kümmern, um als Beispiel jenen Spruch zu zitieren: „Drachengalle ist ihr Wein" usw. (Dt 32, 33: *Fel draconum vinum eorum ...*).

6.10 DIE SPANISCHEN FLIEGEN (*Cantaris*)

§1 Die Spanischen Fliegen sind Insekten, die auf den äußersten Spitzen der Zweige von einer Esche oder einem Erlenbaum aus der Feuchtigkeit der Blätter entstehen. Sie gedeihen wie die Kohlraupen, bekommen aber auch Flügel auf vollendete Weise und fliegen am Tag; in der Nacht aber sammeln sie sich wie zu einer Kugel. **§2** Obwohl diese Insekten von grüner Farbe sind, schimmern sie bei Sonnenschein golden. Um den August herum werden sie in der Nacht für ein Heilmittel gesammelt und getötet, indem man sie in Essig taucht. Die toten aber, mit Wein übergossen, werden auf ein beliebiges Körperglied unter ein Wachsgefäß gelegt, das die Form eines Bechers hat, und erzeugen bei ihrer Applikation eine Brandblase. **§3** Wird diese Blase mit einer goldenen Nadel oder der Spitze eines Stäbchens mehrfach durchbohrt, so sondert sie eine üble Flüssigkeit ab wie ein Ätzmittel, und diese vermag fünfzehn Tage lang soviel wie irgendein Ätzmittel über ein Jahr.

6.11 DIE HORNISSEN (*Crabro*)

§1 Hornissen, wie Plinius sagt, leben in Höhlen oder unter der Erde. Ihre Zellen sind sechseckig, ihre Wachszellen aber, aus Baumrinde gemacht, sind Spinnweben ähnlich. Ihre Nachkommenschaft ist <im Verhalten> unstet und wild: einer fliegt aus, ein anderer hält sich im Wasser auf, ein dritter sitzt auf einem Würmchen. Sie nähren sich von Fleisch, wachsen bei Vollmond und verstecken sich im Winter. **§2** Die Meister sagen, dass ein zweijähriges Kind von drei mal neun Hornissenstichen getötet wird. Hornissen und Wespen haben keinen König wie die Bienen, sondern sie regieren sich autokratisch. Daher kommt es, dass sie sehr vielen Gefahren ausgesetzt sind. Ihr Honig ist für den Menschen nutzlos; sie summen und brummen entsetzlich, und das besonders in Höhlen.

6.12 DIE RAUPE (*Eruca*)

§1 Die Raupe, wie der Liber rerum sagt, ist ein längliches Insekt, dessen Merkmal viele Füße sind und das bunt ist. Sie frisst Gemüse und Blätter von Bäumen. Um den September herum soll sie, übergossen von himmlischem Tau oder Regen, plötzlich Farbe und Gestalt wechseln, so dass sie, die <bis dahin> auf unzähligen Füßen kroch, nach dem Empfang von Flügeln fliegen kann. **§2** Wie der Experimentator sagt: Eine Raupe, die über des Menschen Fleisch hinwegkriecht, benetzt dieses und hinterlässt Blasen als Zeichen für ihr Gift, wenn es auch kein großes Übel anrichtet.

6.13 DIE AMEISE (*Formica*)

§1 Wie Aristoteles sagt, hat eine Ameise Geruchssinn, und das beweist man so: Man nehme Schwefel und wilden Origano und lege sie zu Pulver zerstoßen auf ihren Bau, und sie werden sofort die Flucht ergreifen und ihre Behausungen verlassen. Bei Neumond stellen sie stets die Arbeit ein. Unter allen Tieren wird nur die Ameise im Alter stärker und wächst. **§2** Bei Vollmond arbeiten sie sogar nachts, bei Neumond stellen sie die Arbeit ein. Wir sehen auf ihrem Weg (harte) Kiesel abgenutzt und einen durch ihre Tätigkeit entstandenen Pfad, damit nämlich niemand bezweifelt, was in jeder beliebigen Angelegenheit Beharrlichkeit vermag, auch wenn sie noch so klein ist. Sie bringen ihre Toten hinaus und begraben sie, und das machen sie allein unter allen Tieren, mit Ausnahme des Menschen. **§3** Ameisen, wie Ambrosius sagt, zerteilen die gesammelten Körner, damit sie nicht wieder auskeimen. Feuchtgewordene trocknen sie an der Sonne, damit sie nicht verderben. Sie hören bei Neumond auf zu arbeiten und arbeiten bei Vollmond stets <auch> nachts. Nur die Ameise ist alt und noch kräftig und fliegt.

6.14 DER AMEISENLÖWE (*Formicaleon*)

§1 Der Ameisenlöwe, der von Adelinus auch „Mirmicaleon" genannt wird, lässt sich erklären aus *mirmin*, das heißt ‚Ameise', und *leon*, das heißt ‚Löwe', also gewissermaßen ‚Löwe der Ameisen'. Dieses Insekt gehört zur Gattung der Ameisen, <ist> aber viel größer. **§2** Solange er klein und schwach ist an Kräften, gibt er sich friedlich und bescheiden; hat er aber an Kraft, Stärke und Körpergröße gewonnen, verachtet er die vormalige Gemeinschaft und schließt sich einer Schar schon Größerer an. **3** Wenn sein Mut schließlich die Oberhand gewinnt, verbirgt er sich in einem Versteck und lauert nach Art von Plünderern den Ameisen auf, die für den Nutzen der Gemeinschaft arbeiten, und raubt ihre Lasten wie ein Räuber und mordet auch die Ameisen selbst und frisst sie sogar. **§4** Im Winter aber, wenn die Ameisen wie in einer Scheune Nahrung für sich in der Erde gelagert haben, raubt der Ameisenlöwe, der im Sommer nichts zu seinem Nutzen vorbereitet hatte, ihr mühevolles Werk und vernichtet es. Diese Tiergattung verweist auf Heuchler und Arglistige in Klöstern.

6.15 DIE NACKTSCHNECKE (*Limax*)

§1 Die Nacktschnecke gehört zur Gattung der Schildkröte, wie der Experimentator sagt, und sie heißt nach dem Schlamm (lat. *limus*), weil sie im Schlamm entsteht. Sie frisst Erde, sie hat vier Hörner, zwei davon aber sind länger. Beim Kriechen streckt sie ihre Hörner aus, doch bei der geringsten Berührung zieht sie sie ein und krümmt sich auf sich selbst zurück. Im Winter verbirgt sie sich, im Frühling kommt sie hervor. Ihr Blut verschließt die Poren und verhindert wirksam, dass Haare wachsen. Zerstoßen und zerrieben heilt sie Geschwüre auf manchen Wunden.

6.16 DIE HEUSCHRECKE (*Locusta*)

§1 Die Heuschrecke hat ihren Namen, wie Gregorius sagt, weil sie gleichsam auf der Stelle steht (lat. *loco stans*). Sie hat einen Kopf, der fast wie ein Pferdekopf geformt ist, wie der Experimentator sagt. Heuschrecken fressen sich gegenseitig auf und die größeren fressen die kleineren. Sie haben nach Art eines Vierecks angelegte Mundöffnungen, einen Stachel als Schwanz und Beine, die auf ihren Körper selbst zurückgebogen sind. **§2** Sie werden vom Südwind gezeugt, durch den Nordwind und Nordnordostwind sterben sie. Von den Blüten der Mandelbäume werden sie schnell feist. Sie haben einen einzigen Darm voll von Gift und Unsauberkeit. Es ist gewiss, dass sie entlegene Meere überqueren und dabei Hunger leiden für viele, viele Tage. Was uns am meisten verwundert, ist, dass sie wegen der Nahrung des Leibes so entfernte Gegenden aufzusuchen wissen. **§3** Was aber wundert's, wenn ein Gläubiger wegen der Nahrung des ewigen Lebens und um den Hunger nach Gottes Wort dies tut? Die Heuschrecken fliegen mit so lautem Flügelrauschen, dass man sie für eine Art Vögel hält. Die Parther nehmen sie als Nahrung zu sich. Man sagt, sie haben an den Schulterscharnieren zahnartige Fortsätze, und indem sie diese aneinander reiben, bringen sie das Rauschen hervor.

6.17 DIE FLIEGE (*Musca*)

§1 Eine Fliege, wie der Liber rerum sagt, ist zudringlich im Flug; sie liebt das Licht, im Dunkeln findet sie sich nicht zurecht; sie begibt sich lieber in die Wärme, sitzt auf Feuchtem und verlangt nach Blut. Sie ist allen Tieren feind, vor allem dem Menschen. Wo sie frisch geschlachtetes Fleisch berührt hat, treten sofort Würmer auf, die das rohe Fleisch verderben, besonders an den Hundstagen. **§2** Sie meidet Gesalzenes und Scharfes; Weißes und recht Sauberes befleckt sie gern, und der Flecken dieser Verschmutzung lässt sich nicht entfernen, auch ein ganzes Jahr lang nicht, wie der Experimentator sagt. Fliegen wie auch Bienen, die ins Wasser getaucht wurden, erholen sich manchmal wieder nach dem Ablauf einer Stunde. **§3** Sie entstehen aus der Zersetzung von Mist. Sie gebären Würmchen, aus denen Fliegen werden, und diese Würmchen sind hart und schwarz. Fliegen haben kein Erinnerungsvermögen. In Teilen Zyperns gibt es eine Gattung von Fliegen mit vier Füßen, wie Plinius sagt, und gefiedert, viel größer als unsere Fliegen. **§4** Sie heißen Feuerfliegen (gr. *pyralle*) von *pyr*, d.h. ‚Feuer'. Denn sie leben in Öfen und fliegen mitten im Feuer ohne Schaden zu nehmen. Das ist ein Wunder: Solange diese Fliege im Feuer ist, lebt sie im Feuer; fliegt sie etwas weiter fort, stirbt sie.

6.18 DIE FLÖHE (*Pulex*)

§1 Flöhe entstehen aus erwärmtem Staub und ferner auch aus fauliger Feuchte. Gegen Flöhe ist eine Abreibung mit Wermut jeden Abend eine vorzügliche Arznei. Ambrosius sagt: Flöhe befallen dich nicht, wenn du Absinthkraut mit Öl kochst und deinen Körper <damit> salbst. Ein in zwei zerteilter Floh lebt wieder auf.

6.19 DIE LÄUSE (*Pediculus*)

§1 Die Läuse, wie der Liber rerum sagt, haben ihren Namen von der Vielzahl ihrer Füße (lat. *pedes*). Eine vorzügliche Arznei gegen sie ist, wie der Philosoph sagt, seinen Körper häufig mit Meerwasser oder kräftig gesalzenem Wasser abzuwaschen, oder einen Gürtel zu tragen, der in Quecksilber getaucht wurde, das längere Zeit mit Olivenöl gekocht worden ist, oder Kleider zu tragen, die mit einer Mischung aus Butter und Quecksilber bestrichen wurden.

6.20 DER FROSCH[47] (*Rana*)

§1 Der Frosch fürchtet alles, was atmet; er argwöhnt bei allen, dass sie ihn hassen, wie der Liber rerum sagt. Im Monat August kann er sein Maul nie öffnen, für keinerlei Tätigkeit, sei es Fressen, Trinken oder Laute äußern; auch wenn man versuchte, es mit einem Stock oder der Hand zu öffnen, könnte man es nur sehr schwer. Frösche paaren sich mehr in der Nacht als am Tage, und darin erkennt man ihre Schamhaftigkeit bei der Paarung. **§2** Das <beziehe> auf diejenigen, die gleichgültig und schamlos bei Tag und bei Nacht miteinander schlafen. Legt man die Zunge eines Wasserfrosches unter den Kopf eines Schlafenden, bewirkt sie, dass er im Schlaf spricht und Geheimnisse preisgibt, wie eine alte Bauernweisheit sagt; freilich ist's zweifelhaft. Gibt man einem Hund einen lebenden Frosch ins Fressen, nimmt es ihm das Bellen. **§3** Es gibt auch einen kleinen Frosch, *coriens* genannt; der steigt auf Bäume und ruht dort zwischen den Blättern. Der nimmt kraft natürlicher Vorahnung den Regen in den Wolken wahr und ruft laut, als Bote einer künftigen Überschwemmung, in der übrigen Zeit gibt er aber kaum einen Laut von sich. Wirft man ihn Hunden ins Maul, glaubt das Volk, er würde den Hunden die Stimme rauben; dieser Frosch aber ist grün und klein. **§4** Es gibt auch einen kleinen Frosch, wie Plinius sagt, der hauptsächlich im Röhricht und im Gras lebt, ganz ohne Stimme und von grüner Farbe; wenn er zufällig von Rindern beim Trinken aufgesogen wird, blähen sich die Bäuche der Rinder zu gewaltiger Größe auf.

6.21 DER BLUTEGEL (*Sanguisuga*)

§1 Der Blutegel ist ein Wurm, der im Wasser lebt; er hat keine Knochen, Füße und Federn. Wenn er sich am Fleisch eines Menschen festgesaugt hat, sitzt er umso fester, je mehr man an ihm zieht, bis er zerreißt. Er zieht das faulige Blut heraus und führt oft durch übermäßige Sättigung seinen eigenen Tod herbei und tötet so sich selbst, indem er einen anderen heilt. **§2** Mit diesem Verhalten bezeichnet er diejenigen, die von Gier und Hass besiegt die Sünden anderer pflegen und folglich sich selbst in ihrer Seele töten. Der Blutegel, wie der Experimentator sagt, muss mit Nesseln und Dornen gestochen werden, damit er das Blut ausspuckt, das er von Kröten und bösen Tieren aufgesogen hat. Er hat einen dreieckigen Mund, daher hinterlässt er eine dreieckige Wunde.

---

[47] Vgl. 6.4 Der Frosch (*Borax*).

6.22 DER RÄUBER (*Spoliator*)

§1 Der Räuber ist ein goldfarbener Wurm, wie der Liber rerum sagt. Wenn er eine Schlange im Schatten liegen sieht, steigt er über ihren Schwanz hinauf und liebkost sie gewissermaßen durch Reiben und dringt schließlich mit einem Biss in das Innere ihres Gehirn ein. So schmeichelt eine Sünde zuerst, danach tötet sie.

6.23 DER SALOMONSWURM (*Thamur*)

§1 Der „Thamur“ oder „Samer“ ist ein Wurm, der auch den Namen „Salomonswurm“ erhalten hat, und zwar von der Sache her. Über ihn wird in der „Historia“ berichtet. Dieser Wurm kann verdientermaßen Christus versinnbildlichen, dessen Blut so große Kraft hat, dass es die steinharten Herzen der Menschen zum Mitleid mit Christus und zur *Zerknirschung um seinetwillen erweicht. §2 Der Salomonswurm ist ein kleiner Wurm, mit dem Salomon die Steine für den Tempel zerteilte, wie in der „Historia scolastica“ gesagt wird, und mit dem der Strauß Glas zerbrach, um sein Junges zu befreien.

6.24 DER WASSERLÄUFER (*Tappula*)

§1 Der Wasserläufer ist ein Insekt, das auf vier Füßen steht. Dieses Insekt hat Fußsohlen und läuft tollkühn über das Wasser und fürchtet die Strömung des Wassers nicht. Er lebt gleichermaßen an Land und im Wasser. §2 Auf dem Land läuft er freilich sehr schnell, doch noch schneller über Wasser, so dass er in kurzer Zeit weite Strecken auf dem Wasser zurücklegt, auch wenn es stürmisch ist; jedoch bleibt er bei rauhem Wasser auf der Oberfläche sitzen, wenn er müde geworden ist, und schöpft neue Kräfte. Obwohl er über das Wasser läuft, bleibt er dennoch an Körper und Füßen trocken. §3 Wenn man dieses Insekt lange gewaltsam unter Wasser hält, wird es dennoch nicht nass oder stirbt, sondern sobald es trocken an die Oberfläche zurückkommt, setzt es leichtfüßig sein Leben fort in gewohnter Schnelle und unbeeindruckt.

6.25 DIE SCHNECKE[48] (*Testudo*)

§1 Die Schnecke ist ein Wurm, <der> aus Wiesengras <entsteht>, das fault, weil Feuchte und Wärme allzu lange andauern. Sie ist ein langsames Tier und feist von der großen Menge an Blut. Wenn man Salz über sie streut, löst sie sich fast zur Gänze in

[48] Vgl. 4.30 Schildkröte (*Testudo*).

Nichts auf, und man findet kaum etwas anderes von ihr als Blut, und das taugt als Heilmittel. Wer das Salz der Weisheit gekostet hat, zerfließt in Andacht, und doch scheint solch einer sich selbst für nichts zu halten.

6.26 DIE HOLZWÜRMER (*Teredo*)

§1 *Teredines* werden von den Griechen die Holzwürmer genannt, wie Isidor sagt, weil sie ,im Gehen fressen' (lat. *eundo edunt*). Bäume, die zu *unrechter Zeit gefällt wurden, lassen diese Insekten wachsen. Und beachte: Aus dem Holz der Linde, dem zartesten aller Bäume, entstehen niemals diese Insekten, wo es im Trockenen gelagert wird, während doch alle anderen Hölzer, außer dem vorgenannten, der Eiche und wenigen anderen, in westlichen Landstrichen die Insekten hervorbringen.

6.27 DIE MOTTE (*Tinea*)

§1 Die Motte ist ein Kleiderinsekt, wie Isidor sagt, so genannt, weil es <dort> festsitzt (lat. *tenet*). Dieses Insekt wird aus verdorbener Luft in der Kleidung und aus fauler Feuchtigkeit, die sich in der Wolle befindet, erzeugt, und es sitzt so lange darin, bis es sie zerfressen hat .

6.28 DIE SPECKMADE (*Tarmus*)

§1 Die Speckmade, wie Isidor sagt, ist ein Wurm, der im Speck entsteht. Wir aber nennen Schweinefett Speck; der sitzt unmittelbar unter der Haut, zwischen der Haut und dem roten Fleisch, und sein Name stammt aus der gallischen Sprache.

6.29 DIE WESPEN (*Vespa*)

§1 Wespen, wie Plinius sagt, bauen ihre Nester in der Höhe aus Schmutz. Ihr Leben spielt sich um den Mist herum ab; sie ernähren sich von Fleisch. Wespen entstehen manchmal aus Pferdefleisch, wie Papst Clemens sagt.

6.30 DER REGENWURM (*Vermis*)

§1 Obwohl freilich der Name ,Wurm' sämtlichen Insekten zukommt, bezeichnet man eigentlich in speziellem Sinn damit jenen Wurm, der aus bloßer und reiner Erde ohne irgendeine Vermischung mit einem Samen entsteht. Mit diesem Wurm wird der Angelhaken zur Täuschung der Fische beködert. **§2** Diesem vergleicht sich der Herr mit den Worten des Psalmisten, wenn er sagt: „Ich bin ein Wurm und kein Mensch" (Ps 21, 7: *Ego autem sum vermis et non homo*), und das zu Recht, weil er aus dem bloßen und reinen Fleisch seiner Mutter ohne den Samen der Verderbnis geboren wurde. Daher soll auch das Manna in der Wüste einen Wurm hervorgebracht haben.

6.31 DER WURM CELIDONIENS (*Vermis Celidonie*)

§1 Der Wurm Celidoniens ist nach dem Zeugnis Augustins im Buch „Über den Gottestaat" ein Wurm, der in einigen von Natur aus kochend heißen Gewässern in einem Landstrich Celidoniens lebt. Wie Fische in kaltem Wasser, so <leben > sie in heißem und kochendem; wenn sie aus dem siedenden Wasser geraten, nämlich in kaltes, so sterben sie darin sofort.

Anhang 1

6.32 DIE AMEISE (*Bu1*) (*Formica*)

§1 Ameisen, wie Ambrosius sagt, zerteilen die gesammelten Körner, damit sie nicht wieder auskeimen. Feuchtgewordene trocknen sie an der Sonne, damit sie nicht verderben. Sie hören bei Neumond stets auf zu arbeiten und arbeiten bei Vollmond sogar nachts. Nur sie wird im Alter stärker und fliegt. Eine Ameise hat Geruchssinn, wie Aristoteles sagt, und das beweist man so: **§2** Man nehme Schwefel und wilden Origano und lege sie zu Pulver zerstoßen auf ihren Bau, und sie werden sofort die Flucht ergreifen und ihre Behausungen verlassen. Wir sehen auf ihrem Weg (harte) Kiesel abgenutzt und einen durch ihre Tätigkeit entstandenen Pfad, damit nämlich niemand bezweifelt, was in jeder beliebigen Angelegenheit Beharrlichkeit vermag, auch wenn sie noch so klein ist. Sie bringen ihre Toten hinaus und begraben sie, und das machen sie allein unter allen Tieren mit Ausnahme des Menschen.

Anhang 2

6.33 DER SALOMONSWURM (*Bu1*) (*Thamur*)

§1 Der „Thamur" oder „Sanner" ist ein Wurm, der auch den Namen „Salomonswurm" erhalten hat, und zwar von der Sache her. Von ihm, der in der

„Historia scolastica“ der Könige angeführt wird, <heißt es>, dass Salomon, um eine Technik zu finden, mit der er die Steine für den Tempel ohne Mühe von Schutt befreien konnte, ein Straußenjunges in einem gläsernen Gefäß einschloss. Der <alte> Strauß aber brachte den kleinen Wurm Thamur herbei und zerbrach mit dessen Blut das Glas, um sein Junges zu befreien. **§2** Dieser Wurm versinnbildlicht sehr gut Christus, der sagt: „Ein Wurm bin ich und kein Mensch” (Ps 21, 7: *Ego autem sum vermis et non homo*). Durch sein Blut wurden die Heiligen aus der Hölle befreit. Zacharias IX: „Du aber, um des Blutes deines Bundes willen” usw. (Agg 9,11: *Tu autem in sanguine testamenti etc.*). Er erweicht auch steinerne Herzen. Ezechiel: „Ich werde von euch nehmen” usw. (Bar 2, 23: *Auferam a uobis etc.*).

6.34 DER SALOMONSWURM (*Ol1*) (*Thamur*)

§1 Der „Thamur“ oder „Sanner“ ist ein Wurm, der den Namen „Salomonswurm“ von der Sache her erhalten hat und trägt. Erkundige dich danach in der „Historia“. Dieser Wurm kann verdientermaßen Christus versinnbildlichen, dessen Blut so große Kraft hat, dass es die steinharten Herzen der Menschen zum Mitleid mit Christus und zur Zerknirschung um seinetwillen erweicht.

6.35 DER SALOMONSWURM (*x ohne Bu1*, *Ol1*) (*Thamur*)

§1 Der „Thamur“ oder „Sanner“ ist ein Wurm, der den Namen „Salomonswurm“ von der Sache her erhalten hat und trägt. In der „Historia scolastica“ wird davon berichtet, dass Salomon mit ihm die Steine für den Tempel zerteilte und der Strauß mit seinem Blut das Glas zerbrach, um sein Junges zu befreien. Dieser Wurm kann verdientermaßen Christus versinnbildlichen, dessen Blut so große Kraft hat, dass es die steinharten Herzen der Menschen zum Mitleid mit Christus und zur Zerknirschung um seinetwillen erweicht.

6.36 DER SALOMONSWURM (*R4*) (*Thamur*)

§1 Der „Thamur“ oder „Samer“ ist ein Wurm, mit dem Salomon die Steine für den Tempel zerteilte, wie es in der „Historia scolastica“ heißt, mit dem der Strauß das Glas zerbrach, um sein Junges zu befreien. Er hat auch den Namen „Salomonswurm“ erhalten, und zwar von der Sache her. Über ihn berichtet auch die „Historia“. Dieser Wurm kann verdientermaßen Christus versinnbildlichen, dessen Blut so große Kraft hat, dass es die steinharten Herzen der Menschen zum Mitleid mit Christus und zur Zerknirschung um seinetwillen erweicht.

6.37 DER SALOMONSWURM (*y ohne R4*) (*Thamur*)

§1 Der „Thamur“ oder „Samer“ ist ein Wurm, der auch den Namen „Salomonswurm“ erhalten hat, und zwar von der Sache her. Über ihn berichtet die „Historia“. Dieser Wurm kann verdientermaßen Christus versinnbildlichen, dessen Blut so große Kraft hat, dass es die steinharten Herzen der Menschen zum Mitleid mit Christus und zur Zerknirschung um seinetwillen erweicht. **§2** Der Salomonswurm ist ein kleiner Wurm, mit dem Salomon die Steine für den Tempel zerteilte, wie es in der „Historia scolastica“ heißt, und mit dem der Strauß das Glas zerbrach, um sein Junges zu befreien.

7 DIE BÄUME

7.1 DAS KEUSCHLAMM (*Agnus castus*)

§1 Das Keuschlamm ist ein heißer und trockener Baum, wie Platearius sagt, und wird deshalb so genannt, weil er den Menschen keusch (lat. *castus*) macht wie ein Lamm (lat. *agnus*). Dieser Baum bringt nicht mit den anderen Bäumen zur Frühlingszeit Blätter hervor, sondern erst viel später, wenn nämlich die heißere (Sommer-) Sonne mit ihrer Glut die Erde ausgetrocknet hat. Seine Eigenschaft besteht darin, zu reinigen und der geschlechtlichen Lust ihre Kraft zu nehmen und ihr heftiges Verlangen abzutöten, und zwar aus dem Grund, weil er den Samen eines Mannes austrocknet. **§2** Dies bewirkt nicht nur die Kraft seiner Blätter oder der getrunkene Saft, sondern auch die Blüten oder Blätter, wenn sie einem liegenden Menschen untergelegt werden. Das bezeugt Galen, der von den Athenern sagt, dass ehrbare Frauen die Blätter des Keuschlamms in ihren Häusern ausstreuten, damit weder sie selbst noch ihre Männer von Wollust bewegt würden. **§3** Man liest auch in den Schriften der der Alten, dass die Menschen der Vorzeit, wenn sie Antworten bei Opfern suchten, sich auf den Blättern des Keuschlamms zur Ruhe zu legen pflegten, um nicht, vom Schlaf betäubt, für trügerische Gesichte empfänglich zu sein. Seine Blüten und Blätter sind also gut für Arznei. **§4** Ihr Saft, getrunken, oder das Wasser, in dem sie abgekocht wurden, unterdrückt aufs Wirksamste die geschlechtliche Lust und beseitigt die Glut der Erregung, deshalb werden die Geschlechtsteile damit behandelt. Auch in seinem Saft abgekochte Leder hilft gegen Gonorrhea, das ist: gegen unfreiwilligen Samenerguss.

7.2 DIE ADAMSÄPFEL (*Poma Ade*)

§1 Im Osten gibt es Bäume, wie Jacobus sagt, die wunderschöne Äpfel von zitronengelber Farbe tragen, auf denen gleichsam der Biss eines Menschen mit seinen Zähnen deutlich sichtbar erscheint, und deshalb werden sie von allen ‚Adamsäpfel' genannt. Und es ist ein Wunder, dass Gott bis heute das Verbrechen des ersten Menschen an der Frucht eines Apfels den Sterblichen zeigen wollte. **§2** Bäume, die eine weiche Frucht haben, haben härtere Blätter wie die Feige und der Maulbeerbaum, und eine härtere Frucht hat zarte Blätter wie die Haselnuss.

7.3 DIE TANNE (*Abies*)

§1 **D**ie Tanne, wie Isidor sagt, ist ein Baum, der so genannt wird, weil er weit über die anderen Bäume hinausgeht (lat. *abeat*) und hoch emporragt. Ihre Natur ist frei von irdischer Feuchtigkeit, deshalb ist sie leicht zu bearbeiten, weich und ohne Knoten. Sie wird nur ganz selten von Fäulnis, nie aber von Würmern befallen.

7.4 DER MANDELBAUM (*Amigdala*)

§1 ‚**M**andel' (gr. *amygdala*), wie Isidor sagt, ist ein griechischer Name, der auf Latein *nux longa*: ‚lange Nuss' bedeutet. Früher als alle anderen Bäume, wie Rabanus sagt, schmückt sie sich mit Blüten und trägt Früchte. Die bitteren sind gut zur Arznei, die süßen zum Essen. **§2** Die schlechte Qualität der Mandeln wird durch entsprechende Pflege verbessert; sie werden auch süß, wenn man rings um den Stamm herum im Abstand von drei Fingern von der Wurzel gräbt, so dass eine Vertiefung entsteht, durch die sie die schädliche Feuchtigkeit ausschwitzt, oder wenn man die Stämme der Mandelbäume nahe der Wurzel mit einem Bohrer durchlöchert und einen Keil mitten hindurch treibt. **§3** So verwandelt geistliche Mühe alle Bitternis der Reue in Süße. Wenn man ihre geschälten Kerne mit gesalzenem Wasser oder mit Meerwasser wäscht, werden sie weiß und halten sich lange.

7.5 DIE ZEDER (*Cedrus*)

§1 **D**ie Zeder ist ein sehr edler Baum, der mit seiner Höhe fast bis zu den Wolken aufragt, wie Jacobus und Isidor sagen. Ihre Blätter ähneln der Zypresse, sind sehr wohlriechend und Schlangen verhasst. Auch ihr Holz ist von angenehmem Geruch, hält sich lange und wird nie von einer Mottenraupe zerstört. **§2** Ihr Harz wird Zedernharz genannt; damit bestrichene Bücher werden vor Raupen und Alter bewahrt. Ihr Geruch vertreibt Schlangen, die sterben, sobald sie den Geruch der Zeder wahrgenommen haben. Es gibt zwei Arten von Zedern: die Zeder, die blüht, trägt keine Frucht; die, die Frucht trägt, blüht nicht, und die neue Frucht nimmt auf ihr <den Platz> der vorhergehenden ein. **§3** Die aber Frucht tragen, heißen Meerzedern und sind klein. Ihre Frucht ist so groß wie ein menschlicher Kopf. Der Zedernapfel ist von dreierlei Beschaffenheit. Jacobus: Im ersten Teil, der außen ist, ist er warm, in der Mitte gemäßigt, im dritten Teil, der nämlich im Inneren liegt wie ein Herz, ist er kalt. **§4** Dies soll die Frucht sein, von der der Herr in Leviticus sagt: „Ihr werdet am ersten Tag die Früchte des schönsten Baumes nehmen." Am Berg Libanon stehen schöne und hohe Zedern, doch sie bleiben immer unfruchtbar. Der Rauch einer in Brand gesetzten Zeder vertreibt Schlangen und tötet sie.

7.6 DIE ZYPRESSE (*Cypressus*)

§1 Die Zypresse, wie Isidor sagt, ist ein Baum, der auf Griechisch gleichsam *cyparissus* heißt, was ‚Kopf' bedeutet, d.h. er wird nach seiner Rundheit benannt; denn hoch erhebt er sich kegelförmig bis zur Spitze. Ihr Holz hat fast die gleichen Vorzüge wie die Zeder. Es ist für Balken von Tempeln geeignet und gibt wegen seiner unnachgiebigen Festigkeit unter keiner Last nach, sondern behält seine anfängliche Stärke. **§2** Ihre Frucht ist aus Holz: ihr Apfel besteht aus hölzernen Stückchen. Ihre Blätter fallen nicht ab und verlieren auch nicht ihre grüne Farbe, solange sie an der Rinde bleiben; falls also die Blätter zugleich Rinde sind, fallen sie ab.

7.7 DIE KASTANIE (*Castanea*)

§1 Die Kastanie ist ein Baum, dessen Zwillingsfrüchte nach Hodenart in einem Säckchen verborgen ruhen. Wenn sie herausfallen, werden sie gleichsam kastriert, und daher hat die Kastanie ihren Namen erhalten. Wenn dieser Baum beschnitten worden ist, pflegt er <überall> gleichzeitig auszutreiben wie ein Strauch, wie Rabanus sagt. **§2** Eine Kastanie mit Salz zerrieben und dann mit Honig vermischt, wie Plinius sagt, ist gut gegen den Biss eines tollwütigen Hundes oder gegen Schlangenbiss oder den Biss eines Menschen.

7.8 DIE QUITTE (*Cytonia*)

§1 Wenn Birnenquitten nicht beständig ringsherum umgegraben werden, tragen sie nicht oder ihre Früchte werden minderwertig. Der Apfelquittenbaum bringt Apfelquitten hervor, d.h. *<mala> coctana*. Sie sind gut gegen den Fluss des Leibes, der von Hitze und Schwäche der zurückhaltenden Kraft hervorgerufen wird, <wenn man sie> vor der Mahlzeit <nimmt>, nach der Mahlzeit <sind sie gut> gegen Erbrechen. **§2** Ihr Same hilft gegen eine rauhe Zunge; denn sie befeuchten und beruhigen. Wein aus Apfelquitten, mit dem man Kranke hintergeht, <die Wein verlangen>, wird so hergestellt: Nachdem die Quitten von ihren Samen gereinigt und ihre Schale eingeritzt wurde, legt man sie in reines Regenwasser und gießt sie weg, sobald die Flüssigkeit ihren Geschmack angenommen hat. **§3** Das Durchgeseihte wird in ein verpichtes Fass gegeben und gewöhnlich den Kranken gereicht, die Wein verlangen. In Fäulnis übergegangene Quitten, verbrannt und pulverisiert, helfen gegen Krebs. Aus ihren Blättern wird Öl hergestellt, wie Rosenöl, das vorzüglich ist.

7.9 DER EBENHOLZBAUM (*Ebenus*)

§1 Der Ebenholzbaum, wie Isidor sagt, wächst in Indien und Äthiopien. Wenn er gefällt wird, wird er hart wie Stein; sein Holz ist sehr hart und brennt nicht leicht. Mag es auch, in ein lichterloh brennendes Feuer gelegt, auf gewisse Weise brennen und verzehrt werden, so entsteht bei seinem Schwelbrand doch niemals eine Flamme. **§2** Sein Holz fault nicht, seine Rinde ist glatt wie die des Lorbeerbaums. Das Holz, das in Indien wächst, ist fleckig mit kleinen weißen und schwarzen Mustern, das äthiopische ist aber besser, an keiner Stelle gefleckt, sondern tief schwarz, glatt und fest wie Horn. Ebenholz bindet man an Kinderklappern, damit ein Kind sich nicht beim Anblick von Schwarzem erschrickt. Platearius: Auch zerbricht pulverisiertes Ebenholz den Blasenstein.

7.10 DER FEIGENBAUM (*Ficus*)

§1 Der Feigenbaum ist ein Baum, wie Isidor sagt, der sich mit ausgreifenden Ästen und Blättern ausbreitet, wobei die unteren Äste, herabgebogen und mit Erde bedeckt, rings um die Mutter einen neuen Spross austreiben. Der Schatten seiner Blätter ist schädlich für alles. Plinius: Es gibt in Indien auch eine Feige, die um vieles süßer ist, aber der Gesundheit von Fremden schadet. **§2** Deshalb befahl Alexander der Große, als er jene Landstriche einnahm, seinem Heer, dass niemand diese Früchte anrühren sollte. Dieser Baum bringt, bevor er Blätter hat, <bereits> die Früchte hervor. Isidor: Wenn Feigen von alten Menschen recht oft gegessen werden, sollen sie ihre Falten beseitigen. Er sagt auch, dass der Feigenbaum so große Kraft besitzt, das wild tobende Stiere plötzlich zahm werden sollen, bindet man sie an diesen Baum.**§3** Sein milchiger Saft heilt diejenigen, die von giftigen Tieren gebissen worden sind. Er hilft gegen chronischen Hautausschlag und Flecken im Auge, wie der Experimentator sagt. Die Feige macht kein gutes Blut und deshalb schafft sie <den Menschen> Läuse. Zu den Eigenschaften der Feige gehört es, Überflüssiges nach draußen auszutreiben und den Menschen mit warmem Schweiß schwitzen zu lassen, wenn er sie isst. **§4** Das Wasser seiner (sc. des Feigenbaumes) Asche löst geronnene Milch im Magen. Seine Milch löst harte Geschwüre und Hautgeschwulste, seine Blätter helfen gegen chronischen Hautausschlag und von zähem Sekret nässende Stellen, sein Saft macht wund, die Asche seines Holzes zerfrisst. *Seine Lauge, eingegossen und getrunken, hilft bei Nervenschmerzen. Zusammen mit einer Nuss <gegessen> öffnet sie auf wunderbare Weise die Wege für die Nahrung; in Verbindung mit groben Nahrungsmitteln ist seine Milch schädlich. **§5** Ein Pflaster hilft gegen Skorpionbisse und die zerriebenen Blätter gegen die Bisse eines tollwütigen Hundes. Ein Umschlag mit Alaun hilft gegen jedes Gift. Plinius: Feigenmilch bringt flüssiges Blut zum

Gerinnen und verflüssigt geronnenes. Feigen können grün in Honig aufbewahrt werden, wenn sie so angeordnet werden, dass sie sich nicht gegenseitig berühren. Der Feigenbaum hat eine sehr bittere Rinde und <doch> eine sehr süße Frucht, <und die entsteht> ohne Blüte.

7.11 DIE BUCHE (*Fagus*)

§1 Die Buche, wie Isidor sagt, ist ein eicheltragender Baum, dessen Frucht süß, aber der Brust schädlich ist; aus ihr erzeugt man aber reinstes Lampenöl. Sein Holz ist hart genug, läßt aber Würmer eindringen, wenn es nicht beständig mit Rauch behandelt wird. Sie heißt aber ‚Buche' (lat. *fagus*) nach <gr.> *fage*, was „aufessen" bedeutet. Wenn dieses Holz, noch grün, lange Zeit in Wasser liegt, soll es sich zu Stein verhärten.

7.12 DIE ESCHE (*Fraxinus*)

§1 Die Esche, wie Isidor sagt, ist ein Baum, der überwiegend an rauhen, gebirgigen und steinigen Orten wächst. Sein Holz taugt zu Lanzenschäften, seine Asche aber ätzt, wenn sie mit Essig vermischt wird. Daher entstehen davon gewöhnlich Verätzungen. **§2** Mit Pflastern von Eschenlaub mit Essig heilt man Krätze und Pusteln und Wunden schließen sich. Wenn seine Rinde und die noch zarten Blätter sehr fein zermahlen und mit Essig vermischt und auf einen Knochenbruch gelegt werden, so lassen sie <die Fraktur> schnell zusammenwachsen.

7.13 DIE STEINEICHE (*Ilex*)

§1 Die Steineiche ist ein Baum, wie Isidor sagt, dessen Frucht sich die Menschen zuerst als Nahrung auswählten; denn bevor Getreide im Gebrauch war, lebten die Menschen früherer Zeiten von der Eichel. Daher <sagt> der Dichter:
"Die ersten Sterblichen rülpsten die Eichel aus ihrer Kehle."

7.14 DER WACHOLDER (*Iuniperus*)

§ Der Wacholder ist ein Baum, wie Isidor und Jacobus sagen, der einen griechischen Namen hat von *pyr*, das ist ‚Feuer', weil er empfangenes Feuer so lange erhält, dass die Glut, ist sie mit seiner Asche bedeckt, bis zu einem Jahr fortschwelt. Es gibt einen kleinen und einen großen Wacholder. Die Früchte dieses Baumes aber, wie Platearius sagt, sind trocken und warm. **§2** Man sammelt sie im Frühling; sie haben <schleim>lösende und -verzehrende Kraft. Gegen den Fluss des Leibes koche man seine Früchte in Regenwasser; gegen das eben erwähnte Leiden hilft auch Wein, der mit diesen Früchten abgekocht wurde. Aus dem Holz des Wacholders macht man Öl auf folgende Weise: Man stellt eine leere Schüssel auf die Erde und über diese eine andere Schüssel, die im Boden ein Loch hat. **§3** Die obere Schüssel wird mit trockenem Wacholderholz gefüllt und sehr gut verschlossen, damit nichts vom Rauch austritt, und ringsherum wird ein starkes Feuer entzündet. Wenn das Holz also brennt, fließt innen ein wenig Öl aus der oberen Schüssel in die untere; und dieses Öl ist außerordentlich wirksam gegen Viertagefieber. **§4** Es hilft auch gegen Darmverschluss, wenn der Körper damit eingerieben und das Öl mit der Nahrung aufgenommen wurde. Wird die Wirbelsäule damit eingerieben, hilft es auch gegen Epilepsie. Gegen die natürliche Melancholie hilft ein Öl dieser Art, das man mit der Nahrung aufnimmt. Eingeträufelter Wacholdersaft, wie Platearius sagt, hilft bei Ohrenschmerzen und Taubheit.

7.15 DER LORBEERBAUM (*Laurus*)

§1 Der Lorbeer, wie Isidor sagt, ist ein Baum und hat seinen Namen von dem Wort ‚Lob' (lat. *laus*). Mit ihm nämlich wurden unter Lobeshymnen die Häupter der Sieger bekränzt. Bei den Alten wurde er *laudea* genannt. Dieser Baum allein soll selten vom Blitz getroffen werden; er wirft niemals seine Blätter ab, sie sind sehr wohlriechend und haben aufgrund ihres Wohlgeruchs eine stärkende Kraft. **§2** Seine Blätter soll man an einem schattigen Ort trocknen, ohne Rauch; sie halten sich ein Jahr lang unversehrt mit ihrer großen Heilkraft. Platearius: Gegen Magenschmerzen und Erbrechen aus kalter Ursache gibt man mit Lorbeerblättern abgekochten Wein. **§3** Gegen den kalten Fluss des Hauptes koche man Lorbeerblätter und Rosen in Wasser, nachdem die Öffnung des Gefäßes gut verschlossen wurde, und der Kranke soll den Dampf einatmen und mit diesem Wasser Stirn und Schläfen waschen. Die Früchte des Lorbeers heißen Beeren. Sie haben <schleim>lösende und -verzehrende Kraft. Aus den Beeren des Lorbeerbaums wird Öl hergestellt, das gut ist gegen Arthritis und alle Schmerzen, die von Kälte herrühren. **§4** Man macht es aber folgendermaßen: Man zerreibe frische Beeren und, nachdem sie lange in Öl gekocht wurden, drücke man sie aus und seihe sie durch. Dieses Öl wird Lorbeeröl genannt. Das gleiche wird aus seinen frischen Blättern hergestellt. Grüne Lorbeerblätter rufen Erbrechen hervor und kehren den Magen um. Sie sind gut gegen Ohrenschmerzen und Taubheit.

7.16 DER RHODODENDRON (*Lorander*)

§1 *Lorander*, wie Isidor sagt, ist ein Baum, der ‚Rhododendron' heißt. Er hat ein Blatt wie das des Lorbeers, eine Blüte wie eine Rose; sein Saft ist giftig und tötet die Tiere, heilt aber von Schlangenbissen hervorgerufene Beschwerden.

7.17 DIE LÄRCHE (*Larex*)

§1 ‚Lärche', wie Isidor sagt, ist der Name eines Baumes, der nach dem Ort *Laurinum* benannt wurde. Bringt man Bretter aus dem Holz dieses Baumes an Häuser an, wehren sie Feuer ab; das ist das Erstaunliche an dem Holz dieses Baumes, dass es, vom Feuer verbrannt, nicht zu Holzkohle wird.

7.18 DER MASTIXBAUM (*Lentiscus*)

§1 Der Mastix, wie Isidor sagt, ist ein Baum, dessen Stamm biegsam und weich ist, daher erhielt er auch seinen Namen. Biegsam nämlich nennen wir alles Elastische. Seine Frucht schwitzt Öl aus, seine Rinde aber ein Harz, das Mastix genannt wird. Platearius: Seine Blätter oder Früchte kommen der Medizin zugute. Auch haben sie eine zusammenziehende und festigende Kraft. **§2** Gegen die Monatsblutung, Ruhr, Erbrechen aus Schwäche, gegen Geschwüre auf der Zunge, den Lippen, im Mund, auch bei akutem Fieber koche man seine Blätter in Essig ab und gurgele oder atme den Dampf ein.

7.19 DER MAULBEERBAUM (*Morus*)

§1 Der Maulbeerbaum heißt auf griechisch *morus*, auf lateinisch *rubus*, weil seine Frucht rot ist (lat. *rubet*). Seine Blätter, auf eine Schlange geworfen, sollen diese töten. Wie Rabanus sagt, trägt er im Vergleich zu anderen Bäumen, d.h. als letzter, Früchte, und unter den langsam wachsenden lässt er seine Früchte schneller reifen, und im Vergleich zu anderen Bäumen ist er langlebig und widerstandsfähig. **§2** Platearius: Die heimische Maulbeere ist kalt und trocken. Sie hat <schleim>lösende und kühlende Kraft. Ihr ausgepresster und abgekochter Saft hilft gegen Angina. Der Saft heißt aber *dyameron*. Wenn sein Saft ein wenig erwärmt wurde, löst er Verstopfung, mit Honig <vermischt> tötet er Spulwürmer.

7.20 DER GRANATAPFELBAUM (*Malum punicum*)

§1 Der punische Apfel, wie Isidor sagt, hat seinen Namen von einem Landstrich, da seine Gattung aus der Provinz Punica eingeführt wurde. Er ist identisch mit dem Granatapfel. Man nennt ihn aber deshalb ‚Apfel', weil er unter seiner runden Schale Kerne hat, die wunderbar verteilt und angeordnet sind. Der Baum wird *Malogranata* genannt, der Apfel aber *Malogranatum*. **§2** Als ‚Apfel' bezeichnet man auf griechisch das, was wir lateinisch „sehr rund" nennen können. Daher heißen diejenigen echte Äpfel, die sehr rund sind. Der süße Granatapfel ist mäßig warm und feucht, der saure aber kalt und trocken. Seine Einnahme bekommt denen, die unter Fieber leiden, das von der Cholera hervorgerufen wurde. Sein mit Zucker vermischter Saft ist sehr gut für die Verdauung. **§3** Platearius: *Mala Maciana* sind kalt und trocken. Diese nennen wir Holzäpfel; sie haben nämlich zusammenziehende Kraft. Daher helfen sie gegen Erbrechen und den Fluss des Leibes. Platearius: Süße Äpfel erzeugen Blähungen; besser aber sind diejenigen, die sauer sind oder ohne Geschmack. Sie sind aber Fiebernden, gekocht oder roh gegeben nach dem Essen, zuträglich, doch besser gekocht.

7.21 DIE TAMARISKE (*Mirica*)

§1 Die Tamariske, die lateinisch auch *tamarica* genannt wird, wie Rabanus sagt, soll nach ihrer Bitterkeit benannt sein, denn wenn man sie in fruchtbare Erde pflanzt, macht sie diese unfruchtbar. Da sie immer grün sein will, zieht sie nämlich die ganze Feuchtigkeit und die Nährstoffe der Erde an sich.

7.22 DIE MYRTE (*Myrtus*)

§1 Die Myrte ist ein Baum, wie Isidor sagt, der aufgrund seiner Bitterkeit so genannt wird. In der Wachstumsphase liebt er die Meeresufer; er wächst in der Ödnis und auf steinigem Boden. Man sagt, dass von diesem Baum mit Hilfe von Zauberkünsten Hass erregt wird. Aber in den Büchern der Naturkundigen steht, dass dieser Baum den Frauen in sehr vielen Bedrängnissen hilft. **§2** Er soll sowohl übermäßige Körperwärme als auch schädliche Kälte mäßigen. Er wird mit anderem Namen „tramaricia" genannt. Platearius: Mit Wein abgekocht hilft er gegen eine verstopfte Milz und Leber. Zu Pulver zerrieben und im Essen mitgekocht hat er die gleiche Wirkung. Wer aber häufig aus einem Gefäß oder Becher von seinem Holz trinkt, dem hilft's ebenso. **§3** Daher macht man Fläschchen aus dem Holz dieses Baumes, in die man über Nacht Wein gibt, den der Kranke, der an solcherart Schmerzen leidet, am Tage zu sich nimmt. Seine Rinde ist wirksamer als seine Blätter. Denn der Myrtenbaum ist klein, eher ein Strauch als ein Baum, der an feuchten Stellen wächst. Seine Blüte ist außerordentlich wohlriechend und wird in Getränke gegeben, die aus Wasser und Weizen oder Gerste gebraut werden.

7.23 DIE MISPEL (*Mepsilus*)

§1 Die Mispel ist ein Baum*, dessen Früchte *Mespila* <heißen> und warm und trocken sind im ersten Grad. Sie stärken den Magen und nehmen den Brechreiz. Aus ihrem Holz werden die besten Stöcke für Faustkämper gemacht.

7.24 DIE NUSS (*Nux*)

§1 **D**er Nussbaum heißt so, wie Isidor sagt, weil sein Schatten bzw. die über seine Blätter herabfallenden Regentropfen den benachbarten Bäumen schadet (lat. *nocet*). Die Lateiner nennen ihn **iuglans*[49] und seine Früchte haben eine solche Kraft, dass eine <einzige> gegessene Nuss unter verdächtigen Kräuter- und Pilzgerichten alles, was dabei giftig ist, aussondert und unschädlich macht. Die Nuss schadet der Brust, ruft Erbrechen hervor, nimmt die Stimme weg und macht sie heiser.

7.25 DIE HASELNÜSSE (*Nux avellana*)

§1 **H**aselnüsse, wie Platearius sagt, sind weniger warm und löslicher als andere Nüsse. Sie blähen nicht, nähren den Körper auch auf das Beste, sind aber schwerer zu verdauen, wenn sie mit der äußeren Schale gegessen werden, die jedenfalls kalt und trocken ist.

7.26 DER ÖLBAUM (*Olea*)

§1 **D**er Ölbaum ist ein Baum, wie Isidor sagt; seine Frucht ist die Olive, sein Saft aber wird Öl genannt. Der Baum ist ein Zeichen des Friedens; sein Öl ist grün, sanft und fett, weil es Licht spendet, ist es ein Freund kranker Augen. Sein erster Tropfen ist sehr süß, der zweite weniger, der dritte ziemlich bitter und ohne Geschmack; seine Blüte ist erstaunlich, aber Schwangeren schadet sie sehr. **§2** Augustinus zu einem Mönch: Öl ist unserem Leib zuträglich, aber dem der Tiere, die sechs Füße haben, außerordentlich schädlich. Wenn der Ölbaum gepflanzt und abgeerntet wird, so lassen die Griechen die Arbeit von reinen Knaben und Mädchen verrichten. **§3** Die Olive erträgt es nicht, wenn das Vieh unter ihr weidet; der Ölbaum kann nicht in der Gemeinschaft mit anderen Bäumen oder Büschen wachsen. Er streckt seine Wurzeln nicht übermäßig tief in die Erde und wächst besser mit Regenwasser als mit Brunnen- oder Flusswasser. Wird Öl mit warmen Sustanzen gekocht, ist es ein warmes Heilmittel, wenn mit kalten Substanzen, ein kaltes Heilmittel. **§4** Wenn etwas mit Öl gekocht wird, verliert es die eigene Feuchtigkeit. Gut gereinigtes weißes Öl ist weniger beißend als irgendein <anderes> Heilmittel, weil es, wenn es ins Auge gegeben wird, dieses erstaunlicherweise nur wenig berührt. Öl heilt das Bauchgrimmen, denn es beruhigt Wunden und heilt das Grimmen, das von Meerzwiebel und Brennnessel kommt. **§5** Öl erwärmt den Körper

[49] Der botanisch korrekte Name der Walnuss ist lat. *Iuglans*, und es gibt die korrekte Var. *iuglandem*.

wie die Nahrung, mit der es gegessen wird unter den Dingen, die erwärmen und kühlen. Öl hilft den Müden, weil es die oberen Schichten durchdringt und Verhärtetes aufweicht, oder weil es, wenn man es verreibt, aufgrund seiner Wärme die Flüssigkeiten, die sich unter der Haut während der Arbeit angesammelt haben, aus den zarten erweichten Teilen herauslöst. Öl mit stark geschlagenem Wasser hilft erschöpften Gliedern sehr, weil die Wirkung des warmen Wassers dann lange in ihnen vorhält. **§6** Wenn Seeleute sich aufs Meer begeben und Öl im Mund halten und es dann ins Meer entlassen, so erleuchtet es die Tiefe. Aristoteles: Öl in Schlangenlöcher gegossen verhindert, dass die Schlangen herauskommen. In allem, was es auf der Welt gibt, ist Öl enthalten. Öl, wie auch jedes andere Fett, läßt einen Feuerbrand entstehen und dazu besonders glühende Hitze, wie man sagt. **§7** Daher auch die Christen, die in der Hölle glühen etc. Ein in Öl geglättetes Rasiermesser rasiert sanfter. Wenn jemand wenn er sich zur Ader lässt, seinen Arm mit gewöhnlichem Öl, nämlich mit Olivenöl, einreibt, wird das Blut um so ungehinderter austreten. Ein mit Öl eingeriebener Körper macht diesen für künftige körperliche Arbeit tauglich.

7.27 DER WILDE ÖLBAUM (*Oleaster*)

§1 Der wilde Ölbaum, wie Isidor sagt, ist ein Baum, der so heißt, weil seine Blätter dem Olivenbaum ähneln, aber breiter sind. Er ist ein unveredelter und wilder Baum, bitter und unfruchtbar. Der Zweig eines echten Ölbaums, diesem aufgepfropft, verändert die Kraft der Wurzel und wandelt sie in seine eigene Eigenschaft um. **§2** Pflanze Minze an mehreren Stellen, vor allem zwischen die Kohlköpfe, damit das Gemüse keine Schädlinge hervorbringt.

7.28 DIE PALME (*Palma*)

§1 Die Palme ist ein Baum, wie Isidor sagt, der so heißt, weil er Schmuck ist für die Hand (lat. *palma*) des Siegers oder weil er dasteht mit ausgebreiteten Zweigen nach Art einer menschlichen Hand. Er verliert seine Blätter nicht, ihre Gattung bzw. ihr Geschlecht ist männlich und weiblich. Die Palmen tragen niemals Früchte, außer wenn Gatten so nahe bei einander stehen, dass sie sich gegenseitig umarmen, indem sie sich mit den oberen Zweigen herabneigen, und das geschieht nur zur Frühlingszeit. **§2** Je mehr aber dieser Baum von der Erde aus nach oben wächst, um so mehr geht er in die Breite. Denn der Stamm ist nicht nahe der Erde am dicksten wie bei anderen Bäumen, sondern er ist schlank und knotig, an der Spitze aber breitet er sich in ganzer Fülle aus.

7.29 DIE PLATANE (*Platanus*)

§1 Die Platane, wie Isidor sagt, ist ein Baum, der wegen der Breite seiner Blätter so genannt wird. *Platos* nämlich heißt bei den Griechen ‚breit'. Sie ist ein hoher Baum und weit ausgreifend mit ihren Zweigen, mit sehr zarten und weichen Blättern, den Blättern der Weinrebe ähnlich. In alter Zeit standen die Platanen in so großer Ehre, dass sie in den Königshöfen gezogen und mit Wein gegossen wurden.

7.30 DIE FICHTE (*Pinus*)

§1 Die Fichte, wie Isidor sagt, ist ein Baum, der aufgrund seiner spitzen Nadeln so benannt ist, weil die Alten die Fichte ‚spitz' (lat. *pinum acutu*) nannten. Wir nennen sie *picea*, weil sie Pech (lat. *pix*) ausschwitzt. Alexander: Man glaubt, die Fichte nütze allem, was unter ihr wächst, so wie der Feigenbaum allem schade. Ihre Früchte sind sehr schön, wobei der Samen mit perfekter Reihung in einer länglichen Fruchtform aus Körnern wohl geordnet ist. **§2** Sie wirken aber lindernd und befeuchtend, und zwar hauptsächlich gegen die Ruhr. Sie sind die beste Nahrung für diejenigen, die an Atemproblemen leiden und an einem Geschwür aus kalter Feuchtigkeit, und auf trockene Weise Blut husten. **§3** Bevor man sie in Heilmittel gibt, sollen sie zuerst auf <glühende> Kohlen gelegt und ein wenig angesengt werden; dann, nach der Entfernung der Schalen, von denen sie zwei haben, soll man den nackten Kern in Wasser legen und sehr gut abkochen. Später wird er auf die Kohlen gelegt, und der Kranke soll seinen Rauch durch die Nase einatmen.

7.31 DIE PAPPEL (*Populus*)

§1 Die Pappel, wie Isidor sagt, ist ein Baum, der so heißt, (*quod a calce eius multitudo nascatur*) weil aus seinem Fuß eine Menge (lat. *multitudo*) <an Schößlingen> sprießt. Es gibt zweierlei Art; denn die eine ist weiß, die andere schwarz. Die weiße Pappel hat Blätter, die auf einer Seite weiß sind, auf der anderen grün. Die schwarze Pappel aber bringt an der Spitze eines Triebs ein wohlriechendes Harz hervor, das auch für viele Arzneien geeignet ist. **§2** Von größerer Wirkkraft ist das Harz, das im Monat Mai aufgefangen wird. Platearius: Es wird aber auf folgende Weise hergestellt: Man nimmt die Blattknospen, die in Blätter aufbrechen sollten, und kocht sie in ungesalzener Butter – und zwar nur Butter, die aus Kuhmilch im Mai gewonnen wurde –, und kocht sie, bis die ganze Flüssigkeit grün ist. **§3** Darauf seihe man sie ab und fülle sie in Tongefäße. Diese Salbe ist ausgezeichnet und wird *Dyapopilio* genannt. Sie hilft sehr, die Hitze und die Schmerzen des Hauptes zu lindern, die von einer warmen Ursache herrühren, wenn man sodann Stirn und Kopfschläfen damit einreibt; sie lindert die Ohnmacht, wenn sie aus warmer Ursache entsteht. **§4** Auch heilt sie sehr wirksam angeschwollene Glieder und dem Körper zugefügte äußere Verletzungen. Der Saft ihrer Blätter hilft bei Ohrenschmerzen, ihr Same mit Honig <vermischt> hilft den finster gewordenen Augen und zieht den Leib zusammen.

7.32 DER BIRNBAUM (*Pirus*)

§1 Der Birnbaum ist ein bekannter Baum, dessen Früchte, die Birnen, kalt im ersten und trocken im zweiten Grad sind. Die veredelten sind weniger kalt, die wilden mehr. Nach dem Essen genommen komprimieren sie das Verzehrte. In Regenwasser gekocht und auf den Magenmund gelegt, hemmen sie das Erbrechen von Galle, auf den Schambeinkamm gelegt den Fluss des Leibes. **§2** Dyascorides, der Arzt, <sagt>: Die Wurzel eines Birnbaums, die von einer Frau umgebunden getragen wird, verhütet die Empfängnis, solange sie getragen wird. Wenn eine Gebärende Birnen auf sich <liegen> hat, gebiert sie nur schwer. Wunden läßt die Birne abheilen. **§3** Sie hilft gegen erstickungsartige Krämpfe, hervorgerufen von <giftigen> Pilzen, und wenn die Pilze mit Birnen zusammen gekocht werden, schaden sie weniger. Birnbaumpflanzen müssen im Monat Februar an kalten Orten, im November an warmen gesetzt werden. Wenn die Wurzeln von Birnbäumen mit Ochsengalle begossen werden, werden die bereits geschlüpften Würmer in den Birnen getötet und es entstehen keine weiteren.

7.33 DER PFLAUMENBAUM (*Pruna*)

§1 Pflaumen sind kalt und feucht, sie sind schwarz, weiß und rot. Die schwarzen und ein wenig harten sind wertvoller, besonders die Damaszener Pflaumen. Wenn die reifen Pflaumen gesammelt werden, sollen sie aufgeschnitten in die Sonne gelegt werden, bis sie getrocknet sind, dann sollen sie mit Essig besprengt und so für den Gebrauch in einem Holzgefäß aufbewahrt werden. **§2** Sie ziehen den Leib zusammen. Ihr Gummifluss zerbricht <Blasen>Steine und lässt wunde Stellen vergrinden; mit Essig <vermischt> beseitigt er chronischen Hautausschlag.

7.34 DIE EICHE (*Quercus*)

§1 Die Eiche, wie Isidor sagt, ist gleichsam ein "Frag-Baum" (lat. *quernus*), weil die Götter mit ihrer Hilfe den Fragenden (lat. *querentibus*) die Antworten zu verkündigen pflegten. Sie verfault nur schwer oder niemals, wenn sie trocken aufbewahrt wird. Platearius: Ihre Frucht ist der Eichengallapfel, kalt und trocken im ersten Grad. Der leichte und durchlöcherte nützt wenig, die schweren und festen sind gut. **§2** Sie helfen gegen Erbrechen, das von einem von der Galle herrührenden Gebrechen ausgelöst wird. Ein Pflaster aus Gallapfelpulver mit Eiweiß und Essig vermischt auf Nieren und Schambeinkamm <gelegt> hilft gegen den Fluss des Leibes. Dasselbe Pflaster hilft gegen Wundbrand.

7.35 DER BROMBEERBAUM (*Rubus*)

§1 Die Brombeere, wie Ambrosius sagt, ist im Orient ein Baum, in Italien aber ein Busch. Der Brombeerbaum des Ostens ist medizinisch nutzbar; er hat eine rote Rinde und hartes gelbes Holz. Seine Blätter sind von so großer Kraft, dass sie, über eine Schlange geworfen, diese unverzüglich töten; daher sind sie zu Recht gegen Gift erfolgreich.

7.36 DIE ROSE (*Rosa*)

§1 Die Rose, wie Platearius sagt, ist kalt im ersten Grad, trocken im zweiten. Die Rose, sowohl dürr als auch grün, ist medizinisch nutzbar. Es handelt sich aber eher um einen Rosenstrauch als um einen Baum. Die Rosen muss man pflücken, wenn sie völlig aufgeblüht und rundum tiefrot sind, die blassen aber oder blässlichen soll man wegwerfen. Rosen können an der Sonne getrocknet und drei Jahre lang aufbewahrt werden. **§2** Rosenhonig wird auf folgende Weise hergestellt: Man schäume den Honig zuerst ab, dann seihe man ihn gut durch, danach füge man die Rosenblätter hinzu, nachdem man die Kelchblätter und das Weißliche am Blütengrund entfernt hat. Sodann erfolgt das Einkochen, nachdem die Rosenblätter kleingeschnitten und mit dem Honig vermischt wurden, solange bis <das Gemisch> sich färbt und dick wird. **§3** Dieser Honig hat stärkende Kraft dank des Rosenduftes und reinigende Kraft dank des Honigs Vermögen. Er reinigt ferner den Magen von kalten Säften. Rosenzucker wird so hergestellt: Gut mit Zucker zerstampfte Rosenblätter stelle man in einem Glasgefäß für dreißig Tag an die Sonne und bewege und vermische sie dort täglich gut mit einem Löffel, wobei die Gefäßöffnung fest verschlossen ist. **§4** Er kann drei Jahre lang aufbewahrt werden. Er hat aber dieKraft zu stärken und zu kühlen. Gegen die Ruhr, gegen Erbrechen aufgrund von Cholera und gegen Ohnmacht, wenn sie aufgrund eines Gebrechens der Atemwege entsteht, hilft er gut, muss jedoch in einem Getränk zusammen mit Rosenwasser gegeben werden. **§5** Rosensyrup wird so hergestellt: Man koche Rosen in Wasser ab, und wenn man diesem Wasser Zucker zusetzt, wird Syrup daraus; besser würde er aber vom Saft grüner Rosen. Ein solcher Syrup löst am Anfang, danach zieht er zusammen; gegen Durchfall, Erbrechen und Ohnmacht hilft er, aber man gebe ihn nicht bei Verstopfung. **§6** Rosenöl wird so hergestellt: Man lege gut zerriebene Rosen, wenn sie noch grün sind, in ein Glasgefäß mit Öl* und setze sie vierzig Tage der Sonne aus, wobei die Öffnung des Gefäßes gut verschlossen sein muss. Gegen Lebererwärmung reibe man die Stelle, an der die Leber liegt, <damit> ein, und gebe es an Stelle eines anderen Öls ins Essen. Gegen Kopfschmerzen aufgrund einer warmen Ursache wasche man Stirn und Schläfen <damit>. **§7** Rosenwasser hat die Kraft zu stärken, zusammenzuziehen und zu kühlen und hilft gegen den Fluss des Leibes, der von der Cholera kommt. Wer ohnmächtig wird und Herzbeschwerden hat, dem gibt man Rosenwasser in einem Getränk und besprengt damit sein Gesicht. Trockene oder grüne Rosen an die Nase gehalten stärken Gehirn und Herz durch *Anregung der Lebensgeister. **§8** „Anthos" wird die Blüte der Rose genannt, die safrangelb im Inneren zum Vorschein kommt; sie hilft aber gegen Erbrechen. Wer zur Geburt des Herrn Rosen haben will, binde Anfang Mai einen Rosenstrauch in seinem jeden Teil vom Anfang des Stammes bis zur Spitze eines jeden Zweiges ein. **§9** Wenn später Luft und Feuchte aus der Erde in das Innere des Stammes und in die Verästelung der Zweige vordringen, bleibt er unverändert in Substanz und Wärme, weil er nicht ausdünsten kann. Und dann löse man drei Wochen oder einen Monat vor Weihnachten die Zweige und den Stamm aus der Umwicklung und aufgrund der Frische seiner Kraft strömt jener Dunst machtvoll aus, vervielfältigt in Gestalt echter Rosen.

7.37 DER SETHIMBAUM (*Sethim*)

§1 Der Sethim ist ein sehr edler Baum des Ostens, wie die Glosse sagt, dem Weißdorn ähnlich, aber viel größer. Aus diesen Hölzern, liest man, sei die Arche Noah gefertigt worden. Sein Holz ist leicht, weiß und brennt nicht, d.h. fängt nicht leicht Feuer, und fault nicht.

7.38 DIE WEIDE (*Salix*)

§1 Weide wird sie genannt, weil sie schnell in die Höhe schießt (lat. *salit*) und wächst; sie blüht, trägt aber keine Früchte. Wenn jemand ihre Blüte im Essen zu sich nimmt, soll er kinderlos bleiben. Ihre Rinde und Blätter haben die Kraft zu stärken und zusammenzuziehen. Der Saft, der aus den Büten gepresst und in ein Getränk gegeben wird, nimmt Fieber. **§2** Ihr Samen in einem Trank genommen befreit den Trinker, wie man sagt, von unkeuschem Verlangen, macht die Frauen aber auch unfruchtbar. Der Philosoph: Wenn ein Weidenzweig mitten durch einen wachsenden Kirschbaum hindurchgeht, verhindert er nicht, dass dieser Kirschen trägt, er verhindert aber, dass er Kirschen mit einem Stein trägt, in dem die ganze zur Saat gehörige Kraft liegt.

7.39 DIE MAULBEERFEIGE (*Sycomorus*)

§1 Die Maulbeerfeige, wie Rabanus sagt, wird so genannt, weil sie dem Maulbeerbaum ähnliche Blätter hat. Weil sie höher ist als der Maulbeerbaum, heißt sie die hoch Aufragende. Andere sagen, sie sei dasselbe wie die wilde Feige, von der im <Buch> Amos <die Rede ist>.

7.40 DER HOLUNDER (*Sambucus*)

§1 Der Holunder, warm und trocken im zweiten Grad, ist ein Baum, der *lactis* genannt wird. In der Rinde, und zwar im mittleren Teil, taugt er besonders zur Medizin. Auch reinigen seine Samen, Blätter und sein Laub besonders von Schleim. Der Saft seiner Blätter, zusammen mit Honig gegeben, tötet Spulwürmer; in die Ohren geträufelt reinigt er sie von Eiter.

7.41 DER SPARGEL (*Sparagus*)

§1 Spargel ist warm und trocken im dritten Grad; seine Früchte sind gleichsam zartes Gesträuch. Er hilft verdunkelten Augen und zerbricht Steine; wenn Hunde sein Wasser trinken, sterben sie; gekocht und gegessen besänftigt er den Magen.

7.42 DER ALMUGGINBAUM[50] (*Thinus*)

§1 Der Almugginbaum ist ein sehr edler Baum des Ostens. Über diese Hölzer liest man im dritten Buch der Könige und im zweiten Buch Paralipomenon: Salomon machte daraus Stützen, von „stützend“, d.h. Pfosten für das Haus des Herrn und das Haus des Königs und Harfen und Leier für die Sänger (1 Sm 10,12: *fecit rex de lignis thyinis fulchra domus Domini et domus regiae et citharas lyrasque cantoribus*). **§2** Wie die Glosse sagt, faulen diese Hölzer nicht und sind dornig nach Art des Weißdorns; ihre Bäume aber sind rund wie eine Fichte, das Holz weiß und hell glänzend, glatt und schimmernd wie Elfenbein.

---

[50] Der mysteriöse Baum *thinus* lässt sich über das im Text enthaltene Bibelzitat ermitteln. In der Jerusalemer Einheitsübersetzung wird *ligna thyina* mit ‚Almugginholz' wiedergegeben, eine seltene, nicht bestimmbare Holzart; bei Luther mit ‚Sandelholz'.

7.43 DIE TEREBINTHE (*Terebinthus*)

§1 Die Terebinthe, wie Isidor sagt, ist ein edler Baum, gefällig und schön mit seinen Blättern, erhebt er sich, hoch aufgerichtet, in freie luftige Höhen. Dieser Baum bringt ein Harz hervor, das alle <anderen> Harze übertrifft und angenehmer duftet. Platearius: Um Geschwüre aufbrechen zu lassen, mache man daraus und aus Gerstenmehl ein Pflaster. Sie bringt ferner stark duftenden Weihrauch hervor.

7.44 DIE EIBE (*Taxus*)

§1 Die Eibe, wie Isidor sagt, ist ein giftiger Baum, daher werden aus ihr auch toxische Substanzen (*toxica uenena*) herausgepresst. Aus dem Holz dieses Baumes fertigten die Heiden Bogen und Wurfgeschosse. Das Holz ist verschiedenfarbig. Es hält sich über viele Jahre; wenn es auf der Erde liegt, verliert es leicht seine Festigkeit. Die Nadeln der Eibe bleiben das ganze Jahr über grün. **§2** Platearius: Von ihrem Samen werden Hühner feist. Alexander: Vom Menschen gegessen, löst er den Leib. Platearius: Die Eibe in Kalabrien hat eine solche Kraft, dass jemand in Gefahr gerät, wenn er unter ihr schläft oder sitzt. Man sagt auch, dass Bienen, wenn sie mit der Eibe in Berührung gekommen sind, davon sterben.

7.45 DIE WEINREBE (*Vitis*)

§1 Die Weinrebe ist eher ein Strauch als ein Baum. Seine Traube wird in einen geheizten Ofen gelegt und, nachdem sie dort getrocknet wurde, heißt sie Rosine. Die Blüte des Weins tötet Schlangen. Das <austretende> Harz des Weins lindert chronischen Hautausschlag und Krätze. Die Wurzel des Weins ist gut, um Verunreinigungen der Ohren zu beseitigen. Sein Saft bricht den <Blasen>-Stein. **§2** Ins Feuer geworfene grüne Reiser soll man herausziehen, wenn sie beginnen das Feuer zu spüren, so dass sie nicht verbrennen, und sammle die daraus ausgepresste Flüssigkeit und gebe sie in schmerzende und tränende Augen. Nach einer guten Weinlese *schneide <die Weinstöcke> kürzer zurück, nach einer mageren Lese *schneide[51] großzügiger. Ein Feld trägt Wein in größerer Menge, ein Berg edleren. Der Nordwind befruchtet die Reben, die ihm entgegen gerichtet sind, der Südwind veredelt sie. **§3** Eine Traube ist drei Tage nach der Lese besser als zur Stunde <der Lese>; gut aufbewahrt nährt und stärkt sie den Körper. Der herbe Geschmack einer Traube wird beseitigt, indem man sie aufhängt. Isst man eine frische Traube, bläht

[51] *Post bonam uindemiam strictius, post exiguam largius pota*; Konj. *puta* Boese, von *putare*, schneiden; der Text wurde nicht einmal von KvM verstanden, da *pota* im Lateinischen tatsächlich 'trinke' heißt, (im Italienischen heißt es 'schneide'), aber Konrad bemühte sich, wenn auch ohne Erfolg, dem Unsinn mit 'trinken' einen Sinn abzugewinnen.

sie. Die Weinrebe hat die Eigenschaft, auf einer Seite an einem Knoten ihres Zweiges ein Blatt auszutreiben, auf der anderen Seite aber einen Stiel voller Trauben. **§4** Wenn die Stiele durch eiskalten Wind erfrieren, dann vermehrt die Rebe ihre Blätter, nicht aber die Stiele. Die harzige Absonderung der Weinrebe schadet giftigen Tieren. Mittelmäßiger Wein ist gut, weil er leicht ist, und ein solcher soll ausgewählt werden. Galen: Je älter Weine sind, umso wärmer sind sie. **§5** Der Philosoph: An jungem Wein oder Most kann man erkennen, ob ihm Wasser beigemischt wurde: Wenn ihm nämlich kein Wasser beigemischt ist, sinkt ein hineingelegtes Ei nicht; wenn ihm aber Wasser zugefügt wurde, sinkt es. Reiner Most hat eine zweifache Wärme: die eine aufgrund seiner eigenen natürlichen Beschaffenheit, die andere von dem Ort, an dem er gewachsen ist. **§6** Jene zweifache Wärme bewirkt im Most ein Aufwallen, das verhindert, dass das Ei sinkt, und dieses Aufwallen wird durch hinzugegebenes Wasser gelöscht; und daher sinkt das Ei. Galen: Süßer Wein macht durstig, weil er die Wärme vermehrt. Isidor: Diejenigen, die zur Wassersucht neigen, sollen sich vor jeder Art süßen Weins in Acht nehmen. **§7** Es gibt einen zart-wässrigen Wein, einen erdig-groben und einen mittleren. Der zart-wässrige ist immer weiß und klar; er wird schnell verdaut und dringt durch dieAdern, ruft Urin hervor und hilft deshalb Fiebernden, weil er nicht stark erwärmt und nicht das Denkvermögen beeinträchtigt und weder dem Gehirn noch den Nerven schadet. Vermischt ist er besser, insbesondere, um den Durst zu löschen. **§8** Der Philosoph: Wenn sehr starker Wein in einem Fass das Fass zerbrechen will, verliert er durch die Beigabe eines winzigen Stückchens Käse seine Wärme, wenn es in das Faß hineingelegt wird, weil der Käse, da er kalt, porös und trocken ist, den aufwallenden Geist jenes Weins in seine Poren aufnimmt und ihn aufgrund seiner Kälte verändert, und der sprudelnde Wein kommt zur Ruhe. **§9** Isidor: Weine aus Weizen und Gerste sind nicht zu billigen und unverdaulich, und sie rufen schlechte Dämpfe und Säfte hervor; sie verstopfen Leber und Milz und lassen Nierensteine entstehen. Isidor: Guter Wein nährt den Körper, bringt und erhält die Gesundheit, wenn er im rechten Maß genossen wird und soviel, wie die Natur tolerieren kann. **§10** Er stärkt sowohl die erste als auch die zweite Verdauungskraft. Man findet nämlich keine Speise oder Getränk, das so sehr die natürliche Hitze stärkt wie der Wein. Wein nimmt Traurigkeit, ruft Freude hervor, wandelt der Seele Laster inTugend, er wendet <den Menschen> von Gottlosigkeit zur Frömmigkeit, von Geiz zur Großzügigkeit, von Hochmut zur Demut, von Trägheit zur fleißigen Sorge, von Furcht zur Kühnheit. **§11** Er wandelt auch geistige Stumpfheit, Schweigsamkeit und Trägheit in Klugheit, Beredsamkeit und Erfindungsgabe. Daher bedienten sich Perser und Hellenen seiner, wenn sie mit jemandem etwas diskutieren und sachlich besprechen wollten oder Rat geben wollten, um die Staatsangelegenheiten zu lenken. Wenn man Wein aus der Gegend um Neapel ins Feuer gießt, flammt er wie Öl im Feuer auf. **§12** Er ist aber nahrhaft wie eine Speise. Galen: Wie nichts Totes wird, wenn nicht aus Lebendigem, so wird kein Essig, wenn nicht aus Wein. Isidor: Die Schale eines Eies, das für drei oder vier Tage in Essig gelegt urde, wird so weich, dass es durch den zarten Druck mit der Hand vielerlei Formen annimmt. **§13** Daher kann es auch in die Länge gezogen werden, so dass es mitten durch einen kleinen Ringes gezogen werden kann. Galen sagt, dass Essig zu den Dingen gehört, die denjenigen hilfreicher sind, die cholerische Natur haben, und schädlicher denjenigen, die melancholische Natur haben. Platearius: Trifft Essig auf einen vollen Magen, löst er, trifft er auf einen leeren, zieht er zusammen. **§14** Derselbe: So überprüft man <seine Qualität>: Wenn Essig auf die Erde oder auf ein kaltes Eisen gegossen wird, wallt er auf, wenn er gut ist; ist er nicht gut, dann wallt er nicht. Galen: Reiner Essig mit Wasser vermischt kühlt im Sommer und stillt den Durst. Wasser mit Essig oder Wein vermischt löscht noch besser den Durst als Wasser allein, weil sie (sc. Wein und Essig) seine Transportmittel sind und das Wasser tiefer <ins Körperinnere> eindringen lassen. **§15** Dies ist nämlich die Kraft des Essigs, dass er die Kräfte anderer Dinge, die ihm hinzugegeben wurden, in die Tiefe zieht. Darauf spekulierten die gottlosen Juden und reichten dem Herrn, als er sagte ‚mich dürstet', Essig mit Galle, damit die Galle <des Leibes> Tiefe stärker durchdringe.

7.**46** DIE ULME (*Ulmus*)

§1 Die Ulme, wie Isidor sagt, wird so genannt, weil sie viel Kraft hat zu grünen. Denn ihre Natur ist von solcher Art, dass sie sogar, wenn sie vertrocknet ist, zu neuem Leben erwacht, wenn man sie nur mit Wasser benetzt; wenn man sie dann abschneidet und in die Erde steckt, schlägt sie dort Wurzeln.

8 DIE WOHLRIECHENDEN BÄUME

8.1 DIE ALOE (*Aloe*)

§1 Aloe, wie Platearius sagt, ist warm und trocken. Aus dem Saft des so benannten Krautes stellt man auf folgende Weise Aloe<-salbe> her: Das Aloe-Kraut wird zerrieben, der Saft ausgepresst und lange auf dem Feuer gekocht, dann der Sonne ausgesetzt und aufbewahrt. **§2** Das Obere ist reiner und heißt *epaticum*; das Mittlere ist weniger rein und <heißt> *citrinum*; was aber auf dem Grund ist, ist sehr trüb und heißt *caballinum*. Das erste ist zitronengelb, das mittlere weniger gelb, was aber auf dem Grund ist, ist schwarz. **§3** Alle Arten der Aloe sind sehr bitter, und ihr Geschmack ist ganz abscheulich. Aloe<salbe> hat aber die Kraft, gebrochene Knochen wieder zu heilen. Äußerlich aufgebunden heilt sie Bisse von Gifttieren, innerlich aber hat sie die Kraft, von Schleim zu reinigen. **§4** Sie hat auch die Kraft zu reinigen, Schwermut zu vertreiben und die Glieder zu stärken; daher hilft sie gegen den Überfluss der Säfte, die sich im Magen stauen. Sie schafft dem Kopf Erleichterung von Schmerz, wenn er von rauchigem Dampf kommt. **§5** Sie macht den Blick klar, löst Verstopfung von Milz und Leber, vernichtet übermäßige Flüssigkeiten der Glieder, und zwar besonders in der Schamgegend, und macht ein von Schwärze verfärbtes Gesicht <wieder> schön. Mag Aloe auch für den Mund bitter sein, so ist sie doch süß für den Magen; daher wird sie *epiglostomachon* genannt, d.h. ‚dem Magen süß'. Sie muss mit herbem Wein gegeben werden oder mit Wermutsaft.

8.2 DER ALOES (*Aloes*)

§1 Aloesholz ist <von einem> Baum in Indien und Arabien, wie Isidor sagt, von sehr starkem und süßem Duft. Sein Holz wird auf den Altären an Stelle von Weihrauchrinde verbrannt und daher nennt man es Aloes. Andere sagen, dass dieses Holz aus dem irdischen Paradies über binnenländische Flüsse angetrieben und im Fluss mit Netzen aufgefangen werde. **§2** Das in seiner Art schwere und knotige ist das beste und sehr aromatisch, von leicht bitterem Geschmack und von schwärzlicher oder rötlicher Färbung. Mit den Zähnen wird es ohne große Schwierigkeiten *zerkleinert. Gekaut stärkt es kraft seines aromatischen Duftes das Gehirn. **§3** Es hilft auch gegen eine Schwäche von Magen, Leber, Gehirn und Herz, gegen das Ausbleiben der Monatsblutung, gegen Herzleiden, Ohnmacht und andere

Gliederschwächen, die von Kälte herrühren. Auch mit Aloesholz abgekochter Wein hilft gut gegen das eben Genannte. **§4** Der Dampf, der beim Abkochen entsteht, soll durch die Nase aufgenommen werden und nützt dem kalten Gehirn sehr. Zerstoße Aloesholz, Nelkenblätter und den Knochen aus dem Herzen eines Hirsches zu Pulver, verreibe es mit Öl und salbe damit den Kopf eines Hahnes, und er wird diesen ganzen Tag und die Nacht nicht krähen.

8.3 DAS AMOMUM (*Amomum*)

§1 Amomum, wie Plinius und Isidor sagen, ist ein Baum bzw. Strauch voll von Trauben, der Samen bringt, der aufs dichteste zusammensteht, mit einer weißen und manchmal violetten Blüte und dem Duft von Zimt, daher hat er auch seinen Namen. Mit seinen Blättern, der Zaunrübe ähnlich, versüßt sein Duft den Schlaf. **§2** Kardamom ist ein dem Amomum ähnlicher Strauch, aber mit länglichem Samen. Es gibt vier Arten davon. Am meisten gelobt wird diejenige Sorte, die sehr grün und fett ist, mit scharfen Stacheln, und die dem, der daran reibt, Widerstand bietet; die zweite aber tendiert vom Weißen ein wenig zu rot; die dritte aber ist kurz und schwarz; die vierte schließlich ist verschiedenfarbig, duftet wenig und ist leicht zu zerreiben, und diese wird geringer geschätzt als die anderen. **§3** Besser ist jenes <Cardamomum>, das aromatischer duftet mit untergemischter Süße. Aufgrund seines aromatischen Duftes hat es die Kraft zu stärken, dank seiner Qualitäten zu lösen und zu verzehren; denn es ist warm und trocken. Es hilft gegen Schwäche des Magens, zur Verdauung und gegen Ohnmacht, gegen Erbrechen und Schwäche, wenn man es in den Mund nimmt.

8.4 DIE BIDELLA (*Bidella*)

§1 Bidella, wie Plinius sagt, ist ein Baum Arabiens; sein Harz ist glänzend und weißlich, auch *leicht, fett und gleichmäßig gefärbt. Man wählt dasjenige aus, das leicht weich wird und dem weder Erde noch Holz beigemischt ist, das bitter ist und gut duftet. Es wird aber durch Beimischung von Gummi, das nicht so bitter schmeckt, gefälscht. **§2** Platearius: Es hat die Kraft zusammenzuziehen und anzuziehen und heilt Durchfall bei akuter Cholera. Es heilt innere und äußere Geschwüre, wenn man sie damit einreibt, und bricht den Blasenstein. Es heilt auf wunderbare Weise und mit großer Effizienz den Biss eines tollwütigen Hundes oder andere Verletzungen des Körpers oder Hodengeschwüre, wenn es mit Essig vermischt wird.

8.5 DER BALSAMBAUM (*Balsamum*)

§1 Der Balsamsbaum oder -strauch, wie J a c o b u s, S o l i n u s und andere sagen, die von ihm in vielen Büchern geschrieben haben, wurde einst nur in Judäa angetroffen an dem Ort, der Jericho genannt wird, aber im Laufe der Zeit wurde er von den Ägyptern auf ein Feld bei Babylon verpflanzt. **§2** Er wird aber von den Christen angebaut, die unter der Herrschaft der Sarazenen in Gefangenschaft leben, weil, wie die Ägypter oft nachgewiesen haben, der von den Sarazenen angebaute unfruchtbar bleibt, wie die „Geschichte Jerusalems" sagt. Es gibt aber auf dem besagten Feld Babylons sechs Quellen und in einer von ihnen soll die Selige Jungfrau Christus gebadet haben. **§3** Aus dieser Quelle wird zusammen mit den fünf übrigen die mit Balsam bepflanzte Ebene bewässert. An einem anderen Ort aber bringt dieser Strauch niemals Balsam hervor. P l i n i u s: Sein Stamm ähnelt den Weinreben, seine Blätter aber der Raute, aber sie sind weißer und bleiben immer an den Zweigen. Er liebt es, beschnitten zu werden, und freut sich über Wasser. **§4** Zu der Zeit, in der diese kostbare Flüssigkeit von dem Baum gewonnen wird, schneidet man seine Triebe mit Messern aus Stein, Glas oder Knochen mit einer sehr zarten Kerbe ein, und dann läuft der Saft tropfenweise in daruntergestellte Glasgefäße; würde man sie freilich mit Eisen einschneiden, gingen sie an der Schnittwunde ein. **§5** Nachdem der Balsam durch den Einschnitt in das Stammende ausgetreten ist, wird er sechs Monate lang in einem Glasgefäß in Taubenmist aufbewahrt und nach sechs Monaten herausgenommen, dann ist er rein geworden. Er wird aber deshalb in derartigem Mist rein, weil jede Reinigung durch Wärme geschieht; Balsam aber bewahrt seine Kraft, wenn er nicht verdampft. **§6** Unter allen Flüssigkeiten hält er am längsten. Der Baum wird Balsam genannt, sein Holz bzw. seine Zweige Xylobalsam, seine *Frucht bzw. sein Samen Carpobalsam, der Saft Opobalsam. J o r a c h: Wenn die Kraft des Opobalsam aus irgendeinem Grund zunichte gemacht wird, wird sie durch etwas Übelriechendes wiederhergestellt und hilft gegen Herzbeschwerden aufgrund einer Zusammenziehung der Lebensgeister des Herzens. **§7** Und seine Frucht verdirbt schnell. P l a t e a r i u s: Opobalsam hat die beste und stärkste Kraft, weil er warm und trocken ist im dritten Grad, und da er selten ist, wird er auf vielfache Weise gefälscht. **§8** Denn einige verkaufen Therebinthenharz als Opobalsam; manche mischen ein wenig Balsam mit Terebinthenharz und so erhält es seinen Duft und sein Aussehen; andere mischen Nardenöl mit Terebinthenharz. **§9** Einige aber sagen, dass man ihn so erkennt: Wenn er nämlich auf die Spitze eines Griffels gegeben und angezündet wird, brennt er. Aber Therebinthenharz tut dies ebenso. D i o s c u r i d e s: Wenn ein Tropfen Opobalsam in Ziegenmilch gegeben wird, gerinnt die Milch und der Tropfen sinkt auf den Grund. **§10** Aber es gibt viele andere Gerinnungsmittel. Opobalsam ist gelb und sehr klar und wird auf folgende Weise von einem gefälschten unterschieden: Gibt man ihn mit einem Griffel in den unteren Teil von Wasser, bleibt er dort; wenn man ihn in den mittleren legt, bleibt er auch dort; wenn in den oberen, so bleibt er ebenfalls auch dort. Ebenso: Gib' Wasser in ein Gefäß und in dieses Wasser Opobalsam. **§11** Sodann rühre das Wasser mit einem Holz um; wenn es gefälschter ist oder Terebinthenharz, so trübt sich das Wasser; wenn er rein ist, trübt es sich nicht. Vergleichbar <schreibt> Rabanus: Handelt es sich um reinen Opobalsam, so wird ein Wolltuch nicht davon befleckt, sondern wird auch <danach> von gleichem Wert sein wie vorher. **§12** Ebenso: Man wiege Opobalsam in einem Gefäß und wiege danach Therebinthenharz im selben Umfang. Ist er rein, wird er zwei- oder dreimal so viel wiegen wie das Therebinthenharz; wenn nicht, sondern nur wenig mehr wiegt, steht fest, dass er gefälscht ist. **§13** [Immer noch Rabanus]: Ist er rein, hat er so große Kraft, dass nur ein Tropfen davon, wenn die Sonne ihn erhitzt hat, in die Hand gegossen nicht gehalten werden kann, sondern sofort eindringt; er dringt nämlich schneller ein als alle anderen Flüssigkeiten. **§14** Michael Scotus: Er hat die Eigenschaft, dass Milch *gerinnt, wenn man sie über ihn träufelt; er selbst aber bewahrt seine Festigkeit, wenn er auf Wasser gegossen wird. Er wird gereinigt, mit Essiglotion. **§15** Er vermischt sich nicht mit einer anderen Flüssigkeit. Opobalsam hat die Kraft zu lösen, zu bewahren und anzuziehen. Unter anderem treibt er einen toten Fötus aus und führt die Nachgeburt ab. **§16** Gegen alle chronischen Kopfschmerzen gebe man Opobalsam zusammen mit einem zu dem Leiden passenden Betäubungsmittel. Mit Opobalsam in Wachs eingeschlossen und für zehn Tage auf eine Narbe gelegt, läßt [die Narbe] verschwinden, denn der Balsam kann für so viele Tage und sogar bis zu vierzig Tagen, wenn es sein muss, mit dem Wachs gehalten werden. Balsam erhält die Körper von Toten unversehrt.

8.6 DER ZIMTBAUM (*Cynamomum*)

§1 Der Zimtbaum, wie Isidor und Plinius sagen, ist ein Baum in Äthiopien, mit niedrigem buschigem Wuchs von nur zwei Ellen Länge, von schwarzer oder grauer Rinde mit sehr zarten Zweigen. Denn was dicht wuchert, wird gering geachtet, was aber zierlicher austreibt, ist von ausgezeichneter Qualität. **§2** Seine Triebe sind rund wie Rohr; wenn man sie bricht, senden sie einen sichtbaren Dunst wie Nebel oder Staub aus. Platearius: Aufgrund seines Duftes hat er die Kraft, das Gehirn zu stärken; aufgrund seiner Wärme stärkt er einen schwachen Magen, der von Kälte krank geworden ist. **§3** Sein Pulver wird wie Salz zum Essen gegeben, regt den Appetit an und lässt einen übelriechenden Mund angenehm duften, wenn es häufiger gekaut wird. Dies wird selten von anderen aromatischen Arten bewirkt wie Nelken und Muskat und dergleichen, da sie, obgleich sie für eine Weile aromatischen Duft zu verströmen scheinen, dennoch zweifellos durch häufigen Gebrauch aufgrund ihrer Wärme *verderben und sich auflösen. **§4** Zimt aber, wenn er auch aufgrund seiner Wärme löst, verzehrt doch mehr aufgrund seiner zusammen fügenden Natur. Gegen Fäulnis des Zahnfleischs (> Skorbut) wasche man es zuerst mit Salzwasser und reibe es so sehr, bis Blut fließt; daraufhin spüle man den Mund gründlich aus mit warmem Wein, der mit Zimtpuver vermischt wurde. **§5** Auch macht sein Pulver die Augen klar, wenn es in Augensalben gegeben wird. Gegen Ohnmacht und Herzbeschwerden gebe man sein Pulver zusammen mit Pulver der Nelke. Es hat die Kraft, den übermäßigen Duft anderer Arten wie Kampfer zurückzudrängen. **§6** Wenn man oft Zimt isst, hilft er gegen Verdunkelung der Augen, erleichtert und reinigt die Brust, lindert Ohrenschmerzen und in Verbindung mit Myrrhe hilft er gegen den Stich eines Skorpions. **§7** Das aus ihm hergestellte Öl hilft ferner, die Glieder gleichmäßig zu bewegen, und verhindert Zittern und Krankheit. Rabanus: Der Zimt, der im Nest eines Phönix gefunden wird, ist der beste, und da der Baum, auf dem er nistet, hoch und schlank ist und Menschen nicht zum Nest hinaufklettern können, schießen sie den Zimt mit bleiernen Wurfspeeren herab.

8.7 DIE HOLZKASSIE (*Cassia lignea*)

§1 Die Holzkassie, wie Plinius sagt, ist ein Baum oder vielmehr ein Strauch Arabiens; von starkem Kernholz und mit den Blättern des purpurfarbenen Wacholders streckt sie sich gerade wie eine Gerte empor. Sie hat die Kraft von Zimt, aber weniger stark; daher nimmt man bei Medikamenten die doppelte Menge davon im Vergleich zu Zimt. **§2** Der Zweig dieses Strauches misst drei Ellen und ist dreifarbig: am Anfang weiß, in der Mitte rot, an der Spitze schwarz. Dieser Teil wird am meisten gelobt, dann der nächste, der untere aber, der weiße, taugt nichts. Jener Teil ist am kostbarsten, der am meisten wiegt. **§3** Platearius: Die Holzkassie ist warm und trocken. Sie hat verzehrende und stärkende Kraft aufgrund ihres Duftes. Gegen den kalten Fluss oder gegen die kalten Krankheitsursachen der Leber oder gegen die Verstopfung von Leber und Milz hilft sie gut. Ihr Pulver mit Opium und Wermut zubereitet stärkt das Gehirn auf wunderbare Weise. Zur Stärkung des Magens und gegen kalte Krankheitsursachen muss man die Holzkassie in Wein abkochen und den Wein den Kranken geben.

8.8 DER KASSIANBAUM (*Cassiana*)

§1 Der Kassianbaum ist ein hinreichend bekannter Baum; warm und trocken; er wächst eher an wasserreichen und sumpfigen Orten als an trockenen. Dennoch wächst er auch an trockenen Orten, aber sein Holz und seine Blätter sind kleiner. Seine Blätter und Früchte taugen für medizinische Anwendung. Seine Früchte sind klein wie Wacholderbeeren. **§2** Kocht man die Früchte oder die Blätter des Kassianbaums mit starkem Wein ab, so hilft der Sud gegen Lähmung. Wenn jemand aufgrund einer Lähmungserkrankung auch die Fähigkeit zu sprechen verloren hat und die grünen Blätter des Baums oder Pulver aus den getrockneten Blättern unter die Zunge gerieben bei sich hält, so stellt <diese Behandlung> ohne Zweifel die Sprachfähigkeit wieder her. **§3** Aber das muss zu Beginn der Krankheit geschehen; ist sie schon fortgeschritten, dann müssen stärkere Heilmittel angewendet werden, doch das oben genannte ist das beste. Gegen Harnzwang helfen seine Blätter, nicht in der Hand oder am Busen getragen, sondern unter dem Kinn.

8.9 DIE RÖHRENKASSIE (*Cassia fistula*)

§1 Die Röhrenkassie, wie Platearius sagt, ist ein Baum des Orients von sehr gemäßigter Natur. Ihre Früchte bringt sie gleich langen Samen hervor, im Laufe der Zeit werden sie länger und wachsen; nachdem die äußere Rinde vertrocknet ist, werden sie hart und das Mark innen wird fest. In einer Schote hängen zugleich mehr als vierzig aneinander. **§2** Die dicke Röhrenkassie ist auszuwählen, die für viel Feuchtigkeit steht, und die schwarze, die Reife anzeigt. Diejenige aber, die sehr rot oder weiß ist, gilt als unreif. Die Röhrenkassie aber ist warm und feucht und von sehr gemäßigter Natur. Ihr Mark taugt für medizinische Anwendung. In sehr warmem Wasser aufgelöst und unter Zusatz von Zucker reinigt sie bei akutem Fieber den Bauch. Wenn man damit gurgelt, löst sie ein Geschwür in der Kehle.

8.10 DAS ROHR (*Calamus*)

§1 Das duftende Rohr, wie Isidor sagt, ist aufgrund der Ähnlichkeit mit dem gewöhnlichen Schilfrohr so benannt. Es ist aber ein Strauch, der in Indien wächst. Platearius: Es ist warm und trocken, von weißlicher Farbe, sehr stark duftend und innen hohl. Aufgrund seines Duftes hat er die Kraft zu stärken. **§2** Gegen Magenschmerz, der von kalter Ursache herrührt, gegen den Schmerz der Gedärme und gegen Blähungen ist es ein sicheres Heilmittel, wenn sein Saft mit Wermutsaft gemischt wird und man Wein dazu tut. Zur Stärkung der Verdauung gebe man sein Pulver zusammen mit Zimtpulver, und das hilft auch gegen Herzleiden.

8.11 DIE KOLOQUINTE (*Coloquintida*)

§1 Die Koloquinte, wie Platearius sagt, ist warm und trocken. Sie ist aber die apfelförmige Frucht eines Baums, der im Orient wächst, in der Nähe von Jerusalem, und „Alexandrinischer Kürbis“ genannt wird. Seine Früchte sind giftig. Das Mark des Baumes taugt für medizinische Anwendungen. **§2** In dem Apfel befinden sich Samen, die auch für medizinische Anwendungen taugen und die die Kraft haben zu lösen, zu verzehren und zu reinigen. Warmer Wein mit den Samen der Koloquinte vermischt ergibt eine Spülung zum Gurgeln gegen Zahnschmerz.

8.12 DER KAPERNSTRAUCH (*Capparis*)

§1 Der Kapernstrauch, wie Platearius sagt, ist warm und trocken. Er ist aber ein Strauch, der in den Ländern des Orients <wächst>. In Apulien und in der Romania wächst der Kapernstrauch <zwar>, aber er ist nicht so wirksam. Rinde, Wurzel, Blüten und Blätter des Kapernstrauches taugen für medizinische Anwendungen. Seine abgezogene und an der Sonne getrocknete Rinde ist rötlich und bitter. **§2** Mit Wein abgekocht hilft sie gegen Milzbeschwerden und Leberverhärtung. Seine noch runzligen, nicht entfalteten Blüten muss man sammeln und mit Salz und Essig anmachen. Sie haben die Kraft, den Appetit anzuregen und die Feuchtigkeit, die sich am Magenmund sammelt, zu verdauen. Sie erwärmen auch einen verkühlten Magen.

8.13 DIE KUBEBEN (*Cubeba*)

§1 Die Kubeben, wie Platearius sagt, sind warm und trocken, doch maßvoll. Sie ist aber die Frucht eines Baumes im Orient. Diejenigen sind auszuwählen, die wegen ihres Duftes nur mäßigen Geschmack haben. Gegen den kalten Kopffluss werden Kubeben zur Stärkung des Gehirns verbrannt und an die Nase gehalten. Wenn sie aber gekaut werden, sollen sie länger im Mund behalten werden, damit ihr Aroma das Gehirn erreicht.

8.14 DER DIATRAGANT (*Dyadragantum*)

§1 Diatragant, wie Platearius sagt, ist kalt und feucht. Der weiße und reine ist besser, der rötliche aber ist weniger wert. Er hat die Kraft zu kühlen, zu befeuchten und zu reinigen, vor allem, wenn daraus Latwerge[52] gemacht wird, wie es im Antidotarium steht. **§2** Auch hilft ein daraus hergestelltes Mittel zum Gurgeln gegen

---

52 Vgl. Anm. 5.32 §2.

Brustschmerzen; das hilft auch gut gegen Husten, der von der Wärme der Lebensgeister kommt. Wenn man Diatragant in warmem Gerstenwasser löst, unter Beifügung von aromatischem Gummi, und aus diesem Wasser eine Mundspülung zum Gurgeln herstellt, so hilft sie gut gegen kalten Husten und Trockenheit der Brust. Diadragant ist aber das Gummi eines Baumes im Orient, das durch die Sonnenhitze hervorgepresst aus dem Baum herausfließt.

8.15 DAS GALBANHARZ (*Galbanum*)

§1 Galbanharz, wie Platearius sagt, ist warm und feucht. Es ist aber ein Strauch im Orient, dessen Harz bzw. Gummi ‚Galbanum' genannt wird. Man soll aber das weißere und reinere <Harz> auswählen. Es hat die Kraft, an sich zu ziehen, zu lösen, zu verzehren, zu lindern, zur Reife zu bringen und Geschwüre aufzuweichen. **§2** Gegen Schlafsucht wird es auf Kohlen gelegt, und der Kranke soll seinen Rauch einatmen. Es hat einen sehr guten Duft, der aber denen unangenehm ist, die an Gestank gewöhnt sind. Es vertreibt Schlangen, reinigt den rheumatischen Fluss und schmeckt bitter. Es ist besonders geeignet, um Räucherwerk herzustellen.

8.16 DIE GEWÜRZNELKE (*Gariophylon*)

§1 Die Gewürznelke, wie Platearius sagt, ist ein Strauch aus Indien, dessen Früchte die Nelken sind. Mit ihrem Duft bzw. Geschmack hilft sie besonders denen, die an seelischer Niedergeschlagenheit leiden. Sie sind aber warm, trocken und sehr scharf. Die, die unter einem Fingernagel zerrieben Feuchtigkeit absondern, sind die besten. Aber sie müssen an einem Ort aufbewahrt werden, der weder sehr trocken noch sehr feucht ist. **§2** Man kann sie zehn Jahre lang aufbewahren in voller Wirkungskraft. Man fälscht sie aber so: Man nimmt scharf schmeckende Nelken, pulverisiert sie sehr fein und bereitet sie mit starkem Essig zu, dem ein guter wohlduftender Wein, wenn auch in geringer Menge, zugesetzt wurde. Bei dieser Zubereitung sollen die vertrockneten und nutzlosen Nelken in ein Tuch eingebunden eine Nacht lang liegen; sie ziehen jedoch aus dem Essig Feuchtigkeit, aus den guten Nelken aber den scharfen Geschmack. **§3** Auf solche Weise gefälscht, kann man sie kaum <von den guten> unterscheiden; nach dreißig Tagen verlieren sie ihre Kraft. Nelken haben die Kraft zu stärken, zu lösen und zu verzehren. Um das Gehirn zu stärken, hält man sie an die Nase; sie helfen gut gegen den Fluss des Leibes, der von scharfer Arznei hervorgerufen wird.

8.17 DER GALGANT (*Galanga*)

§1 Der Galgant, wie Platearius sagt, ist warm und trocken. Er ist aber ein Baum oder Strauch in den Regionen Persiens; seine Wurzel wird in Heilmittel gegeben, sie kann fünf Jahre lang aufbewahrt werden. **§2** Es ist aber der Galgant auszuwählen, der rötlich ist und in seiner Art schwer, fest und von scharfem Geschmack. Er hat die Kraft aufgrund seiner Qualitäten zu stärken und zu verzehren. Er wird wie die Nelken gefälscht, jedoch unter Beifügung von pulverisiertem Pfeffer; er stärkt die Verdauung. **§3** Er hilft gegen den Magenschmerz, der von kalter Ursache kommt oder von einer Blähung, wenn man nämlich Wein mit seinem Pulver abkocht. Zur Stärkung des Gehirns soll er an die Nase gehalten werden; auch macht er den Mund wohlriechend. Er entfacht sexuelle Begierde, vor allem im Sommer. Im Winter aber ist sein Gebrauch nützlicher; im Sommer nämlich überhitzt er.

8.18 DAS GUMMI (*Gummi*)

§1 Arabisches Gummi, wie Platearius sagt, fließt aus einem Baum Arabiens; es ist aber warm und feucht. Man findet dreierlei Arabisches Gummi: Es gibt nämlich weißes, das besser ist, gelbes und gelbliches. Es hat die Kraft zu befeuchten, zu entspannen, zu lindern und zusammenzufügen. Gegen eine belegte Zunge lege man *sie (sc. die Gummistückchen) in Wasser, bis *sie aufgeweicht sind und reibe dann die Zunge damit ein. **§2** Gegen Erbrechen, das von Schwäche kommt, gebe man sein Pulver zusammen mit Zimtpulver. Gegen kalten und trockenen Husten und ebenso gegen Trockenheit der Brust koche man Wasser mit Gummi und Gerste ab und gebe es <zu trinken>. Es hilft gegen Verbrennungen durch Feuer, wenn man sein Pulver mit Eiweiß mischt.

8.19 DIE MYRRHE (*Mirra*)

§1 Die arabische Myrrhe ist ein Baum, wie Isidor sagt, fünf Ellen hoch, dornig und stachelig, härter an der Wurzel als an einem anderen seiner Teile; der Harztropfen der Myrrhe ist grün und bitter, woher sie auch den Namen *mirra* erhalten hat. Der spontan hervorquellende Tropfen ist kostbarer, der der eingeritzten Rinde abgewonnene aber gilt als wertloser. **§2** Myrrhenreisig ins Feuer geworfen peinigt die Menschen - sein Rauch ist recht schädlich - ,wenn sie nicht ihre Zuflucht zum Duft des Storaxharzes nehmen, verfallen sie meist unheilbaren Krankheiten. Die gesammelten und an der Sonne getrockneten Blüten und Blätter dieses Baumes haben eine stärkende und zusammenziehende Wirkung. **§3** Gegen Erbrechen, Fluss des Leibes und Blutfluss helfen sie gut, aber mehr noch ihre Früchte, die man *mirtilli* nennt, oder ihr ausgepresster Saft.

8.20 DER MAZIS (*Macis*)

§1 Der Mazis ist nach Isidor ein Baum, aus dem ein Balsamtropfen fließt, der „Mastix" heißt, stark duftet, von der *Farbe eines Granatapfels. Die mit Honig gekochte Rinde des Mazis hilft hervorragend gegen Durchfall. Sie *hat nämlich die Kraft zusammenzuziehen, zu verzehren, zu stärken, zusammenzufügen und zu festigen. Sie hilft gegen feuchte Absonderungen, die vom Kopf zu den Augen oder Zähnen fließen.

8.21 DIE MUSKATNUSSBLÜTE (*Macis*)

§1 „Mazis" ist in einer anderen Bedeutung und Gattung, wie Platearius sagt, die Blüte der Muskatnuss, oder, wie andere sagen, die Rinde, die die Muskatnuss umgibt <und> in der sie enthalten ist. **§2** Das Rötliche mit scharfem Geschmack ist zu wählen. Es hat die Kraft, das Gehirn zu stärken, auch zu lösen und Feuchigkeiten zu verzehren. Gekaut behalte man es länger im Mund, damit seine Wirkkraft das Gehirn erreicht und übermäßige Flüssigkeit zerstreut.

8.22 DER MUSKATBAUM (*Muscata*)

§1 Der Muskatbaum, wie Plinius und Jacobus sagen, ist ein sehr edler Baum Indiens, dessen Früchte die Muskatnüsse sind. Sie sind warm und trocken im dritten Grad. Schätzenswert sind die schweren mit scharfem Geschmack. Wenn man die Nuss an die Nase hält, stärkt sie das Gehirn und die Lebensgeister sehr; sie hat nämlich die Kraft zu stärken aufgrund ihres Aromas und ihrer Qualitäten. **§2** Sie hilft sehr gegen einen kalten Magen, Verdauungsschwierigkeiten und Blässe. Eine einzige Nuss am Morgen zu sich genommen hilft dem Kopf; ihr übermäßiger Genuss schadet einem geschwächten Gehirn, da sie von <alles> durchdringender Natur ist. Mit Muskat abgekochter Wein kräftigt das Gehirn. Den von Krankheit Genesenden gebe man zur Stärkung der Lebensgeister, des Herzens und der Leber Muskatnüsse zu kauen, desgleichen damit abgekochten Wein.

8.23 DAS ONICHAHARZ (*Onicha*)

§1 Onichaharz bzw. Kralle, wie der Philosoph sagt, da ja griechisch „onyx" lateinisch „Kralle" bedeutet, ist eine Art Auster oder, wie einige sagen, eine Art Gummi, das von einem Baum aus den Ländern des Ostens abgesondert wird, das sich im Laufe der Zeit zu einem sehr wertvollen Stein verhärtet. Es hat die Farbe eines menschlichen Nagels. Es hilft gegen Krätze, macht das Gesicht weiß und verbreitet sehr süßen Duft, wenn man es ins Feuer legt. **§2** Man berichtet auch folgende Wundergeschichte von dem Onichaharz: An ein krankes Auge gelegt dringt es von selbst ohne zu verletzen wie ein wahrgenommener Gegenstand ein, umkreist das Auge und dringt innen in alle seine Teile ein, bis es die schädlichen Feuchtigkeiten ganz und gar ausgetrieben hat. Und das ist sehr verwunderlich, denn nichts ist so winzig, dass es das Auge nicht verletzt, wenn es eingedrungen ist. Daher das Sprichwort: Das Auge ist eine enge Wohnung, die keinen Gast leidet.

8.24 DER PFEFFER (*Piper*)

§1 Der Pfefferbaum, wie Plinius und Solinus sagen, wächst in Indien an der Südflanke des Kaukasus. Seine Blätter und sein Holz gleichen dem Wacholder. Rabanus: Pfeffer hat weißen Samen, der aber schwarz wird durch Niederbrennen seines Standorts, wenn man Schlangen vertreibt. Bischof Jacobus von *Akkon sagt, es gebe einen anderen Grund für die schwarze Farbe, der wahrscheinlicher ist. **§2** Denn er sagt, dass der ohne Niederbrennen gesammelte Pfeffer in den Ofen gelegt wird, damit er sich länger aufbewahren lässt oder damit er nicht in anderen Ländern ausgesät dort gedeihen kann. Leichter Pfeffer ist alt, der schwere frisch. Platearius: Pfeffer ist warm im letzten Grad. **§3** Feines Pulver aus Pfeffer hergestellt, aus der inneren Substanz nämlich, ohne Rinde, und häufig mit Rosenwasser bespritzt und getrocknet und nach Art eines Kollyriums den Augen eingegeben, beseitigt den Augenfleck und die Verdunkelungen, die man „Lappen"[53] nennt. Für Sanguiniker ist der Gebrauch von Pfeffer nicht zuträglich; denn er löst und bringt manchen den Aussatz. Sein Pulver zerfrisst Gewebewucherungen in einer Wunde.

8.25 DER PERIDIXION (*Peridixion*)

§1 Der Peridixion ist ein von den Griechen so benannter Baum in Indien. Die Frucht dieses Baumes, wie Isidor sagt, ist süß, an ihr erfreuen sich die Tauben auf wunderbare Weise; unter seinem Schatten aber und seinen Zweigen sind sie geschützt. Vergleiche über diesen Baum oben unter der Überschrift „Die Tauben".

8.26 DER STACTEN (*Stacten*)

§1 Stacten, wie der Philosoph sagt, ist eine Art Gummi, das aus der Myrrhe fließt; <Stacten heißt es> nämlich, wenn es hart geworden ist. Es ist aber viel kostbarer als Myrrhe, ölig und wunderbar duftend. Daher wurde im Gesetz festgelegt, dass

---

[53] Es handelt sich um eine krankhafte Veränderung der Hornhaut, in der Augenmedizin „Pannus" (lat. *pannus*).

Räucherwerk aus Stacten hergestellt werde (vgl. Ex 30, 9: *Non offeretis super eo thymiama compositionis alterius*).

8.27 DER STORAX (*Storax*)

§1 Der Storax, wie Platearius, Plinius und Isidor sagen, ist gleichfalls ein Baum Arabiens, dem Granatapfelbaum fast gleich; *von seinen Zweigen fließen, wenn der Hundsstern aufgeht, tropfenweise *Harztränen. Das, was von diesem Baum auf die Erde herabtropft, ist nicht rein, aber was an Zweigen und Halmen hängenbleibt, ist rein und weiß; danach wird es von der Sonne braungelb. **§2** Es ist aber fett, harzig, von angenehmem Geruch und sondert, wenn man es befeuchtet, eine honigartige Flüssigkeit ab. Jedenfalls wird das <Harz> für gut erachtet, das feucht und aromatischer wird, sobald man sie mit den Händen durchknetet. Gegen Schwäche und Kälte des Magens hilft es sehr.

8.28 DER SANDELBAUM (*Sandalis*)

§1 Der Sandelbaum, wie Platearius sagt, ist ein Baum des Orients, in Indien, und ist kalt und trocken. Sein Holz, das *sandalum* genannt wird, ist dreierlei: weiß, rot und gelb. Das gelbe ist aromatischer, das rote aber wirksamer. Zu wählen ist das besonders aromatische, und zwar vor allem, wenn man es bricht. **§2** Sandelholzpulver aber, vermischt mit Rosenöl und Essig, hilft gegen die Erhitzung der Leber, wenn man davon ein Pflaster gemacht und dort, wo die Leber ist, aufgelegt hat. Dasselbe Pulver hilft gegen Schmerzen an der Stirn und, mit einer Beimischung von Mandragoraöl und Lattichsaft, hilft es, den Schlaf zu bringen. **§3** Sandelholzpulver und Fenchelrinde, Zucker, weißer Mohn, Arabisches Gummi und Süßholzpulver miteinander zerrieben, gut gestampft und mit einfachem Sirup zubereitet hilft gut gegen warme Geschwüre, Durst bei Fieber, Erhitzung der Leber, gegen Trockenheit und Luftstau in der Brust, gegen Husten und Schmerzen an der Stirn aus warmer Ursache. **§4** Man nennt dieses Präparat ‚*dyasandali*'. Es wird auch anders hergestellt, aber wirksamer ist die so zubereitete Latwerge.[54] Es führt auch sehr wirksam den Schlaf herbei, aber dann muss Mandragorapulver hinzugefügt werden.

[54] Vgl. Anm. 5,32 §2.

8.29 DER WEIHRAUCHBAUM (*Thus*)

§1 Der Weihrauchbaum, wie Platearius und Plinius sagen, ist ein sehr edler und wohlriechender Baum Arabiens, gewaltig hoch und verzweigt, mit einer sehr zarten Rinde und einem rötlichen Blatt, kleiner als das der Birnbaums. Seine natürliche Ernte findet in der Sommerhitze statt zur Zeit, wenn der Hundsstern aufgeht. Weißer und runder Weihrauch ist besonders kostbar. **§2** Wenn man ihn aufbricht, findet man ihn im Inneren fett; ans Feuer gehalten, brennt er leicht. Gegen den Schmerz in der Brust nimmt man hell schimmernden Weihrauch und pulverisiert ihn aufs beste, frisch ausgekochtes Wachs aus Bienenwaben, auch ungesalzene Butter, und diese drei zu gleichen Teilen gemischt verflüssige man in einem Gefäß am Feuer und mische sie bestens zusammen. **§3** Später wird das abgekühlte und wiederum am Feuer ein wenig erweichte Endprodukt auf ein Schafsfell gegeben, und zwar auf die Hautseite, und auf die Brust gelegt, und es hilft gut gegen Brustgeschwüre. Gegen Tränenfluss und Zahnschmerzen, die vom feuchten Fluss aus dem Kopf kommen, stelle man ein Pflaster aus Weihrauchpulver und Wein her. **§4** Es ist sehr nützlich gegen den Kopffluss, wenn es lange im Mund zerkaut und für längere Zeit dort behalten und <schließlich> gegessen wird. Der Weihrauchbaum sondert einen weißen aromatischen Saft ab. Der Weihrauch ist sein Gummi. In einem Getränk zu sich genommen stärkt es den Fastenden.

9 DIE KRÄUTER

9.0 ALLGEMEINE ABHANDLUNG ÜBER DIE KRÄUTER

§1 Über die Kräuter ist zuerst im Allgemeinen zu sprechen. Denn es stellt sich als wichtigste Frage diese, wie Kräuter ohne bereits vorliegende Materie oder Samen entstehen können. Sie kann aber folgendermaßen gelöst werden: Die Erde enthält in ihren einzelnen Manifestationen, die der menschlichen Wahrnehmung zugänglich sind, die vier Elemente zusammen mit ihren Qualitäten. **§2** Daher ist es sicher, dass diese Erde zusammengesetzt ist, obwohl wir sie fälschlich „einfach" nennen. Denn niemand hat wahre und einfache Erde oder Wasser berührt, reines Feuer oder Luft gesehen. Zusammengesetzt ist nämlich das, was wir sinnlich wahrnehmen, und nicht die Elemente selbst, sondern was* aus ihnen entsteht. **§3** Warum sagen wir, dass etwas eher erdiger, feuriger oder wässriger Natur ist und nicht <einfach> Erde? Lösung: Weil danach, wovon ein jedes Einzelne am meisten besitzt, seine Benennung ausgewählt wird. Wenn es also in der Sache, die von uns als erdig bezeichnet wird, - mag sie auch noch so fein pulverisiert sein -, vier Ursachen gibt, muss sie notwendigerweise aus diesen vier zusammengesetzt sein. **§4** Als erdig kann dennoch am ehesten bezeichnet werden, was erdig <zu sein> scheint, wässrig, was wenig Erde zu haben scheint, d.h. sehr wenig, luftig, <was noch> weniger und feurig, <was> am aller wenigsten, d.h. ganz wenig <Erde zu haben scheint>: aufgrund von Erde ist es in sich zusammenhängend, aufgrund von Wasser breitet es sich aus, aufgrund von Feuer und Luft steigt es empor. Wenn nämlich darin kein Feuer eingeschlossen wäre, könnte es keine Bewegung noch oben haben; wenn kein Wasser und keine Luft <darin eingeschlossen wären>, würde es sich nicht in die Breite ausdehnen. **§5** Es ist aber offensichtlich, dass alles, was auf der Erde entsteht, mehr an der Erde als an irgendeinem anderen Element teilhat, und daher nimmt es seinen natürlichen Standort in unmittelbarer Nähe der Erde ein. Wenn also der größere Teil von erdiger Natur ist, warum erweisen sich dann einige Kräuter als warm, einige als kalt? Lösung: Je nach dem, ob sie mehr oder weniger den Qualitäten der Dinge anhafteten. **§6** Die Dinge verhalten sich nämlich auf zwei Weisen: einmal entsprechend ihrer Menge, zum anderen Mal entsprechend ihrer Wirksamkeit <und zwar> mehr und weniger. Entsprechend ihrer Menge folgen sie der Materie, entsprechend ihrer Wirksamkeit <aber nur> ganz wenig. Auf gleiche Weise: wenn ihre Wurzeln gegensätzlich sind, die eine warm, die andere kalt, warum leben sie auf gleichem Raum, da jedes einzelne von seines Geleichen genährt und vom Gegenteil zerstört wird? **§7** Lösung: Ein Kraut nimmt seine Nahrung nicht von einfacher Erde auf, sondern von zusammengesetzter, in der diese vier Elemente enthalten sind. Daher finden die einzelnen Kräuter Nahrung in dem, was ihnen entspricht, und wodurch sie festsitzen. Wenn daher Kräuter mit der Wurzel ausgerissen werden, erhalten sie ihre Nahrung in der Luft, aber anders, als es sich gehört. **§8** Daher kann Luft, mag sie auch in sich diese vier Elemente enthalten, dennoch nicht den ausgerissenen Kräutern Nahrung geben, weil sie von dem, was sie weniger brauchten, d.h. von der Luft, mehr vorfinden. Daher müssen sie notwendigerweise eingehen, da ihnen ihre natürliche Nahrung, nämlich die erdige, fehlt.

9.1 DER WERMUT (*Absinthium*)

§1 Wermut, wie Platearius und die Bücher der Ärzte sagen, ist ein sehr bitteres Kraut, der menschlichen Gesundheit zuträglich. Denn sein Saft, für sich allein oder mit Wein getrunken, taugt für viele Heilmittel. Er hat zwei entgegengesetzte Eigenschaften, nämlich eine lösende und eine zusammenziehende. **§2** Die zusammenziehende hat er, weil sein Saft von dickerer Substanz ist; die lösende, weil er besonders warm und bitter ist. Wermut ist aber warm im ersten, trocken im zweiten <Grad>. **§3** Er ist ein ausgezeichnetes Heilmittel gegen Würmer und Verstopfung von Milz und Leber, gegen Kopfschmerzen, die von Rauch hervorgerufen werden, gegen den Schlaganfall, damit er nicht kommt, wenn er befürchtet wird, und gegen den Verlust der Sprache. Gegen Ohrwürmer träufele man seinen Saft in die Ohren. **§4** Sein Saft, wenn er getrunken wird, macht den Blick klar; er bewahrt Bücher, Tuch und Holz viele Jahre lang vor Würmern und Mäusen. Zur Verdauung und Stärkung des Magens hilft er sehr. Kocht man Wermut in Öl und reibt die Körper der Menschen damit ein, bewahrt er sie vor dem Biss und der Belästigung durch Flöhe.

9.2 DER DILL (*Anetum*)

§1. Dill ist warm und trocken, wie Platearius sagt. Dieses Kraut muss im Herbst gesammelt und getrocknet werden. Es hilft, den Stein in der Blase zu zerbrechen; man halte es an die Nase gegen Erbrechen und Aufstoßen. Zerkaut oder gekocht und getrunken stärkt es Gehirn und Magen; er beseitigt Blähungen und ist sehr gut für die Ausscheidung von Urin.

9.3 DER EPPICH (*Apium*)

§1 Eppich ist warm und trocken, wie Platearius sagt. Es handelt sich aber um ein Kraut, dessen Wurzel und Blätter zur medizinischen Anwendung taugen. Er löst Bauchkoliken, hervorgerufen von starker Blähung des Leibes oder seinem Verschluss. Seinen Saft nehme man in lauwarmem Wein ein. Eppich, wie Platearius sagt, schadet Schwangeren, weil er mit seiner Kraft die Nabelschnur des Fötus auflöst.

9.4 DIE OSTERLUZEI (*Aristologia*)

§1 Die Osterluzei ist ein Kraut, warm und trocken im zweiten Grad, und ist lang und rund, und diese taugt eher zur medizinischen Anwendung. hr Pulver zusammen mit dem Saft von Minze hilft gegen Gift und den Biss giftiger Tiere. **§2** Ein Wundverband in Osterluzei-Pulver getaucht zusammen mit Honig vernichtet totes Fleisch sowohl an einer Wunde als auch an einer Fistel. Ihre Wurzel in Wein und Öl gekocht treibt einen toten Fötus aus. Ihr Pulver heilt auch von Krätze und Eiter.

9.5 DER LAUCH (*Allium*)

§1 Lauch, äußerlich aufgelegt und innerlich als Saft eingenommen, hilft gegen Gift. Deshalb wird es auch Bauernteriak genannt. Wenn man übermäßig viel davon nimmt, schadet er der Sehkraft und dem ganzen Körper. Gestampfter Lauch auf den Puls neben die Faust gebunden mindert Zahnschmerzen. Äußerlich aufgelegt enthäutet er, innerlich <eingenommen> nicht.

9.6 DER SCHMINKWURZ (*Alcanna*)

§1 Alcanna ist ein Kraut, kalt und trocken. Wenn der Körper mit diesem Kraut nach der Reinigung im Bad eingerieben und daraufhin mit warmem Wasser abgewaschen wird und so auch am nächsten Tag und immer wieder, macht es den Körper schlank und verleiht ihm wunderbaren Glanz. **§2** Am ersten Tag erscheinen die eingeriebenen Körperteile hässlich, am zweiten schon weniger, am dritten noch weniger, am vierten strahlend schön. Es hilft zur Wundheilung wie an der Nase oder am Ohr oder anderswo. Zimtpulver hilft ebenso, wenn du nichts anderes zur Hand hast.

9.7 DER ANIS (*Anisium*)

§1 Anis ist warm und trocken im dritten <Grad>; er heißt auch süßer Kümmel. Er ist aber der Samen eines Krautes, das ebenfalls so (sc. *Anis*) genannt wird. Er hat die Kraft zu lösen und zu verzehren. Er hilft gegen Blähung und schlechte Verdauung und gegen Ohrenschmerzen, besonders wenn er durch Feuchtigkeit hervorgerufen wird.

9.8 DER BEIFUSS (*Arthemesia*)

§1 Beifuß ist warm und trocken im dritten Grad. Er hilft gegen Unfruchtbarkeit, die durch Feuchtigkeit oder Trockenheit hervorgerufen wird, wie Platearius sagt. Wenn ihn jemand auf Reisen bei sich trägt, wie Alexander sagt, wird er die Mühe der Reise nicht spüren.

9.9 DIE BETONIE (*Bethonica*)

§1 Die Betonie ist warm und trocken im dritten <Grad>, wie Platearius sagt. Besonders ihre Blätter taugen zur medizinischen Anwendung. Grün und getrocknet ist sie sehr wirksam. Ihr Sud zusammen mit Wermutsaft hilft gegen Kopfschmerzen. Alexander: Auf nüchternen Magen getrunken oder auch gegessen verbessert sie die Sehschärfe und beseitigt Tränen, mildert die Verdunkelung und macht die Augen klar.

9.10 DAS BASILISKENKRAUT (*Basiliscus*)

§1 *Basiliscus* ist ein Kraut, das dort wächst, wo der Basilisk vorkommt, wie Alexander sagt. Wenn es aber jemand bei sich trägt, ist er vor allen Schlangen sicher. Dasselbe <Kraut> nennt man Drachenkraut, Schlangenkraut, Taubenkraut.

9.11 DAS SCHÖLLKRAUT (*Celidonia*)

§1 Schöllkraut ist warm und trocken im dritten <Grad>, wie Platearius sagt. Es reinigt den Kopf und schärft die Sehkraft.

9.12 DIE HUNDSZUNGE (*Cynoglossa*)

§1 Hundszunge heilt das Viertagefieber.

9.13 DIE BINSE (*Cirpus*)

§1 Das Mark der Binse trennt Wasser von Wein, wie Platearius sagt.

9.14 DAS ALPENVEILCHEN (*Cyclamen*)

§1 Das Alpenveilchen, das auch Schweinebrot genannt wird, ist warm und trocken im dritten <Grad>; seine Wurzel ist heilkräftig. Gegen Ende des Herbstes soll man es vierteilen und an einem *Faden aufhängen, entweder an einem schattigen Ort oder wo nur wenig Sonne hinkommt. Es hat die Kraft zu lösen und anzuziehen. Es hilft gegen aufgeblähte und <doch> nicht fließende Hämorrhoiden und gegen die Feigewarze.

9.15 DIE KÖNIGSKRONE (*Corona regia*)

§1 Die Königskrone, wie Platearius sagt, auch das durchlöcherte Kraut und das St. Johanneskraut sind dasselbe, und dieses stärkt das Herz. Es heißt <griechisch > Hypericon. Es reinigt Leber und Nieren, heilt faulige Geschwüre und beseitigt das Gift des Milzbrandes.

9.16 DER KROKUS (*Crocus*)

§1 Der Krokus ist ein wohlriechendes Kraut, dessen Same oder vielmehr Blüte Krokus genannt wird. Der Krokus ist aber warm und trocken, jedoch gemäßigt. Er hat die Kraft zu stärken, daher hilft er gut gegen Magenschwäche und Ohnmacht, <auch> gegen die Rötung der Augen, die von Blut oder roter Galle herrührt. **§2** Der in einem Tontopf erwärmte und getrocknete Krokus muss zu Pulver zerstoßen und in eine Brühe gelegt werden, die mit in Wasser zerlassenem Fett gemischt wurde; so löst er den Leib und hilft gegen das Vorgenannte. Cholerikern aber darf man es nicht geben, weil es bei ihnen Erbrechen hervorruft, und sein häufiger Gebrauch Widerwillen erregt. **§3** Wenn man Krokuspulver mit Eidotter zubereitet und eine Baumwollflocke hineintaucht und auf die Augen legt, so heilt sie. Gegen Darmverschluss hilft gut ein Umschlag mit einem aus seinem Pulver aufgekochten Brei. Man wähle den rötlichen und roten Krokus, den gelben werfe man weg.

9.17 DER KÜRBIS (*Cucurbita*)

§1 Der Kürbis, wie Platearius sagt, ist warm und feucht, doch in diesen Qualitäten hinreichend gemäßigt. Seine Frucht ist bekannt. Die innenliegenden

Samen taugen zum Essen und für medizinische Anwendung, aber nicht roh, sondern gekocht, und zwar gegen Verstopfung der Leber und gegen ein Atemwegsgeschwür der Brust und anderer Glieder. **§2** Bei akuten <Krankheiten> hilft gekochter oder auch geschmorter Kürbis; man gebe ihn dem Kranken ohne jedes Gewürz, und diese Speise ist ein Heilmittel. Man koche ihn aber in Teig und löse das Gekochte in Wasser auf, aus diesem Wasser entsteht unter Beigabe von Zucker ein sehr guter Sirup für akut Fiebernde. Gegen Erwärmung der Leber gebe man dem Kranken seinen Sud zu trinken. **§3** Michael Scotus: Der Kürbis öffnet seine Blüte zur Nacht und bleibt geöffnet in seiner Pracht solange es dunkel ist. Am Morgen aber, wenn die Sonne aufgeht, schließt er seine erschlaffenden Blüten wieder; danach fallen sie vertrocknet ab.

9.18 DER KOHL (*Caulis*)

§1 Kohl und Haselstaude trocknen den Weinstock aus, wenn sie an seiner Wurzel gepflanzt werden. Constantinus: Kohl hat die Eigenschaft, dass er Trunkenheit beseitigt, weil er den groben Dunst des Weins nicht zum Gehirn aufsteigen lässt. **§2** Platearius: Korianderblätter, die Getreide beigemischt wurden, konservieren das Getreide.

9.19 DIE WEGWARTE[55] (*Cycorea*)

§1 Die Wegwarte heißt auch Sonnenbraut, *intyba* und Sonnenwerbel. Ihre Blüte heißt Dyonisia. Sie öffnet sich in Richtung Sonnenaufgang.

9.20 DAS HONIGROHR (*Canna mellis*)

§1 Das Honigrohr ist dem anderen Rohr ziemlich ähnlich, außer das dieses fest und süß ist, jenes aber, nämlich das Sumpfrohr, hohl und geschmacklos. Zerspalten und in Stücke geteilt wird es gekocht und der entstehende Schaum wandelt sich durch das Aufkochen in Zucker.

9.21 DER KORIANDER (*Coriandrum*)

§1 Korianderkraut ist warm und trocken und ziemlich verbreitet, sein Same taugt zur medizinischen Anwendung. Es hat die Kraft zu stärken aufgrund seines

---

[55] Vgl. auch 9.51 Die Sonnenbraut (*Sponsa solis*).

Wohlgeruchs, auch wenn er noch so gering ist. Zur Stärkung der Verdauung und gegen Magenschmerzen aufgrund von Blähungen gebe man seinen Samen ins Essen. Mit Koriander abgekochter Wein, auch sein Pulver, das man über die Speisen streut, macht das Essen wohlschmeckender.

9.22 DER KAMPFER (*Camphora*)

§1 Kampfer, wie Platearius sagt, ist ein stark duftendes Kraut in Gegenden des Orients. Am Ende des Frühlings wird dieses Kraut gesammelt, zerrieben und sein Saft ausgepresst. Was trüb ist, sinkt zu Boden und wird weggeworfen, das Reine und Flüssige behält man zurück und setzt es der Sonne aus; getrocknet aber wird es weiß und durchsichtig. **§2** Wenn man es mit den Händen bearbeitet, zerbricht es schnell und wird schnell zu Pulver; und das besonders in den Hände derjenigen, die von Begierde beschmutzt sind. Es verlangt nämlich Keuschheit von dem, der mit ihm umgeht und bewirkt, dass keusch wird, wer häufig an Kampfer riecht, der an die Nase gehalten wird. Daher <sagen> die Ärzte: „Kampfer unter dem Riechorgan kastriert durch bloßen Duft den Mann." Man bewahrt Kampfer aber in einem Gefäß aus Marmor oder am besten aus Alabaster auf.

9.23 DER KÜMMEL (*Ciminum*)

§1 Kümmel ist warm und trocken, wie Platearius sagt; er ist der Samen eines bestimmten Krautes. Er hat die Kraft zu lösen und zu verzehren; gegen Blähungen bei der Verdauung und dauerndes Aufstoßen soll man mit Kümmel abgekochten Wein geben. **§2** Zur Vermehrung der Milch bei Frauen und des Samens bei Männern hilft sein Pulver im Essen oder in einem Getränk eingenommen, unter Beigabe von Wermut, sehr; es öffnet die Gänge für die Milch oder den Samen durch seine Wärme.

9.24 DAS TAUSENDGÜLDENKRAUT (*Centaurea*)

§1 Das Tausendgüldenkraut, wie Platearius sagt, ist warm und trocken. Es ist aber ein sehr bitteres Kraut, weshalb es <auch> Erdgalle genannt wird. Es hat anziehende und verzehrende Kraft; mit dem Kraut abgekochter Wein unter Zusatz von Zucker hilft gegen Verstopfung der Milz und der Leber. **§2** Gegen Verhärtung der Milz und der Leber nehme man die Wurzeln von Fenchel, Eppich und Petersilie und koche sie im Saft des Tausendgüldenkrauts unter Zusatz von Zucker; man seihe es durch und gebe es dem Kranken zu trinken. Ebenso gegen Darmverschlingung und Lähmung; gegen Würmer gebe man den Saft zusammen mit Honig. **§3** Ihre

Wurzel hat Bitterkeit mit einer gewissen Süße. Sie löst auch ein pelziges, zusammenziehendes Gefühl am Gaumen aus,[56] woher sie die Kraft hat, zusammenzuleimen. Um den Blick klar zu machen, vermische man den Saft einer größeren Wurzel mit Rosenwasser und das Auge wird dadurch klar. Wenn die zerriebene Wurzel auf Wunden gelegt wird, so lässt sie diese verheilen. **§4** Es gibt aber zweierlei Tausendgüldenkraut: ein größeres und ein kleineres. Das größere wirkt stärker, das kleinere weniger. Stellt man einen Sud her von dem Kraut mit Wein und trinkt ihn am Abend warm, so führt das auf wirksamste Weise zu Schweißausbrüchen, aber man hüte sich vor seinem übermäßigen Gebrauch, weil die Brust all zu sehr austrocknen kann. Im Winter taugt dieser Sud mehr als im Sommer, und zwar wegen der übermäßigen Hitze. **§5** Eine Zwiebel, in ein Fass mit sehr gutem Weins gelegt, verdirbt ihn gänzlich.

9.25 DER DIPTAM (*Diptannus*)

§1 Gegen den Biss giftiger Tiere und gegen getrunkenes Gift lege man zerriebenen Diptam auf, und seinen Saft gebe man zusammen mit Wein unter Hinzufügung von ein wenig Minzsaft. Er zieht einen toten Fötus heraus. Er ist warm und trocken im dritten <Grad>. Man sagt, Hirsche hätten auf dieses Kraut aufmerksam gemacht: indem sie ihre Wunden daran rieben und ihn als Nahrung aufnahmen, zogen sie das Gift zusammen mit den Wurfspeeren <der Jäger> aus ihrem Körper.

9.26 DIE SENFRAUKE (*Eruca*)

§1 Die Senfrauke ist warm und trocken. Insbesondere die Samen taugen zur medizinischen Verwendung, an zweiter Stelle die Blätter. Sie ist ein Theriak gegen die Bisse des Wiesels und anderer <Tiere>.

9.27 DIE NIESWURZ (*Eleborus*)

§1 Die schwarze Nieswurz, Brot oder Käse beigemischt, tötet Mäuse.

9.28 DER FENCHEL (*Feniculum*)

§1 Fenchel, wie Platearius sagt, ist ein warmes und trockenes Kraut von feiner Substanz; daher wirkt es aufgrund seiner Qualitäten harntreibend. Seine Samen, Blätter und Wurzeln taugen zur medizinischen Anwendung. Im Frühjahr sammelt

[56] Die sog. adstringierende Wirkung bestimmter Kräuter.

man die Rinde seiner Wurzel, und diese hilft, mit Wein abgekocht, gut gegen Verstopfung von Milz und Leber, Durchfall und Steinleiden, wenn dies von kalter Ursache herrührt. **§2** Wenn <die Beschwerden> aber von warmer Feuchtigkeit herrühren, so nehme man Wasser zum Abkochen. Auch wie eine Fleischspeise gekochter Fenchel hilft gegen die vorgenannten Leiden. Er beseitigt auch Blähungen und stärkt die Verdauung. Dasselbe bewirkt ein Pulver aus seinem Samen. Sein Saft hilft gegen manche Verdunkelungen an den Augen. Er reinigt den Blick. **§3** Daher bezeugt A l e x a n d e r, dass Schlangen, die nach dem Winter ihre Höhlen verlassen, Fenchel fressen und ihre Augen daran reiben und diese werden klar. Er hilft gegen giftige Bisse, Übelkeit, beseitigt Sodbrennen und tötet Würmer. Den Saft aus seiner Wurzel hänge man XV Tage lang in einem Bronzegefäß auf, gebe ihn nach Art von Augentropfen in die Augen und er wird manche Verdunklungen der Augen beseitigen.

9.29 DIE BOHNEN (*Faba*)

§1 Grüne Bohnen, wie P l a t e a r i u s sagt, haben viel Überschüssiges; sie werden nur schwer verdaut. Die großen und die weißen sind am besten, sofern sie die Kornwürmer nicht durchlöchern. Wenn man Bohnen, solange sie kochen, nicht umrührt, blähen sie weniger, und ihre Rinde bläht mehr als ihr Mehl. **§2** Ein daraus hergestelltes Pflaster verhindert an einer rasierten Stelle, dass Haare nachwachsen. Innerlich eingenommen schadet die Bohne den Augen, äußerlich aufgetragen hilft sie sowohl gegen Erblinden als auch gegen Erkrankung des Afters. Wenn Hühner damit gefüttert werden, legen sie keine Eier. Während alle Hülsenfrüchte nach den Griechen in trockene Erde gesät werden müssen, müssen einzig Bohnen in feuchter Erde* ausgebracht werden.

9.30 GETREIDE (*Frumentum*)

§1 Das Getreidekorn hat die Eigenschaft, wie I s i d o r sagt, dass es vor allen anderen Körnern eine besonders zuträgliche Nahrung ist, und zwar wegen seiner Ähnlichkeit mit der menschlichen Komplexion.[57] Derselbe: Mehlsuppe lindert die Rauhheit von Brust und Lunge. **§2** Mit Öl gekocht löst sie ein hartes Geschwür; gekautes Korn hilft gegen die Bisse eines tollwütigen Hundes. Ebenso hilft sein Öl gegen chronischen Hautausschlag. Auch sein staubfeines Pulver, das getrennt von der Mühle ausgeworfen wird, in Wasser gespült hilft gegen Blutfluss.

---

57 „Ähnlichkeit mit der menschlichen Komplexion“: Konrad von Megenberg übersetzt „menschliche Komplexion“ mit „menschlicher Art“.

9.31 DER GALBAN (*Galbanum*)

§1 Galban ist nach Dioskurides der Saft bzw. das Harz eines Krautes oder einer Frucht. Wie Platearius bezeugt, ähnelt er dem Riesenfenchel. Dieses Kraut treibt leicht einen toten Fötus ab, lebend zieht ihn damit aber nur jemand mit großem Geschick heraus.

9.32 DAS BILSENKRAUT (*Iusquiamus*)

§1 Das Bilsenkraut ist sehr kalt; sein Same taugt zur medizinischen Anwendung. Es hat die Kraft zu kühlen; seine grünen Blätter oder sein zerriebener Same, auf die Schläfen gelegt, wirken einschläfernd. **§2** Sein Same ruft so überaus wirksam den Schlaf hervor, dass, wenn man Getreide- oder Haferkörner mit dem Samen des Bilsenkrautes zu gleichen Teilen in einer Schüssel kocht, die mit Bilsenkraut gekochten Körner, wenn sie später von den Vögeln gefressen werden, die Vögel so tief schlafen lassen, dass sie mit der Hand gefangen werden können. **§3** Man gebe den Samen dieses Krautes niemandem zu essen, da er tötet oder schlafsüchtig macht. Man sagt von einem Bischof, der über die Maßen von sexuellem Verlangen gequält wurde, dass er, nachdem er verschiedene Heilmittel ausprobiert hatte, den Saft jenes grünen Krautes einnahm und durch diesen Saft seine Geschlechtsteile und jene unteren Teile um die Nieren so sehr abkühlte, dass der Stachel der Wollust gänzlich verschwand. **§4** Das aus dem Samen dieses Krautes hergestellte Öl heilt Zahnschmerzen, die von einer warmen Ursache herrühren, auf das wirksamste. Gegen Blähungen und andere Krankheiten hilft es gut, aber nur bei denen, die von einer warmen Ursache herrühren.

9.33 DER YSOP (*Ysopus*)

§1 Ysop, wie Platearius sagt, ist warm und trocken im dritten <Grad>. Er wirkt mit Blättern und Blüten, nicht mit den Wurzeln; sein gekochter Saft macht das Gesicht wohlduftend. Zur Unterstützung der Lunge koche man Ysop mit Honig; Ysop mit Feigen gekocht und in die schmerzenden Ohren geträufelt hilft; als Umschlag <aufgelegt> löst er Blut unter den Augenlidern. Er ist bitter und vielseitig zu verwenden*; seine Wurzeln durchdringen den Fels.

9.34 DIE HAUSWURZ (*Jovis barba*)

§1 Hauswurz mit Fleisch gekocht fügt zwei Brocken zusammen und macht daraus einen, wie Platearius bezeugt. Er hilft gegen warme Geschwüre.

9.35 DER GARTENLATTICH (*Lactuca*)

§1 Hauswurz mit Fleisch gekocht fügt zwei Brocken zusammen und macht daraus einen, wie Platearius bezeugt. Er hilft gegen warme Geschwüre.

9.36 DIE VOGELZUNGE[58] (*Lingua avis*)

§1 Die Vogelzunge ist nach dem Zeugnis des Platearius warm und feucht im ersten Grad. Sie hilft bei Herzzittern.

9.37 DIE LILIE (*Lilium*)

§1 Die Lilie ist warm und feucht, wie Platearius sagt, und hilft zur Reifung von Geschwüren. Sie vertreibt Schlangen und hilft gegen den Stich von Skorpionen. Die Lilie hat die Eigenschaft, dass sie ihre Blätter vom Stengel ausgehen lässt und sie <doch> mit ihm verbunden bleiben; drei ihrer Blätter richten sich in die Höhe auf, drei aber neigen sich nach unten.

9.38 DIE ALRAUNE (*Mandragora*)

§1 Die Alraune, wie Platearius sagt, ist ein warmes und trockenes Kraut im vorderen Orient, männlich und auch weiblich. Das männliche <Kraut> hat der *(roten) Bete ähnliche Blätter; das weibliche hat rauhere Blätter, die dem Lattich ähneln. Sie trägt süß duftende Früchte, die Erdäpfel genannt werden. Die Wurzeln der Alraune, die Rinde, Blätter und Früchte taugen zur medizinischen Anwendung. **§2** Sie haben die Kraft zusammenzuziehen und abzutöten. Um bei akuter Krankheit jemanden zum Schlafen zu bringen, bereite man Alraunenpulver mit Frauenmilch und Eiweiß zu und lege <dem Patienten> ein Pflaster davon auf Stirn und Schläfen. Gegen Kopfschmerzen, die von Wärme herrühren, lege man ihre zerriebenen Blätter auf die Schläfen. **§3** Man gewinnt aber auch Öl aus den Früchten: Man nehme die gut zerstoßenen Früchte der Alraune und mische sie mit gewöhnlichem Öl und koche sie danach ab; sodann seihe man <die Flüssigkeit> durch und dies ist Alraunöl, das besonders hilft, den Schlaf herbeizuführen und gegen Kopfschmerzen gut ist, und zwar wenn Stirn und Schläfen damit eingerieben werden. **§4** Es dämpft Fieberhitze. Alraunwurzeln koche man mit Wein und gebe ein derartiges Getränk denen, deren Glieder amputiert werden müssen, und sie werden keinen Schmerz fühlen vor allzu großer Schläfrigkeit.

---

[58] Vgl. 7.12 Esche (*Fraxinus*).

9.39 DIE MINZE (*Menta*)

§1 Die Minze, wie Platearius sagt, ist ein warmes und trockenes Kraut. Es gibt die Gartenminze und die wilde Minze. Die wilde ist wärmer, aber die Gartenminze eignet sich besser zur medizinischen Anwendung. Sie hat die Kraft zu lösen, zu verzehren und zu stärken dank ihres Wohlgeruchs. **§2** Gegen Mundgeruch und fauliges Zahnfleisch spüle man den Mund mit Essig, der mit Gartenminze aufgekocht wurde, sodann reibe man das Zahnfleisch mit einem Pulver aus getrockneter Minze ein. Gegen die Verstopfung von Milz und Leber, wenn sie ohne Fieber und aufgrund kalter Feuchtigkeit entsteht, hilft Wein gut, der mit Minze und Wasser gekocht wurde. **§3** Wenn ein Trank gegen Gift gegeben wird, so muss er mit Minzsaft verabreicht werden. Wein mit Minze gekocht oder ins Essen gegebenes Minzpulver stärkt die Verdauung.

9.40 DIE NARDE (*Nardus*)

§1 Die Narde, wie Platearius sagt, ist ein dorniges Kraut mit dem Duft der Zypresse und harten Blättern. Sie wächst in Indien und Syrien. Die indische Narde ist vielgestaltig, aber die syrische ist besser; wenn man sie lange im Mund behält, trocknet sie die Zunge aus. Ihre Blüte wird wegen ihres Wohlgeruchs gut bewacht; dieses Kraut ist warm und trocken. **§2** Gegen Ohnmacht und Herzbeschwerden koche man <die Narde> in Rosenwasser ab unter Beigabe von Zucker, und so entsteht ein Sirup. Sie wird aber an die Nase gehalten gegen eine Schwäche des Gehirns. Denselben Wein ihrer Abkochung gebe man gegen kalten Kopffluss und Magenkälte und Krämpfe der Eingeweide aufgrund kalter Feuchtigkeiten und Verstopfung von Milz und Leber.**§3** Aus der Nardenähre wird eine sehr kostbare Salbe auf dieselbe Weise gewonnen wie das Öl aus dem Wacholderstrauch. Denn das hilft gegen Lähmung, Schlaganfall und Epilepsie, gegen Arthritis und Gicht, wenn der Kranke damit eingerieben wird.

9.41 DIE FETTHENNE (*Orpinum*)

§1 Die Fetthenne oder, wie die Ärzte sagen, Dickblatt (*crassula*) ist ein warmes und feuchtes Kraut, das bei Knochenbrüchen Anwendung findet. Es wurde mit absoluter Sicherheit nachgewiesen, dass dieses Kraut, wenn man es zehn Tage vor der Sommersonnenwende pflückt und unter den Hausdächern in der Luft aufhängt, ohne jede Hilfe von Erde oder Wasser fast das ganze Jahr hindurch keimt und wächst; wenn es auf einer Seite vertrocknet, so grünt es auf der anderen aufs Neue.

9.42 DIE PETERSILIE (*Petrosilinum*)

§1 Petersilie, wie Platearius sagt, ist ein warmes und trockenes Kraut. Es gibt aber die Gartenpetersilie und die wilde Petersilie. Die Gartenpetersilie taugt besser zur medizinischen Anwendung. Es hat die Kraft, die Ausscheidung von Urin anzuregen und das Kraut oder sein Samen helfen gegen den Blasenstein. Dem Essen beigegeben stärkt es die Verdauung und beseitigt Blähungen.

9.43 DER MOHN (*Papaver*)

§1 Mohn, wie Platearius sagt, ist ein kaltes und trockenes Kraut. Es gibt weißen Mohn, der kalt und feucht ist, und schwarzen Mohn, der kalt und trocken ist und stärker zersetzt. Sein Same oder seine Wurzel taugen zur medizinischen Anwendung. <Mohn> hat die Kraft, den Schlaf herbeizuführen, zu besänftigen und zu zersetzen und man macht aus seinem Samen, Frauenmilch und Eiweiß ein Pflaster und legt es auf die Schläfen. **§2** Dasselbe <hilft auch> gegen warme Geschwüre im Anfangsstadium und gegen Lebererwärmung, noch besser jedoch, wenn man dem Mohnsamen Rosenöl hinzufügt. Gegen die Trockenheit der Brust mache man das Elektuarium *Dyapapaverum* aus Mohnsamen, Süßholzsaft, Arabischem Gummi und Tragant, wobei diese Bestandteile natürlich mit Syrop vermischt wurden.

9.44 DIE PFINGSTROSE (*Peonia*)

§1 Die Pfingstrose, wie Platearius sagt, ist ein warmes und trockenes Kraut. Ihre Wurzel wird Medikamenten beigegeben. Sie hat die Kraft zu lösen und zu verzehren. Galen aber sagt, dass dieses Kraut, um den Hals eines Kindes gehängt, die Fallsucht von ihm vertrieb. Diese Wirkung findet sich nicht bei der gewöhnlichen Pfingstrose. Gegen Lähmung gebe man ihr Pulver zusammen mit Bibergeil in Wein abgekocht.

9.45 DER FLOHSAMEN-WEGERICH (*Psillium*)

§1 Der Flohsamen-Wegerich, wie Platearius sagt, ist ein kaltes und feuchtes Kraut. Er hat die Kraft bei akuten Fiebern zu kühlen und gegen die Trockenheit zu befeuchten. Die Zunge muss vorher mit einem Messer abgeschabt werden. Darauf tauche man seinen in ein feines Tuch gebundenen Samen in kaltes Wasser und reibe die Zunge damit ein. Gegen Durst behalte man ihn unter der Zunge. **§2** Gegen trockenen Husten aufgrund von Beschwerden der Atmungsorgane und gegen Verstopfung bei akuten Fiebern lege man Flohsamen-Wegerich eine kleine Weile in

Wasser; nachdem das Wasser abgegossen wurde, gebe man ihn mit frischem kaltem Wasser. Mit seiner Kälte und Feuchtigkeit bewahrt er aber den Kampfer, da ja Kampfer von überaus feiner Substanz ist.

9.46 DIE RAUTE (*Ruta*)

§1 Die Raute, wie Platearius sagt, ist ein warmes und trockenes Kraut, dessen Blätter und Samen zur medizinischen Anwendung taugen. Wenn man sie zu Pulver verarbeitet und durch die Nase in sich zieht, hat sie die Kraft zu lösen und Schleim zu verzehren; die Raute reinigt aber auch das Gehirn. Auch Wein mit Raute abgekocht hilft ebenso. Dasselbe Mittel hilft gegen Epilepsie, aber man muss Pfingstrosenpulver dazugeben. **§2** Gegen Sehschwäche durch übermäßigen Rauch <im Kopf> gebe man Raute in einem Fass mit neuem Most oder abgekochten Wein zusammen mit Raute und Bibergeil. Um die Monatsblutung hervorzurufen und einen toten Fötus aus Schwangeren auszutreiben sowie die Nachgeburt, nachdem die Frauen geboren haben, gebe man Trifera-Konfekt getränkt mit Rautensaft. Dasselbe bewirkt getrunkener Rautensaft. **§3** Gegen Gliederschmerzen aufgrund eines Aufpralls oder aus anderem Grund lege man Raute auf, die in einer Schale erhitzt wurde. Gegen die Schwellung eines Gliedes, sei es Arm oder Bein, nehme man sehr fein zerriebene Raute und vermische sie mit ungesalzener Butter, und lege das auf die geschwollene Stelle; darauf aber ein in Wasser gekühltes Tuch, und die Schwellung wird zurückgehen, oder der Schmerz wird durch winzige Bläschen an jener Stelle austreten, und das Leiden wird aufhören. **§4** Gegen eine Entzündung oder Rötung der Augen mische man Kümmelpulver mit Rautensaft und lege eine darin eingetauchte Baumwollflocke darauf. Dasselbe <hilft> gegen Bluterguss. Getrunkener Rautensaft hilft sogar gegen Gift. Gegen den Biss giftiger Tiere und auch den eines tollwütigen Hundes nehme man zerriebene Raute. **§5** Eine als ganze verpflanzte Raute wird eingehen, eine gestohlene Raute wird besser gedeihen. Die Berührung einer unreinen Frau fürchtet sie.

9.47 DER RETTICH (*Rafanum*)

§1 ***Rafanus*** nennen die Griechen, was wir *radix*, d.h. Rettich nennen, weil sein größter Teil nach unten ausgetrieben wird. Wer mit reifem Rettichsamen seine Hände eingerieben hat, wird ungestraft eine Schlange anfassen. Selbst Elfenbein wird weiß von dieser Wurzel. Rettich widersteht auch den Giften im Essen. **§2** Wer diese Wurzel gegessen hat, fürchtet, wie Platearius bezeugt, keine Schlange. Und er will, dass *rafanus* und *radix* verschiedene Kräuter seien. Aber *radix* hilft bei derselben Beschwerde wie *rafanus*, wenn auch nicht mit so großer Wirkung.

9.48 DAS BERG-LASERKRAUT (*Siler*)

§1 Das Berg-Laserkraut ist nach dem Zeugnis von Platearius warm und trocken im dritten <Grad>. Ziegen und andere Tiere, wenn sie sich paaren wollen, empfangen sofort, wenn sie das Kraut gefressen haben, wie der Arzt Alexander sagt.

9.49 DIE SATUREIA (*Satureia*)

§1 Die Satureia weckt Liebesverlangen.

9.50 DER STEPHANS-RITTERSPORN (*Staphysargia*)

§1 Stephans-Rittersporn, wie Platearius sagt, ist warm und trocken in dritten Grad. Mit Mastix, das ist Weihrauch, gekaut reinigt er den Kopf von übermäßigem Schleim; mit Essig getrunken heilt er Zahnschmerz und Zahnfleischfäule. Pulverisierter und in ein Tuch eingebundener Rittersporn macht, dass alle Flöhe vom ganzen Körper herbeikommen, und <sodann> sterben sie.

9.51 DIE SONNENBRAUT[59] (*Sponsa solis*)

§1 Die Sonnenbraut bzw. Wegwarte ist ein Kraut, das <auch> *Solsequium* genannt wird, wie Platearius sagt. Sie ist aber kalt und feucht. Zerrieben und gegessen hilft sie gegen das Gift, das durch den Biss giftiger Tiere auftritt, besonders jedoch, wenn man sie auf die Wunde legt. Ihr Saft hilft gegen die Verstopfung von Milz und Leber, die von einer warmen Ursache herrührt.

9.52 DER STEINBRECH (*Saxifraga*)

§1 Steinbrech, wie Platearius sagt, ist ein warmes und trockenes Kraut. Er hat seinen Namen von der Sache her, weil er die Steine in den Nieren oder in der Blase zerbricht, wenn er mit Wein als Getränk eingenommen wird. Allein die Wurzel taugt zur medizinischen Anwendung gegen Darmverschlingung. Ihr Pulver in einem Ei geschlürft hilft gerade so gut.

9.53 DER SALBEI (*Salvia*)

§1 Salbei, wie Platearius sagt, ist ein warmes und trockenes Kraut. Nur seine Blätter taugen zur medizinischen Anwendung. Es gibt ihn angebaut und wild; die

[59] Vgl. Kap. 9.19 Die Wegwarte (*Cycorea*).

Wurzel des wilden Salbei gibt man in Arzneien, vom angebauten die Blätter. Der angebaute Salbei verzehrt und stärkt. Mit Salbei abgekochter Wein hilft gegen Lähmung und Epilepsie.

9.54 DIE MEERZWIEBEL (*Squilla*)

§1 Die Squilla – die Meerzwiebel ist dasselbe – ist warm und trocken im dritten <Grad>. Wenn man sie einzeln findet, es sei denn, sie wurde angepflanzt, bringt sie den Tod. An der Türschwelle aufgehängt, wehrt sie Bösewichte ab.

9.55 DIE THAPSIA/DAS STERZELKRAUT (*Tapsia*)

§1 Die Thapsia ist das Kraut der Vagabunden.[60] Wer sie zerreibt, dessen Gesicht lässt sie anschwellen, als ob er aussätzig wäre, wie Platearius bezeugt, und er wird kuriert, wenn man ihn mit einem in Essig getauchten Tuch abreibt, oder von Immergrünsaft oder von der *Populeon*-Salbe.[61]

9.56 DAS EISENKRAUT (*Verbena*)

§1 Wenn man Eisenkraut gurgelt, beseitigt es die Fäulnis im Mund; in Wein abgekocht schafft es Heiterkeit.

9.57 DIE WICKE (*Vicia*)

§1 Man schneide grüne Futterwicken ab und pflüge sofort ihre abgeschnittenen Wurzeln unter; es düngt den Acker in der Art von Mist; wenn die Wicken vor dem Abschneiden von sich aus trocken wurden, so nehmen sie der Erde die Feuchtigkeit.

9.58 DAS VEILCHEN (*Viola*)

§1 Das Veilchen ist kalt im ersten Grad, feucht im Ende des zweiten. Es hält sich zwei Jahre, besser ist jedoch das frische. Veilchensirup wird auf folgende Weise aus Veilchen hergestellt: Man kocht Veilchen in Wasser, und aus dem Durchgeseihten und Zucker entsteht der Sirup. Es wäre besser, wenn die Herstellung aus dem Saft

---

60 Nach KvM V,81 ist „Thapsia" das Sterzelkraut, *Sterzer* mhd. ist ein starkes Maskulinum nach Lexer II, 1184 und bedeutet „ein herumziehender Vagabund". Mittelhochdeutsches Handwörterbuch von Matthias Lexer, digitalisierte Fassung im Wörterbuchnetz des Trier Center for Digital Humanities, Version 01/21, <https://www.woerterbuchnetz.de/Lexer?lemid=S07528>, abgerufen am 16.09.2021.

61 Nach KvM V,81 handelt es sich um eine Salbe mit Bestandteilen des Pappelbaumes, vgl. dazu oben 7.31 §§2-3, wo die Salbe *Dyapopilio* genannt wird.

frischer <Veilchen> erfolgte. **§2** Er hilft aber zum Abführen bei Fieber. <Veilchen->Öl wird auf folgende Weise hergestellt: Man koche Veilchen in Öl ab und presse es danach aus, und das ist Veilchenöl. Wenn man Stirn und Schläfen damit einreibt, so beseitigt es Kopfschmerzen, die von Wärme herrühren. **§3** Veilchen haben die Kraft zu kühlen, zu befeuchten, zu lindern und abzuführen. Ein Umschlag getränkt mit Veilchensud auf Fuß und Stirn bringt bei akutem Fieber Schlaf.

9.59 DER INGWER (*Zinziber*)

§1 Ingwer, wie Platearius sagt, ist warm und trocken im dritten Grad, feucht im ersten (Grad). Der Ingwer wächst übrigens neben den Wurzeln eines Krautes aus Indien. Es gibt auch wilden Ingwer, den manche den männlichen <Ingwer> nennen, der einen schärferen Geschmack hat als der angebaute und eine festere Substanz, jedoch ist er nicht so weiß und zerbricht leicht. **§2** Doch ist der angebaute weibliche <Ingwer> besser, der nämlich [richtig] weiß ist. Gegen das Übel der Kälte der Brust, wie auch immer es entsteht, und gegen einen kalten Magen hilft er ausgezeichnet. Er löst auch <Beschwerden im Unter-> Leib und trocknet überflüssige Feuchtigkeit. Gegen all diese Leiden ist <Ingwer> abgekocht in Wein oder gekaut ein vorzügliches Heilmittel. Auch macht sein Pulver in Augensalben die Augen klar; seine Latwerge[62] *Dyazinziber* ist <noch> wirksamer.

9.60 DER ZITWER (*Zeduarium*)

§1 Zitwer, wie Platearius sagt, ist warm und trocken. Es gibt aber ein Kraut des Orients, bei dessen Wurzeln <Zitwer> wächst; er wächst auch in Teilen Italiens. Man muss den von gelber Farbe auswählen, der einen scharfen und bitteren Geschmack hat. Er hilft gegen Blähungen und Darmverschlingung und gegen manche stechende Schmerzen; mit Zitwerpulver hergestellte Tunke regt den Appetit an und hilft gegen Ohnmacht.

9.61 DER ZUCKER (*Zucara*)

§1 Zucker ist warm und feucht im ersten Grad, wie Platearius sagt. Weißer Zucker ist kälter und lobenswerter als der gelbe. Er hilft gegen Schmerzen der Brust und gegen Durst. Auch macht er die trockene Brust feucht. Gegen Kopfschmerzen, die von warmer Ursache herrühren, und zum Abführen nehme man Zucker und mit Veilchen abgekochtes Wasser, mische es und gebe es den Kranken zu trinken.

---

[62] Vgl. Anm. 5,32 §2.

Anhang 1

9.62 DIE ARTEMISIA (*Arthemesia*)

§1 Wenn jemand die Artemisia auf Reisen bei sich trägt, wird er die Anstregung der Reise nicht spüren. Sie ist warm und trocken im dritten <Grad>.

10 DIE KOSTBAREN STEINE

10.0

§1 **Z**uerst sind die kostbaren Steine im Allgemeinen zu betrachten. Es stellt sich aber die Frage, wie sie im Innern der Erde entstehen, und wir antworten mit den Worten der Philosophen, dass sie aus Ausdünstungen entstehen, die aus den unteren Teilen der Erde aufsteigen und eingeschlossen werden, und dass sie ihre Gestalt dem Ort entsprechend erhalten, den sie in der Erde frei zugänglich finden, ihre Farben aber entsprechend der unterschiedlichen Ausdünstungen, wie die Drüsen im Fleisch eines Tieres. **§2** In einem Augenblick nämlich werden sie eingeschlossen und geformt, im Lauf der Zeit aber verfestigt. Wenn die Ausdünstung stärker aus dem Element Erde aufsteigt, entsteht ein dicker und dunkler Stein, wenn aber aus dem Element Wasser, ein durchscheinender, wenn aus der Luft, ein himmelblauer, wenn aus der Hitze des feurigen Elements, ein roter, und weil der Dunst nach den Eigenschaften der Elemente aufsteigt, die bald gemischt, bald unvermischt sind, bald mehr von diesem, bald mehr von jenem haben, nehmen die Steine unterschiedliche Farben an. **§3** Die Steine aber, die grün oder gelb sind, setzen ihre Farbe aus anderen Farben zusammen und zwar aufgrund einer Mischung der Ausdünstungen. Ebenso sind die Steine, die aus dem irdischen Paradies durch die vier Flüsse zu uns getragen werden, kostbarer und äußerst selten. Aber auch andere, die man in verschiedenen Gegenden findet, sind kostbar und machtvoll in ihrer Kraft und ganz besonders diejenigen, die es in den Landschaften des Orients gibt. **§4** Sie sind aber in der Reinheit ihres Glanzes reiner als die übrigen, und zwar weil die Ausdünstungen der Elemente dort eher von Verschmutzung bewahrt bleiben. Aber es ist *auch eine große Frage, woher und auf welche Weise den Steinen Kraft innewohnt. Freilich scheint ihre Kraft und Wirksamkeit groß im Bereich der Gesundheit. **§5** Woher sie dies aber haben, außer von Gott, ist dem Menschen unbekannt; das ist freilich gewiss, dass jede Kraft von Gott kommt, wie Aristoteles im Buch der Metaphysik sagt. Sie existiert aber in Kräutern und Früchten durch das vermittelnde Wirken der Natur, weil die Dinge, die von Natur aus warm oder kalt sind, auch für medizinische Anwendung taugen. **§6** Nichts dergleichen gibt es in den Steinen, dass ein Übermaß von Wärme oder Kälte in einem Stein gezeigt oder kenntlich gemacht wird. Es ist aber bekannt, dass der Allmächtige ohne jede Vermittlung den Steinen Kraft verliehen hat und ihnen die Gnade seines Willens zuteilte anstelle der Gesetzmäßigkeit der Natur. **§7** Abgesehen von der Gnade der Heilung werden bei den Edelsteinen viele und große Wunder bestätigt, wie beim Magneten und dem Adamas, die einander feind zu sein scheinen, weil sie das Eisen anziehen; beim Adamas, der den Meerstern zeigt; beim Ostolan, der den Menschen unsichtbar macht; beim Karfunkel, der ohne Beistand <einer Lichtquelle> die nächtliche Dunkelheit vertreibt, auch bei vielen anderen, wie die vorliegende Bericht bezeugt. **§8** Der Grund für diese Wunder also ist der Wille des allmächtigen Gottes, der als Wundertäter in Menschendingen gepriesen wird. Davon spricht auch Augustinus im *Gottesstaat*, Buch XV, dass Dämonen angelockt werden, ihren Wohnsitz einzunehmen durch Creaturen, die dem Wohlbefinden des jeweiligen <Dämons> entgegenkommen, nämlich durch verschiedene Arten von Steinen, Kräutern, Hölzern, Tieren und Beschwörungen. **§9** Daher liest man, auch Salomon habe Dämonen in Fingerringen unter den Edelsteinen eingeschlossen. Man liest auch, dass Evax, der König von Arabien, Kaiser Nero die Namen, Farben und verschiedenen Eigenschaften der Steine beschrieb, und dass diese Schrift später in dichterische Verse gesetzt wurde. Den Sinn dieser Verse haben wir in Prosa erläutert und auch die Ansichten anderer Autoren hinzugefügt. **§10** An das Ende des Buches haben wir aber Ansichten der Alten gestellt, von denen wir meinen, man müsse sie weder ganz und gar glauben noch gänzlich zurückweisen, und darin folgen wir dem ruhmreichen Augustinus. **§11** Man sagt, die Söhne Israels hätte Edelsteine in der Wüste graviert, und zwar vor allem Karneole, deren Gravuren sich als so fein erwiesen, dass keiner ihrer Nachkommen es wagt, die Nachahmung eines derartigen Werkes <auch nur> zu versuchen. Und es besteht auch kein Zweifel, dass die Figuren und Bilder der Figuren entsprechend der Wirksamkeit der Steinkräfte graviert werden. **§12** Wenn das wahr ist, dass die Söhne Israels Edelsteine mit untereinander verschiedenen Figuren gravierten, so steht fest, dass sie das nicht ohne Kalkül einer Kraft <taten>, als diejenigen die, vom Geist Gottes erfüllt und besonders belehrt von denen <waren>, die Gott zum Dienst an einem jeden handwerklichen und architektonischen Werk auswählte, Beseleel nämlich und Ooliab, die besonders kundig waren in jeder Edelsteintechnik zu gravieren und zu polieren, sie vollendeten das Altargewand auf Brust und Schultern Aarons mit einem wunderbaren Werk und brachten darauf, entsprechend göttlicher Weisumg, zwölf kostbare Steine an und gravierten in sie die Namen der Söhne Israels ein. **§13** Daraus geht also hervor, dass man keine bedeutungslosen Gravuren auf Edelsteinen findet. Dennoch glauben wir deswegen nicht, dass jede Gravur geheimnisvoll ist und Zeichen einer Kraft. Diese allgemeinen Ausführungen über die Steine mögen genügen. Lasst uns nun die Kräfte und Namen der Steine in alphabetischer Reihenfolge betrachten.

10.1 DER AMETIST (*Ametistus*)

§1 Der Ametist ist ein Stein von den zwölf kostbaren Steinen. Er ist violett oder purpurfarben und letzterer ist der beste. Es gibt aber einen, der ist wie ein Tropfen Rotwein, der mit Wasser verdünnt wurde; der lässt sich besonders leicht gravieren. **§2** Rauschzuständen widersteht er, er macht wach, vertreibt schlechte Gedanken und verleiht einen tüchtigen Verstand. Dieser Stein würde höher geschätzt, doch ist er allzu weit verbreitet. Man findet ihn in Äthiopien und Indien; sogar in Deutschland, aber der ist wertlos und dunkel.

10.2 DER ACHAT (*Achates*)

§1 Der Achat ist <auch> einer von den zwölfen. Den findet man in dem Fluss Achates, im Orient; er ist von schwarzer Farbe, mit weißen Adern durchzogen. Er soll von Natur aus Bilder enthalten, die einfarbig eingelagert sind und nicht von Adern durchzogen. **§2** Er vertreibt Gift, lindert den Durst, fördert die Sehkraft, stärkt seinen Träger und macht ihn fruchtbar und lässt ihn <vor den Leuten> angenehm scheinen. Diesen Stein soll König Porus am Finger getragen haben von so außerordentlicher Art, dass darin neun Musikinstrumente eingraviert waren, in deren Mitte Apollo zu sehen war mit einer Leier in der Hand.

10.3 DER ADAMAS (*Adamas*)

§1 Der Adamas ist ein Stein, von dem es zwei Arten gibt. Es gibt einen Adamas in den äußersten Gegenden Indiens, den man in Kristalllagerstätten findet und der dem Kristall farblich ähnelt, aber er unterscheidet sich darin, dass er wie geschliffenes Eisen schimmert. Der ist so ausnehmend hart, dass er weder von Eisen noch von Feuer zerbrochen werden kann, sondern lässt sich nur von frischem und noch warmem Bocksblut spalten. **§2** Mit seinen scharfen Splittern graviert man die härtesten Edelsteine. Seine Größe übersteigt nicht die einer Haselnuss. Es heißt aber, er bringe seinen Träger Charisma, wenn er ihn umsonst von einem Freund erhalten hat, nichts aber nütze er dem, der ihn gekauft hat. Seine Kraft soll größer sein, wenn er als Schmuckstein eines Rings in Eisen gefasst wird, während der Ring aber aus Gold bestehen soll wegen der Würde des Steins. **§3** Es gibt eine zweite Art dieses Steins, die man in Arabien und im Meer bei Zypern findet und in der Eisengrube in Philippi. Aber diese Art ist an Wertschätzung und Kraft um vieles geringer, man findet sie von dunkler Farbe und größer im Umfang; <dieser Adamas> hat nämlich eine dunkle und eisenartige Farbe, wird ohne Bocksblut zerbrochen, zieht Eisen an und nimmt dem Magnetstein das Eisen weg, wenn er in seine Nähe kommt. **§4** Er zeigt auch den Stern des Meeres, der *Meerstern genannt wird. Wenn nämlich die Seeleute in dichtem Nebel ihren Kurs nicht auf den Hafen ausrichten können, nehmen sie eine Nadel, reiben ihre Spitze an dem Adamas und befestigen sie dann quer an einem kleinen Stäbchen und legen sie in ein Gefäß voll Wasser. **§5** Dann führen sie den Adamas um das Gefäß herum und bald bewegt sich die Nadelspitze im Kreis entsprechend der Bewegung des Steins. Sodann entfernen sie plötzlich den immer schneller im Kreis geführten Stein und sogleich richtet sich die Spitze der Nadel, nach dem Verlust ihres Führers, zum Meerstern aus, bleibt sofort stehen und bewegt sich um keinen Deut mehr. **§6** Die Seeleute lenken also dementsprechend ihren Kurs zum Hafen. Dieser Stein soll auch bei magischen Künsten von Nutzen sein ; er macht seinen Träger stark gegen seinen Feind, vertreibt nichtsnutzige Träume, vertreibt Gift und zeigt es an; man sagt auch, er schwitze, wenn er mit Gift in Berührung kommt. Auch Mondsüchtigen hilft er und denen, die von einem bösen Geist besessen sind. Dieser Stein will am linken Arm getragen werden.

10.4 DER ASBEST (*Abeston*)

§1 Der Asbest ist ein Stein in Arkadien von eisenartiger Farbe. Einmal angezündet, kann er danach niemals mehr ausgelöscht werden, sondern behält auf immer und ewig die feurigen Flammen. Daher sagt Isidor: Aus ihm wird ein Mechanismus gemacht, dass eine Lampe, die aus diesem Stein gefertigt ist, unter freiem Himmel so brennt, dass kein Sturm, kein Regen sie auslöschen kann.

10.5 DER AMANTHES (*Amantes*)

§1 Der Amanthes ist ein Stein des Orients, dem Alaun ähnlich. Wenn mit diesem Stein über ein Seidengewand hinweggestrichen wird, so widersteht es dem Feuer und nachdem es beträchtlich an Glanz gewonnen hat, schimmert es wie von Wasser gereinigt. Der Amanthes widersteht Giftmischern und den Gaukeleien der Zauberer.

10.6 DER ALLECTORIUS (*Allectorius*)

§1 Der Allectorius ist ein Stein von der Größe einer Bohne, einem Kristall nahezu gleich, nur dass er <in der Farbe> dunkler ist. Er entsteht im Bauch eines Hahns, der, nachdem er mit drei Jahren kastriert wurde, ihn für sieben Jahre seines Lebens <in sich> trägt. **§2** Hält man diesen Stein im Mund, löscht er den Durst, er ist siegreich, stellt den Frieden wieder her und bringt Ehren zurück, er macht beredt und angenehm, vor allem Ehefrauen ihren Männern. Damit er all diese <Wirkungen> zeigt, muss er im Mund verborgen getragen werden.

10.7 DER ABSINTHUS (*Absinthus*)

§1 Der Absinthus ist ein Stein von schwarzer Farbe, von weißen Adern durchzogen und sehr schwer. Wenn er vom Feuer erwärmt wurde, hält er die Wärme sieben Tage lang.

10.8 DER ALABANDIA (*Alabandia*)

§1 Der Alabandia ist ein sehr kostbarer und schöner Stein, da er farblich dem Granat nahe kommt, wenn seine Farbe auch auch kräftiger ist und eher dem Rubin gleicht. Es gibt eine andere Art dieses Steins, die dem Sardius ähnelt. Man findet ihn in der Gegend Asiens, die Alabanda heißt. Er ruft Blutfluss hervor und vermehrt ihn.

10.9 DER AMANDIN (*Amandinus*)

§1 Der Amandin ist ein buntfarbiger Stein. Er vernichtet jedes Gift <und> macht <den Menschen> zum Sieger über seine Gegner und zu einem guten Traumdeuter.

10.10 DER ANDROMANDA (*Andromanda*)

§1 Der Andromanda oder, wie andere sagen, Androdramenta, ist ein Stein von gleichsam silbriger Farbe, sehr hart wie der Adamas; man findet ihn im Roten Meer. Er hat so große Kraft, dass er ein von Zorn erhitztes Gemüt beruhigen kann; auch Sinnenlust beruhigt er.

10.11 DER BERILL (*Berillus*)

§1 Der Berill ist einer von den zwölf Steinen, bleich in seiner Farbe, dem Meerwasser gleich. Die sind die besten, die klarem Öl gleichen, vor allem diejenigen, die keine Flecken im Inneren haben wie kleine Härchen. Wenn der Berill eine sechseckige Form hat, bricht er einen Sonnenstrahl in den Farben des Regenbogens. **§2** Auch wenn er eine runde Form hat wie ein Apfel und in Wasser befeuchtet wurde, entzündet er im hellen Sonnenlicht tote Kohlen oder ein schwarzes wollenes Tuch oder trockenen Zunder an einem Baum. Er soll auch Halsgeschwüre heilen und die Drüsen, in denen sich schlechte Feuchtigkeit sammelt, durch Reiben beseitigen, vor allem wenn sie noch im Wachsen sind. **§3** Dieser Stein versöhnt Eheleute in Frieden; auch macht er seinen Träger berühmt, <und>heilt kranke Augen, wenn er in Wasser abgewaschen wird. Nimmt man dieses Wasser in einem Getränk zu sich, beseitigt es Aufstoßen, Panikattacken und

Leberschmerzen. Von diesem Stein gibt es neun Arten. Aber einige leuchten hell wie Kristall. Dieser Stein kommt aus Indien.

10.12 DER KRÖTENSTEIN (*Borax*)

§1 Der kostbare Krötenstein (*borax lapis*) heißt so, weil ein *borax* – eine Krötenart – ihn im Kopf trägt. Es gibt zwei Arten von diesen Steinen: eine weiße, und die ist besser und seltener; die andere aber ist dunkel und schwarz und hat in ihrer Mitte ein Auge, das vorübergehend bläuliche Farbe zeigt, und der <Stein> ist in der dunklen Gattung der bessere. **§2** Wenn der Stein einer lebenden und noch zuckenden Kröte entnommen wird, dann hat er ein Auge; wird er aber einer schon lange toten entnommen, dann wird das Auge durch die Bösartigkeit ihres Giftes zerstört und der Stein geschädigt. Nimmt man diesen Stein mit dem Essen ein, soll er innere Krankheiten des Menschen heilen. Er durchläuft nämlich die Eingeweide und tritt nach erfolgter Heilung durch den After wieder aus. **§3** Man muss ihn aber ganz verschlucken. Es heißt, diese <heilende> Kraft habe die weiße Art des Steins, wie ich oben bereits sagte. Die Franzosen nennen diesen Stein *crapadina*. Er soll auch Giften entgegenwirken.

10.13 DER KARFUNKEL (*Carbunculus*)

§1 Der Karfunkel, einer der zwölf, ist der kostbarste und seltenste aller Steine. Er soll mit der Kraft aller Steine ausgestattet sein. Mit seinem machtvollen Glanz blendet er schwache Augen, doch er weitet den intellektuellen Horizont. **§2** Seine Farbe ist feurig; nachts leuchtet er stärker als am Tag, weil er sich am Tag verdunkelt, nachts aber strahlt er so klar, dass er die Nacht um sich herum gleichsam zum Tag macht. Auf griechisch heißt er Anthrax. Er wächst in Libyen, in der Region der Transgoditen. In der Steinschneidekunst unterscheidet man drei Arten von ihm. **§3** Die erste Art heißt Karfunkel. Die zweite Art aber wird Rubin genannt, zwar von feuriger Farbe, aber von weit weniger Kraft als der Karfunkel. Daher vertreibt er nicht die Dunkelheit der Nacht, ist auch nicht ebenbürtig an Wirkkraft, ist aber dennoch kostbarer als die übrigen Steine und feiner mit seiner strahlenden Farbe. Die dritte Art ist der Balastus, wertloser als die übrigen aufgrund seiner Farbe, wegen seiner Wirkkraft und seines Wertes wird er jedoch höher veranschlagt als Saphir und Iaspis.

10.14 DER CHALKEDON (*Calcedonius*)

§1 Der Chalkedon ist ein Stein von stumpfer und satter Farbe, immer in Blässe befangen. Seine Farbe liegt in der Mitte zwischen Hyazinth und Berill. Wird er durchbohrt und am Hals oder Finger getragen, heißt es, er lasse in Rechtsstreitigkeiten siegen. Von diesem Stein soll es drei Arten geben. **§2** Er kühlt Fieberhitze. Der Chalkedon, der einer blassen Laterne gleicht und unter freiem Himmer stärker leuchtet als im Haus, zieht, wenn er von der Sonne oder durch Berührung mit den Fingern erwärmt wurde, Spreu an; von den Steinschneidern lässt er sich nicht bearbeiten. **§3** Der Stein bezeichnet die Liebe, die innen im Herzen verborgen von blasser Farbe ist und gleichsam ein Licht in einer Laterne, aber wenn sie zum Nutzen anderer hervorzutreten gezwungen wird, dann zeigt sie sich draußen, wie sie innen war, und berührt von der Sonne Christus oder vom Finger des Heiligen Geistes zieht sie die Sünder zu sich. Sie kann auch nicht zerteilt werden, da sie von keiner Widerwärtigkeit zerbrochen, sondern immer nur weiter gestärkt wird. **§4** Hohes Lied VIII: „Stark wie der Tod ist die Liebe" usw. (Ct 8, 6: *Quia fortis est ut mors dilectio*). „Auch mächtige Wasser konnten die Liebe nicht löschen" (Ct 8, 7: *Aquae multae non potuerunt extinguere caritatem*). I Korinther XIII: „Die Liebe ist langmütig, gütig [...] erträgt alles" (1 Cor 13, 4 und 7: *Caritas patiens est, benigna est ... omnia suffert*). Oder sie zerbricht nicht, da sie durch schmeichlerisches Lob nicht erweicht wird. Der Psalm: „Das Öl aber eines Sünders wird meinen Kopf nicht benetzen" (Ps 140,5: *Oleum autem peccatoris non impinguet caput meum*).

10.15 DIE KORALLE (*Corallus*)

§1 Die Koralle ist ein tiefroter Stein, aber nicht so durchscheinend wie der Karneol. Er ist geformt wie ein Hirschhorn oder die Wurzel eines Krautes mit vielen Verästelungen. Kein Wunder, weil die Koralle zuerst ein Kraut im Meer ist und erst zu Stein verhärtet, nachdem sie von Schiffen und auch durch menschliche Fertigkeit herausgezogen und an der Küste ausgelegt wurde. **§2** Man findet sie gleichwohl halbfußlang, sie widersteht Blitzen und Stürmen. Daher streuten die Menschen früherer Zeit, die von dieser Erwartung geleitet wurden, diesen Stein zerrieben zusammen mit den Samen auf den Acker oder hängten ihn in Olivenbäumen auf, damit sie nicht Gefahr liefen, vom Hagel getroffen zu werden. **§3** Er schreckt böse Geister ab, und das vielleicht deswegen, weil sich seine Zweige oft nach Art eines Kreuzes ausstrecken; vielerlei Unglücksfälle wehrt er ab und schafft Vorteile. Er hilft auch gegen zersetzenden Schleim.

10.16 DER CRISOPASSUS (*Crisopassus*)

§1 Der Crisopassus ist ein zweifarbiger Stein, er funkelt von goldenen Tropfen und ist vermischt mit der Farbe von Porreesaft. Er stärkt die Augen. Man sagt, er werde nur äußerst selten gefunden, daher gilt er für recht kostbar, wird er <einmal> gefunden. Man findet ihn aber in Indien. Er macht den Blick klar, beseitigt Habgier und gibt Beharrlichkeit in allen guten Dingen.

10.17 DER SCHWALBENSTEIN (*Celidonius*)

§1 Der Schwalbenstein ist ein unansehnlicher und kleiner Stein, den man im Bauch einer Schwalbe findet, manchmal rot, manchmal schwarz. Die Schwalbenjungen, die diesen Stein in ihrer Leber tragen, erkennt man daran, dass sie Schnabel gegen Schnabel im Zeichen des Friedens einander zugewandt sitzen. **§2** Wenn man den roten findet, besänftigt er Mondsüchtige, Wahnsinnige und länger anhaltende Erschöpfungszustände, er macht Menschen redegewandt und angenehm. Man muss diesen Stein in ein Leinentuch wickeln und an der linken Seite tragen. **§3** Manchmal aber findet man den schwarzen; der muss gleichfalls in einem Leinentuch getragen werden und ist für diejenigen geeignet, die Handel treiben; er beschwichtigt Zorn und in Wasser gelöst macht er den Blick klar. In einem gelben Tuch getragen lindert er Fieber und schädliche Säfte. Wenn er in die Blätter des Schöllkrautes eingewickelt wird, trübt er den Blick.

10.18 DER CALOPHAGUS (*Calophagus*)

§1 Der Calophagus, oder nach anderen der Calcophanos, ist ein schwarzer Stein; wird er von einem keuschen Menschen getragen, macht er die Stimme süß klingend und wohltönend; er schützt den Rachenraum gegen Heiserkeit. Es ist aber der Stein selbst wohltönend und süß klingend wie Erz, wenn man mit Eisen oder Erz darauf schlägt.

10.19 DER KRISTALL (*Cristallus*)

§1 Der Kristall ist ein Stein, der über viele Jahre vom Eis hart gemacht wurde. Dennoch scheint Solinus zu widersprechen, der sagt, dass man Kristall in Weltgegenden findet, wo es niemals Frost oder Eis gab. Wenn er rund geformt ist, entzündet er, unter die Sonne gelegt, Zunder wie der Berill. Dieser Stein füllt die Brüste mit Milch, wenn er zerrieben und zusammen mit Honig vermischt getrunken wird. Er stärkt die Augen.

10.20 DER CHRYSOLITH[63] (*Crisolitus*)

§1 Der Chrysolith ist ein dem Gold oder eher dem Bernstein ähnlicher Stein. In den Morgenstunden ist er lebhafter in seiner Färbung. Es gibt noch eine andere Art, die Steinen eingebunden sind und Gold stark ähneln, kein bisschen durchscheinend, sondern dunkel. **§2** Dieser Stein lindert Schmerzen der Stirn und der Augen, die von einer warmen Ursache herrühren; in der Hand getragen lindert er auch Fieberhitze; zu Pulver zerrieben heilt er Krätze und Geschwüre. Es gibt noch eine weitere Art, farblich zwischen gelb und rot; wird er in die Nähe von Feuer gebracht, zerbricht er sofort, und das *zerbrochene Material springt vor dem Feuer zurück, als wenn es die Flucht ergreifen würde. Er hilft gegen geschwollene Glieder und Knoten unter der Haut.

10.21 DER DONNERSTEIN (*Ceraunius*)

§1 Der Donnerstein ist von bläulicher Farbe. In der griechischen Sprache wird er gewissermaßen nach dem Blitz benannt, weil er mit dem Blitz zusammen vom Himmel fällt. An dem Ort, an dem es diesen Stein gibt, soll kein Blitz niedergehen. Er ist recht oft an einer Seite scharf.

10.22 DER KORNEOL (*Corneolus*)

§1 Der Korneol, oder nach einigen der Kornel, ist ein roter Stein, aber von dunkler Farbe, ähnlich einer klaffenden Fleischwunde. Er besänftigt Zorn, stillt den Blutfluss aus einem Glied oder aus der Nase, besonders bei einer Frau, wenn sie an Blutfluss leidet. Eine Vielzahl dieser Steine sollen die Söhne Israel nicht ohne Grund in der Wüste graviert haben.

10.23 DER CHRYSOLITH[64] (*Crisolitus*)

§1 Der Chrysolith ist einer der zwölf Steine. Golden schimmernd und funkelnd wie Feuer ist er dem Meer ähnlich mit seinem dunkelnden Grün. In Gold getragen schützt er seine Träger gegen Albträume. Wird er durchbohrt und das Loch mit Eselshaar gefüllt, schreckt er böse Geister und verjagt sie. Er muss an der linken Seite getragen werden. Dieser <Stein> kommt aus Äthiopien zu uns.

---

[63] Vgl. 10.23 Der Chrysolith (*Crisolitus*).

[64] Vgl. 10.20 Der Chrysolith (*Crisolitus*).

10.24 DER SCHILDKRÖTENSTEIN (*Celonites*)

§1 Der Schildkrötenstein ist purpurfarben und bunt. Er kommt von der Schildkröte und macht denjenigen zum Wahrsager, der ihn unter der Zunge trägt. Doch die Gabe der Wahrsagung hat er nur, wenn der Mond am ersten Tag zunehmend ist und sichelförmig und am 28. Tag, wenn er wieder sichelförmig ist und abnimmt; auch wird dieser Stein nicht vom Feuer zerstört.

10.25 DER CEGOLITUS (*Cegolitus*)

§1 Der Cegolitstein ähnelt dem Kern einer Olive; in Wasser aufgelöst und getrunken, hilft er gegen Nieren- und Blasensteine.

10.26 DER CRYSOPASION (*Crisopasion*)

§1 Der Crysopasion ist ein Edelstein. Er kommt aus Äthiopien. Er leuchtet im Dunkeln und erlischt im Licht, und man beobachtet bei ihm das wechselnde Aufleuchten und Erlöschen einer unbestimmten Farbe wie bei einer morschen Eiche und dem Glühwürmchen.

10.27 DER SCHLEIFSTEIN (*Cos*)

§1 Der härtere Schleifstein dient zum Schleifen eines weichen Messers, der weichere <zum Schleifen> eines harten. Zu Pulver zerrieben und mit warmem Wasser übergossen ergibt er eine sehr gute Lauge, um Kleider und Köpfe zu waschen. Sein ausgestreutes Pulver ist gut für die Gärten. **§2** Ein sehr kleiner Stein, der, einmal geworfen, keinen Schaden auf der Stirn anrichtet, aber wenn es wiederholt geschieht, lässt er häufig ein großes Geschwür entstehen. **§3** Ungelöschter Kalk hat ein verborgenes Feuer, das, auch wenn er sich bei Berührung kalt anfühlt, sofort aufflammt, wird <der Kalk> mit Wasser besprengt. Mit Wasser nämlich, was erstaunlich ist, wird er entzündet, womit doch normalerweise Feuer gelöscht wird; mit Öl wird der Kalk gelöscht, womit man sonst Feuer zu entzünden pflegt. **§4** Ein mit Essig bespritzter Mühlstein stillt den Blutfluss und hilft bei heißen Geschwüren. **§5** Ein Kiesel, mag er auch kalt und hart sein, lässt, wenn man ihn schlägt, Feuerfunken fliegen.

10.28 DER DEMONIUS (*Demonius*)

§1 Der Demonius ist zweifarbig; er hilft Fiebernden, treibt Gifte aus, beschützt und macht siegreich.

10.29 DER DRACHENSTEIN (*Dracontides*)

§1 Der Drachenstein ist ein Stein, der dem Gehirn eines Drachen entnommen wird; wird er nicht aus einem lebenden Drachen herausgeschnitten, ist er kein Edelstein. Dies geschieht folgendermaßen: Mutige Männer erkunden die Höhle eines Drachens und durchstechen unverzüglich die Köpfe der schlafenden Drachen und entnehmen ihnen die Edelsteine, solange sie noch mit voller Kraft zucken. **§2** <Der Drachenstein> soll gegen giftige Tiere helfen und Giften erfolgreich engegenwirken. Mit der Drachen Zierde brüsten sich besonders die Könige des Ostens; <die Steine> sind aber von durchscheinender Farbe.

10.30 DER DIONYSIAS (*Dyonisia*)

§1 Der Dionysias ist ein Stein des Ostens, von dunkler Farbe und mit schneeweißen Tropfen besprenkelt. Dieser Stein, in Wasser zerrieben, duftet nach Wein, und dennoch pflegt durch seinen Geruch Trunkenheit, ganz gegen die Natur, vertrieben zu werden. Denn der Geruch von Wein macht natürlicherweise betrunken, selbst ohne dass man ihn trinkt.

10.31 DER DIADOCHOS (*Dyadochos*)

§1 Der Diadochos ist ein Stein, der, wenn man ihn ins Wasser wirft, unterschiedliche Bildnisse von bösen Geistern hervorruft, so dass er Bittstellern eine Antwort erteilt. Bringt man ihn in die Nähe eines Leichnams, verliert er seine Kräfte und schreckt gleichsam sichtbar vor dem Tod zurück. Er gleicht dem Berill.

10.32 DER HÄMATIT (*Emathites*)

§1 Der Hämatit ist ein Stein Äthiopiens oder Arabiens, eisenfarben und von blutigen Adern durchzogen. Wird er zerstoßen und in Wasser aufgelöst, heilt er diejenigen, die blutigen Auswurf absondern. Er heilt auch die Monatsblutung und den Durchfall. **§2** Auch mit Wein vermischt heilt sein Pulver Geschwüre und hilft gegen den Biss giftiger Tiere. Er reinigt auch die Augen nach Art einer Augensalbe. Trinkt man ihn, so zerbricht er sogar den Blasenstein und sein Pulver verätzt und entfernt totes Fleisch, das in einer Wunde wächst.

10.33 DER ECHITES (*Echites*)

§1 Der Echites wird von einem Adler aus den entferntesten Teilen der Erde in sein Nest getragen. Denn der Adler weiß auf natürliche Weise, dass dieser <Stein> seine

Jungen beschützt. Andere aber sagen, der Grund dafür ist, dass die Eier des Adlers durch übermäßige Wärme heiß werden, wenn der von Natur aus kalte Stein nicht im Nest liegt. **§2** Dieser Stein ist von purpurroter Farbe; in seinem Inneren hat er ein Steinchen, das klappert. Er hilft sehr wirksam Schwangeren, dass sie keine Fehlgeburt haben oder bei der Geburt leiden müssen. Man soll ihn an der linken Seite tragen. Er macht nüchtern, vermehrt Reichtümer, verleiht Charisma und macht siegreich und bewahrt die Kinder vor Schaden.

10.34 DER HELIOTROP (*Elitropia*)

§1 Der Heliotrop ist ein Stein, der, wird er den Sonnenstrahlen in einem Gefäß voll Wasser ausgesetzt, die Sonne blutrot werden lässt, so als ob sie eine Finsternis erleiden würde; auch sieht man sogleich das Gefäß, in dem er liegt, aufwallen und das Wasser zu verspritzen wie einen Regen. Wenn danach entsprechend veranlagte Personen anwesend sind *und das sehen, so werden sie entrückt und sagen die Zukunft voraus. **§2** Dieser Stein schenkt seinem Träger ein lange Lebenszeit, stillt Blut, vertreibt Gift und schützt vor Schmerzen. Ferner, wenn Heliotropia, d.h. das Kraut mit gleichem Namen, unter den Stein gelegt wird und mit dem entsprechenden Spruch geweiht wird, macht der Edelstein einen Menschen unsichtbar. **§3** Man beachte auch: manche sagen, dass das Kraut Heliotropia das gleiche ist wie die Blume, die ‚Sonnenbraut' oder *Solsequium* heißt. Dieser Edelstein kommt von Äthiopien, Zypern und Afrika. Er ist smaragdgrün und mit blutroten Tropfen gesprenkelt.

10.35 ÜBER DEN EPISCUTES (*Episcutes*)

§1 Der Episcutes ist ein rötlich färbender und rötlicher Stein. Auf der Herzseite getragen schützt er, befriedet Aufstände, er hält Heuschrecken, Vögel, leere Nebel, Hagel und Sturm den Früchten der Erde fern und sendet, der Sonne zugewandt, Feuer und Strahlen aus. Wenn man diesen Stein in kochendes Wasser wirft, hört dessen Aufsprudeln auf, und es gefriert danach.

10.36 DER EXACOLITUS (*Exacolitus*)

§1 Der Exacolitus ist bunt. Wenn er in Wein gelegt wird und man davon trinkt, hilft er gegen Darmverschlingung und Kolik.

10.37 DER ELIDROS (*Elidros*)

§1 Der Elidros, oder nach anderen Enydros, ist ein dem Kristall ähnlicher Stein, der auf wundersame Weise unaufhörlich Tropfen absondert, die Fiebernden helfen. Und noch wunderlicher ist, dass sich die Substanz des Steins nicht verflüssigt und auch der Stein nicht kleiner wird, sondern hart und unversehrt bleibt in jeder Hinsicht.

10.38 DER GRANAT (*Granatus*)

§1 Der Granat ist farblich ein besonders schöner Stein, fast dem Rubin gleich, aber von kräftigerer Farbe wie die von einer Rose. Er lässt sich nur sehr schwer gravieren. Er leuchtet noch schöner, wenn man ihm schwarze Farbe unterlegt. Dieser Stein vertreibt Traurigkeit und macht das Gemüt wieder heiter. Man findet ihn in Äthiopien und bei Tyrus im Sand, wo er von den Fluten des Meeres angespült wurde. **§2** Eine bestimmte Granatart heißt *violacius*, weil sie Veilchenfarbe hat, die dem Rot beigemischt ist, und diese ist kostbarer und schöner und gleicht eher dem *Balaustus.[65] Granat gehört zur Gattung des Hyazinthen.

10.39 DER GAGAT (*Gagates*)

§1 Der Gagat ist ein Stein in Lykien; auch in Britannien entsteht er. Er ist leuchtend schwarz, glatt und leicht; wird er durch Reiben erwärmt, zieht er Spreu an. Mit Wasser benetzt brennt er, mit Olivenöl wird er gelöscht. Er nützt Wassersüchtigen und macht lockere Zähne fest, mit Wasser abgewaschen bringt er <den Frauen> ihre Monatsblutung, wenn sie sich über den Wasserdampf setzen. **§2** Angezündet nützt er auch Epileptikern, und der Elidros ebenso. Gleichermaßen vertreibt er auch böse Geister, und wenn sie durch den Mund eines Besessenen sprechen, zwingt sie sein Rauch zu schweigen. Er hilft einem verdorbenem Magen; er wirkt gegen Zauberei. **§3** Schwangeren hilft auch das Wasser, in dem der Stein drei Tage lang gelegen hat: schnell befreit er sie von der Geburt. Man sagt aber, wenn ein Mädchen dieses Wasser trinkt, so wird ihre Jungfräulichkeit ermittelt; ist sie nämlich Jungfrau, so geschieht nichts, wurde sie aber geschändet, so uriniert sie sogleich.

10.40 DER GELASIUS (*Gelasius*)

§1 Der Gelasius ist ein Stein, der schneeweiß ist wie Hagel. Er ist von unbesiegter Härte wie der Adamas, <und> kann niemals von Feuer erwärmt werden, sondern bleibt immer kalt. Er mäßigt Zorn und sexuelles Verlangen.

---

[65] Vgl. 10,13 §3 (*Carbunculus*), dort mit der Variante *balastus*.

10.41 DER GECOLITUS (*Gecolitus*)

§1 Der Gecolitus, ein Stein des Orients, der einem Olivenkern ähnelt, ist dem Aussehen nach wertlos, doch kostbar durch seine Kraft. In Wasser aufgelöst und getrunken löst er den Blasenstein und spült in der Blase angehäufte Grieskörner aus.

10.42 DER GALARITIDES (*Galaritides*)

§1 Der Galaritides gleicht der Asche; mit Milch zerrieben und getrunken vermehrt er die Milch, befreit eine Schwangere <von der Frucht> und vertreibt die Krätze. Aber mit Eiweiß bestrichen verschafft er seinem Träger Gutes. Man findet ihn im Nil.

10.43 DER GEGATROMEUS (*Gegatromeus*)

§1 Der Gegatromeus ist ein Stein, der dem Fell eines Rehkitzes gleicht. Der macht seinen Träger siegreich im Krieg und nichts kann ihm zu Lande oder zu Wasser widerstehen. Man liest, dass der Fürst Alcides mit diesem Stein viele Gefahren überwunden hat und seinen Feinden unterlag, sooft er ihn nicht bei sich hatte.

10.44 DER GERACHITES (*Gerachitea*)

§1 Der Gerachites ist ein schwarzer Stein. Wer den im Mund trägt, wird geradezu zum Richter über Gedanken und Ansichten, und der Stein macht ihn geschätzt und liebenswert dem, dessen Vorgesetzter er ist. So beweist man seine Kraft: Denn wenn man einen nackten Menschen mit Honig einreibt und den Fliegen aussetzt, so lassen sie ihn unversehrt; nimmt man ihm aber den Stein weg, so saugen sie den Körper aus und zerstören ihn.

10.45 DER JASPIS (*Iaspis*)

§1 Der Jaspis ist ein grüner Stein <und> einer der zwölf. Ist er auch grün, so hat er doch blutrote tropfenförmige Einschlüsse. Der ist der allerbeste, der besonders durchscheinend ist. Wenn sein Träger noch unberührt ist, vertreibt er Fieber und Wassersucht. Er hilft auch den Frauen bei der Geburt; seinen Träger schützt er und macht ihn <den Menschen> angenehm. **§2** Wenn er geweiht ist, vertreibt er zugleich schädliche Trugbilder. Seine Wirkkraft ist größer, wenn er in Silber getragen wird. Von diesem Stein gibt es mehrere Arten und man findet ihn in vielen Teilen der Welt. Eine bestimmte Art ist ganz rot wie Feuer und durchscheinend und die ist kostbar.

§3 Es gibt auch eine andere rote, aber nicht durchscheinende Art und die ist weniger wertvoll. Der Jaspis, der immer grün ist und die Sehkraft des Leibes stärkt, bedeutet den Glauben, der die Sehkraft des Geistes stärkt.

10.46 DER HYAZINTH (*Iacinctus*)

§1 Der Hyazinth ist ein Stein von bläulicher Farbe. Dieser ist im Dunkeln düster, bei hellem Licht klar; es heißt nämlich, er nehme die Witterung wahr. Der weder allzu klar noch allzu dunkel ist, ist der allerbeste. Er ist äußerst hart und lässt sich weder zerteilen noch gravieren. Man graviert ihn jedoch bisweilen mit den Splittern des Adamas. **§2** Er ist sehr kalt, und besonders, wenn man ihn in den Mund legt. Er stärkt seinen Träger, vertreibt Trauer und unbegründeten Verdacht und schützt denjenigen, der in fremde Länder reist. Er ist ein Schutz gegen die Pest, Schlangen und Gifte. Er macht seinen Träger angenehm vor Gott und den Menschen. Dieser Edelstein kommt aus Äthiopien zu uns. Der Granat ist von der Art des Hyazinthen. **§3** Der Hyazinth, der sich mit der Witterung verändert – denn bei heiterem Wetter ist er durchscheinend klar, bei bewölktem dunkel – bedeutet die Klugheit der Heiligen, mit der sie sich für Gott allen anpassen, damit alle <geistlichen> Gewinn bringen, wie der Apostel, der sagt: „Ich bin allen alles geworden" usw. (1 Cor 9, 22: *omnibus omnia factus sum et omnes facerem salvos*).

10.47 DER REGENBOGENSTEIN (*Yris*)

§1 Der Regenbogenstein gleicht dem Kristall und ist sechseckig; wenn dieser im Haus unter die <einfallende> Sonne gelegt wird, wirft er die leuchtendsten Farben auf die Wand wie die des Regenbogens. Er wirkt gegen den Blitz. Im Roten Meer findet man die edelste und reinste Art von ihm und in den Alpen in Italien und in Gegenden Deutschlands an felsigen Stellen im Gebirge.

10.48 DER HYÄNENSTEIN (*Yena*)

§1 Der Hyänenstein ist ein Edelstein und ein sehr kostbarer Stein, der nach dem Tier ‚Hyäne' benannt ist, weil er den Augen dieses Wildtieres entnommen wird. Die Alten sagen, dass er seinen Trägern die Kraft verleihe, die Zukunft vorherzusagen, doch das vermag er nur, wenn er unter der Zunge im Mund getragen wird.

10.49 DER LUCHSSTEIN (*Ligurius*)

§1 Der Luchsstein ist einer von den zwölfen; er tropft von den Flanken des Luchses. Denn der Urin des Luchses, wie P l i n i u s sagt, verhärtet sich zu Stein; dies weiß das Tier von Natur aus und da es uns unseren Nutzen missgönnt, verscharrt es die ausgeschiedene Flüssigkeit im Sand. **§2** Die Farbe des Steins entsteht je nach der unterschiedlichen <Färbung> des Urins des Tieres; recht häufig aber ist er gelb mit einer leichten Neigung zu schwarz. In Wasser abgewaschen hilft er denen, die an Verstopfung leiden, löst den Leib und und bringt die verlorene Farbe des Gesichts wieder; er hilft nämlich den Gelbsüchtigen. Er zieht Spreu an wie der Gagat.

10.50 DER LAGAPIS (*Lagapis*)

§1 Der Lagapis ist von kalter und trockener Komplexion und rund. Er hilft besonders den Verwundeten; er zieht das Eisen aus der Wunde heraus.

10.51 DER MAGNET (*Magnes*)

§1 Der Magnes oder Magnet ist ein Stein von der Farbe des Eisens. Wenn kein Adamas anwesend ist, zieht er Eisen an, das in der Nähe ist. Man sagt, er sei hilfreich für Blendwerk und für die Zauberkunst. Er soll auch mit einer wunderlichen Kraft begabt sein. **§2** Ist nämlich einer begierig zu wissen, ob seine Frau eine Ehebrecherin sei, so soll er diesen Stein unter den Kopf seiner schlummernden Frau legen, und bald verlangt sie, wenn sie keusch ist, nach ihrem Mann mit einer Umarmung, ohne jedoch zu erwachen. Die aber eine Ehebrecherin ist, fällt wie von einer Hand gestoßen plötzlich aus dem Bett, als sei sie von Gestank gezwungen. Dieser Stein soll auch Ehefrauen mit ihren Männern versöhnen. **§3** Auch wenn Diebe in ein Haus eindringen um zu stehlen, legen sie an den vier Seiten des Hauses Kohlen aus und streuen Magnetsplitter darüber; sogleich benebelt der *Dampf des Rauches Geist und Augen der Bewohner, so dass sie aus dem Haus flüchten im Glauben, es werde einstürzen. Und so rauben die Diebe ungestraft alles, was ihnen im Haus gefällt. **§4** Wird der Stein zerrieben und mit Milch vermischt, beseitigt er Wassersucht, zu Pulver zermahlen, heilt er sogar Verbrennungen. Man findet aber diesen Stein bei den Dragoditen und bei den Indern. Isidor sagt, dass er umso besser ist, je bläulicher seine Farbe ist. Er zieht Glas wie Eisen an. Nach dem Zeugnis Augustins soll ein eisernes Bildnis mit Hilfe dieses Steins in blosser Luft hängen bleiben.

10.52 DER MEMPHITES (*Memphites*)

§1 Der Memphitesstein ist nach Memphis, einem Ort Ägyptens, so genannt; der fast die Farbe von Feuer hat. Wird dieser zerrieben und mit Essig vermischt, wird er denen zu trinken gegeben, die man brennen und schneiden muss, damit er den Körper betäubt, und sie die Qualen nicht fühlen.

10.53 DER MEDUS (*Medus*)

§1 Der Medus ist ein Stein im Land der Meder, der grünlich ist; er hat eine gute und eine böse Kraft. In der Milch einer Frau aufgelöst, die einen Jungen geboren hat, gibt er Blinden ihre Sehkraft zurück; er beseitigt nämlich das Leukom in den Augen und schenkt denen ihr Augenlicht wieder, die schon die Hoffnung aufgegeben hatten, er heilt die Fußgicht und kuriert die Geisteskranken. In Wasser aufgelöst und getrunken macht er, dass man die Lunge erbricht, und wer sich mit diesem Wasser die Stirn wäscht, den macht er blind.

10.54 DER FELDSPAT (*Nitrum*)

§1 Feldspat ist ein weißlicher und durchsichtiger Stein.[66] Seine anziehende und lösende Kraft hilft gegen Gelbsucht.

10.55 DER NICOMAR (*Nicomar*)

§1 Nicomar oder Alabaster ist ein und derselbe weiße Stein. Er gewährt Sieg, er stiftet Freundschaft und erhält sie.

10.56 DER NOSECH (*Noshe*)

§1 Der Nosech ist ein Stein, und es gibt zwei Arten, einen weißlichen, und einen anderen bunten. Man entnimmt sie dem Kopf einer Kröte, bevor sie Wasser trinkt oder berührt, und von ungefähr erscheint manchmal auf ihnen die Gestalt einer Kröte mit gespreizten Füßen. **§2** Der Stein hilft gegen den Biss von Reptilien und Gifttieren. Denn in Gegenwart von Gift brennt der bunte Stein den Finger dessen, der es berührt, und beide Steine müssen zusammen gefasst werden.

10.57 DER ONYCHINUS (*Onichinus*)

§1 Der Onychinus ist einer der zwölf auf dem Gewand Aarons. Über diesen Stein aber gibt es zwei Ansichten. Die G l o s s e über <das Buch> Leviticus sagt, dass er eine kleine Auster ist, süß duftet, von der Größe und Farbe eines menschlichen

[66] Es handelt sich genauer um den Plagioklas-Feldspat aus der Gruppe der Kalknatronfeldspäte, der transparent ist.

Nagels; daher wird er auch griechisch „onyx“, lateinisch „unguis“ genannt. **§2** Wird diese kleine Auster aus dem Wasser herausgenommen, so wird sie hart und zu Stein; wie eine Perle hat sie die Farbe eines menschlichen Nagels zwischen roter und weißer Farbe. Beda aber scheint <sagen> zu wollen, dass der Onychinus oder Onyx zu eienm Teil schwarz ist mit dazwischen verlaufenden weißen und roten Streifen, was keiner der <anderen> Autoren sagt. **§3** Platearius sagt, dass Onycha oder Onyx oder Onychinus eine Art Gummi ist, das aus einem Baum herausfließt und später zu einem Stein verhärtet, wie man es vom Bernstein liest. Das freilich gestehen wir zu, wenn ‚Onycha' etwas anderes meint als Onychinus. **§4** Man muss aber wissen, dass Onycha nach der Glosse zum <Buch> Exodus für Onychinus gesetzt wird, wo von einer Salbe und ihrer Zusammensetzung gehandelt wird (vgl. Ex 25, 6). Und beachte, dass alle Autoren übereinstimmend aussagen, dass der Onychinus einem menschlichen Nagel ähnelt; und das ist die einflussreichere Meinung. **§5** Er hilft gegen die Krätze, macht das Gesicht weiß, ins Feuer geworfen verströmt er einen wunderbar süßen Duft und wenn er auf ein krankes Auge gelegt wird, so soll er von selbst, gleichsam wie ein wahrgenommener Gegenstand, ohne eine Verletzung eindringen und das Auge umrunden und alle Teile im Inneren durchdringen, bis er die ihm schädlichen Säfte ganz und gar ausgetrieben hat. **§6** Und das ist sehr verwunderlich, weil nichts so klein ist, dass es das Auge nicht verletzte, wenn es eindringt. Daher gibt es das Sprichwort: Das Auge ist eine enge Wohnung, die keinen Gast duldet.

10.58 DER ONYX (*Onix*)

§1 Der Onyx ist ein kostbarer Stein, zum Teil weiß, zum Teil schwarz. Wird er am Hals oder Finger getragen, beseitigt er Habgier, vertreibt im Schlaf Trauer und Schaden Bringendes, zerstört auch die Einbildungskraft, hat aber den Nachteil, Streit und Zwietracht zu erregen und zu vervielfachen und wenn er Kindern um den Hals gehängt wird, vermehrt er den Speichelfluss. Dieser Edelstein kommt aus Arabien und Indien.

10.59 DER OSTOLANUS (*Ostolanus*)

§1 Der Ostolanus oder, wie einige Bücher sagen, der Olthamus, ist der sicherste Schutzherr für Diebe. Denn er macht den Menschen, der ihn trägt, unsichtbar und überzieht die Augen der Umstehenden mit einer Wolke, wobei die Sehkraft seines Trägers unvermindert erhalten bleibt. Und beachte, dass der Autor des Buches die Farbe des Steins verschwiegen hat, damit man ihn nicht leicht finden kann.

10.60 DER ORITES (*Orites*)

§1 Der Orites ist ein grüner Stein mit weißen Flecken, der ungünstigen Zwischenfällen widersteht. Es gibt auch eine andere, schwarze und runde Art von diesem Steins, die giftige Bisse heilt; mit Öl eingerieben vertreibt er sogar Bisse von Schlangen und wilden Tieren. Noch eine weitere Art gibt es von ihm, wie kleine Eisenplättchen: die macht schwanger oder, wenn <eine Frau> schon schwanger ist, treibt sie den Fötus aus.

10.61 DER PYRIT (*Perites*)

§1 Der Perites oder Pyrites oder Peridonius ist ein persischer Stein von goldschimmernder Farbe. Es gibt auch einen, der eine Farbe hat wie der Crisolit, aber ein wenig grüner. Der hilft gegen Arthritis. Wird er recht stark in der Hand gedrückt, verbrennt er die Hand desjenigen, der ihn drückt, so sehr, dass man ihn nicht halten kann. Denn er will leicht und sanft berührt werden. Sein Glanz nimmt mit dem Mond zu und ab.

10.62 DER PANTHERSTEIN (*Panthera*)

§1 Der Pantherstein ist nach dem wilden Tier benannt, das so heißt; er hat viele und fast alle Farben. Man muss ihn bei Sonnenaufgang in der Hand halten und ansehen, um siegreich zu sein und erfolgreich in jeder Unternehmung. Er lindert Tollwut; er soll so viele Kräfte haben wie Farben. Er kommt aus Indien.

10.63 DER PRASIUS

§1 Der Prasius ist ein schöner grüner Stein, hat aber eine kräftigere Farbe als der Smaragd. Er ist zu nichts gut, außer Gold zu schmücken. Aus diesem Stein wird der Smaragd gebrochen.

10.64 DER PYROPHILOS (*Pyrophilos*)

§1 Der Pyrophilos ist ein sehr kostbarer Stein, wie das Schreiben des Philosophen Äskulap erzählt, das dieser an Oktavian Augustus sandte. Er sagt nämlich: Das Herz eines Menschen, der an Gift gestorben ist, kann nicht durch Feuer verbrannt werden. Wenn aber dieses Herz neun Jahre ununterbrochen im Feuer gehalten wird, verwandelt es sich in den Stein dieses Namens, der eine wunderliche Macht hat. **§2** Er beschützt nämlich seinen Träger vor Blitz und Donner, wie Äskulap sagt; Könige und Feldherren macht er siegreich im Krieg und gegen Gift gefeit. Es heißt, Alexander habe ihn in einem purpurnen Lendenschurz getragen. Als er von Indien zurückgekehrt war und den Euphratfluss überquert hatte, legte er seine Kleider ab, um sich im Fluss zu waschen. **§3** Derweil kam eine Schlange, packte den Lendenschurz mit dem Stein mit einem Biss und ließ ihn in den Euphrat fallen. Das schreibt Aristoteles im Buch „Von der Natur der Schlangen". Man nimmt an, es sei derselbe Stein, den man volkstümlich den Menschenstein nennt, nach dem Menschen. Von dem wird berichtet, dass er einen Menschen vor dem plötzlichem Tod bewahrt und dass dieser seine Seele nicht aushauchen kann, solange er eine Art dieses Steins in der Hand hält. **§4** Dennoch schützt er nicht vor Krankheit und Schmerz, wie geschrieben wird vom Land der Lebenden, Dyalle genannt, sondern er bewirkt nur, dass <ein Mensch> für immer lebt unter Schmerzen. Er ist aber von einer Farbe, die ein wenig rot ist, vermischt mit glänzendem Weiß.

10.65 DER PEANITES (*Peanites*)

§1 Der Peanites ist ein Stein, der *in Michedon wächst und weiblichen Geschlechts ist; denn zu einer bestimmten Zeit empfängt er und gebiert ihm ähnliche Steine. Er hilft aber den Schwangeren.

10.66 DER WIEDEHOPFSTEIN (*Quirin*)

§1 Den Wiedehopfstein findet man in den Nestern des Wiedehopfs. Er verrät Geheimnisse im Schlaf und mehrt Traumphantasien.

10.67 DER GEIERSTEIN (*Quirindros*)

§1 Der Geierstein wird dem Gehirn eines Geiers entnommen. Er hilft gegen alle schädlichen Vorkommnisse; er füllt die Brüste mit Milch.

10.68 DER SAPHIR (*Saphirus*)

§1 Der Saphir ist ein sehr kostbarer Stein <und> einer der zwölf. Farblich gleicht er dem heiteren Himmel, jedoch zeigt er niemals in sich ein Bild wie ein Spiegel, wie rein er auch sein mag. Wenn die Sonnenstrahlen von ihm reflektiert werden, verströmt er aus sich einen brennenden Glanz, stets auf die Himmelsdinge ausgerichtet, und der <Saphir> ist kostbarer, der aus Indien kommt und nie durchscheinend ist. **§2** Er erhält Körper und Glieder unversehrt durch Belebung, kühlt das innere Feuer, hält Schweiß zurück und nimmt Schmerzen von Augen und

Stirn, heilt eine kranke Zunge, lindert Schwellungen und heilt Geschwüre. **§3** Er vertreibt auch jene schreckliche Krankheit, die man volkstümlich „Rühr mich nicht an“ nennt, doch soll er danach seine Farbe verlieren. Es heißt auch, er sei sehr wirksam gegen Betrug, gegen Neid, gegen Schrecken; dem Frieden aber ist er gnädig gesinnt. Wer ihn trägt, muss mit größtem Eifer seine Reinheit bewahren. **§4** Im Alaun von Ypoios gibt es Saphire, die größtenteils wenig Wert und wenig Wirkung haben; diejenigen aber, die man dort findet von der Farbe des orientalischen Saphirs, sind die besten und wirkkräftig, aber nur wenige von ihnen sind solcher Art. **§5** Die Saphire des Orients aber sind die besten und besonders diejenigen, die kraftvoll blaufarbig leuchten und gleichsam Nebelwölkchen auf der Oberfläche von dichterer Farbe haben. Es gibt auch einige orientaliche Saphire, die einen Rubinstein beigemischt haben. Die sind wertvoller als die anderen und machtvoll in ihrer Kraft. Diesen Edelstein verwenden die Nigromanten bei ihren Zaubereien. **§6** Der Saphir, dessen Farbe dem heiteren Himmel gleicht und einen brennenden Glanz verströmt, wenn die Sonnenstrahlen von ihm reflektiert werden, bedeutet die Hoffnung, durch die wir zum Himmlischen emporgerissen und von der Liebe zum Himmlischen entflammt werden unter Verachtung der Liebe zur Welt, so dass wir mit dem Apostel sagen können: „Unsere Heimat aber ist im Himmel” (Phil 3, 20: *Nostra autem conversatio in caelis est*), und <mit> Jesaias LIIII: „Ich werde dir Grundmauern legen aus Saphir” (Is 54, 11: *Et fundabo te in sapphiris*).

10.69 DER SMARAGD (*Smaragdus*)

§1 Der Smaragd ist ein kostbarer Stein <und> einer der zwölf. Dieser ist grüner als alles, was grün sein kann. Es gibt vielerlei Arten von ihm, aber der ist der beste, den man in Skythien findet. Die *Arimaspier[67] entreißen diesen Stein den Vögeln, die Greife heißen und die mit äußerster Grausamkeit über ihn wachen. Diejenigen sind die allerbesten, durch die man hindurchschauen kann; von ihrem Glanz erscheint die angrenzende Luft grün. **§2** Sein Grün wird weder von der Sonne noch einer Lampe oder einem Schatten verdunkelt. Seine beste Form ist eine flache <Form>, denn wenn sie gedrückt ist, wird er dunkel. Wenn er mit Ehrfurcht getragen wird, vertreibt er Fallsucht und eine Krankheit, die Hemitrites genannt wird;[68] er belebt die Sehkraft wieder und reinigt die Augen; wird er mit Wein gewaschen und mit Ölivenöl eingerieben, so wird sein Grün zum brennenden Leuchten gebracht. **§3** Er vermehrt Reichtum, lässt einen in allen Geschäften überzeugend wirken, macht einen Menschen angenehm in seinen Worten, hilft denen, die Verborgenes erforschen, wendet Stürme ab und bändigt sexuelle Erregung. **§4** Der Smaragd, der

---

[67] Ein legendärer Stamm von einäugigen Menschen im Norden des früheren Reiches der Skythen.

[68] „Hemitritaeus“ ist ein Wechselfieber, das gewöhnlich mehrere Tage andauert.

alle Kräuter und Blätter der Bäume mit seinem Grün übertrifft und seinen Träger allen, die ihn anschauen, beliebt macht, der die angrenzende Luft grün leuchten läßt und ein Bild wie ein Spiegel wiedergibt, bedeutet die Jungfräulichkeit, die die Leibesfrische unversehrt bewahrt und alle anderen Tugenden gewissermaßen übertrifft, weil Jungfräulichkeit zu bewahren eher Engeln zukommt als Menschen. **§5** Sie genießt die Gunst der Engel, Gottes und der Menschen und trägt das Bild Christi in sich, weil sie dem Lamm folgt, wohin auch immer es geht. Und zu Recht wird dieser Stein im 21. <Kapitel> der Apokalypse als vierter unter die kostbaren Steine gesetzt, weil Jungfräulichkeit in den IIII Evangelien empfohlen wird.

10.70 DER SARDONYX (*Sardonix*)

§1 Der Sardonyx ist ein Stein, der von Natur aus aus zwei Steinen entstand, nämlich aus dem Onyx und dem Sardius. Zum Teil ist er rot, und das hat er vom Sardiusstein; zum Teil aber weiß, zum Teil schwarz, und diese zwei Farben kommen von der Seite des Onyx. Er soll keine Wirkkraft haben, außer dass der Onyx nicht schaden kann, wenn der Sardonix da ist. **§2** Er hat auch eine wunderschöne Unterart, nämlich wo die Farben miteinander vermischt sind. Dieser Stein vermag kein Wachs einzuritzen;[69] er lehrt seinen Träger, klug und demütig zu sein. Er kommt aus Arabien und Indien. Die besten sollen diejenigen sein, die man graviert vorfindet. **§3** Wie die Glosse zum XXI. <Kapitel> der Apokalypse sagt, ist der Sardonix unten schwarz, weiß in der Mitte, rot oben, und bedeutet die Geduld der Heiligen, weswegen sie unten, d.h. in der Welt, wertlos und verachtet sind. Hiob XVI: „Die Einfalt des Gerechten wird verlacht." (Iob 12, 4: *Deridetur enim iusti simplicitas*). In der Mitte, d.h. innen im Herzen bzw. im Gewissen, sind sie weiß dank ihrer Unbescholtenheit; oben rot wegen der brennenden Glut des Martyriums.

10.71 DER SARDIUS (*Sardius*)

§1 Der Sardius ist ein Stein von den zwölfen <und> wurde zuerst von den Sarden entdeckt. Er ist von roter Farbe, aber fahl wie rote Erde. Er stillt Blutfluß und Hyperämie. Der Onyx kann nicht schaden, wenn der Sardius da ist. Die Glosse sagt, dass er derselbe ist wie der Korneolstein. **§2** Dieser Stein, nämlich der Sardius, bedeutet die vollkommene Standhaftigkeit der Märtyrer, die für Christus ihr eigenes Blut vergossen haben, und daher wird er in der Apocalypse an die sechste Stelle gesetzt, weil Christus im sechsten Zeitalter und am sechsten Tag mit seinem Blut das Martyrium heiligte.

---

[69] Man kann mit ihm nicht auf einer Wachstafel schreiben.

10.72 DER SYRUS (*Syrus*)

§1 Isidor sagt, dass der Stein Syrus seinen Namen von Syrien hat. Dieser Stein schwimmt als ganzer oben und geht unter, wenn er zerkleinert wurde, was recht verwunderlich ist.

10.73 DER SARCOPHAGUS (*Sarcophagus*)

§1 Der Sarcophagus ist ein Stein, der deshalb so heißt, weil die Körper der Toten, die in ihm bestattet wurden, innerhalb von 30 Tagen verwesen. **Sarkos* nennt man nämlich griechisch einen ‚Sarg', *phagos* aber ‚fressen'.

10.74 DER SAMIUS (*Samius*)

§1 Der Samius ist ein Stein, der nach der Insel Samos benannt wurde; er ist schwer und weiß. Mit diesem Stein poliert man Gold; getrunken lindert er Schwindel und bringt erregte Gemüter wieder zu sich. Er hat den Nachteil, dass er die Geburt zurückhält, wenn man ihn einer in den Geburtswehen liegenden Frau an die Hand bindet.

10.75 DER BERNSTEIN (*Succinus*)

§1 Bernstein, den die Griechen *Elektron* nennen, ist von gelber Farbe und manchmal durchsichtig wie Glas. Er ist der Saft (lat. *sucus*) des Pinienbaums, sagt Isidor, und wird so *succinus* genannt. Man nennt ihn auch volkstümlich Lambra. Mit den Fingern gerieben zieht er Blätter, Spreu und Fasern von Kleidern an wie der Magnet das Eisen. **§2** Er wird beliebig gefärbt; denn mit Hilfe der Wurzel der Anchuse (Ochsenzunge), d.h. eines gewissen Krautes, und mit Hilfe einer Schnecke wird er farbig*. Er soll seinen Trägern Keuschheit bringen; auch ist gewiss, dass sein Rauch Gebärenden hilft und Schlangen verscheucht. **§3** Der erste Tropfen, der aus dem Pinienbaum fließt, ist rein und durchsichtig und ist der, der im Sommer zur warmen Zeit herausfließt. Der zur übrigen Zeit fließt, ist dunkel und unrein. Dieses Harz finden die Goten in einem Fluss in Form harter und durchsichtiger Steine.

10.76 DER SYLONITES (*Sylonites*)

§1 Der Sylonites ist ein besonders schöner Stein von weißer, roter, bunter und purpurner Farbe, den die indische Schildkröte trägt. Es gibt eine Art von ihnen, die grasgrün ist. Wenn man ihn im Mund trägt, sagt man die Zukunft voraus. Zum Beispiel: Du willst wissen, ob etwas geschehen wird oder nicht geschehen wird. **§2**

Wenn du also den Stein unter der Zunge hast, erwäge in deinem Geist, dass jene Sache geschehen wird bzw. nicht geschehen wird, und unverzüglich wird eine der beiden Meinungen unausrottbar in deinem Herzen festsitzen. Der <Stein> hat diese Kraft, wenn der Mond zunimmt, jedoch nur morgens und zur sechsten Stunde; am ersten Tag nur eine Stunde, am zehnten Tag in der ersten und sechsten Stunde. **§3** Bei abnehmendem Mond aber hat er keine Wirkkraft, am vorausgehenden Tag aber hält sie an. Nie wird er mit Feuer zerbrochen; er stellt unter Leuten, die sich hassen, die Liebe wieder her; er heilt auch Schwindsüchtige.

10.77 DER SPIEGELSTEIN (*Specularis*)

§1 Der Spiegelstein heißt so, weil er durchsichtig ist wie Glas. Man findet ihn unter der Erde und nach Isidor wird er nach dem Ausgraben in Plättchen zerspalten.

10.78 DER SARDA (*Sarda*)

§1 Der Sarda ist ein Stein, der den Planken der Schiffe, die übers Meer fahren, aus eigenem Antrieb so fest anhängt, dass er kaum mit einer Feile entfernt werden kann. Der hat die Farbe des Prasius[70]; deshalb ist er grün.

10.79 DER TOPAZ (*Topazius*)

§1 Der Topaz ist ein Stein von den zwölfen. Derjenige, dessen Farbe dem Gold gleicht, der ist kostbarer. Eine andere Art ist viel durchscheinender und blasser in der Farbe, aber sie ist schlechter. Dieser Stein hilft den Hämorrhoiden; er soll den Mond fühlen und siedendes Wasser beruhigen. Er soll auch Zorn und sexuelles Verlangen unterdrücken. **§2** Der kommt aus Arabien. Auf der Insel Topasim wurde er zuerst gefunden, daher hat er auch seinen Namen. Plinius sagt, man haben diesen Stein von solcher Größe gefunden, dass Ptolemaeus Philadelphus daraus eine Statue von vier Ellen machen ließ. Wenn man diesen Stein polieren will, wird er dunkel; wenn man ihn seiner eigenen Natur überlässt, erstrahlt er.

10.80 DER TEROBOL (*Terobolon*)

§1 Terobole sind Steine,[71] die in östlichen Gegenden gefunden wurden, wie der Philosoph sagt, und es gibt einen, der trägt von Natur aus ein männliches Bild, und

---

[70] Vgl. 10.63 Der Prasius.

[71] Vermutlich eine antike griechische Münze, der Tetrobolus.

einen anderen mit einem schönen Mädchenbild. Wenn sie einander nahe sind, stossen sie Feuer und Flamme aus, wenn sie weit auseinanderstehen, nichts dergleichen.

10.81 DER *VERNIX

§1 Der Vernix bzw. der Wohlduftende Stein ist von weißlicher Farbe. Er hilft gegen Melancholie, Beschwerden von Milz und Leber und gegen Herzleiden.

10.82 DER *VERTILLUS (*Tertillus*)

§1 Der Vertillus, wie Platearius sagt, ist durchscheinend und klar, dem Öl gleich. Er bewirkt, dass sein Träger geliebt wird. Er hilft bei allen Augenschmerzen; er beseitigt Aufstoßen, Panikattacken und Leberschmerzen, wenn man ihn in Wasser wäscht.

10.83 DER ZUNICH (*Zunich*)

§1 Der Zunich heißt auch Lapislazuli; er hat die Farbe des Himmels, hell mit goldenen Einschlüssen, und daraus wird Lazurium gemacht. Er hilft gegen das Leiden der Melancholie, gegen Viertagefieber und Ohnmacht, die von den Ausdünstungen der schwarzen Galle kommt.

10.84 DER ZIGNITES (*Zignites*)

§1 Der Zignites hat die Farbe von Glas; er heißt auch Evas. Am Hals getragen hilft er gegen Nachtblindheit, stillt das Blut und vertreibt geistige Umnachtung, und wenn er an brennendes Holz gehalten wird, erlischt dessen Flamme.

10.85 DIE GRAVUREN DER STEINE (*Sculptura lapidum*)

§1 Es folgen die Berichte, die die Alten über die Gravuren der Steine geschrieben haben und die weder sehr gutzuheißen noch völlig zurückzuweisen sind. Man muss aber wissen, dass die Kraft der Steine in den Bildern sichtbar wurde, die von den Alten in Steine und Edelsteine eingraviert wurden.

§2 Man muss also die Gestalt der Steine ehren, soll aber dennoch keine Hoffnung in sie nach dem, was geschrieben wird, sondern in Gott allein, von dem die Kraft der Steine und alle Würde der Schöpfung stammt.

§3 Auf welchem Stein auch immer man einen Stier oder eine Jungfrau oder einen Steinbock eingraviert findet, der Stein ist kalt; er schützt seinen Träger.

§4 Auf welchem <Stein> auch immer man Zwillinge oder einen Wassermann eingraviert findet, der ist dem Sonnenuntergang zugeneigt, heilt Viertagefieber und Lähmung und macht seinen Träger angenehm.

§5 Auf welchem Stein auch immer man den Krebs bzw. Skorpion oder einen Skorpion bzw. Fische eingraviert findet, der ist kalt und dem Norden zugeneigt. Er hält Arthritis, Dreitagefieber und akutes Fieber von seinem Träger fern. Diese <Steine> sind geweiht.

§6 Auf welchem Stein auch immer man den Widder, Löwen oder Schützen eingraviert findet, der ist dem Sonnenaufgang zugeneigt und kraftvoll; er mach einen Menschen liebenswert. Er hilft gegen gewöhnliche Fieber und Wassersucht; er schärft den Verstand, schützt und macht redegewandt.

§7 Auf welchem Stein auch immer man einen Menschen eingraviert findet, der in seiner rechten Hand eine Sichel hält, der macht seinen Träger mächtig und von Tag zu Tag noch mächtiger.

§8 Auf welchem Stein auch immer man einen Menschen eingraviert findet und den Kopf eines Widders, der macht seinen Träger liebenswert für alle Arten von Mensch und Tier.

§9 Auf welchem Stein auch immer man einen bewaffneten Mann oder eine von einem Gewand umhüllte Jungfrau eingraviert findet, die einen Lorbeerzweig hält, das zeigt an, dass der Stein geweiht ist und aus Notfällen befreit.

§10 Auf welchem Stein auch immer man einen Menschen, den Mond oder die Sonne eingraviert findet, der macht seinen Träger enthaltsam und sicher vor unkeuscher Begierde.

§11 Auf welcem Stein auch immer man einen Menschen mit Flügeln an den Füßen und einer eingerollten Schlange in seiner linken Hand eingraviert findet, der macht, dass sein Träger reich ist an Weisheit und sich <guter> Gesundheit erfreut.

§12 Auf welchem Stein auch immer man einen Menschen mit einem Palmzweig in der Hand eingraviert findet, der macht seinen Träger siegreich und macht ihm die Fürsten genehm.

§13 Findet man auf einem Iaspis einen Jäger oder Hunde oder einen Hirschen oder Hasen eingraviert, so hat der die Macht, Besesssene oder Verrückte zu heilen.

§14 Auf welchem Stein auch immer man eine Schlange eingraviert findet, die auf ihrem Rücken einen Krug und auf ihrem Schwanz einen Raben hat, der macht seinen Träger überreich, schlau und vorsichtig; er lindert Hitze.

§15 Auf welchem Stein auch immer man einen Menschen eingraviert findet, der von der Mitte der Schulter bis zu den Nieren <abgebildet> ist, der befreit von unkeuscher Begierde und macht enthaltsam und beliebt.

§16 Auf welchem Stein auch immer man ein Schiff und ein Segel eingraviert findet, der macht bei Geschäften überlegen.

§17 Findet man einen Stein, in dem der Hund<sstern> im Löwen eingraviert ist, der schützt, da der Löwe feuriger und trockener Natur ist, die Glieder vor Wassersucht und lässt keine giftigen Bisse eines Hundes fürchten.

§18 Findet man einen Stein, auf dem ein Mensch mit einem Schwert eingraviert ist, der macht im Krieg zum Sieger.

§19 Findet man einen Stein, in den ein Adler eingraviert ist, der bewahrt Ehre.

§20 Findet man einem Stein, in den ein Schwan eingraviert ist, der befreit von Lähmung und Viertagefieber.

§21 Findet man einen Stein, in den ein geflügeltes Pferd, Pegasus genannt, eingraviert ist, der ist der beste für Soldaten und Kriegführende; er schenkt Schnelligkeit und Mut und befreit die Pferde von der Infektion am Huf.

§22 Findet man einen Stein, in den eine Frau mit aufgelöstem Haar und herabhängenden Händen eingraviert ist, so hat der die Macht, die eheliche Liebe wiederherzustellen.

§23 Findet man einen Stein, in den eine Jungfrau eingraviert ist, die ihre Hände kreuzweise hält und auf dem Kopf eine dreieckige *Krone trägt und auf einem Sessel sitzt, der bringt Trost nach Leiden und Ruhe nach Krankheit.

§24 Findet man einen Stein, in den ein Menschen eingraviert ist, der sich gegürtet hat mit einer Schlange und ihren Kopf in seiner rechten Hand und ihren Schwanz in seiner linken hält, der befreit von eingenommenem Gift.

§25 Findet man einen Stein, in den ein kniender Mensch eingraviert ist, der in seiner Rechten eine Keule hält und einen Löwen oder ein anderes Untier tötet, der macht in jedem Krieg siegreich; man muss ihn aber mit aller Ehrfurcht tragen.

§26 Findet man einen Stein in den zwei Bärinnen eingraviert sind und in ihrer Mitte eine Schlange, die die beiden trennt, der macht einen Menschen klug, stark, beständig und den Menschen angenehm.

10.86 DIE GRAVUREN (*Sculptura*)

§1 Es folgt das Büchlein einen jüdischen Philosophen mit Namen Tethel, der dieses Büchlein über die Gravuren *geschrieben hat und sagt, dass es von den Söhnen Israels verfasst wurde zur Zeit, als sie die Wüste durchquerten, um in das Land der Verheißung zu gelangen.

§2 Aber ich meine, seinen Ansichten muss man nicht in allem glauben, und dies dient mehr dazu, die Steine zu ehren, als Hoffnung in sie zu setzen, die wir in Gott allein als einen sicheren und starken Anker haben sollen. Dieses Büchlein also von Tethel haben wir ins Lateinische übersetzt.

§3 Findet man einen Iaspis und auf ihm einen Mann, der einen Schild am Hals oder in einer Hand hat, einen Wurfspieß in der anderen Hand und unter den Füßen eine Schlange, der hat Kraft gegen alle Feinde.

§4 Findet man auf einem Crisolith eine Frau, die in der einen Hand einen Vogel hat und in der anderen einen Fisch, der hilft bei Geschäften.

§5 Findet man auf einem Stein einen fliegenden Mann, d.h. mit Flügeln, der Stein hilft bei Handelsgeschäften.

§6 Findet man auf einem Stein eine Taube mit einem Olivenzweig, hat dieser die Gnade des Zusammenführens, so dass du von den Menschen geliebt wirst.

§7 Findet man auf einem Stein eine Schlange und einen Bogenschützen, die <miteinander> kämpfen, der hat die Kraft, Frieden zu stiften.

§8 Findet man auf einem weißen Stein die halbe Gestalt einer Frau, deren übrige Hälfte die Gestalt eines Fisches hat, die in der Hand einen Spiegel und einen Olivenzweig hält, der <Stein> bewirkt, in Gold gefasst und in der geschlossenen Hand gehalten, dass sein Träger nicht gesehen wird.

§9 Findet man einen grünen Stein und auf ihm ein Kreuz, der hat die Kraft, dass man nicht untergeht.

§10 Findet man auf einem Stein einen Basilisk und eine Syrene, und zwar zur Hälfte eine Frau und der übrige Teil ein Fisch, der hat die Kraft, dass man sicher unter Schlangen einhergehen kann.

§11 Findet man auf einem Stein einen Menschen, der in der einen Hand die Figur eines Teufels hält, die als gehörnt und geflügelt beschrieben wird, und in der anderen Hand eine Schlange und unter den Füßen einen Löwen, und stehen über diesen Figuren Sonne und Mond, so muss dieser Stein in Blei gefasst werden und er hat die Kraft, Dämonen zu zwingen, dass sie Antwort geben denen, die sie fragen.

§12 Findet man auf einem Stein einen Menschen, der ein Kräuterbüschel am Hals hat, soll er in Silber gefasst werden und der hat die Kraft, Krankheiten zu unterscheiden und an jeder Stelle Blut zu stillen. Er verleiht Gunst und Ehre; diesen Stein soll Galen am Finger getragen haben.

§13 Findet man auf einem schwarzen Stein einen Menschen, der in seiner Rechten ein Szepter trägt und in der anderen Hand einen fliegenden Vogel, und zwar mit ausgebreiteten Flügeln, und unter diesen Figuren ein Krokodil, der hilft gegen Zauber der bösen Geister und gegen alle Feinde; er vertreibt auch Dämonen von Besessenen. Den <Stein> soll Alexander getragen haben; er soll in Eisen gefasst werden.

§14 Findet man auf einem schwarzen Stein einen Menschen, der auf einem Leoparden sitzt und der ein Rohr in der Hand hält, der hilft gegen böse Tiere und gegen Ertrinken im Wasser.

§15 Findet man auf einem Stein einen Menschen, der in seiner Rechten einen Hasen trägt und in seiner Linken einen Rute, der hat, in Gold gefasst, die Kraft,

Frieden zu stiften und Prozesse zu gewinnen; auch hilft er gegen wilde Tiere. Die Zauberer nutzen diesen Stein.

§16 Findet man auf einem Stein einen geschmückten Menschen und in seiner Rechten ein Szepter, in seiner Linken eine Palme und unter seinen Füßen einen Schemel, der befördert, in Gold gefasst, zu Ehren und <sein Träger> wird nichts Gottgefälliges in Angriff nehmen, was ihm nicht recht schnell gelingt.

§17 Findet man auf einem Stein einen Baum und zu dessen linker Seite einen Mann, zu seiner rechten aber eine Frau, der verhilft zu ehelichem Einverständnis und zur Versöhnung der Streitenden.

§18 Findet man auf einem Stein einen Menschen, der in seiner Rechten eine Lampe und in seiner Linken den Kopf einer Frau hält, der verhilft zur Eintracht Streitender, und wenn man ihn im Schlaf am Körper hat, erwacht man nicht leicht.

§19 Findet man auf einem Stein einen Stier und einen Widder, der macht redegewandt und hilft gegen Wassersucht.

§20 Findet man auf einem Stein einen Menschen mit einer Sichel in der Hand, der hilft, Liebe und Gunst zu erlangen.

§21 Findet man auf einem Stein einen Menschen mit Flügeln an den Füßen und einem Stab in den Händen, der verhilft zu Gunst.

§22 Findet man auf einem Stein einen Menschen mit einer Rute in der Hand, der hilft zu herrschen.

§23 Findet man auf einem Stein einen Menschen mit einem Horn am Hals, der hilft gegen Raserei und Albträume.

§24 Findet man auf einem Stein einen halben Menschen und ein halbes Rind, der bringt Ehren und wendet den Sinn auf das Gute.

§25 Findet man auf einem Stein ein Schiff mit Mast und Segel, der hilft zu erreichen, was man auf würdige Weise begehrt.

§26 Findet man auf einem Stein ein Häschen mit langen Ohren, der hilft gegen bösartige wilde Tiere.

§27 Findet man auf einem Stein einen Löwen, der hilft gegen Wassersucht und viele andere Krankheiten.

§28 Findet man auf einem Stein einen Adler und einen Steinbock, der hilft bei Verhandlungen.

§29 Findet man auf einem Stein ein Dromedar mit einer Haarmähne, die bis auf die Schultern reicht, der schafft Eintracht zwischen Mann und Frau.

§30 Findet man auf einem Stein eine Frau mit einem Tuch auf dem Kopf und um die Hände, der hilft gegen Erschöpfung und Mühe.

§31 Findet man auf einem Stein eine Turteltaube mit zwei Jungen, der hilft, Gunst zu erlangen und <schützt> gegen Sturm auf dem Meer.

§32 Findet man auf einem Stein einen Vogel mit einer Blume im Schnabel, der hilft, Gunst und Ehren zu erlangen.

§33 Findet man auf einem Stein einen Menschen, der gekrönt auf einem Schemel sitzt mit zum Himmel ausgestreckten Händen und vier Menschen unter dem Schemel, als ob sie ihn stützten, nimm Mastix und Terebinthe und lege sie unter den Stein in einem silbernen Ring, der das Gewicht von zwölf Steinen hat. Wenn man den unter den Kopf eines Träumenden legt, wird er träumen, was er wachend dachte und begehrte.

§34 Findet man auf einem Hyazinth einen weißen Stein beigemischt und in der weißen Farbe ein Pferd, der hilft, Gunst und Ruhm zu erlangen.

§35 Findet man auf einem Stein ein schäumendes Pferd und darauf einen Menschen, der ein Szepter in der Hand hält, der hilft denen, die Gewalt über Menschen haben.

10.87 ÜBER DEN STEINSEGEN (*Benedictio lapidum*)

§1 Wie das Buch, das die Erzählungen der Alten enthält, sagt, wurde jede Kreatur bei der Sünde des ersten Menschen verdorben, besonders aber die kostbaren Steine, die wie die Kräuter und vieles andere zur Heilung des Menschengeschlechts geschaffen wurden. Aber auch in den Kräften, die in ihnen nach der Sünde des ersten Menschen verblieben, wurden die Steine häufig durch Berührung und Gebrauch unreiner Menschen und durch deren Sünden verdorben. **§2** Wie jedoch der Mensch durch Taufe und Reue wiederhergestellt wird, dass er zum Zustand der ersten Schöpfung zurückkehren kann, so kehren die kostbaren Steine durch heiligende Weihung zur Wirksamkeit ihrer Kräfte zurück bzw. werden wiederhergestellt. Und das ist die Methode der Weihung und Heiligung, wie wir sie in demselben Buch beschrieben finden. **§3** Zuerst müssen die kostbaren Steine in ein Leinentuch geschlagen und auf den Altar gelegt werden bis nach den Heiligen Messen. Und so spreche der Priester, bevor er die Mess-Gewänder abgelegt hat, den Segen nach den Worten *Dominus vobiscum* („der Herr sei mit euch"), *Oremus* („Lasst uns beten.").

10.88 DER STEINSEGEN (*Benedictio lapidum*)

§1 Gott, allmächtiger Vater, der Du selbst durch die Kreaturen, die keine Sinne haben, den Menschen deine Kraft zeigtest, der Du Deinem Diener Moses unter den übrigen priesterlichen Kleidungsstücken das Rationale[72] mit zwölf kostbaren Steinen zu schmücken befohlen hast und auch dem Evangelisten Johannes zeigtest,

---

[72] Ein liturgisches Gewand, das heutzutage nur noch von wenigen Bischöfen getragen wird.

dass die himmlische Stadt Jerusalem im Wesentlichen erbaut werden muss mit den Tugenden, die dieselben Steine *bedeuten, Deine Hoheit bitten wir demütig, du wollest diese Steine weihen und heiligen durch die Heiligung und Anrufung Deines Namens, damit sie geheiligt und geweiht sind und die Wirkung der Kräfte empfangen, die Du ihnen gabst, wie die Erfahrung der Weisen bestätigt hat, damit, wer auch immer sie an seinem Körper trägt, fühlt, dass ihm durch sie Deine Kraft beisteht, und er die Geschenke Deiner Gnade und den Schutz der Tugend zu empfangen verdient. Durch Jesus Christus, Deinen Sohn, auf dem alle Heiligung beruht, der mit Dir lebt und regiert als Gott von Ewigkeit zu Ewigkeit. Amen.

11 DIE METALLE

11.0

§1 Metalle gibt es sieben an der Zahl: nämlich Gold, Silber, Elektrum, Zypernerz bzw. Kupfer, Zinn, Blei, Eisen, die sehr geeignetet zum Nutzen der Menschen gegeben wurden.

11.1 DAS GOLD (*Aurum*)

§1 Gold ist von warmer Natur, wie P l a t e a r i u s sagt; zu Pulver zermahlen und mit Heilsalben vermischt heilt es Lepra und Krätze. Eine von Gold zugefügte Wunde entzündet sich nicht und schwillt nicht an. Es ist doppelt so schwer wie Silber oder Kupfer oder Zinn; es ist kostbarer und von edlerer Mischung als die übrigen Metalle. **§2** Es glänzt zu jeder Zeit, auch wenn es verunreinigt wurde. Durch Rost wird es nicht verzehrt. Es stärkt die Sehkraft; je röter es ist, desto besser. Im Schmelzofen wird es geläutert und jede verfälschende Beimischung zerstört, doch wird das Gold selber nicht verzehrt. Man findet es in Bächen und Quellen, in den Bergen aber nur selten; viel Mühe aber erfordert das Waschen. **§3** Wenn auch in vielen winzigen Stückchen, so wird es dennoch rein gefunden, und ihm (sc. dem Gold) ist keine Erde oder Erdpech beigemischt wie dem Kupfer oder Silber, selbst wenn es mit Erde und ihren Verunreinigungen in Berührung kommt. Gold hat auch die Kraft zu stärken und zu reinigen; es ist haltbarer und leichter zu bearbeiten und geschmeidiger als die anderen Metalle. **§4** Gold hilft gegen Elephantiasis und Herzleiden und gegen Ohmnacht und Milzkrankheit und gegen Erkältung des Magens. Wein, in dem Goldplättchen gelöscht wurden, hilft den Milzkranken. Ist der nicht zu haben, gebe man an seiner Stelle Wein, in dem Stahlplättchen gelöscht wurden. **§5** Wenn Verätzungen vorgenommen werden müssen, geraten sie besser mit einem Instrument aus Gold als mit einem aus einem anderen <Metall>. Gold wird gegen Morgen kalt, wie man sagt, und so erkennen die Menschen, die Gold am Finger haben, wenn es Tag wird. **§6** Unter allen Elementen entsteht Gold in größerer Tiefe in der Erde, wie man sagt, doch ist es nicht um so näher der Hölle, je tiefer es in der Erde ist? Daher sagt man: Geh' zum Teufel um Gold. Der Überfluss des Goldes, nämlich der Goldschaum, wird *cadmia* genannt. **§7** *Cadmia*-Pulver, wie P l a t e a r i u s sagt, entweder als Collyrium oder einfach so auf die Augen gelegt, tilgt die Flecken in den Augen. Gehämmertes Gold wird hell, und indem es formbar wird, breitet es sich in jede Richtung aus. So wird der Gerechte, wenn er gepeinigt wird, im Verstand bzw. in seiner Anschauung erleuchtet und entzündet in liebendem Verlangen. **§8** Wisse, dass Gold würdiger ist als <alle> Körper und *edler als <alle> Steine und ein König und dass es weder von Luft noch von Wasser noch von Erde noch von Feuer zerstört noch durch Feuer vermindert wird, sondern darin sogar verbessert wird, da es im Feuer von einer Feuchtigkeit benetzt wird. **§9** Auch die Schwefel, die die übrigen körperhaften Dinge verbrennen, verbrennen dieses nicht; denn seine Zusammensetzung ist von ausgewogener Qualität und rein. In ihm aber sind enthalten 10 Teile Wärme, 10 Teile Kälte, 10 Teile Feuchtigkeit, 10 Teile Trockenheit. **§10** Deswegen haben es die Weisen erhöht und als einen besseren Körper erachtet, weil es eine ausgewogene, dauerhafte und in Ewigkeit bleibende Substanz ist. Und sie sagen, dass es warm, feucht und trocken ist. Das Gold ist unter den übrigen körperhaften Dingen wie die Sonne unter den Gestirnen. Jedes metallische Pulver hat wenig Dauer, wenn es für medizinische Zwecke aufbewahrt wird.

11.2 DAS ELEKTRUM (*Electrum*)

§1 Das Elektrum gibt es in zwei Varianten, und zwar das natürliche und das künstliche. Das künstliche, wie der Liber rerum sagt, wird aus Gold und Silber, zu gleichen Teilen vermischt, hergestellt, aber das natürliche ist in der Farbe ähnlich, aber vortrefflicher in seiner Kraft. Es wird jedoch sehr selten gefunden, und das gefälschte lässt sich nur sehr schwer von dem echten und natürlichen Elektrum unterscheiden. **§2** Es kann aber dennoch auf folgende Weise unterschieden werden: Ein Gefäss aus dem echten und natürlichen Elektrum zeigt Gift an; wenn Gift dort hinein gegossen wird, zischt es, als ob es Gewalt erlitte und verliert seine Farbe, bis es im Feuer gereinigt wird. **§3** Dieses Metall aber dient der Erhaltung. Deshalb wurden von alters her die Körper der Großen in Schreinen aus Elektrum bestattet. Daher liest man, dass Konstantin der Grosse die Körper der Apostel Petrus und Paulus in einem Schrein aus zyprischem *Erz bestattet habe, von dem man jedenfalls annimmt, es sei Elektrum gewesen, das auf der Insel Zypern gefunden wird.

11.3 DAS SILBER (*Argentum*)

§1 Silber ist kalt und gemäßigt, wie Platearius sagt. Es ist dauerhaft, wenn es rein ist, unrein aber wird es leicht beschädigt. Es ist geschmeidig und gut zu bearbeiten, klangvoll und sehr angenehm in seinem Tönen, und zwar besonders, wenn es mit Bronze vermischt wird. Daher ließ Moses gut handzuhabende silberne Posaunen anfertigen zum Schrecken der Feinde. **§2** Hosea: „Die Posaune wird schmettern und das Volk wird erschrecken" (vgl. Am 3,6: *si clanget tuba in civitate et populus non expavescet*). Ebenso zur Aufforderung zum Kampf, wie es im *Deuteronomium* heißt. Oder zur Aufhebung des Lagers, wie in *Numeri* gesagt wird. Oder um zum Essen zu rufen, wie im Psalm gesagt wird: „Stoßt in die Posaune bei Neumond." (Ps 81, 4: *Bucinate in neomenia tuba*). **§3** Silber lötet andere Metalle zusammen und macht das Verbundene gleichsam zu Einem. Es hilft gegen feuchten und zähen Schleim, wenn man es pulverisiert und mit Arznei vermischt. Silber ist nicht in sich rein wie Gold, sondern ist der Erde und ihren Verunreinigungen eingefügt und beigemischt, und deshalb bedarf es größter Anstrengung, um es durch Feuer zu läutern. **§4** Der Rauch von des Silbers Reinigungsprozess ist sehr schädlich, und wer durch viel Rauch dieser Art vergiftet wurde, wird nicht leicht gereinigt, außer mit Weihrauch und wohlriechenden Gewürzen. Silber ist ein reiner Körper, aber in geringerem Maße als Gold. **§5** Es verdirbt aber im Erdboden und an einem feuchten Ort und sein Geschmack ist scharf, durch Schwefel wird es verbrannt und durch Feuer vermindert. Wie weißschimmernd Silber auch ist, hinterlässt es doch schwarze Linien, wo man es auf einen <anderen> Körper gepresst hat. Die Schlacke von Silber hilft gegen Krätze, Blutfluss aus dem After und Fisteln. **§6** Quecksilber entsteht in der Erde und zwar so, wie sichtbar wird: aus der Erde fließend wird es wie Wasser hervorgebracht. Sein Rauch ruft Lähmung hervor, indem er die Muskeln erschlaffen lässt.

11.4 DAS KUPFER (*Es*, *Cuprum*)

§1 Zypernerz bzw. Kupfer ist klangvoll und tönend, es ist warm von Natur. Sein Klang an sich ist roh, wenn aber Silber oder Zinn oder Gold beigemischt ist, bringt es einen weit tragenden und angenehmen Klang hervor. Ferner klingt es lauter als die übrigen Metalle, aber quält das Gehör, außer man gleicht es auf angemessenere Weise mit Zinn aus. **§2** Kupfer lässt sich zu jedem Kunstwerk gießen; geschmeidig freilich, doch nur mit Anstrengung und Lenkung von Seiten des Schmieds. Niemals kann es so geläutert werden, dass es nicht leicht Verschmutzung anzieht; doch überdauert es viele Jahre. **§3** Aus Kupfer wird Messing. Messing (lat. *auricalcum*) wird es deshalb genannt, weil es den Glanz von Gold hat, oder es wird deshalb *auricalcum* genannt, weil aus ihm Gold entsteht. Aristoteles sagt nämlich im Buch „Das Licht der Lichter", dass aus dem Urin eines Knaben und Messing das beste Gold wird. Das ist so zu verstehen, dass es das beste Gold der Farbe nach wird, wenn auch nicht der Substanz nach. **§4** Wie nämlich derselbe Aristoteles sagt: Die Farbe verändert sich, die Substanz aber bleibt. Messing nennen die Schriften häufig Elektrum, und zwar wegen der Farbe, die dem Elektrum recht ähnlich ist. Kupfer stinkt und tönt dennoch angenehm. Kupfererz wird nie von Rost zerfressen.

11.5 DAS ZINN (*Stagnum*)

§1 Zinn ist von ausgewogener Natur, sehr geschmeidig und gut zu bearbeiten, aber besser zu gießen als alle Metalle. An sich ist es tonlos, aber mit Kupfer, Silber oder Gold gemischt klangreich und harmonisch. Es glänzt innen, aber außen zieht es leicht Verschmutzung an und zwar durch Oxidation, nicht durch Rost; denn es rostetet nicht. **§2** Wenn es lange im Wasser liegt, fault es leicht. Daher werden die Rohre eines Aquädukts, die unter der Erde gewöhnlich aus Blei gefertigt und mit Zinn verlötet wurden, heutzutage – von menschlicher Kunstfertigkeit erdacht - mit warmem und flüssigem Blei verlötet, weil sie, mit Zinn verfestigt, nicht lange überdauern konnten; Blei besteht aber unter der Erde für immer fort. **§3** Zinn hat einen scharfen Geschmack. *Stagnum* heißt es, weil es trennt und scheidet. Denn gemischte und verfälschte Metalle trennt es von einander durch Feuer und scheidet Kupfer und Blei von Gold und Silber. **§4** Andere Metalle bewahrt es vor Feuer, und obwohl Kupfer und Eisen von äußerst harter Natur sind, verbrennen sie zu Asche, wenn nicht Zinn dabei ist. Aufgetragenes Zinn macht den Geschmack von Kupfergeschirr angenehmer und vertreibt das Gift der Korrosion. Auch Spiegel werden damit verfeinert. Seine Schlacke hilft gegen Augengeschwüre.

11.6 DAS BLEI (*Plumbum*)

§1 Blei ist gemäßigter Natur wie Zinn; es ist so schwer wie Gold, so dass es das doppelte Gewicht hat von Silber oder Kupfer. Es ist gut zu bearbeiten und geschmeidig und sehr gut zu gießen, lässt sich aber weniger leicht gießen als Zinn. Es schließt <Wunden> und lindert <Schmerz>; geschmolzen glänzt es eine Weile, aber kurze Zeit später wird es durch natürliche Verschmutzung verdunkelt. **§2** Von Natur aus ist es nicht nur tonlos, sondern macht auch andere Metalle tonlos, denen es beigemischt wird. Im Feuer geschmolzen verringert es sich mehr als die übrigen Metalle. Seine Schlacke, d.h. sein Schaum, enthält Silber. **§3** Es verfügt aber unter den übrigen Metallen über die ganz spezielle Eigenschaft, sich immer weiter zu vermehren, und das mehr im Freien an der Luft als unter der Erde. Es oxidiert, rostet aber nicht. Es lässt sich färben, und nachdem es sie erhalten hat, verliert es diese Färbung nie wieder. **§4** Aus ihm geht Silber hervor und <Blei> ist sein Ursprung, es harmoniert gut mit Silber, ausgenommen, man scheidet es von ihm durch den Schmelzvorgang, der Silber zu reinigen pflegt. Es verbindet sich niemals mit Gold, und wird damit nicht verbessert noch erfreut es sich mit ihm zusammen, sein Geruch macht das Gold minderwertig. **§5** Obwohl Blei, wie der P h i l o s o p h sagt, feucht ist und Zinn hart, wird Zinn dennoch durch die Beimischung von Blei härter, wie auch Blei durch die Beimischung von Zinn, während Blei sich nicht mit Blei verlöten lässt und auch nicht Zinn mit Zinn. Dennoch lässt sich Blei mit Zinn verlöten und umgekehrt.

11.7 DAS EISEN (*Ferrum*)

§1 Eisen ist kalter Natur, hart, fest und schneidend. Mit seiner Stärke bezwingt es alles und verzehrt sich *dennoch selbst. Leichter als alle Metalle zieht es Verschmutzung an und überträgt sie auf die mit ihm verbundenen Metalle. Es kühlt und löst. **§2** Es hilft dem Magen; in <Form von> Feilstaub eingenommen hat es die Kraft mager zu machen und auszutrocknen, wie die Ärzte sagen. Es klingt dumpf. Seine Schlacke löst Geschwüre. **§3** Stahl kommt von Eisen und wird durch viele Schläge gehärtet, so dass er stärker ist als Eisen. Mit dieser Art Eisen wird die Schneide von Waffen geschärft, damit sie wirksam sind. Es gibt auch <noch> eine andere Art Eisen in Gegenden des Orients, das *andena* genannt wird, es eignet sich zum Schneiden und lässt sich wie Kupfer oder Eisen schmelzen, ist aber nicht geschmeidig wie Eisen anderer Erdteile.

12 DIE SIEBEN REGIONEN DER ATMOSPHÄRE UND IHRE NIEDERSCHLÄGE

12.0

§1 Zuerst muss man im allgemeinen über die sieben Regionen der Atmosphäre und ihre Niederschläge sprechen. **§2** Es gibt sieben Luftregionen unter dem Firmament, wie die Philosophen sagen, in denen die wässrigen Niederschläge der Erde, die angezogen durch die Sonnenwärme, manchmal sichtbar als Nebel, manchmal unsichtbar als feuchte Luft aufsteigen, verwandelt werden erstens in Tau, zweitens in Schnee, drittens in Hagel, viertens in Regen, fünftens in Honigtau, sechstens in Ladanum,[73] siebtens in Himmelsbrot, und zwar stufenweise von Region zu Region im Wechsel der Jahreszeiten. **§3** Obwohl diese Welt im gesamten Luftraum unter dem Firmament naturgegeben diese Niederschläge enthält, so findet man dennoch in den östlichen Gegenden, wo die Luft reiner ist, die drei letztgenannten reichlicher vor, nämlich Honigtau, Himmelstau und Himmelsbrot. Die vier erstgenannten aber, nämlich Tau, Schnee, Hagel und Regen, sind in den westlichen Gegenden reichlicher vorhanden. **§4** Und es ist festzuhalten, dass Rauch umso feiner wird, je höher er von der Erde aus aufsteigt. Daher ist Himmelsbrot der feinste und belebendste aller Niederschläge. Also nehmen diese sieben Niederschläge des Luftraums verschiedene Substanzen und verschiedene Wirkungen von Substanzen in ausgewogenster Weise entsprechend der unterschiedlichen Luftregionen auf, dank derer jedes atmende Lebewesen zum Leben befähigt wird. **§5** Aber auch die Erde, alles, was in ihr die Kraft hat zu keimen, wird davon fruchtbar, so dass etwas Weiches, Hartes oder Rauhes, Süßes, Saures oder Bitteres und in all dem die Harmonie der Teile gefunden wird. Über einige dieser Niederschläge hat A r i s t o t e l e s in seinem Buch über die Meteorologie recht breit und ausführlich geschrieben, was wir freilich der Kürze wegen knapper ausführen werden.

12.1 DER TAU (*Ros*)

§1 Die Region des Taues ist die erste, und zwar in den unteren Bereichen der Luft. In der Luft bildet sich Tau, wenn die von Nachtkälte und Mondschein schwere Luft sich in Tropfenform niederschlägt. Wenn sich aber die nächtliche Kälte verschärft,

---

[73] KvM II, 23 (S.115, Zeile 11). *Ladanum* wird im Deutschen mit *himelflad* oder *himeldror* wiedergegeben, beide werden nicht ins Neuhochdeutsche übernommen.

wird der zu Reif verwandelte Tau durch die Eiseskälte schneeweiß. Es ist Eigenart des Taus, zart und gleichsam unbemerkt auf die Erde niederzusinken. **§2** Mehr als man glauben kann, benetzt er die Erde und manchmal kaum weniger als Regen. Noch wirksamer aber als der Regen selbst ist er beim Befruchten der Feldfrüchte. Er reinigt ferner alles, was er benetzt, daher ist das Gras sichtlich grün, nachdem der Tau darauf gefallen ist. Tau ist kalt und kühlt sehr stark ab. **§3** Wie Tau befruchtet, was er berührt, wenn er es benetzt, so läßt zu Reif verwandelter Tau ganz reife Weintrauben und Früchte austrocknen, indem er ihnen die Kraft der Feuchtigkeit entzieht, und das besonders im Herbst. Kein Baum oder Kraut aber erfährt diesen schädlichen Einfluss, da sie über ausreichend Feuchtigkeit verfügen.

12.2 DER SCHNEE (*Nix*)

§1 Die Region des Schnees ist die zweite. Der Philosoph definiert sie folgendermaßen: Schnee wird gebildet, sagt er, von Wasserdampf, der sich noch nicht zu Tropfen verdichtet hat, sondern von Eiseskälte überrascht wird, der fällt nicht, wie offensichtlich ist, auf dem offenen Meer. Schnee haben nachweislich jene Berge, die die Klimazonen des Erdkreises bestimmen, wie der Kaukasus im Osten, die Hyperboreischen Berge und andere. **§2** Der Berg Olymp aber hat keinen Schnee, wie auch keinen Regen noch Wind, weil er die Regionen aller feuchten Niederschläge überragt. Merke auch, dass mit Schnee eingeriebenen Glieder, auch wenn sie kurzzeitig fast unerträgliche Kälte erleiden, sich doch bald danach von selbst in sehr mäßiger Wärme wieder beleben, und zwar weil sich die natürliche Wärme im Menschen der zufälligen *Kälte widersetzt.

12.3 DER HAGEL (*Grando*)

§1 Die Region des Hagels ist die dritte. Hagel aber definiert der Philosoph folgendermaßen: Regentropfen, sagt er, die durch Wind und Kälte der oberen Luftschicht zu Eis verschmolzen, vereisen in der Luft und verwandeln sich in Hagelkörner, die nachweislich einen kreisrunden Körper haben, wegen der kreisenden Bewegung, mit der sie gewaltsam von der Luft umhergewirbelt werden.

12.4 DER REGEN (*Pluvia*)

§1 Die Region des Regens ist die vierte. Langsames und unablässiges Herabströmen von Tropfen aus der Luft wird Regen genannt, plötzliches und jähes Platzregen und Regenguss. Auch wenn er von bitterem Wasser kommt, wird er doch süß, nachdem er vom Feuer der Sonne in der Luft gekocht wurde, wie Meerwasser, auf die Erde gegossen, einen süßen Geschmack annimmt. **§2** In Zisternen aufbewahrtes und durch seinen Stillstand gereinigtes Regenwasser ist das allerklarste Wasser und hält länger, ohne zu verderben; es ist sehr kalt, gesund zu trinken und ist zusammenziehender Natur. Die meisten Fische werden bei regnerischem Wetter fett, daher sieht man sie an der Oberfläche schwimmen und spielen, wenn der Regen fällt.

12.5 DIE REGION DES HONIGTAUS (*Regio mellis*)

§1 Die Region des Honigtaus ist die fünfte. Sie lässt sich folgendermaßen definieren: Honig ist eine feuchte Substanz in der Luft, die von den Ausdünstungen der Blumen, Kräuter und Früchte weite Räume der Luft durchmisst und durch die Kraft der Sonne selbst über die Region der Wolken aufsteigt und von dort auf verborgene und ganz feine Weise dem Tau beigemischt wird und wieder zu den Kräutern, Früchten und Blumen zurückkehrt und ihren Geschmack durchzieht. **§2** Es ist aber zu bemerken, dass es zweierlei Arten von Honig gibt, nämlich den natürlichen wie den, der sich kraft der Natur in der Luft herausbildet, und den künstlichen, der durch die kunstvolle Arbeit der Bienen unter Anleitung der Natur hergestellt wird. **§3** Merke, dass im Orient der Honig auf Bäume und Kräuter zur Erde herabfällt, wenn auch nicht in solcher Fülle wie der Tau, bei uns aber fällt der Honig nur im Monat Juni und um die Sommersonnenwende und in mäßiger Menge, und wenn das geschieht, steht mit Sicherheit eine gewaltige Ziegen- und Rinderseuche bevor. **§4** Daher beobachten erfahrene Hirten das Wetter, wenn Honig herabfällt, und lassen ihre Herden nicht auf die Weide gehen, bis der Honigtau auf den Kräutern durch die Sonnenstrahlen verdunstet. Bei uns also kommt selten und nur mäßig Honig herab, im Orient aber fast jeden Monat ganze Nächte hindurch. **§5** Der Grund für diesen Unterschied ist <folgender>: Denn die Honigfeuchte, die in den Ausdünstungen von Blumen, Früchten und Getreide durch die Sonne nach oben getragen wird, kann bei uns in den Gegenden Europas die dichten und feuchten Luftregionen nicht durchqueren, und zwar vor allem nicht wegen der wasserdampfhaltigen Wolkenregion, und kann nicht in jene eigentliche stille und friedliche Region oberhalb der Wolken gelangen, so dass von dort die verdichtete Feuchtigkeit nach und nach aufgrund ihres eigenen Gewichts wieder zu uns herabfällt. **§6** Im Orient aber kann sie gleichmäßig dorthin aufsteigen, weil die Luft dort sehr rein ist, und alle Luftregionen in jeder Hinsicht sehr still sind. Was aus Honig wird und welche Wirkungen er hat, siehe weiter oben am Ende des Kapitels von den Bienen.

12.6 DIE REGION DES LADANUMS (*Regio lagdani*)

§1 Die Region des Ladanums[74] ist die sechste. Ladanum ist aber ein Niederschlag der Luft im Orient und manchmal in Teilen Griechenlands, der mit Tau oder an Stelle von Tau herabkommt. Wenn er aber auf die Kräuter der Erde herabgekommen ist, wird das Kraut mit Riemen durchkämmt und so bleibt die kostbare Feuchtigkeit an den Riemen haften. Getrocknet aber nennt man es Ladanum. **§2** Warum er aber bei uns in den Gegenden Europas nicht herabkommt, hat denselben Grund, den wir oben beim Honig anführten. Reines und unvermischtes Ladanum ist an sich wohl duftend und sehr kostbar. Er wird aber gefälscht mit Ziegenkot und Ähnlichem, was schwarz ist und geschmeidig gemacht werden kann. **§3** Es wird aber in solchem Ausmaß gefälscht, dass man auf zehn Pfund kaum eine Unze findet. Man soll aber das auswählen, das schwer und schwarz ist und besser geschmeidig gemacht werden kann und stärker duftet; was aber rötlich ist und zwischen den Händen zerbricht, zeigt, dass es vom Alter verzehrt oder allzu sehr gefälscht wurde. **§4** Ladanum hat die Kraft zusammenzuziehen und zu erwärmen aufgrund seiner Klebrigkeit und seines guten Duftes; er hilft gegen den Fluss aus kalter Ursache, wenn man daran riecht. Man koche Ladanum und Rosen in Regenwasser in einem geschlossenen Gefäß. Wenn das Wasser ein wenig abgekühlt ist, nehme es der Kranke in den Mund, und mit dem Wasser wasche man die Füße, weil dadurch die Adern erwärmt werden. **§5** Gegen lockere Zähne bereite man Ladanum und Mastix und trage es rings um das Zahnfleisch und die Zähne innen und außen auf, und wacklige Zähne werden gefestigt. Es stärkt die Gebärmutter und hilft der Leibesfrucht. Man gebe fünf Pillen von Ladanum in Molke gegen Magenschmerzen aus kalter Ursache und zur Stärkung der Verdauung.

12.7 DIE REGION DES HIMMELSBROTES (*Regio manne*)

§1 Die Region des Himmelsbrotes ist die siebte. Es ist aber ein Niederschlag der Luft im Orient und in Teilen Griechenlands, der mit Tau oder an Stelle von Tau herabkommt. Fällt Himmelsbrot zu nächtlicher Stunde auf Kräuter herab, bleibt es dort kleben und wird anschließend aufgelesen. Aber weil man es <nur> in mäßiger, geringer Menge findet, wird es häufig gefälscht. **§2** Warum es aber bei uns in den Gegenden Europas nicht herabkommt, hat denselben Grund, den wir oben beim Honig anführten. Reines und unvermischtes Himmelsbrot ist an sich wohl duftend und sehr kostbar. Reines unterscheidet man von unreinem dadurch, dass es weißlich ist und im Inneren Hohlräume hat etwa wie eine Honigwabe, und es ist von reinster

---

[74] Vgl. oben Anm. zu 12.0 §2. Im Schweitzerdeutsch gibt es noch das Verb „troren", d.h. aus einer Röhre fließen.

*Süße und von über die Maßen angenehmen Geschmack. **§3** Wenn aber jemand sagt, dass in dieser Region des Himmelsbrotes, die unter dem Firmament die siebte Region ist, duch ein göttliches Wunder jenes Himmelsbrot <genannt Manna> erschaffen wurde, wovon die Söhne Israels vierzig Jahre lang lebten, so halte ich <diese Aussage> für konform mit der Vernunft. **§4** Das Himmelsbrot aber, das wir jetzt an dieser Stelle behandeln, fälschen einige mit Honig, andere mit Saft aus fein pulverisiertem Süßholz; aber wenn Himmelsbrot gefälscht wird, dann ist es widerlich süß. Himmelsbrot hat aber die Wirkkraft, Blut zu läutern und zu reinigen; daher hilft es bei akuten Fieberschüben aufgrund von Cholera. **§5** Man muss es aber auf dieselbe Weise zubereiten wie die Röhrenkassie, wenn man es nicht etwa abkocht. Es muss aber in warmem Wasser aufgelöst und durchgeseiht und in reiner Form in Heilmitteln verabreicht werden. Abgekocht soll man es nicht leichtfertig in unreiner Form verabreichen, außer man findet kein reines und unvermischtes. Was <aber> kaum jemals oder selten geschieht.

13 DIE HIMMELSSPHÄRE UND IHRE BEWEGUNG

13.0

§1 Zuerst ist im Allgemeinen über die Himmelssphäre und ihre Bewegung zu sprechen. Wie die Philosophen sagen, ist die Himmelssphäre rund geformt. Ihr Mittelpunkt ist die Erde, die von allen Teilen <der Himmelssphäre> gleichmäßig umschlossen ist. Diese Himmelssphäre, sagen sie, habe weder Anfang noch Ende, weil sie ja rund ist.

13.1 DIE BEWEGUNG DER HIMMELSSPHÄRE (*Motus spere*)

§1 Die Bewegung der Himmelsspäre dreht sich um zwei Achsenpunkte, wie die Philosophen sagen. Sie dreht sich um den nördlichen Punkt, der nie untergeht und Nordpol genannt wird, und um den südlichen, den man nie sieht und der Südpol genannt wird. Um diese zwei Pole bewegt sich die Himmelssphäre. Diese Himmelssphäre vollführt zwischen Tag und Nacht eine Umdrehung von Osten nach Westen und vollendet ihren Lauf in vierundzwanzig Stunden. **§2** Die Himmelssphäre läuft mit so großer Geschwindigkei, dass sie die Welt zum Einsturz brächte, zögen nicht die Sterne ihre Bahn dem rasenden Sphärenlauf entgegengesetzt und verlangsamten ihn. Gleichermaßen ist eine Hemisphäre eine halbe Himmelssphäre. Die Hemisphäre über der Erde ist der Teil des Himmels, der ganz von uns gesehen wird, die Hemisphäre unter der Erde ist <der Teil>, der nicht gesehen werden kann, solange er unter der Erde ist.

13.2 DIE SIEBEN PLANETEN (*Planeta*)

§1 Zuerst ist im Allgemeinen über die sieben Planeten zu sprechen und warum sie Planeten genannt werden. Alle Philosophen sagten, es gebe sieben Himmel in der Welt, das heißt Schalenkörper der Planeten, durch deren Kreisbahnen alles miteinander verbunden ist. **§2** Diese einander verbundenen und gleichsam ineinander gesteckten <Schalen> sollen sich rückwärts drehen und in der Gegenrichtung zu ihren übrigen Bewegungen mitgerissen werden, und sie heißen Planeten, d.h. Wandelsterne, weil sie sich auf unterschiedlichen Bahnen durch den Luftraum bewegen. Daher heißen sie ‚rückläufig', weil sie umherirren. Planeten sind ferner Sterne, die nicht wie die übrigen am Himmel befestigt sind, sondern sich im Luftraum bewegen. **§3** Zuweilen aber bewegen sie sich nach Süden, dann wieder nach Norden, meistens gegen die Welt, niemals mit der Welt. Sie werden also mit rasender Geschwindigkeit von Osten nach Westen mitgerissen, dennoch laufen sie erwiesenermaßen in ihrem natürlichen Lauf gegen das Firmament wie eine Mücke, wenn sie in einem Mühlrad herumgeführt würde, trotzdem mit ihrer eigenen Bewegung selbst gegen die Umdrehung zu laufen schiene. **§4** Diese Planeten, die bald tiefer, bald höher dahinziehen wegen der Neigung des Tierkreises, werden, durch die Sonnenstrahlen gehemmt, unregelmäßig oder rückläufig oder stehen still. Man muss also fragen, aufgrund welcher Bewegung sie forwärtskommen. Dreifach ist nämlich die Bewegung der Dinge: natürlich, gewaltsam und aus eigenem Antrieb. **§5** Zuerst ist zu bemerken, dass es bei den Planeten gar keine Bewegung aus eigenem Antrieb gibt, weil Wahrnehmung und Bewegung ein Lebewesen bestimmen. Wahrnehmung aber gibt es bei Planeten nicht, obgleich es Bewegung gibt. Die Planeten werden aber durch eine gewaltsame Bewegung zusammen mit dem Firmament mitgerissen, aufgrund ihrer natürlichen Beweung <laufen sie> gegen das Firmament. **§5** Aufgrund seiner Gestalt, die kugelförmig ist, würde sich das Firmament sogleich in Bewegung setzen, wenn es kein Hindernis gäbe, und daher wurden die großen Planeten positioniert, die aufgrund ihrer natürlichen Bewegung gegen das Firmament laufen, um die Schnelligkeit seiner Bewegung zu drosseln. **§6** Da aber die Bewegung des Firmaments bei ihnen das Übergewicht hat, werden sie gewaltsam mit dem Himmelsgewölbe fortgerissen; wenn aber das Firmament <selbst> bewegt würde, gäbe es sogleich eine allgemeine Verwirrung und es gäbe weder Entstehen noch Vergehen. Daher stellt sich die Frage, woher sich das Feuer der Planeten nährt. Die Lösung: Feuer ist Licht und Feuer ist Flamme und Feuer ist Kohle. **§7** Feuer ist Kohle in erdiger Materie, Feuer ist die Flamme in luftiger Materie, Feuer ist Licht in der Materie des Lichts, und deswegen braucht es keine Nahrung, weil es nicht aus einander widerstrebenden Faktoren besteht. Aus diesem Feuer bestehen die Planeten und die Sterne, und daher brauchen sie keine Nahrung und daher können sie nach dem Lauf der Natur ewig leuchten, wenn nicht der Wille ihres Schöpfers andere Regeln für sie vorgäbe. **§8** Das Licht-Feuer nämlich, aus dem die Planeten bestehen, ist in seiner eigenen Region <reines> Feuer, so wie es Erde oder Luft in ihren eigenen Regionen sind, und daher haben <die Planeten> im Vergleich zu anderem <nichts>, woraus das Licht-Feuer Materie verdichten könnte.

13.3 DER MOND (*Luna*)

§1 Der Mond ist der erste Planet und der kleinste der Sterne, wie die Philosophen sagen. Aber I s i d o r sagt: Er erscheint deshalb größer, weil er als der Erde am nächsten auf der ersten Kreisbahn läuft. Sein Körper ist kugelrund, von Natur aus ist er feurig, doch mit Wasser vermischt. **§2** Daher hat er auch kein eigenes Licht, sondern wird nach Art eines Spiegels von der Sonne angestrahlt, und deswegen heißt der Mond (lat. *luna*) gleichsam *lucina*, das heißt „vom Licht geboren". Was aber wie ein Dunstschleier auf ihm erscheint, soll von seiner wässrigen Natur stammen. **§3** Man sagt nämlich, wenn er nicht mit Wasser vermischt wäre, würde er, wie die Sonne, die Erde anstrahlen, ja, sogar aufgrund seiner Nähe durch gewaltige Hitze zerstören. Der Mond leuchtet auf der Seite, die der Sonne zugewandt ist, die Seite aber ist dunkel, die von der Sonne abgewandt ist. Ist er aber von der Sonne entfernt, leuchtet er ganz; er nimmt nämlich nicht zu oder ab, sondern wenn die Erde vor der Sonne steht, kommt es dazu, dass er in dem Licht, das er von er Sonne erhält, nicht gesehen wird. **§4** Mag er auch täglich durch die Gewalt des Firmaments von Osten nach Westen getragen werden, durchwandert er dennoch, indem er sich gegen den Weltlauf stemmt, alle Zeichen des Tierkreises in dreißig Tagen; die eigene Kreisbahn aber soll er in neunzehn Jahren durchlaufen. Wenn der Viertelmond rot erscheint, zeigt das Winde an, wenn er schwarze Flecken an der Spitze der Sichel <aufweist>, einen regnerischen Monat, wenn in der Mitte, bedeutet das einen klaren Vollmond. **§5** Es waren Philosophen, die sagten, der Mond habe eigenes Licht und der eine Teil seiner Kugel strahle Licht aus, der andere aber sei dunkel, und beim Drehen bringe er nach und nach unterschiedliche Formen hervor. **§6** Dieser Meinung widerspricht der Selige Augustinus, der verdientermaßen die Krone der Philosophie genannt wird, und der in seinem Brief an Januarius in aller Deutlichkeit ausspricht, dass der Mond durch die Strahlen der Sonne erhellt wird. Es ist klar, dass er sich verfinstert, wenn zwischen ihn und die Sonne der Erdschatten tritt. Die Sonne steht nämlich um Vieles höher. **§7** Daher kommt es, dass er, wenn er unter der Sonne steht, mit dem oberen Teil leuchtet, mit dem unteren aber, der zur Erde zeigt, dunkel bleibt. Neumond aber ist die Zeit zwischen dem erlöschenden und dem leuchtenden Mond. Es ist aber der dreißigste Tag, an dem der Mond nicht leuchtet. **§8** Daher kann er dann nicht gesehen werden, weil er durch die dazwischen stehende Sonne verdunkelt wird; doch im gleichen Moment wird er aufs Neue geboren sichtbar, wenn er sich nach und nach von der Sonne entfernt. Der Mond ist der Erde näher als die Sonne, daher vollbringt er auch schneller seinen Lauf auf einer kürzeren Kreisbahn. **§9** Denn jene Bahn, die die Sonne in dreihundertfünfundsechzig Tagen zurücklegt, durchläuft der Mond in dreißig Tagen, daher legten die Alten die Monate nach dem Mond, die Jahre aber nach dem Lauf der Sonne fest. Der Mond verfinstert sich am fünfzehnten <Tag> und das <dauert> solange, bis er das Zentrum und den Schatten der gegenüberstehenden Erde verlässt und die Sonne ansieht bzw. von der Sonne angesehen wird. **§10** Die Größe des Mondes ist um vieles kleiner als die der Sonne. Denn während die Sonne um vieles höher steht als der Mond und dennoch von uns als größer als der Mond wahrgenommen wird, würde sie um vieles größer erscheinen als der Mond, wenn sie nur näher an uns herangekommen wäre. Der Mond ist der Vater der Flüssigkeiten, daher führen manche Flüsse des Orients mehr oder weniger Wasser je nach Zu- oder Abnahme des Mondes. **§11** Selbst auch der menschliche Körper fühlt den Lauf des Mondes, und zwar besonders diejenigen, die in Wahnsinn verfallen ‚mondsüchtig' genannt werden. Auch andere körperliche Krankheiten reagieren auf den Mond; Tiere und sogar die meisten Raubtiere legen zu an Fett oder nehmen ab je nach Zustand des Mondes. Der Mond kühlt und mäßigt die Sonnenglut. Der Mond vertreibt die Dunkelheit der Nacht; unter den Planeten steht er der Erde am nächsten. **§12** Die zehn Eigenschaften des Mondes können aber in sechs Versen zusammengefasst werden, mit denen durchaus auf angemessene Weise die Glückseligkeit der ruhmreichen Jungfrau Maria bezeichnet werden kann, zu der man im Hohen Lied sagt: „Schön wie der Mond, strahlend wie die Sonne" (Ct 6, 10: *Pulchra ut luna, electa ut sol*). Folgende also sind seine Eigenschaften in Versen:

§13 Mutter der Flüssigkeiten, und er kühlt die Sonnenglut,
er verfinstert sich, wenn Phoebus sich zurückzieht.
Die Sonne gibt ihm das Licht, <und> er vertreibt die Dunkelheit der Nacht,
er erhellt die Welt, weil ja die Sonne das Vergangene wieder besucht.[75]
Unter den Planeten kam er der Erde am nächsten.
Er nimmt zu, er nimmt ab, er ist glänzend weiß und teilte die Zeit.

§14 „Eine Mutter der Flüssigkeiten" ist freilich die Selige Jungfrau, weil sie die Mutter der Gnaden ist. Daher <heißt es>: „Sei gegrüßt, Gnadenreiche", und im Buch der Weisheit: „In mir ist alle Gnade des Lebens[76] und der Wahrheit." „Und kühlt die Sonnenglut", weil er den Zorn des Richters mäßigt, wie es bei Theophilus und vielen anderen deutlich ist. „Sie verfinstert sich, wenn Phoebus sich zurückzieht", als Christus, die Sonne der Gerechtigkeit, am Kreuz starb. **§15** Daher <sagt> Lukas: „Und sein Schwert wird deine Seele durchdringen" (Lc 2, 35: *Et tuam ipsius animam pertransiet gladius*), nämlich <das Schwert> des Schmerzes, und dann wurde zu recht der Mond durch die Dunkelheit der Trauer verfinstert. „Die Sonne gibt ihm das Licht". Daher <sagt> der Engel: „Der Heilige Geist wird über Dich kommen" (Lc 1, 35: *Spiritus Sanctus superveniet in te*), und zwar deswegen, - laut Hieronymus -, weil Joseph nicht wagte, ihr Gesicht anzusehen, solange sie Christus, die Sonne der Gerechtigkeit, in ihrem Leib trug. **§16** Daher kann man das <Wort> des Matthäus so auffassen, „dass er sie nicht erkannte, bis sie ihren erstgeborenen Sohn gebar" (Mt 1, 25: *Et non cognoscebat eam donec peperit filium suum primogenitum*). „Sie vertreibt die Dunkelheit der Nacht". Daher das <Wort>:

---

[75] Das Bild ist eine Anspielung auf den Rundlauf der Sonne.

[76] Im lateinischen Text der Edition ist hier *uite* verschrieben zu *uie*.

Freu' Dich, Jungfrau Maria! Alle Irrlehren hast Du allein auf der ganzen Welt vernichtet. „Er erhellt die Welt, weil ja die Sonne das Vergangene wieder besucht", weil Christus in den Himmel aufstieg. **§17** Dann wurde sie zurückgelassen, um die Jünger Christi zu lehren und zu trösten. Daher glaubt man nicht zu Unrecht, der Evangelist Lukas habe aufgrund ihres Wiederkommens geschrieben. „Unter den Planeten kam dieser der Erde am nächsten", d.h. dem Irdischen, d.h. den Menschen, weswegen man sie die Vermittlerin zwischen Gott und den Menschen nennt. **§18** Die Menschen waren nämlich allzu tief gestürzt und ganz unten, Gott aber ist allzu hoch und weit von uns <entfernt>, aber die Selige Jungfrau war über den Menschen und geringer als Gott und ist deshalb in die Mitte gesetzt nach dem <Wort> Hiobs: „Sie legte ihre Hand auf beide, um beide verbinden zu können" (vgl. Job 9, 33: *et ponere manum suam in ambobus*), d.h. Gott und den Menschen in dem einen Christus. „Sie nimmt zu, sie nimmt ab". **§19** Sie nahm zu bei der Verkündigung, bei der Geburt ihres Sohnes aber wurde sie vollendet gleichwie der Vollmond an Frühlingstagen. Sie nahm aber ab beim Leiden Christi oder bei ihrem eigenen zeitlichen Tod nahm sie ab. Im höchsten Maße vollkommen aber wurde sie bei der Verherrlichung ihres Körpers und ihrer Seele. „Sie ist glänzend weiß" durch ihre zweifache Keuschheit, nämlich des Körpers und der Seele. **§20** Daher heißt es im Hohen Lied über sie: „Wie schön bist Du, meine Freundin, wie schön bist Du!" (Ct 4, 1: *Quam pulchra es amica mea, quam pulchra es*). „Sie teilte die Zeit", sie, die jedenfalls das Ende des Gesetzes und der Anfang der Gnade war, bzw. sie war die Erste bei der Versöhnung und die Letzte bei der Bewahrung der Gnade.

13.4 MERKUR (*Mercurius*)

§1 Merkur, den man auch griechisch Stilbon nennt, ist der zweite Planet. Er durchläuft seine <Umlaufbahn> im Tierkreis in dreihundertsechsunddreißig Tagen. Er steigt manchmal vor Sonnenaufgang, manchmal nach Sonnenuntergang strahlend auf. **§2** Dieser Planet aber wurde von den Heiden Merkur benannt nach dem Gott, den sie *Mercurius* nannten, und dieser Gott wurde *Mercurius* genannt gleichsam als einer, der sich um Geldgeschäfte kümmert (lat. *merces curans*); die Heiden setzten nämlich auf seine Hilfe, wenn es darum ging, mit Warenhandel ein Vermögen zu machen.

13.5 VENUS (*Venus*)

§1 Die Venus ist der dritte Planet, den man griechisch auch Hesperus nennt. Man nennt sie auch Lichtbringer und bisweilen Abendstern. Ihre Umlaufbahn im

Tierkreis durchläuft sie in dreihundertachtundvierzig Tagen. Sie ist aber ein glänzender Stern, der der größte und klarste von allen <Sternen> zu sein scheint. Denn auf die gleiche Weise wie Sonne und Mond bringt auch er Schatten hervor. **§2** Die <Venus> geht also der aufgehenden Sonne voran und kündigt sie am Morgen an, indem sie die Dunkelheit der Nacht mit ihrem strahlenden Licht zerstreut. Dieser Stern folgt dem Mond, wenn er abnimmt; er folgt auch der Sonne und geht der einbrechenden Dunkelheit voraus; dann freilich heißt er Hesperus bzw. Abendstern. Im Winter leuchtet <die Venus>, im Sommer verbirgt sie sich und versinkt am Südpol, dem unteren Drehpunkt. **§3** Durch ihre Wirkkraft wird alles auf Erden erzeugt, wie Plinius sagt. Daher heißt sie Venus wie die Göttin Venus, - eine Göttin, die bei den Heiden jedenfalls als Liebesgöttin galt. Dieser Planet benetzt bei seinem abendlichen oder morgendlichen Aufgang die Erde mit Tau und lässt nicht nur die Früchte der Erde gedeihen, sondern regt alle Lebewesen zu sexueller Begierde an, wenn er aufgeht. **§4** Über den Planeten gibt es vier Verse, die seine Eigenschaften enthalten:

<Venus> bringt mit sich den Glanz des Lichtes, bringt auch den Tau,
die Gewaltige schenkt Freude und wachsam geht sie, wie es sich gehört, der Sonne selbst voran,
sie begleitet das Abnehmen des Mondes, leuchtet zur Winterzeit,
im Sommer aber nicht.

§5 All dies kann auf einen jeden Bekenner und Gelehrten der Kirche bezogen werden. „Sie bringt mit sich den Glanz des Lichtes". Daher <heißt es>: „Ihr seid das Licht der Welt". Und „eure Werke mögen leuchten" etc. Und „brennende Leuchten in euren Händen". „Bringt auch den Tau" beim Predigen. **§6** Daher <heißt es>: „Finsteres Wasser in den Wolken der Luft". „Die Gewaltige", nämlich der Hohepriester in seinen Tagen, „schenkt", d.h. macht, „froh", nämlich denjenigen, der in der Finsternis der Sünden und der Unwissenheit lebt. „Und wachsam". Wachsam wird sie genannt, weil sie nachts leuchtet: „Selig jener Knecht, den der Herr, wenn er kommt, wachend vorfindet!" **§7** „Wie es sich gehört" durch guten Ruf und ehrbaren Lebenswandel. „Geht sie der Sonne selbst voran", der Sonne der Gerechtigkeit, wie der Krieger seinem Herrn, indem er die Gegner mit seinem zweischneidigen Schwert tötet, auf dass die der Welt Abgestorbenen in Gott leben. „Sie begleitet das Abnehmen des Mondes", d.h. der Kirche, mit Mitgefühl: „Wer ist krank und ich bin's nicht?" **§8** „Sie leuchtet zur Winterzeit", weil er in der Zeit der Not <sodann> mit der Wärme des Glaubens erscheint. „Im Sommer aber nicht." Aber im Gegenteil, im Alter erkalten viele wie David, der <auch> mit Fellen bedeckt nicht warm werden konnte.

13.6 SONNE (*Sol*)

§1 Die Sonne ist der vierte Planet, <und> heißt deswegen <Sonne; lat. *sol*>, weil sie alleine (lat. *solus*) leuchtet, während die übrigen Sterne durch ihren Glanz verdunkelt werden. Oder man nennt sie deshalb Sonne (lat. *sol*), weil sie über allem leuchtet (lat. *super omnia lucens*) und allen Sternen ihr Licht schenkt. Sie durchwandert den Tierkreis in dreihundertfünfundsechzig Tagen und durchläuft ihre Umlaufbahn in achtundzwanzig Jahren. **§2** Wenn die Sonne bei ihrem Aufgang Flecken hat oder sich hinter einer Wolke verbirgt, kündigt das einen regnerischen Tag an, wenn sie rot erstrahlt, einen heiteren. Wenn sie abgeflacht erscheint, so dass sie in der Mitte glänzt und ihre Strahlen nach Süden und Norden aussendet, bedeutet das feuchtes und windiges Wetter. Wenn sie bleich ist und *zwischen schwarzen Wolken untergeht, kündigt das Nordwind an.

§3 Über ihre Eigenschaften gibt es sieben Verse:

Schimmernd sendet sie ihre Strahlen aus, die Quelle selbst der Wärme,
sie zieht Wolken an, die Gestalt oder die Form der Farbe.
Sie beleuchtet den Mond, regelt Tag und Nacht.
Sie lässt Früchte reifen und macht alles Feuchte wieder trocken.
Sie tritt ein, schließt du auf, Eis und Hartes zerstößt sie.
Sie erfreut gesunde Augen, tränende jedoch schließt sie.
Sie geht unter und geht auf, sie steigt auch auf und nieder.

§4 All dies kann aber auch die Glückseligkeit der Seligen Jungfrau bedeuten, von der im Hohen Lied gesagt wird: „Strahlend wie die Sonne" (Ct 6, 10: *electa ut sol*). „Schimmernd", daher <heißt es> im Hohen Lied: „Wer ist sie, die wie die aufgehende Morgenröte einherschreitet?" etc. „Sie sendet ihre Strahlen aus", nämlich die wunderbaren Wohltaten ihrer Milde. „Die Quelle selbst der Wärme", d.h. der Liebe, weil wir durch ihr Beispiel von Liebe entflammt werden. **§5** Als ihr Sohn am Kreuz hing, wie Ambrosius sagt, war sie von so großer Liebe erfüllt, dass sie sich selbst zur Kreuzigung ausgeliefert hätte, wäre es nötig gewesen, und deshalb stand sie fest und beharrlich beim Kreuz, bereit zu sterben. „Sie zieht Wolken an", d.h. diejenigen, die wie Wolken fliegen, und jene rufen: „Zieh' mich nach dir!" „Die Gestalt oder die Form der Farbe", denn in der Nacht unterscheidet niemand die Farben, wohl aber im Licht der Sonne. **§6** Sie verleiht also, d.h. zeigt, die Farben der Dinge: den Bußfertigen die violette <Farbe>, den Märtyrern die Rosen-, den Jungfrauen die Lilienfarbe. „Sie beleuchtet den Mond", d.h. die in ihrer Stellung geschwächte Kirche. Daher <sagt man>: Ihr erhabenes Leben erleuchtet alle Kirchen. **§7** „Regelt Tag und Nacht", da Gute und Schlechte sich im Vergleich mit ihr sehen, daher <sprach> der Herr zu Ezechiel: „Menschensohn", sprach er, „zeige den Söhnen Israels den Tempel, und sie sollen von ihrer Ungerechtigkeit in

Verwirrung geraten, sie sollen den Entwurf <des Tempels> durchmessen und schamrot werden über alles, was sie getan werden". (Ez 43, 10-11). **§8** „Sie läßt Früchte reifen", wenn wir eilig danach streben, ihr an Tugend ähnlich zu werden. „Und macht alles Feuchte wieder trocken", wenn wir durch ihr Beispiel stark sind und den Gürtel der Keuschheit dem Kanaanäer, d.h. Christus, übergeben, den nach eigenem Zeugnis das Verlangen nach dem Haus des Herrn verzehrte. „Sie tritt ein, schließt du auf", durch Gnade und süßes Gedenken in deinem Herzen, wenn du den Mund öffnest, um zu bitten und sie zu loben. **§9** Nur der lobt sie nicht, der ihre Gnade nicht erfahren hat, obwohl er sie lobte. „Eis und Hartes zerstößt sie", nämlich die Erstarrung des Gewissens und das Herz, das nicht bereut. „Sie erfreut gesunde Augen, tränende jedoch schließt sie". Gesunden leuchtet sie <den Weg> zur Gnade, die mit tränenden Augen schließt sie im Irdischen ein, damit sie nicht sehen können, wie süß sie ist. **§10** „Sie geht unter und geht auf" bei der Geburt nämlich, sie geht unter im Tod oder Leiden Christi. „Sie steigt nieder" durch Mitgefühl denen gegenüber, die zu ihr rufen und krank sind an Körper und Seele. **§11** „Von dort steigt sie auch auf", bei ihrer Himmelfahrt nämlich, wo sie mit Esther sieben Pforten durchschritt, die sieben Chöre der Engel nämlich, der Patriarchen, Propheten, Apostel, Märtyrer, Bekenner und Jungfrauen. **§12** Kehren wir nun zu dem zurück, was von der Sonne zu sagen übrigbleibt. Die Sonne verlor *sieben Anteile ihrer Helligkeit beim Fall des ersten Menschen, die sie freilich wiedergewinnen wird nach dem Weltenbrand und der Erneuerung der Elemente, nach jenem <Wort> des Isaias: „Und das Licht des Mondes wird wie das Licht der Sonne sein und das Licht der Sonne siebenfach – ergänze: stärker als jetzt" (Is 30, 26: *et erit lux lunae sicut lux solis et lux solis erit septempliciter sicut lux septem dierum*). **§13** Da die Sonne feurig ist, wird sie durch die allzu schnelle Bewegung ihres Umlaufs weiter erhitzt; ihr Feuer nährt sich von Wasser, und sie empfängt aus dem entgegengesetzten Element die Kraft ihres Lichtes und ihrer Wärme, daher sehen wir sie oft feucht und Tau spendend. Die Sonne bewegt sich selbst, sie dreht sich nicht zusammen mit der Welt; denn würde sie am Himmel angeheftet bewegt, würde sie alle Tage und Nächte gleich lang werden lassen. **§14** So aber, aufgrund ungleich langer Umlaufbahnen, formt sie die Jahre durch den Wechsel der Jahreszeiten. Geht sie auf, läßt sie es Tag werden, geht sie unter, bringt sie die Nacht. Eine Sonnenfinsternis findet statt, sooft der dreißigtägige Mond zur selben Linie gelangt, auf der sich die Sonne bewegt, und die Sonne verdunkelt, indem er sich vor sie schiebt. Denn für uns sieht es aus, als ob die Sonne verlösche, während sich doch nur die Mondscheibe vor die Sonne stellt. **§15** Die Sonne ist die Quelle der Wärme, sie zieht die Wolken von der Erde zu sich, lässt dank des Wasserdampfes die Früchte reifen und trocknet das Flüssige. Die Sonne ist achtmal größer als die Erde, wie viele Philosophen bestätigen. So ist auch die Selige Jungfrau, auf die die Sonne verweist, dank acht Vorzügen erhabener als jede Kreatur. Sie sind in folgenden weiteren Versen enthalten: „Die Jungfrau gelobte zuerst", nämlich ihre Jungfräulichkeit zu bewahren. **§16** Daher sagte sie, als der Engel ihr verkündete, dass sie einen Sohn empfangen würde: „Wie soll das geschehen, da ich von keinem Manne weiß", d.h. nicht wissen werde, und man setzt die Gegenwart an Stelle der Zukunft, so wie einer, der gelobt hat, an den Samstagen immer zu fasten, demjenigen, der ihn bittet, zweimal zu essen, zur Antwort gibt: Ich esse am Samstag nur einmal, wo es ausreicht, Präsens anstelle von Futur zu setzen.**§17** Eine „Jungfrau ohne Samen schwanger", deshalb sagte ihr der Engel: „Der Heilige Geist wird über dich kommen" usw. „Die Jungfrau gebar einen Gott", daher <spricht> der Dichter: „Schon wird vom hohen Himmel ein neues Geschlecht herabgesandt." **§18** Denn so wie Christus für seinen Vater der einzige war, so auch der einzige für seine einzige Mutter. „Jungfrau und Mutter zugleich". Und sieh, wie vorausschauend sie den besten Teil für sich erwählte von der zweifachen Gegebenheit. Zwei gibt es in der Ehe: Fruchtbarkeit und Unreinheit; in der Jungfräulichkeit gibt es zwei: Unfruchtbarkeit und Reinheit. Von der Jungfräulichkeit übernahm sie die Reinheit, von der Ehe die Fruchtbarkeit und die zwei anderen hat sie gänzlich hinter sich gelassen. **§19** „Sie bleibt ohne Makel", und zwar, weil ein Gefäß nach seinem Inhalt duftet, daher <sagt> Augustinus in seinem Buch „Das Gut der Ehe": „Alle, die von Adam und Eva geboren werden, werden gehalten zu sagen: Vergib' uns unsere Schuld, mit Ausnahme der seligen Jungfrau, von der ich unter keinen Umständen sprechen will, wenn es um Sünde geht, der Ehre unseres Herrn zu Liebe." **§20** „Durch jegliche Tugend selig". Daher sagte man ihr: „Gegrüßt seist Du, voller Gnaden!" Ecclesiasticus: „In mir ist alle Gnade des Wegs und der Wahrheit." „Sie gebietet ihrem Kind" wie eine Mutter ihrem Sohn <gebieten soll>. Daher spricht Meister Adam von St. Victor in seiner Sequenz über die Selige Jungfrau: „Bitte den Vater, gebiete dem Sohn!" **§21** „Über die Schöpfung selbst wird sie erhoben", und zwar bei der Himmelfahrt ihrer Seele und ihres Leibes. Daher heißt es in der Apokalypse: „Der Mond unter ihren Füßen", d.h. alle wandelbaren Geschöpfe.

13.7 MARS (*Mars*)

§1 Mars ist der fünfte Planet, der auch der Feurige genannt wird. Er durchläuft den Tierkreis in zwei Jahren. Er wird aber von den Heiden Mars genannt nach dem Gott Mars, wie der Kriegsgott genannt wurde, aber vielleicht nicht auf jede Weise nach der Sache, da beim Aufgang des Sternes Mars häufig die Cholera in allen Menschen angefacht wird und Herz und Leber erhitzt werden, und das Gehirn zum Aufwallen gebracht wird und die Säfte verdorben werden, und so wird in den

Geschöpfen Krieg geführt aufgrund gegensätzlicher Ursachen, die die Gesundheit angreifen, was nur durch den Tod ein Ende findet.

13.8 JUPITER (*Jupiter*)

§1 Jupiter ist der sechste Planet, auch Phaeton genannt, er durchläuft den Tierkreis in zwölf Jahren. Der Planet aber ist warm und trocken und bezieht seinen Namen von dem heidnischen Gott Jupiter; Jupiter heißt gleichsam ‚helfender Vater' (lat. *iuvans pater*), und vielleicht nicht ganz zu Unrecht, da beim Aufgang dieses Sterns alles auf der Erde Wachsende mit Macht hervorsprießt. **§2** Denn wenn die Samen der Dinge nicht durch eine uns verborgene Macht von ihren Prinzipien verteilt würden, würden sie stets unbeweglich im Zustand ihrer Erschaffung verharren. Aber Gott verlieh den sterne- und besonders planetentragenden Kreisbahnen eine solche Macht, dass sie die durch die Bewegung ihres Prinzips erschaffenen Pflanzen zur Vermehrung ihresgleichen veranlassen. **§3** Der Kommentator der Astrologie Martianus Capella sagt, alle Menschen wären unsterblich, wenn es keinen anderen Planeten als Jovis, der auch Jupiter ist, am Firmament des Himmels gäbe. Das ist aber nach dem Lauf der Natur zu verstehen, nicht nach dem Willen und der Macht des Schöpfers. **§4** Es ist aber, wie Martianus in seinem Buch über die Astrologie sagt, der Stern des Zeus, der auch Jupiter ist, allem förderlich und verleiht den Sterblichen ihrer Natur entsprechend Gesundheit. Dieser Planet steht fünfmal höher als Mars.

13.9 SATURN (*Saturnus*)

§1 Saturn ist der siebte und letzte Planet, der auch Phaeton genannt wird, er durchläuft den Tierkreis in dreißig Jahren. Das allerhöchste Gestirn von allen ist das des Saturn und daher, sagt Plinius, erscheint es als das kleinste. Alle Planeten kreisen links herum bis auf diesen Stern, der immer rechts herum unaufhaltsam weiterläuft. **§2** Daher würde er mit gewaltiger Geschwindigkeit nach Westen fortgerissen, wenn er nicht durch die beständige Drehung der gegenläufigen anderen Sterne gebremst würde. Da er nun aber abgebremst wird durch die Drehung der Welt, kreist er träge und ohne Antrieb, und ist daher eisiger und starrer Natur. Daher kommt es, dass er seine Bahn langsamer als die übrigen durchläuft. **§3** Augustinus nennt in seinem Buch „Der wörtliche Schriftsinn der Genesis" einen anderen Grund, warum der Planet Saturn eiskalt ist: „Der Stern", sagt er, „ist sehr kalt, er müßte umso heißer sein, je höher er am Himmel mitgerissen würde; die äußeren Sterne nämlich werden schneller auf ihrer Kreisbahn fortgerissen. Also macht ihn die Nähe der Wasser, die über dem Himmel sind, kalt." **§4** Auch heißt dieser Planet nicht ohne Grund bei den Heiden Saturn nach dem Namen seines Gottes Saturn. Er heißt nämlich Saturn gleichsam wie die Gottheit der Sättigung (lat. *saturitas*), und das vielleicht deswegen, weil die Samen, die beim Aufgang dieses Sterns ausgebracht wurden, in der Erde abgetötet werden, um Frucht zu tragen zur Sättigung des Fleisches. **§5** Wenn nämlich das Getreidekorn, wie es im Evangelium heißt, nicht in die Erde fällt und stirbt usw. Was hier im Einzelnen über die Planeten gesagt wurde, mag genügen. Betrachten wir jetzt noch einige Aspekte von ihnen im Allgemeinen.

13.10 ALLGEMEINE ABHANDLUNG ÜBER DEN LAUF DER PLANETEN (*Cursus planetarum*)

§1 Alle Planeten vollenden nach fünfhundertzweiunddreißig Jahren ihre Bahnen und wiederholen sie wie zuvor. Der Tierkreis, d.h. der Kreis der zwölf Zeichen, wird in zwölf Teile in der Breite aufgeteilt. **§2** Darunter bewegen sich die sieben Planeten, die sich in einstimmiger und süßer Harmonie drehen. Dass es von der Erde bis zum Himmel hundertneuntausenddreihundertundfünfundsiebzig Meilen seien, haben Philosophen und viele katholische Gelehrte in wahrhaftigen Äußerungen und mit zuverlässigsten Beweisen nachgewiesen. **§3** Auch soll niemand es wagen, dies unüberlegt als Lüge zu verurteilen, weil es durch solch einleuchtenden Grund bewiesen wurde, dass eine so große Wahrheit von niemandem geschwächt werden kann. Aber da eine so große Sache eine besondere Zeit der Muße erfordert, hielt ich es für besser, dieses Dinge für den Moment zu übergehen.

14 WETTERPHÄNOMENE DES LUFTREICHS

14.1 <Der Donner>

§1 Betrachten wir einige Wetterphänomene des Luftreichs und zuerst den Donner. Nach den Philosophen entsteht der Donner, wenn Winde mit ihrem Wehen Wasser in die Luft tragen, das sich zusammengeballt zu Wolken verdichtet. Wenn Winde dabei eingeschlossen wurden, drängen sie auszubrechen, und rauschen und brausen gewaltig und wenn die Wolken aufeinanderprallen, setzen sie ein schreckliches Feuer frei. **§2** Das Krachen also der Wolken und Winde ist der Donner, das von dort ausgestoßene Feuer der Blitz. Dieses Feuer durchdringt, was es berührt, da es feiner als unseres ist und durch die große Kraft der Winde angefacht wird. Blitz vom Norden und Donner vom Osten zeigen Sturm an. **§3** Warmer und feuchter Rauch steigt also nach oben und wenn er bis zur höchsten Luftschicht gelangt ist, wird diese durch das Gewicht der Feuchtigkeit in Bewegung versetzt; ihre Teilchen lassen Getöse und Donner entstehen nach Art von Wasserwellen, die aufeinander einstürmen. Die durch die Bewegung erwärmte Luft aber geht in feurige Substanz über und wird zum Blitz, der, obwohl er zusammen mit Donnergetöse entsteht, dennoch schneller zu uns gelangt <als der Donner>, weil der Gesichtssinn schneller ist als das Gehör. **§4** Zum Beispiel: Wenn wir nämlich aus der Ferne einen Menschen wahrnehmen, der einen Baum fällt, sehen wir, wie der Schlag in den Baum fällt, bevor wir das Geräusche des Schlages hören. Wenn also die obere Luft feucht ist von Rauch und vom feuchten Rauch verdichtet, kommt es zum Zusammenprall und es wird Energie erzeugt; wenn sie nach oben steigt, gibt es einen Donnerschlag ohne Blitz. **§5** Wenn diese Energie aber nach unten zielt und wenn sie dann nicht so groß ist, dass sie bis zu einem Hindernis gelangt, wird sie keinen Schaden anrichten; wenn sie aber bis zu einem Hindernis gelangt, spaltet sie, was ihr im Weg steht. Aber da es der Bewegung der Luft eigen ist, nach oben zu streben, sieht man keine Materie austreten, und die Luft sammelt ihre verstreuten Feuer wieder ein. **§6** Wenn es aber in diesem unteren Teil der Luft viel Feuchtigkeit gibt, kann die Luft, die in jener Energie enthalten ist, kein Feuer fangen, und es entsteht ein Blitz, der spaltet, aber nicht verbrennt. Gibt es dort aber keine Feuchtigkeit, wird sie (sc. die Luft) durch die Bewegung und Trockenheit entzündet, und es entsteht ein Blitz, der verbrennt. Ein Blitz ist also ein Teil der Luft, der durch einen Zusammenprall energiegeladen bis zu einem Hindernis gelangt. **§7** Donner aber ist der Klang <, der entsteht>, wenn Teile der Luft energiegeladen aufeinander einstürmen, Wetterleuchten aber ist ein

Teil der Luft, der von der <freigesetzten> Energie entzündet wurde und leuchtet. Ein Blitz ist nicht aus Stein, wie manche sagen; denn wenn er aus Stein wäre, würde er nicht hierhin und dorthin eilen noch sich nach oben drehen, und wenn er jemanden träfe, Fleisch und Knochen zertrümmern. **§8** Ein Blitz streckt häufiger hoch Aufragendes zu Boden, weil, da er bisweilen aus der Höhe herabgefahren ist, er schneller hoch Aufragendes ausfindig macht. Und merke, dass einige der Ansicht sind, ein Blitz sei aus Stein <aus dem Grunde>, weil, wenn feuchter Rauch nach oben steigt, mit ihm etwas von erdiger Substanz emporgehoben wird, was durch die Hitze der Sonne in steinige Substanz übergeht und in der Wolkenhöhlung eingeschlossen wird, bis die Wolke von einem Energiestoß zerteilt wird und so <die steinige Substanz> herunterfällt und das Darunterliegende heftig erschüttert. **§9** Daher ist die Frage berechtigt, - da zu jeder Jahreszeit feuchter Rauch aufsteigt, wie wir bereits sagten -, weshalb uns nicht zu jeder Zeit Donner und Blitz begegnen? Darauf antworten wir: Wenn auch Donner aus feuchtem Rauch seine Existenz bezieht, verdichtet sich der Rauch, solange er sich in den niederen Teile der Luft aufhält und nicht zu den höheren aufsteigt, in Erdnähe und kann die Luft nicht hierhin und dorthin stoßen. **§10** Wenn er aber ganz nach oben gekommen ist, stößt er sie dank seiner Wendigkeit hierhin und dorthin, und so entstehen Donner und Blitz. Im Winter aber, wenn auch die Luft dick ist, gibt es doch keine so große Wärme, die den dicken Rauch in die oberste Luftschicht stoßen könnte. Weil er also in der unteren Luftschicht verbleibt, erzeugt er Wind und Regen und keinen Donner. **§11** Im Sommer aber, wenn die größte Hitze herrscht, wird die Feuchtigkeit in die höchste Luftschicht emporgetragen, und es kommt zu einem unterschiedlichen Andrang der Luftteile, und daher entstehen Donner. Im Herbst aber, weil es kalt und trocken ist, gibt es weder Feuchtigket, die emporgetragen wird, noch Wärme, die <sie> emporträgt. **§12** Im Osten entstehen im Sommer keine Donner, sondern im Winter, und zwar aus diesem Grund: Die Hitze im Osten ist zur Sommerzeit besonders groß und trocken, und keine Feuchtigkeit kann sich, auch wenn sie aufgesteigt, zu Wolken ballen, weil sie durch die übergroße Hitze der Luft verdunstet, weshalb dann dort keine Donner entstehen. **§13** Im Winter kommen sie dort zustande, weil genügend Feuchtigkeit von der Erde aufsteigt und die Luft warm ist, wodurch sie emporgetragen wird, und die Luft ist so gut durchmischt mit Wärme und Feuchtigkeit, *dass die Dunstschwaden ganz leicht zu Wolken anwachsen, und Winde und Wolken prallen aufeinander, wodurch Donner und Blitze zustande kommen. Unser Sommer in Europa kann aber mit dem Winter im Osten verglichen werden. **§14** P l i n i u s überliefert mehrere Arten von Blitzen. Die trocken daherkommen, spalten nicht, sondern verbrennen, die aber feucht sind, verbrennen nicht, sondern spalten und schwärzen. Den dritten nennt man ‚hell', aber der ist sehr selten und geradezu ein Wunder und ein sehr großes Geheimnis der Natur; durch ihn werden unversehrte Fässer geleert, doch bleibt eine Spur <des Blitzschlags> sichtbar. **§15** Marcia, *eine Fürstin der Römer, wurde bei einem Donnerschlag vom Blitz getroffen und das Kind, das sie im Leib trug, wurde getötet, während sie unverletzt blieb. Niemand wird vom Blitz getroffen, der zuvor sein Licht gesehen oder den Donner gehört hat. Ohne ein Geräusch wird der Blitz geschleudert. Ein Blitz tötet nicht immer den getroffenen Menschen, andere Lebewesen aber immer, diese Ehre erweist die Natur dem Menschen. **§16** Plinius sagt, dass der Adler als einziges Tier nicht vom Blitz getroffen wird, unter den Bäumen ist es der Lorbeerbaum. Vom Donner sagt Isidor: Ein Donner erschüttert manchmal alles laut dröhnend, denn wenn ein sehr heftiger Sturmwind sich plötzlich den Wolken zugesellt mit wachsendem Wirbel und nach einem Ausgang sucht, zerreißt er mit großer Energie die Wolke, die er aushöhlte, und fährt so mit schrecklichem Krachen in die Ohren herab. **§17** Das muss einen nicht wundern, da eine noch so kleine Blase doch einen lauten Knall fahren lässt, wenn sie platzt. Es gibt drei Namen für für den Blitz: *fulgus*, *fulgur*, *fulmen*. *Fulgus*, weil er trifft, *fulgur*, weil er in Brand setzt, *fulmen*, weil er zerschlägt.

14.2 STERNSCHNUPPEN (*Casus stellarum*)

§1 Manchmal scheinen Sterne in der Luft zu fallen, was jedoch falsch ist. Sie fallen nämlich nicht, sondern scheinen <nur> zu fallen. Sie sind aber Fünkchen, wie die Philosophen sagen, die vom Blasen der Winde aus dem Bereich der feurigen Luft in die niedere Luftschicht getragen wurden und bald in der feuchten Luft verlöschen. Denn häufig gibt es in der oberen Luftschicht Wind und Bewegung, obwohl in den unteren Schichten alles ruhig ist. **§2** Aber die Luft, die durch diesen Windhauch in Bewegung versetzt wurde, entzündet sich und durcheilt leuchtend die Luftregion und wenn sie in der Nähe eines Sterns vorbeikommt, entzieht sie uns mit ihrem Leuchten den Anblick jenes Sterns, und es sieht so aus, als ob der verdeckte Stern heruntergefallen ist. Doch jemand wird sagen: Wie kommt es, dass wir jenen Stern nachher nicht <mehr> sehen? **§3** <Darauf> antworten wir, dass der Rauch, der beim Erlöschen des in die feuchte Luft fallenden Feuers entsteht, uns den Stern verdeckt hat, oder wir <können> sagen, dass wir diesen Stern später wohl sehen, aber dass wir nicht wissen nicht, dass er es ist. Da nämlich, wie wir schon sagten, die entzündete Luft ihren Lauf nimmt, folgt ihr dichtere und daher trägere Luft nach, die zwischen uns und jenem Stern gelegen uns seinen Anblick entzieht. **§4** Bevor sie aber vorbeizieht und jener Stern <wieder> erscheint, hat das Himmelsgewölbe, das sich nach Westen dreht, jenen Stern in weiter entfernte Gegenden getragen, und wenn er <wieder> erscheint, hält man ihn für einen anderen Stern. weil er an einem anderen Ort als zuvor gesehen wird.

14.3 DIE DEFINITION VON WIND (*Ventus*)

§1 Zuerst soll im Allgemeinen betrachtet werden, was Wind ist. Der Philosoph definiert Wind folgendermaßen: Wind ist bewegte und aufgewühlte Luft und nicht anderes als ein Luftstrom. Man fragt aber nicht zu Unrecht, wer die erste Bewegung in der Luft veranlasst, so dass Wind entstehen kann. **§2** Winde gibt es, wie Plinius sagt, ohne die fortwährende Umdrehung der Welt und den entgegengesetzten Lauf der Sterne, sei es, dass er (sc. der Wind) dieser allgemeine Geist der natürlichen Dinge ist, der wie in einer Leibeshöhlung in diese oder jene Richtung umherschweift, oder dass er (sc. der Wind) Luft ist, die vom ungleichmäßigen Anprall der Wandelsterne und ihrem vielfältigen Strahlenausstoß aufgepeitscht wurde. **§3** Einige von den antiken Philosophen bemühen einen anderen Grund: In der Erde gibt es einen sehr tiefen Abgrund, von dem es in der Genesis <heißt>: Alle Quellen des großen Abgrunds sind aufgebrochen. Neben diesem gibt es Höhlen und weit geöffnete Grotten. **§4** Darin entstehen die Winde, die auch Sturmgeister genannt werden, durch Verdunstung der Wasser und sie ziehen durch ihr Blasen das Meerwasser durch die offenstehenden Wasserhöhlen in die Tiefe hinein, und durch diese Überschwemmung entwickeln sie erneut Druck mit gewaltiger Energie. Durch diese Winde entstehen auch Erdbeben.

14.4 DIE VIER HAUPTWINDE (*Ventus*)

§1 Es gibt vier Haupt- und Kardinalwinde. Der erste Kardinalwind ist der Nordwind, der auch Apernas genannt wird; der bildet in der Luft Wolken und bewirkt Kälte. Der zweite Kardinalwind ist der Ostwind, der auch Aphilotes genannt wird, der ist ein gemäßigter, ausgewogener Wind. Der dritte Kardinalwind ist der Südwind, auch Nothus genannt; er erzeugt Feuchtigkeit, Wärme und Blitze. **§2** Der vierte Hauptwind ist der Westwind, der auch Favonius heißt; der bringt die Winterkälte zum Tauen und lässt Blumen sprießen.

14.5 DIE HAUPT- UND IHRE NEBENWINDE (*Ventus*)

§1 Der erste Kardinalwind, der Nordwind, hat zur Rechten den Wind mit Namen Circium, der auch Trecias genannt wird und Schnee und Hagel bildet. Zu seiner Linken ist der Nordnordost, der auch Boreas genannt wird und die Wolken zusammenballt. Der zweite Kardinalwind, der Ostwind, hat zur Rechten den Wind mit Namen Vulturnum, der auch Caltras genannt wird und alles austrocknet. **§2** Zu seiner Linken ist der Südostwind, der Wolken hervorbringt. Der dritte Kardinalwind, der Südwind, hat zu seiner Rechten den Südsüdwestwind, der warm ist. Zu seiner

Linken ist der Südsüdostwind, der gemäßigt ist, und beachte, dass die Südwinde auf dem Meer stärkeren Sturm anfachen, weil sie mit Feuchtigkeit gesättigt wehen. **§3** Der vierte Kardinalwind ist der Westwind; zu seiner Rechten ist der Affricus, der auch Libs genannt wird und Sturm, Donner und Blitze gebiert. Zu seiner Linken ist der Chorus, den man in zwei aufteilt: Aura und Altanus; Aura an Land, Altanus auf dem Meer. Diese sind die vier Kardinalwinde und die acht, die ihnen zur Seite stehen und ihnen untergeordnet sind, sowie ihre Kräfte, durch deren Einklang der Schöpfer alles Geschaffene in seinem Lauf festlegte.

14.6 DIE WOLKEN (*Nubes*)

§1 Wolken werden gleichsam Nebelschiffe (lat. *nimborum naves*) genannt. Sie tragen nämlich den Regen, der in Form von Wasserdampf von der Erde in die Luft emporgehoben wurde. Ja vielmehr, um es genauer zu sagen, werden die Wolken selbst durch die Sonnenhitze von der Erde emporgezogen und ballen sich in der Luft zusammen und verdichten sich, und nachdem sie schwer geworden sind vom Übermaß der Nässe und sich nicht weiter bewegen können, werden sie vom Wind mit Leichtigkeit auseinandergetrieben und fließen als Regen, Schnee oder Hagel wieder zur Erde zurück, um erneut aufzusteigen und zu Wolken zusammenzuwachsen. **§2** Je nach dem aber, wie die Wolken dahineilen und von den Winden getrieben werden, sei es nach Süden, sei es nach Norden, kann regengeschwängerte Luft oder trockene, kalte oder milde mitgeführt werden. Verdecken Wolken am Abend im Westen die Sonne, sind Regenfälle für den folgenden Tag zu vermuten. Wenn am Morgen eine dunkle Wolke die aufgehende Sonne bedeckt, während der übrige Himmel aufklart, ist Regen vom Morgen bis zum Mittag oder vom Mittag bis in die Nacht hinein zu erwarten. **§3** Wenn verschiedenartige Wolken unter sich uneins sind, da Winde aus entgegengesetzten Richtungen wehen, wird man wechselhaftes Wetter erwarten, denn welcher Wind mit seinen Wolken einen anderen besiegt hat, erkennt man daran, dass jenem plötzlich die Luft ausgeht.

14.7 DER NEBEL (*Nebula*)

§1 Nebel entsteht, wenn feuchte Ausdünstungen als Dampf in die Luft gezogen werden oder durch die Sonnenstrahlen zur Erde zurückgetrieben werden. Wenn Nebel aufsteigt, erwarte dir Regen, wenn er niederfällt, wird heiteres Wetter kommen und heilsamer Tau für die Früchte der Erde. Über Gewässern und den tiefsten Stellen der Erde hält sich der Nebel länger, und zwar wegen der Nähe zur

Feuchtigkeit, weil der Nebel, aus seinesgleichen Feuchte verdichtet, andauern kann. **§2** An hoch gelegenen Orten aber lösen sich die Nebelschwaden aufgrund der feineren Luft schneller auf. Daher bewohnten die Alten nach gesunder Gewohnheit lieber hoch gelegene und trockene Orte. Die Heutigen dagegen bauen wegen eines bequemen Wasserzugangs an niedrig gelegenen Orten und in Wassernähe, und deshalb sterben viele vorzeitig und sind entkräftet. **§3** Manchmal gibt es viel stinkenden und dichten Nebel in der Luft, und zwar, weil verdorbene Feuchte von der Erde in die Luft emporgehoben wird, und das ist für viele recht oft der Zeitpunkt für Tod und Krankheit. Nebel schadet nämlich der Brust und erzeugt den schlimmsten Fluss im Gehirn; wenn dieser zur Brust herabsteigt, lässt er recht häufig ein Geschwür entstehen. Am schädlichsten ist der Nebel um den Juli und die Sonnensommerwende herum und nach dem September.

14.8 DER REGENBOGEN (*Yris*)

§1 Der Regenbogen, das ist ein Bogen im Himmel, entsteht nach Aristoteles aus einem Sonnenstrahl, der von den Wolken entgegengesetztem Wasserdampf reflektiert wird, wie ein im Wasser glänzender Strahl an einer Wand zurückleuchtet. Die Wolke muss aber rein und unbewegt sein. **§2** Denn aus der unbeweglichen <Wolke> fließen die Teile zusammen, wenn sie gleichartig sind, und so wird die äußere Oberfläche glatt und ruhig, um den Eindruck der Strahlen aufzunehmen, und so reflektiert der Strahl zum Dampf zurück wie ein erleuchteter Spiegel zu einem ihm ähnlichen Spiegel reflektiert, wenn er vor das Gesicht gehalten wird. **§3** Den Beweis führt Aristoteles in seinem Buch der Meteorologie aus und sagt, dass die Sehkraft eines Mannes geschwächt war, und weil er vor sich ein Licht sah, während er ging, lief er in Anwesenheit einer Gestalt, und mag auch die Sonne, deren Bild der Regenbogen ist, rund sein, so berührt sie dennoch den oberen Teil einer Wolke, weil sie bei weitem höher steht als die Wolken, und drückt ihr eine Bogenform ein. **§4** Je näher daher die Sonne dem Auf- oder Untergang ist, umso größer erscheint der Bogen auf der gegenüberliegenden Seite. Die Farben entstehen aber dadurch, dass die von der Sonne angestrahlte Wolke Teile hat, die höher, und andere, die weiter unten liegen, und welche, die zu dicht sind als dass sie die Sonne durchließen, und andere, die zu fein sind, als dass sie die Sonne ausschlössen. **§5** Diese wechselseitige Unausgewogenheit vermischt Licht und Schatten und lässt jene wunderbare Art von Bogen erscheinen. Nach Aristoteles gibt es aber drei Farben des Regenbogens, nämlich weinrot oder rötlich an der Außenseite über der Wölbung des Bogens; auf diese Farbe folgt grün, darauf weiß und darunter blaue Farbe, und die Maler können keine Regenbogenfarbe herstellen und besonders nicht die zusammengesetzte Farbe in der Mitte zwischen innen und außen. **§6** Einige aber sagen, der Regenbogen habe vier Hauptfarben von den vier Elementen, aus denen, wie sie auch sagen, eine Wolke zusammengesetzt ist, <nämlich> vom Feuer rot, von der Luft purpurfarben, vom Wasser blau, von der Erde wegen der Kräuter und Bäume grün. Dieser Bogen zeigt zu verschiedenen Zeiten Verschiedenes an. Zeigt er sich nämlich zur Mittagszeit, führt er große Wasserkraft mit sich; denn er zeigt an, dass es in der Luft eine große Kraft von Wassermassen gibt, die zur Mittagszeit herrschen können. **§7** Wenn es aber gegen Abend geblitzt hat, wird es donnern und sanft regnen. Wenn er sich aber bei Sonnenaufgang oder um diese Zeit herum emporwölbt, verspricht er heiteres Wetter. Über den Regenbogen sagt Isidor: Er heißt Regenbogen, weil er einem gekrümmten Bogen ähnelt, und man nennt ihn *yris* gleichsam wie *airis*, d.h. was durch die Luft (lat. *aer*) zur Erde herabsteigt. **§8** Er reflektiert aber <Licht> von der Sonne, wenn hohle Wolken von der gegenüberliegenden Seite einen Sonnenstrahl empfangen und die Form eines Bogens bilden. Jener Umstand veleiht ihm verschiedenen Farben, weil Wasser dünn ist, Luft leuchtet und Wolken dunkel sind. Wenn sie angetrahlt werden, erzeugen sie verschiedene Farben.

15 DIE VIER ELEMENTE

15.0

§1 Zuerst muss man im Allgemeinen über die vier Elemente sprechen, und zuerst unterscheiden, von welcher Art und was die Welt im Allgemeinen ist. Die Welt (lat. *mundus*) ist, wie die Philosophen sagen, gleichsam rundum bewegt (lat. *undique motus*); sie ist nämlich in unablässiger Bewegung. Ihre Gestalt ist rund wie ein Ball, aber nach dem Bild eines Eies in Elemente unterschieden. **§2** Denn die Welt ist von allen Seiten vom Himmel umgeben wie von einer Schale; der reine Äther aber wird vom Himmel(sgewölbe) umschlossen wie das Eiweiß, die trübe Luft vom Äther wie der Dotter, die Erde <schließlich> von der Luft wie ein Fetttropfen (im Dotter). Die Schöpfung wird auf fünffache Weise ausgedrückt oder beschrieben. Erstens, wie die Gesamtheit der Welt vor der Zeit im göttlichen Geist erdacht wurde; diesen Plan nennt man das Urbild der Welt. **§3** Daher <sagt> Johannes: „Was geworden ist, in ihm war Leben" (Io 1, 3-4: ... *quod factum est in ipso vita erat*). Zweitens, indem diese wahrnehmbare Welt nach dem Vorbild des Urbilds erschaffen wird, wie man liest: „Der in Ewigkeit lebt, hat alles insgesamt erschaffen" (Sir 18, 1: *qui vivit in aeternum creavit omnia simul*). **§4** Drittens, indem diese Welt nach Arten und Formen in sechs Tagen erschaffen oder gebildet wird, wie man schreibt: An sechs Tagen erschuf Gott seine Werke, die sehr gut waren. Viertens, indem das eine vom anderen, z.B. der Mensch vom Menschen, Vieh vom Vieh, ein Baum von einem Baum, ein jedes aus dem Samen seiner Art geboren wird, wie es heißt: „Mein Vater ist noch immer am Werk" (Io 5, 17: *Pater meus usque modo operatur*). **§5** Fünftens, indem sich die Welt noch weiter erneuern wird, wie man schreibt: „Seht, ich mache alles neu" (Apc 21, 5: *ecce nova facio omnia*). Elemente (lat. *elementa*) werden gleichsam ‚Verbindungen der Materie' (lat. *yle ligamenta*) genannt, denn *yle* ist die Materie.

15.1 DIE ERDE (*Terra*)

§1 Erde ist das dem Menschen angemessenste Element. Denn sie umgibt den Menschen, wie der Himmel Gott und die Engel, sie empfängt diejenigen, die auf die Welt kommen, ernährt die Geborenen und erhält die einmal Hervorgebrachten. Sie allein zürnt dem Menschen niemals, während Wasser uns ertränkt, infizierte Luft die Pest verbreitet und Feuer <alles> niederbrennt. **§2** Die Gestalt der Erde ist rund, daher heißt sie auch Erdkreis. Wenn jemand sie aus der Luft von oben betrachten würde, würde die ungeheure Größe der Berge und die Tiefe der Täler auf ihr kleiner erscheinen als ein einziger Finger, wenn <einer> einen sehr großen Ball in der Hand hielte. **§3** Der Umfamg der Erde misst einhundertachtzigtausend Stadien, die mit zwölftausendundzweiundfünfzig Meilen berechnet werden. Von Natur aus aber ist (die) Erde kalt und trocken (lat. *aridus*), daher wird sie auch *arida* genannt. Alles Schwere bewegt sich in Richtung Erde wie zu seinem Mittelpunkt. Auch verachtet man sie von außen, obwohl sie doch in ihrem Inneren wertvolle Metalle enthält. **§4** Sie ist von wunderbarer Fruchtbarkeit, denn nichts kann wachsen, außer auf der Erde. Erde wird sie auch genannt aufgrund ihrer kreisrunden Form, weil sie einem Rad gleicht, daher heißt sie „kleine Nabe im Rädchen"; denn das sie von allen Seiten umfließende Meer umgibt ihre Grenzen in einem Kreis. **§5** *Sie ist aber in drei Teile aufgeteilt, von denen ein Teil Asien, der andere Europa, der dritte Afrika genannt wird. Diese drei Teile des Erdkreises teilten die Alten nicht gleichmäßig auf; denn Asien erstreckt sich von Süden über den Osten bis nach Norden, Europa von Norden bis zum Westen und sodann Afrika von Westen bis zum Süden. **§6** Daher nehmen offensichtlich zwei, nämlich Europa und Afrika, die eine Hälfte des Erdkreises ein, Asien aber allein die andere Hälfte. Die Erde nimmt aber die Schlange, nachdem der Mensch verstoßen wurde, nicht länger auf, wie Plinius sagt, sondern lässt sie büßen. Wie das Herz in der Mitte eines Lebewesens, so soll die Hölle in der Mitte des Erde liegen, und dort ist die Materie am dichtesten, und daher gibt es am meisten von dem Nicht-Seienden. Was wundert es also, wenn die Sünde, die nichts ist, zur Hölle strebt.

15.2 WASSER (*Aqua*)

§1 Wasser ist das zweite Element. Wie Isidor sagt, hat Wasser (lat. *aqua*) seinen Namen von Gleichheit (lat. *aequalitas*). Seine unermessliche Tiefe, wie die Philosophen sagen, heißt Abgrund (*abyssus*) gleichwie ein ‚abwesender Grund' (*absens fundus*). Aber es hat doch einen Grund, wenn auch einen allzu tiefen. Dass Quellen im Winter warm sind und im Sommer kalt, hat folgende Ursache: Im Sommer stößt die Wärme der Luft die Kälte in die Erde, und daher wird das Wasser kalt. **§2** Im Winter aber stößt die Kälte der Luft die Wärme in die Erde, und daher wird das Wasser warm. Wasser ist kalt und feucht. Wasser, das aus einem Stein fließt, ist leichter und klarer, regt die Verdauung und den Urin an, abgekocht heilt es vieles. Von allen <Wassern> ist <allein> Regenwasser der Gesundheit zuträglich, weil es leicht und süß ist und leicht verdaut wird, es erwärmt schnell und kühlt schnell, den Fluss des Leibes bringt es zum Stehen. **§3** In einer Zisterne aufbewahrt und aufs Beste gereinigt, ist es weniger feucht. Daher schadet es dem Magen nicht, sondern stärkt ihn eher. Was gegen Sonnenaufgang oder gegen Süden und von warmen

Bergen fällt oder entspringt, dieses Wasser kommt dem Regenwasser nahe; was aber gegen Westen oder Norden <fließt>, ist sehr schlecht. Denn es erzeugt den Stein in der Blase oder in den Nieren, macht auch Frauen unfruchtbar, bringt Mattigkeit und Erstarrung, hält bei einer Krankheit den Schweiß zurück, und ruft Durchfall und Übelkeit hervor. **§4** Wasser ist etwas Alltägliches, wäscht Schmutz ab, fließt in der Tiefe, verlässt sein Bett nicht, kehrt zum Meer zurück, folgt einer Überschwemmung; mit Erde vermischt bildet es Lehm, es ist das Getränk der Armen, es ist klar und wird für einen Spiegel gehalten, es bewahrt die Spur eines Schiffes nicht, löscht Feuer und lindert Durst. Wasser allein wird nicht feist. **§5** Löbliches Wasser hat zwei <Eigenschaften> an sich: eine aufgrund seines Wesens, die andere ist der Ursprung seines Laufes. Aufgrund seines Wesens Klarheit und Frische, wobei es weder Farbe noch Geschmack noch Geruch hat, und erst recht nicht Gestank, weil das anzeigen würde, dass es zusammengesetzt ist *aus einer Mischung der vier Qualitäten, während es doch nur die erste hat, die aus Kälte und Feuchtigkeit besteht. **§6** Schlichtes Wasser, wie Galen sagt, wird mit Hilfe von drei Sinnen erfahren: mit dem Gesichtssinn, dass es von äußerster Klarheit ist, mit dem Geschmackssinn, dass es keinen Geschmack hat, mit dem Geruchssinn, dass es nach nichts riecht. Isaac: Wenn untersucht werden soll, welches von zwei Wassern das leichtere ist, hänge man an einem Ort mit einer Belüftung und zu einer Zeit die Stücke eines dünnen Leinentuchs auf, das genau in der Mitte geteilt und zu gleichen Teilen in den zwei Wassern befeuchtet wurde, nachdem nämlich die eine Hälfte des Tuches in dem einen Wasser und die andere Hälfte in dem anderen Wasser <eingetaucht> und sodann beide Teile in gleicher Weise mit den Händen ausgedrückt wurden. **§7** Welches als erstes trocken ist, dessen Wasser wird leichter und zarter sein. Hippokrates: Wasser, das schnell warm wird und schnell abkühlt, ist am leichtesten. Galen: Süßes Wasser ist für Wassersüchtige besonders schädlich. Wasser, das in einer Zisterne steht, nimmt von der Ausdünstung der Erde eine schlechte Qualität an. Kaltes Wasser tötet Geschwüre ab, wie Galen sagt. **§8** Wenn kaltes Wasser ganz kalt werden soll, muss man es in der Mitte erwärmen. Isaac: Auf Schnee abgekühltes Wasser ist besser als Schnee und weniger schädlich. Eine Quelle muss manchmal gereinigt werden, obwohl sie alles übrige wäscht. Aristoteles: Warmes Wasser gefriert schneller als kaltes. **§9** Süßes Wasser, wie Galen sagt, macht die Glieder zittrig und weich, wie man an den Bediensteten in einem Süßwasserbad sieht. Aristoteles: Am Fuß von Bergen gibt es weniger Wasser. Derselbe: Hochgelegene Orte in den Bergen sind wie dicke Schwämme, die das Wasser aufsaugen und es nach und nach sammeln.

15.3 LUFT (*Aer*)

§1 Luft ist das dritte Element, und ist warm und feucht, *und wird an die Grenze <des Universums> getragen, wenn auch nicht so schnell wie Feuer. Daher ist Luft eher feucht als warm. Das Feuchte aber ist schlecht begrenzbar durch seine eigene Grenze, gut aber durch eine andere. Es ist Eigenschaft des Feuchten, wenn es geteilt wird, wieder zu einem Kontinuum zurückzukehren. **§2** Aristoteles: Das Feuchte ist unter allen Qualitäten die passivste. Aristoteles <sagt> in der Meteorologie, dass Luft am leidensfähigsten und am freundlichsten ist. Derselbe: Alles, was vollständig ausfüllt, ist feucht. Also <gilt>: da alles Feine ausfüllend ist, muss alles Feine feucht sein. Ebenso [Aristoteles]: Alles, was sich in sich zurückzieht, ist feucht. **§3** Da Weiches sich in sich selbst zurückzieht, wird Weiches daher zum Feuchten gehören. Galen: Es ist unmöglich, dass das Feuchte an sich Ursache für Schmerz ist, wie auch wahre Demut <Ursache> für Ärgernis. Der Philosoph (Aristoteles): Wenn Luft nicht bewegt wird, verdirbt sie. Luft wird durch Bewegung kalt, während doch Erde und Wasser sich dadurch erwärmen. **§4** Nichts kann in dem Maße ausfüllen wie Luft, wenn sie eintritt, nichts kann so entleert werden, wenn sie ausgestoßen wird. Luft bewahrt die Gestalt dessen, was sie ausgefüllt hat, bzw. dem sie sich anschmiegt. Der Philosoph (Aristoteles): Je näher die Luft dem Himmel kommt, um so reiner wird sie. **§5** Ist ein Krug, dessen Grund viele Löcher hat, mit einer Flüssigkeit gefüllt, wird nichts von dort austreten, solange seine Öffnung verstopft wird, damit weder Luft noch anderes eintreten kann, und zwar, damit kein Fleck leer bleibt. Wenn aber oben aufgemacht wird, wird bald <Flüssigkeit> austreten, denn wieviel von der Flüssigkeit austritt, soviel tritt oben von der Luft ein zur Wiederauffüllung der <entstandenen> Leere. **§6** Dies sind die Eigenschaften der Luft nach dem Experimentator: Luft ist nämlich dünn, leicht, beweglich, zugänglich für Vögel, wird leicht verdorben, ist Atem für die Lebewesen, denn sie nimmt alle Gerüche auf; durch Wolken wird sie verdunkelt, von der Sonne erleuchtet, im Winter wird sie <zu Niederschlag> verdichtet, vom Wind wird sie aufgewühlt, vom Sommer zur heiteren Stille gebracht. **§7** Bewölkt zeigt sie Regen an; an sumpfigen und feuchten Orten verdichtet sie sich und verdirbt leicht, auf Bergen ist sie aber allzu dünn und leicht zu durchdringen. An mittleren Orten, die nicht übermäßig hoch oder niedrig liegen, ist sie am besten. Aristoteles: Die Bewegung des Windes ist ungeordnet. Boethius: Ein Ton ist ein anhaltender Luftdruck bis zum Gehör. **§8** Averroes: Was Töne erzeugt, muss hart sein, um <dem Schlag> Widerstand zu leisten, leicht, um den Ton zu halten, breit für den lauten und vollen Ton. Wenn man eine Glocke an drei Stellen anschlägt, findet man, dass sie drei Töne hat: am Grund einen mittleren, am äußeren Rand einen feineren, in der Mitte einen tieferen. Wo die Glocke dicker ist, klingt sie durchdringender. Wenn eine sehr große Glocke angeschlagen wird, zerbricht sie, auch wenn sie <zuvor> mit einem dünnen Faden umwickelt wurde.Eine Glocke wird abgeklopft – wie eine Schüssel und eine Lampe und dergleichen –, um so zu erkennen, ob sie gebrochen ist oder unbeschädigt. Nach dem, was man sagt, ist ihr Ton heller, wenn sie in der Nähe von Wasser hängt. Eine Leier soll Schlaf bringen und böse Geister vertreiben.

15.4 FEUER (*Ignis*)

§1 Feuer ist das vierte Element. Feuer ist warm und trocken, schimmert rötlich, erwärmt das, was hineingelegt wird, strebt nach oben und je größer es ist, um so höher schlägt es empor, es glänzt, erzeugt Rauch, strahlt Wärme aus, verzehrt Holz, ist anziehender Natur und kocht Nahrung. **§2** Die Wirkungen des Feuers können mit folgenden Versen beschrieben werden:

> Es zerstört, erweicht, zieht zusammen und festigt,
> Erleuchtet, erschreckt, entzündet und erfreut.

Diese <Wirkungen> können aber auf jenes Feuer angewendet werden, das der Heilige Geist ist, von dem der Herr <sagt>: „Ich bin gekommen, um Feuer auf die Erde zu werfen" usw. (Lc 12, 49: *Ignem ueni mittere in terram*). **§3** Dieser „zerstörte“ zuerst den Rost der Sünden. Daher heißt es: „Unser Gott ist verzehrendes Feuer" (Hbr 12, 29: *Deus noster ignis consumens est*). „Er erweicht", nämlich Hartes: Holz, Steine und Eisen. Ezechiel: „Ich werde das Herz von Stein von euch nehmen und euch eines von Fleisch geben" (Ez 36, 26: *Auferam a vobis cor lapideum et dabo vobis cor carneum*). „Er zieht zusammen" was flüssig ist von Unkeuschheit, wie es die Sonne zu tun pflegt, die eine Quelle der Hitze ist. **§4** Das Buch der Weisheit: „Die Sonne ist aufgegangen, d.h. die Quelle der Hitze, und trocknet die Erde aus" (vgl. Iac 1, 11: *Exortus est enim sol cum ardore et arefecit faenum*). „Er festigt" weiche Materialien, wie Tongefäße. Daher jener <Spruch>: „Töpferware prüft der Brennofen" (Ecl 27, 6: *Vasa figuli probat fornax*). Es folgt: „Er erleuchtet", nämlich die Dunkelheit. Genesis: „Er sah, dass das Licht gut war, und schied das Licht" usw. (Gn 1, 4: *Et uidit lucem quod esset bona, et diuisit lucem* etc.). „Er erschreckt", die Sünder nämlich. Daher <heißt es> in der Apostelgeschichte: „Als diese Stimme ertönte" usw. (Act 2, 6: *Facta autem hac uoce* etc.). **§5** Daher sagt man auch, dass er die Welt der Sünde überführen wird usw. (Io 16, 8: *Et cum venerit ille, arguet mundum de peccatis*). Der Psalm: „Mit stürmischem Geist wirst du die Schiffe von Tharsis aufreiben" (Ps 47, 8: *In spiritu uehementi conteres naues Tharsis*). „Er entzündet", nämlich zur Liebe. Daher <heißt es>: „Ich bin gekommen, um Feuer auf die Erde zu werfen" usw. (Lc 12, 49: *Ignem ueni mittere in terram*). Und „er erfreut", die Heiligen nämlich. Daher heißt er auch beistehender Geist, d.h. Tröster. **§6** Danach folgen in zwei Versen die Eigenschaften des Feuers:

> Beweglich ist es und trocken und rein, ein Funke bewahrt es,
> Es wächst und steigt hoch, wird aber durch eine geringe Menge Wasser eingedämmt.

„Beweglich“ ist das Feuer des Heiligen Geistes, weil es macht, dass man von Tugend zu Tugend weiterschreitet. Es folgt: „und trocken” von der Wirkung her, weil es die Begierde hemmt bzw. zur Enthaltsamkeit führt. **§7** Gregor: Wenn man den Geist geschmeckt hat, ist alles Fleisch geschmacklos usw. Es ist „rein“, weil es nicht beschmutzt werden kann. Das Buch der Weisheit: „Er grenzt überall an aufgrund seiner Reinheit” (Sap 7, 24: *Attingit ubique propter suam mundiciam*). „Ein Funke bewahrt es“, d.h. Demut und die Erinnerung an unsere Gebrechlichkeit. Isaias: „Über wem wird mein Geist ruhen, wenn nicht über einem Demütigen” usw. (Is 11, 2: *Super quem requiescit spiritus meus nisi super humilem*). Weiterhin: „Sitz im Staub, gefangene <Tochter Zion>” usw. (Is 47, 1: *Sede in puluere captiua*). **§8** Es folgt: „Es wächst”, denn je mehr Brennmaterial herbeigeholt wird, um so größer wird es. Daher wird im Gesetz vorgeschrieben, dass man auf dem Altar immer Holz nachlegte, damit das Feuer beständig brannte. Ecclesiasticus: Dem Holz entsprechend wird das Feuer brennen und hochschlagen. Daher nennt man den <Heiligen> Geist stürmisch (lat. *vehemens*), d.h. ‚den Verstand emportragend’ (lat. *mentem … vehens*), weil er von Natur aus immer aufsteigt. **§9** „Es wird durch eine geringe Menge Wasser eingedämmt”, das Wasser nämlich des Genusses und des sexuellen Verlangens. Denn dort ruht Vehemoth, nämlich an feuchten Orten, und deshalb wird der Heilige Geist von dort vertrieben. Bernhard: Köstlich ist göttlicher Trost usw. Aristoteles: Was vom Feuer entfernt ist, kann erleuchtet, <aber> nicht entzündet werden. **§10** Feuer erlischt in der Nähe einer Türöffnung leicht und lässt sich nur schwer wieder anzünden. Es gibt drei Arten von Feuer: Licht, Flamme, Kohle. Rabanus: Wenn man glaubt, dass Kohle erloschen sei, ist sie von besonders großer Kraft; denn wieder entbrannt, wärmt sie mit größerer Kraft, und ausgelöscht verdirbt sie weder durch Feuchtigkeit noch durch Alter. **§11** Daher legt man auch Fundamente, steinerne wie auch hölzerne, mit <Kohle> aus. Eine Flamme ist Feuer im höchsten Grade; eine Flamme aber ist angezündeter Rauch. Feuer, verwandelt die ihm preisgegebene Materie in Asche und Glut, wenn sie ihm nicht gefügig ist, wie Alfraganus sagt. Derselbe: Feuer verzehrt die Materie, die es nährt, weil es - wenigstens außerhalb seiner Sphäre - ohne Materie nicht existieren kann. **§12** Der Philosoph: Das göttliche Feuer verzehrt nicht das, was ist, sondern vielmehr das, was nicht ist, wie die Sünde. Feuer brennt um so stärker, je dichter die Materie ist, in <der es brennt>; es brennt nämlich stärker in Eisen als in Kohle, und stärker in Kohle als in Stroh, und stärker in Stroh als in Werg, wie man bei den

Gauklern sieht. **§13** Feuer brennt in frischer Materie stärker als in trockener. Feuer wandelt einen verbrannten Stein in Kalkmörtel. Feuer lässt durch den Verbrennungsvorgang Weißes schwarz werden bzw. geschwärzt <erscheinen>. Alfredus: Feuer macht Schwarzes weiß. Alfraganus: Eine leuchtende Wachskerze nützt anderen, doch <es geschieht> zu ihrem eigenen Nachteil. **§14** Derselbe: Das Licht einer Kerze wird durch Wind ausgelöscht, manchmal auch durch ein Übermaß an Materie. Feuer wird durch unmäßiges Blasen eines Menschen ausgelöscht und durch maßvolles Blasen wieder entfacht. Wenn das Licht des Feuers erlischt, setzt das, was leuchtend war, Gestank frei. Der Gestank einer erloschenen Kerze ist für eine Frau wie auch fürs Vieh Ursache einer Fehlgeburt. **§15** Feuer bleibt Feuer und kann weder seine mögliche noch seine wirkliche Wärme und Trockenheit einbüßen wie <es> bei anderen Elementen <der Fall ist>. Denn auch Erde kann erwärmt und feucht werden, Luft aber und Wasser können erwärmt, Luft kann sogar sehr stark abgekühlt werden. Feuer ist zeitweilig angenehm, wenn es nicht überhand nimmt. Alfraganus: Feuer sieht man von weitem und es lässt sich selbst und anderes sichtbar werden, und wäre es ein Auge, würde es naturgemäß früher sehen als es gesehen würde. **§16** Eine einzelne Kerze erscheint einem Betrunkenen als zwei. Feuer verursacht Wind, daher zündet das Volk Feuer an, wenn es aus dem Weizen die Spreu herausschlägt. Eine Kerze wird entzündet, während man sie aufrecht hält, durch Herabsenken gelöscht. Feuer brennt, solange es Brennbares gibt, und Liebe <währt>, solange es Liebenswertes gibt. In größerer Materie ist Feuer von größerer Wärme und Klarheit. Alfraganus: Feuer hilft gegen den Schmerz, den eine Verbrennung zugefügt hat. **§17** Man sagt, dass ein im Haus entzündetes Feuer dieses vor Blitzschlag bewahrt. Aristoteles: Der dem Kreis nahe Ort, der der Kreis des fünften Elements ist, ist warm und entflammt, weil ja jedes Bewegliche, das von Körpern <in Bewegung gesetzt wird>, - wenn es in einer kreisförmigen Bewegung bewegt wird - entflammt wird und entflammt, was ihm nahekommt. **§18** Hierauf folgt <eine kurze Bemerkung> über das reinste Feuer, das sich über der Luft befindet in der Feuerregion über den sieben Regionen der Niederschläge, von denen vorher gesprochen wurde. Diese Feuerregion erstreckt sich, wie die Philosophen sagen, vom Rund des Mondes bis zum Firmament. *Dieses <Feuer> ist um soviel feiner als Luft, um wieviel Luft feiner ist als Wasser und Wasser dünner als Erde. **§19** Dieses <Feuer> wird auch Äther genannt, was soviel wie ‚reine Luft' heißt, weil es sich an ewigem Glanz erfreut. Davon nehmen die Engel ihren Körper, wenn sie zu den Menschen geschickt werden, wie die Dämonen aus der dunklen Luft der unteren Schichten. In dieser Feuerregion gibt es sieben Sterne, das sind die sieben Planeten, die auf ihren Kreisbahnen gegen die Welt eilen, und aufgrund ihres unsteten Laufs Irrsterne genannt werden.

16 BEMERKENSWERTES, VON HIER UND DORT ZUSAMMENGETRAGEN

16.1 DER MOND (*Luna*)

§1 Mit zunehmenden Mond nimmt alles Feuchte zu als Element, - belebt oder unbelebt - und bei zunehmendem Mond sind die Körper von Tieren kräftiger, wie man bei den Wölfen sieht. Daher sind sie dann mehr auf die Jagd aus, und giftige Reptilien sind schädlicher, und Kranke fühlen sich besser. **§2** Auch die Haare werden dichter, wenn der Mond in der zunehmenden Phase ist, und wachsen am Körper, und genau das Gegenteil von alledem *geschieht bei abnehmendem Mond. Und bei Tag und Nacht, solange der Mond von Osten zur Himmelsmitte aufsteigt, verlassen die Meerestiere wie auch die Kriechtiere ihre Schlupfwinkel, und wenn er untergeht, verbergen sie sich wieder. **§3** Eine Vollmondnacht ist, wie Aristoteles sagt, wärmer wegen des Mondlichtes.Wenn ein Mensch in der Nacht lange im Mondlicht gesessen oder geschlafen hat, wie Albumasar sagt, entsteht in seinem Körper Trägheit und Schlaffheit, und es kommt bei ihm zu Katarrh und Kopfschmerzen. **§4** Auch das dem Mondlicht ausgesetzte Fleisch von Tieren verdirbt der Mond und verändert dessen Geruch und Geschmack. Wenn ein Mondstrahl durch eine enge Öffnung in der Wand dringt und auf das Geschwür eines Pferdes mit zerschundenem Rücken trifft, bringt er ihm den Tod; das hätte er nicht getan, wenn das Mondlicht das Pferd im Freien von allen Seiten angestrahlt hätte.

16.2 DAS LICHT (*Lux*)

§1 Aristoteles: Es ist eine Eigenschaft des Lichts, sich immer in geraden Linien auszubreiten, sei es, dass das Licht essentiell oder akzidentell oder stark oder schwach ist. Derselbe: Licht wird nicht an sich gesehen, sondern in Materie. Ambrosius: Die Natur des Lichtes ist solcher Art, dass sie nicht in der Zahl, nicht im Gewicht, nicht im Maß besteht wie andere Dinge, sondern seine ganze Anmut in seinem Anblick liegt. **§2** Mit seinen eigenen Worten also brachte Gott die Natur des Lichtes im Schöpfungsbericht zum Ausdruck. Diese <Natur> gefällt im Vorgang des Sehens, da sie ja selbst dem Geschäft des Sehens dient. Während andere Dinge mit Hilfe des Lichts gesehen werden, wird das Licht durch sich selbst und durch kein anderes Medium sichtbar. Der Philosoph: Licht wirkt verstärkend, nämlich beim Durchfall, Dunkelheit hat die gegenteilige Wirkung. **§3** Ein Strahl, der durch eine quadratische oder eine anderweitig rechteckige Öffnung fällt, bewirkt auf einem entfernten Gegenstand eine runde beleuchtete Fläche. Ein Himmelskörper, zum Beispiel die Sonne, gibt gegenüberliegenden Dingen gleichsam auf "gegenüberliegender Weise" sein Licht und Wärme, da er durchscheinenden Dingen mehr vom Licht gibt und weniger von der Wärme; umgekehrt gibt er dunklen und körperhaften Dingen mehr von der Wärme und weniger vom Licht. **§4** Obwohl in der Luft eines Hauses, in das kein Sonnenstrahl einfällt, nichts zu sein scheint, werden, wenn ein Sonnenstrahl von oben kommt, dort so viele winzige Körper auftauchen, dass es niemanden gibt, der sie zählen kann. Allen, denen die Sonne näher ist, für diese ist der Tag länger und wärmer, von denen sie entfernter ist, für die ist er kürzer und kälter. **§5** Der Tag erscheint länger für jemanden, der nach Westen geht, als für jemanden, der nach Osten geht. Es heißt, im Jahr gebe es drei Tage, an denen niemals eine Frau geboren wird, und die Körper der Männer, die an jenen Tagen geboren wurden, würden niemals durch Fäulnis vernichtet bis zum Tag des Jüngsten Gerichts. **§6** Diese <Tage> sind: Der letzte Tag des Januars und die ersten beiden des Februars. Der Philosoph: Andere Tage gibt es, an denen das Holz eines gefällten Baumes vor Würmern sicher ist, und wenn daraus ein Gefäß gefertigt wird, dann wird, was immer man darin verwahrt, vor jeglicher Verderbnis geschützt sein. **§7** Diese <Tage> sind die letzten Freitage des Septembers nach dem 15. Tag desselben Mondzyklus. Ganz Ähnliches ist zu bemerken an den letzten beiden Freitagen des Märzmondes.

16.3 DER SCHATTEN (*Umbra*)

§1 Der Schatten ist umso kürzer, je höher die Sonne steht. Der Schatten bewahrt die Umrisse des Körpers. Der Schatten geht unmerklich zugrunde; denn wenn sich ein Körper im Strahl der Sonne bewegt hat, wird <der Schatten> immer wieder ein anderer sein. Ein Schatten kann nicht festgehalten werden: wer vor ihm flieht, den verfolgt er und wer ihn verfolgt, vor dem flieht er; er lässt Schönheit hervortreten, da er Flecken verbirgt. **§2** Jeder Schatten eines runden Körpers ist entweder zylindrisch oder wie ein stumpfer Kegel (*calathus*) oder kegelförmig, und ein Zylinder ist eine lange und runde Figur, die gleichmässig anwächst und keine Linien an der Spitze zusammenlaufen lässt. Daher wird ein Schatten zylindrisch genannt, der von solcher Gestalt ist, die immer dann entsteht, wenn ein leuchtender und ein dunkler Körper in der beschriebenen Weise von gleicher Grösse sind. **§3** Weil also der Körper der Sonne und des Mondes nicht gleich gross sind, - schließlich ist die Sonne achtmal größer als die Erde - kann der Schatten der Erde nicht zylindrisch sein. Der *Calathus* ist eine Figur, die sich vom spitzen <Ende> in die Breite erstreckt, deshalb ist der Schatten dieser Figur calathoid. Das geschieht so, wenn der leuchtende Körper kleiner ist als der dunkle. **§4** Die Gestalt des Erdschattens kann nicht calathoid sein, da ja die Sonne grösser ist als die Erde. Ein Kegel ist eine Figur, die vom Breiten zum Spitzen verläuft, im Gegensatz zum *Calathus*. Kegelförmig aber wird ein Schatten genannt, der vom Breiten zum Spitzen verläuft, was dann der Fall ist, wenn der leuchtende Körper grösser ist als der dunkle. Da also der Sonnenkörper grösser ist als die Erde, ist sein Schatten kegelförmig.

16.4 DIE BEWEGUNG (*Motus*)

§1 Alles, was sich von Natur aus bewegt, ist beweglich, wie Aristoteles sagt. Unnatürliche Beweger also sind, die ihre Untergebenen, indem sie die Härte der Gerechtigkeit ausüben, so bewegen, dass sie kein Mitleid zu haben scheinen. Aristoteles: Ein guter Zweck muss von uns bestimmt sein, nämlich auf welche Weise auch immer wir uns darauf zu bewegen und uns dafür plagen wollen. **§2** Gundissalinus: Eine sphärische Form ist breiter und ausgedehnter als alle Formen mit geraden Oberflächen, und deshalb ist sie für den Himmel passender, und das auch, weil viele Linien und viele Oberflächen alle oberflächenhaften Formen umgeben; allein die sphärische wird unter allen körperlichen Formen von einer einzigen Oberfläche umgeben. **§3** Ebenso (Gundissalinus): Gewichtiges und Leichtes können keine Bewegung am Himmel haben; nichts nämlich gibt es, das leichter ist oder gewichtiger als der Himmel. Derselbe: Jede Bewegung geschieht entlang einer Linie. Und eine Linie ist einfach oder kreisförmig oder gerade, und deshalb ist die Bewegung einfach oder kreisförmig oder gerade. **§4** Eine Achse ist eine denkbare Linie von Pol zu Pol mitten durch die Erde gezogen, um die sich das Firmament dreht. Bewegung ist Wechsel aus der Möglichkeit zur Handlung, nach und nach und nicht plötzlich. Aristoteles: Bewegung ist eine Handlung, aber eine unvollendete. **§5** Jede Bewegung findet von einem Anfangs- zu einem Endpunkt statt. Unmöglich ist's also, von einem Vergnügen zum anderen zu schweifen. Aristoteles: Keine Bewegung, die von einem Anfangs- zu einem Endpunkt stattfindet, ist zusammenhängend; es gibt nämlich Ruhe im Endpunkt. **§6** Alexander: Tatsächlich erleidet der Mond eine Finsternis, die Sonne aber nicht, doch wir <glauben vielmehr an eine Sonnenfinsternis>, weil der Mond dazwischen steht. Die Fixsterne sind langsamer als die Sonne.

16.5 GEOMETRISCHE DEFINITIONEN (*Racio geometricis*)

§1 Ein Punkt ist, von dem es keinen Teil gibt. Eine Linie ist Länge ohne Breite, deren äußerste Enden zwei Punkte sind. Eine gerade Linie ist die Ausdehnung von einem Punkt zu einem anderen, die beide Punkte als ihre äußersten Enden hat. **§2** Gerade nämlich ist <etwas>, dessen Mitte und äußerste Enden auf einer Linie liegen. Eine Oberfläche ist <etwas>, was nur Länge und Breite hat, deren Grenzen freilich Linien sind. Eine ebene Oberfläche ist die Ausdehnung von einer Linie zu einer anderen, welche sie als ihre äußersten Enden hat. **§3** Ein ebener Winkel ist der wechselseitige Kontakt zweier Linien, deren Öffnung und Neigung zur Oberfläche nicht senkrecht ist. Ein Winkel, der von geraden Linien gespannt wird, heißt gradlinig. Wenn eine gerade Linie auf einer geraden Linie steht und die zwei Winkel auf beiden Seiten gleich sind, dann ist ein jeder von ihnen ein rechter Winkel und die oben stehende Linie steht senkrecht zu der darunter stehenden. **§4** Ein Winkel, der grösser ist als ein rechter, ist ein stumpfer, ein kleinerer, ein spitzer. Eine Figur ist etwas, das von einer Grenze oder Grenzen umgeben wird. Ein Kreis ist eine flache Figur, von nur einer Linie umgeben, die „Umfang“ genannt wird. In seiner Mitte ist ein Punkt, von dem alle zum Umfang führenden Linien gleich sind; dieser Punkt heißt Zentrum des Kreises.

16.6 DAS ERGRAUEN (*Canicies*)

§1 Aristoteles: Das Ergrauen kommt von der Schwäche der natürlichen Wärme, die in einem jeden Glied auf dieses abgestimmt vorhanden ist. Warmes Wasser macht weiße Haare, kaltes Wasser schwarze. Ergrauen ist Entwicklung von Fäulnis, und ein Zeichen dafür ist, dass bedeckte Haare schnell ergrauen. **§2** Denn die Bedeckung hält den Wind fern, der seinerseits Fäulnis fern hält; viel Bedeckung nämlich lässt schneller graue Haare wachsen. Aristoteles: Jedes schwächere Tier ergraut schnell, und zuerst ergrauen die Haare an den Schläfen, sodann die auf dem Vorderkopf, drittens die auf dem Hinterkopf, zuletzt die auf der *Brust. **§3** Aristoteles: Manche Menschen haben häufig Beischlaf, wenn sie kahlköpfig sind; die mäßig Beischlaf haben, werden nur ein wenig kahl. Derselbe: Einem Kastraten fallen nach dem (Samen-) Erguss die Haare aus, außer den Haaren auf der *Brust. **§4** Aber einem kastrierten Mann wächst vor dem (Samen-) Erguss im Schlaf kein Haar, das später wächst. Wer keine Haare auf der *Brust hat, hat keinen Samen. Ebenso Ebenso (Aristoteles): Die Haare fallen zu Beginn des Beischlafs aus, wenn man häufig Beischlaf hat.

16.7 DIE PUPILLE (*Pupilla*)

§1 Die Pupille ist der Mittelpunkt des Auges, in dem die Kraft des Sehens liegt. Da uns dort kleine Bilder erscheinen, werden sie ‚Pupillen‘ genannt. Denn kleine Kinder heißen *pupilli*. Die Philosophen sagen, dass Sterbende eben diese Pupillen, die wir in den Augen sehen, drei Tage vor <ihrem Tod> nicht <mehr> haben; wenn man sie nicht sieht, besteht mit Sicherheit keine Hoffnung mehr. **§2** Der Teil zwischen Gesicht und Hinterkopf wird Stirn genannt; wenn sie groß ist, verweist sie auf einen schwerfälligen Menschen, der zur Torheit neigt, wenn sie klein ist, verweist sie auf gute Beweglichkeit, wenn sie breit ist, auf geringes Unterscheidungsvermögen, wenn sie rund ist, auf Jähzorn. **§3** Augenbrauen, die gerade sind wie Linien, verweisen auf Weichlichkeit und Biegsamkeit; bis zur Haut der Nase gekrümmte, verweisen auf einen feinen und in allen seinen Werken eifrigen <Menschen>. Bogenförmige, die sich bis zu den Schläfen oder den emporgewölbten Adern neigen, verweisen auf einen Nachlässigen und schlecht Veranlagten. **§4** A l e x a n d e r: Das Auge ist als erstes sichtbar, wird aber zuletzt erschaffen. A r i s t o t e l e s: Was Sonne und Mond am Himmel <sind>, das sind die Augen des Menschen im Kopf. Ein hervorquellendes Auge verweist auf eine Verwirrung des Unterscheidungsvermögens und schlechte Veranlagung. Ein weit geöffnetes Auge verweist auf einen sehr beweglichen <Menschen>, der leichtfertig ist in der Unterscheidung und unstet in seinen Werken. **§5** Ein mittelgroßes Auge verweist auf ein gutes Unterscheidungsvermögen und eine gute Veranlagung zu jeder Zeit. Jede beliebige Sache erscheint im Wasser grösser als außerhalb; <siehe> das Beispiel vom Hund, der Fleisch im Maul trägt. Durch das Wasser erscheint ein Stock gebrochen, an dem *Teil, der im Wasser steht. **§6** Für jemanden, der ins Wasser schaut, erscheint ein *unweit vom Wasser entfernter Turm umgekehrt, obwohl er gerade und aufrecht steht. Mäßig behaarte Ohren verweisen auf ein gutes Gehör. Ein nicht zu großes und nicht zu kleines Ohr ist lobenswert, da ja ein weit abstehendes und grosses auf einen törichten und geschwätzigen <Menschen> verweist. **§7** Die Oberlippe ist das, was oben ist, die Unterlippe, was unten ist, wie A r i s t o t e l e s sagt. Derselbe: Menschen, die dünne Adern am Hals haben, schlafen viel. Ebenso sagt er, dass diejenigen, die einen großen Kopf und dünnen Hals haben, viel schlafen.

16.8 DAS BLUT (*Sanguis*)

§1 Das gegetrocknete Blut eines Ziegenbockes mit Honig getrunken hilft bei Durchfall und bricht den (Nieren-) Stein. Das getrunkene Blut einer Schildkröte hilft bei Fallsucht und ebenso Schafsblut und Kamelblut. Die Oberfläche von gutem Blut muss eben sein und rot, und den Eindruck von Klarheit vermitteln. **§2** Ist sie aber uneben, und zwar nicht aufgrund der Art und Weise, wie man das Gefäß hält und neigt, so ist <das Blut> schlecht, wie A r i s t o t e l e s sagt; es bedeutet nämlich, dass es verdickt ist in seinen Teilen. Wenn die Farbe auf der Oberfläche bläulich oder aschgrau oder gleichsam wie <die Farbe> von Fett ist, das mit Asche vermischt wurde, so bedeutet das, dass es verdorben ist. **§3** Wenn es (sc. das Blut) aus einem Blickwinkel betrachtet eine Farbe aufweist, aus einem anderen betrachtet eine andere, so bedeutet das, dass es verdorben ist. Milch ist nicht anderes als zum zweiten Mal gekochtes Blut. Die löblichste Milch von allen ist jede ganz feine Milch, und die Milch schwarzer Frauen ist besser und nahrhafter als die von weißen.

16.9 DIE FORTPFLANZUNG DER LEBEWESEN (*Generacio animalium*)

§1 Jeder Mensch, der auf Erden geboren wird, wie Aristoteles sagt, kommt aus dem Mutterleib mit geöffnetem Mund und schließt die Mundöffnung im gleichen Augenblick mit seiner Hand, und das ist seine erste Handlung unter allen menschlichen Werken. Derselbe: Allein die Frau ist ein Lebewesen mit Monatsblutung. Frauen, die männliche Kinder zur Welt bringen, haben weniger Schmerz als diejenigen, die weibliche gebären. **§2** Auch sind die Frauen, die mit männlichen Kindern schwanger sind, von größerer Beweglichkeit als diejenigen, die mit weiblichen Kindern schwanger sind. Eine Frau, die bei bevorstehender Niederkunft den Atem anhält, hat eine einfache und leichte Geburt. Vom Gestank einer ausgelöschten Kerze erleidet eine Frau eine Fehlgeburt. **§3** Der Philosoph: Der Mensch kommt auf die Welt mit dem Kopf voraus, er verlässt sie, d.h. wenn er zu Grabe getragen wird, mit den Füssen voraus. Jeder Mensch und jedes beliebige Geschöpf kommt kopfüber zur Welt, so dass zuerst der Kopf herauskommt, da ja vom oberen Teil her der Anfang jeder Bewegung ausgeht, mag es auch bei den Vögeln anders sein, wie dort gesagt wird. **§4** Und wenn der Kopf zuerst herauskommt, ist die Geburt einfach, wenn aber die Füsse, <dann ist sie> schwer. Diejenigen Tiere, die lebend gebären, haben Haare, diejenigen, die Eier legen, Federn. Von einem Kind, das gerade zur Welt kommt, ist keine Stimme zu hören, bevor es nicht gänzlich aus dem Mutterleib aufgetaucht ist. Eine Frau ist nicht „beidhändig" (sc. rechts- und linkshändig), aber manch ein Mann. Kein Kalkmörtel, der mit Blut angerührt ist, kann von einem Arbeiter verstrichen werden. **§5** Blut eines Ziegenbocks zerbricht Diamant, Menstrualblut den zähesten Leim, das Blut des Thamur harten Marmor. Das sind drei weiche Dinge, die das Harte brechen. Aristoteles: Ein Tier mit viel Fett altert schnell und hat wenig Nachkommen; ein Tier mit großem Körper hat wenig Nachkommen, und was für der Fortpflanzung zuträglich ist, muss warm und feucht sein. **§6** Derselbe: Ein Tier, das eine Lunge hat, hat viel Durst; wenn die Lunge aufgeblasen wird, tritt Luft ein, und wenn sie zusammengepresst wird, tritt sie aus. Derselbe: Große Herzen gibt es bei Frauen, Hirschen, Hasen, Eseln und anderen Tieren, die offensichtlich furchtsam sind. Derselbe: Nieren sind mager, da ihre Substanz härter ist als die Substanz anderer Glieder. **§7** Die rechte Niere aber ist fettreicher, die linke weniger. Ebenso

(Aristoteles): Nieren stinken mehr als andere Glieder, und die rechte Niere liegt höher als die linke. Bei allen Tieren, die nicht aus Fäulnis entstanden sind, sind folgende Eigenschaften, nämlich Männlichkeit und Weiblichkeit, aufgeteilt <vorhanden>, außer beim Aal. **§8** Sehr viele Tiere, die mit dem Menschen leben, paaren sich zu jeder Zeit wie der Mensch, weil es Nahrung im Überfluss gibt. Aristoteles: Bei wilden Tieren beobachtet man keinen Samenerguss im Schlaf. Jedes wurmförmige Tier, das Zähne hat, frisst viel, und was nur eine Zunge hat, ernährt sich von Feuchtigkeit. **§9** Derselbe: Sehr viele wurmförmige Tiere haben Zähne nicht für die Nahrung, sondern für die Stärke. Jedes wurmförmige Tier stirbt, wenn es mit Öl bestrichen wird, und stirbt, wenn der Kopf mit Öl bestrichen und der Sonne ausgesetzt wird.

16.10 DIE BÄUME (*Arbor*)

§1 Wildbäume tragen mehr Früchte als Gartenbäume, aber die Früchte der Gartenbäume sind besser. Ein Baum, der eine harte Rinde hat und unfruchtbar geworden ist, wird wieder fruchtbar, wenn man seine Wurzel spaltet und in die Spalte einen Stein hineinschiebt. Die Wurzel bei den Bäumen ähnelt, wie der Philosoph bezeugt, dem Mund eines Tieres. **§2** Die Frucht eines sehr kleinwüchsigen und der Erde nahen Baumes, ist, wie †Isidor sagt, von geringerer Süsse als die eines hoch aufragenden und von der Erde entfernten Baumes. Der Philosoph: Jede Frucht ist zu Beginn pelzig-bitter, von trockenem Wesen, ähnlich der Natur des Baumes, der sie hervorbringt.

16.11 DER GESCHMACK (*Sapor*)

§1 Der Geschmack ist die Wahrnehmung des Geschmackssinnes, die entweder vor etwas zurückschreckt oder sich an etwas erfreut, wie †Isidor sagt. Die Erkenntnis einer Sache aufgrund der Farbe wird für unsicher gehalten, die durch den Geruch für zweideutig, die durch den Geschmack für sicher. Daher aber ist die Erkenntnis durch den Geruch geringer als die durch den Geschmack, da ja zum Werkzeug der Zunge sechs Muskeln führen, zum Werkzeug des Geruchs <aber> nur einer. **§2** Ebenfalls gelangt zur Zunge die Körperlichkeit und die in der Luft gelösten Teilchen der zu kostenden Sache, zum Geruchssinn nur die in der Luft gelösten Teilchen. Ebenso wird der geschmacksunterscheidende Geist in der Zunge eingeschlossen und ruht <in ihr>, aber die Nase steht weit offen und der Geist fliegt hinaus und zerstreut sich. Ebenso wird der Geschmack vollendet und entscheidet sofort, der Geruchssinn entwickelt sich direkt in der mittleren Gehirnkammer. **§3**

†Ysidor: Manche Dinge verändern den Geschmack nicht wegen ihrer Einfachheit wie Wasser, manche wegen ihrer Schwäche wie Eiweiß, manche wegen übermäßiger Schärfe; und von denen, die ihn verändern, verändern die einen <den Geschmack> zum Genuss, die anderen zum Abscheu. Der materielle Anfang des Geschmacks beruht auf Trockenheit und Feuchtigkeit. **§4** Galen: Süße kommt von gleichmäßiger Wärme. Allen süßen Dingen wohnt Wärme inne entsprechend der Menge ihrer Süße, und wenn etwas sehr warm ist, gibt es darin keinerlei Kälte; wenn etwas nur mäßig warm ist, gibt es wohl Kälte darin, und dann gibt es einen geringeren Wasseranteil in der Substanz jener Sache. **§5** †Isidor: Fest steht, dass die schmackhafteste Sache der menschlichen Komplexion entgegenkommt wie die Süße, der Fetthaltigkeit zweitrangig ist. Galen: Gewisse Dinge werden nur durch die ihnen innewohnende Wärme süß wie der Honig. †Isidor: Das Süße nährt unter den Geschmacksarten am meisten; nichts nämlich nährt außer durch das Süße. **§6** Fettige Süße verstopft und erzeugt Schmerzen. Wenn Süßes gierig verschlungen wird, sättigt es schnell. †Isidor: Abstoßende Dinge sind der menschlichen Komplexion entgegengesetzt, weil sie in überflüssiger Weise verbinden oder allzusehr trennen, und das sowohl in Verbindung mit Wärme wie Salziges, Bitteres, Scharfes, als auch ohne sie wie Saures. **§7** Alles Scharfe ist warm im vierten Grad, daher ist es stärker als alles übrige, da seine Wärme *dem Feuer ähnlich ist. Da die Natur Salziges besonders meidet, meidet sie deshalb bei warmen Geschmacksrichtungen um so mehr das Bittere und vor allem das Scharfe. Bitteres ist nicht sofort schädlich wie Salziges und Scharfes, wie †Isidor sagt. **§8** Auch Bitteres nährt, aber wenig und nicht aufgrund der Natur des Bitteren, sondern aufgrund der Natur des Süßen, das in gewisser Weise und wie geringfügig auch immer im <Bitteren> verborgen ist. Galen: Viele Ärzte vermuteten, dass eine verstopfende Substanz einer Lösung entgegengesetzt ist, aber dem ist nicht so. Derselbe: Bitter-pelziger Geschmack kommt von stärkerer Erdigkeit, saurer von stärkerer Feuchtigkeit. **§9** Zusammenziehender Geschmack ist <nichts anderes> als ein schwach pelzig-bitterer, und zwar durch Vergröberung. Wenn Bitter-Pelziges erwärmt wird, wird es gemildert und wird süß, bleibt aber hart; wenn es durch starke Feuchtigkeit nass geworden ist, wird es zusammenziehend, wenn durch †luftartige <Feuchtigkeit>, wird es sauer, wenn es erwärmt und befeuchtet wird durch wässrige Feuchtigkeit, wird es umgewandelt in Süsse, wenn durch luftartige <Feuchtigkeit>, in Fettigkeit. Galen: Honig wird bitter durch Kochen oder Alter. **§10** Derselbe: Im Ganzen gilt, wessen Teile unterschiedlich sind, das hat viele Geschmacksrichtungen, wessen Teile aber gleich sind, nur einen Geschmack. Aus zwei Geschmacksarten, die sich gegenseitig abstoßen, wird manchmal ein guter Geschmack erzeugt. Galen: Süßes macht weich, bringt zur Reife, lindert, lockert. Derselbe: Fettiges *macht feist, befeuchtet, lindert, erweicht. **§11** Ebenso [Galen]:

Bitteres öffnet, reinigt, trocknet die Gänge, verfeinert. Derselbe: Salziges sammelt, verstopft, trocknet aus, saugt aus. Derselbe: Scharfes verfeinert, löst auf, öffnet, zieht an, reinigt, verbrennt. Derselbe: Geschmackloses sammelt, kräftigt, verfestigt, lässt erstarren, tötet ab. Zusammenziehendes sammelt, kräftigt, verfestigt, treibt an. **§12** Galen schweigt über das Bitter-Pelzige, da es seiner Meinung nach kein Geschmack ist, sondern der Ursprung der Geschmacksrichtungen. Galen: Ein Grad ist die Abweichung einer Eigenschaft von der natürlichen Mischung, die für ein Sinnesorgan klar bestimmbar ist. Woran sich ein Sinn erfreut, darin gibt es, wie †Isidor sagt, keinen Grad, wie das z.B. bei lauwarmem Wasser <erkennbar ist>. **§13** Der erste Grad besteht in der begrenzten Überschreitung der lauen Wärme, was <erkennbar ist>, da diese bereits den Sinn stimuliert, der zweite Grad [wird erreicht], wenn die Überschreitung größer ist, der dritte, wenn das Maß überschritten wird, der vierte, wenn [die Überschreitung] die Komplexion zerstört.**§14** Isaac:[77] In welchen Früchten aber die erdhaften Säfte vorherrschen, die sind hart wie die Knochen bei den Tieren, wie <z. B.> bei der Eichel; wenn Wässrigkeit mit ein wenig erdhaften <Säften> vermischt vorherrscht, gerinnen die Früchte in mäßiger Weise wie das Fleisch bei den Tieren; wenn die Feuchtigkeit mehr überhand nimmt, werden sie wie das Fett der Tiere, wie Feigen und ähnliches.

16.12 DER GERUCHSSINN (*Olfactus*)

§1 Der Geruchssinn unterscheidet nur allgemeine Gerüche, und zwar die extremen wie Wohlriechendes und Stinkendes, wie †Isidor sagt. Aristoteles: Jeder Geruch ist eine Eigenschaft des Geschmacks. Der Geruch ist eine Eigenschaft des Nahrhaften. Und es erscheint allen, daß der Geruch die letztendliche Ausdünstung ist, die Erde und Luft gemeinsam ist. Aristoteles: Der Mensch erfreut sich an den Gerüchen von Blumen und derartigen Dingen. **§2** Was man nur riechen kann, trägt nicht zur Ernährung bei, aber zur Gesundheit. Der Geruch heilt aufgrund seiner Wärme die Krankheiten des Kopfes. †Isidor: Kälte und Verklebung stumpfen die Geschmacksrichtungen ab und zerstören die Gerüche; Kälte und Verklebung beseitigen nämlich Wärme, die bewegt. **§3** Aristoteles: Wenn Feuchtes verbrannt wird, riecht der Rückstand stärker als alles andere. Galen: Alles, was einen aromatischen Geschmack oder Geruch hat, dessen Substanz ist zweifellos warm und sehr fein. †Isidor: Ein guter Geruch durchdringt dank seiner Kraft <unsere Sinneszelle>, bevor es ein schlechter tut; deshalb wird der Geruch schneller durch Wohlriechendes als durch Gestank verändert. **§4** Aristoteles: Das Meer hat einen Geruch, es hat nämlich Geschmack und Trockenheit. Derselbe: Von manchen

[77] In der Edition „†Isidorus", aber in den Handschriften die Abkürzung „Ys", Anm. 12150. Vgl. dazu das Abkürzungsverzeichnis zu 19,23, S. 332.

wohlriechenden Bäumen ist die Wurzel aromatisch, von manchen die Rinde, von manchen die Blüte, von manchen das Holz, von anderen aber sind alle Teile wohlriechend wie die des Balsambaumes. Aufgabe der Blätter ist es, die Früchte gegen heftige Sonneneinstrahlung zu bedecken. **§5** Kräftige Bäume haben harte Früchte, weiche Blätter wie die Nuss, diejenigen aber, die eine weiche Frucht haben, haben harte Blätter wie der Feigenbaum, der Weinstock, der Maulbeerbaum und ähnliche. Aristoteles: Die Ausscheidungen *von Tier und Pflanze steigen von unten nach oben auf und von oben nach unten hinab. **§6** Der Philosoph: Hölzer, die bei Vollmond geschlagen wurden, geben eine kräftigere Flamme als bei Neumond geschlagene. Derselbe: Ein Getränk in einem Becher aus Mazarusholz ist sehr schmackhaft, in einem Becher aus Esche oder Erle oder einem anderen ländlichen Baum dieser Art geschmacklos. **§7** Da aber Feuchtigkeit Fäulnis fördert und Trockenheit dem entgegen wirkt, faulen bei Vollmond geschlagene Hölzer schneller als bei Neumond geschlagene, weil die Luft dann zur Trockenheit neigt. Wenn die Hölzer, mit denen Fleisch gebraten wird, grün sind, machen sie es wohlschmeckender. Der Magister in der „Historia scholastica": Ein beliebiges Holz aus dem Paradies wird durch Brennen reiner.

16.13 DIE FISCHE (*Piscis*)

§1 Aristoteles: Kein Meerestier frisst seine Jungen, und deshalb vermehren sie sich. Alle Fische ernähren sich von ihren Jungen zur Zeit der Vermehrung. Die kleinen werden von den grossen gefressen, und deswegen stirbt der Großteil ihrer Jungen. Derselbe: Manche Fische schwimmen nicht in ein altes und schmutziges Becken, aber in ein neues kommen sie sogar von weit her. **§2** Fischer jagen vor Sonnenaufgang. Michael Scotus: Bei Fischen findet man niemals eine unnatürliche Paarung, und niemals nähert sich eine Art der Art einer anderen Gattung <in Paarungsabsichten>, mit Ausnahme der Muräne; dennoch nimmt der Philosoph die Muräne nicht aus. Daher scheint sie, ihm zufolge, kein Fisch zu sein. **§3** Aristoteles: Fische unterscheiden farbliche Gegensätze, und hier wird man <auch> die rote <Farbe> hinzuzählen. Daher tragen die Fischer kurzärmelige Tunikas weder in weiß noch in schwarz noch in rot. Alexander: Das Wasser brachte seine Lebewesen früher hervor als die Erde <die ihren>. Was an Land schädlich ist, ist im Wasser unschädlich, wie eine Schlange, die giftig ist an Land, <aber> ohne Gift im Wasser. **§4** Der Löwe ist schrecklich an Land, sanftmütig in den Fluten. Die Muräne, von der man sagt, sie habe etwas Schädliches, ist eine besonders kostbare Speise. Der Frosch, eklig <anzusehen> in den Sümpfen, elegant im Wasser, übertrifft nahezu alle Nahrungsmittel. Aristoteles: Fischen sind <ihre> speziellen Lebensräume zuträglich. Derselbe: Wassertiere nehmen Wasser zu dem gleichen Zweck auf wie Landtiere die Luft. **§5** Derselbe: Regenfälle sind Fischen zuträglich, aber nicht den kleinen, und sie schaden den Vögeln. Ebenso [Aristoteles]: Fische sterben im Eis. Trockenheit ist für keinen Fisch gut, da sie ihn verdirbt und schlecht macht. Derselbe: Fische werden größtenteils in regnerischen Jahren fett. Wenn das Jahr gut ist für den Menschen, werden <auch> die Fische fett.

16.14 DIE WINDE (*Ventus*)

§1 Die Existenz von Winden verhindern im allgemeinen zwei Ursachen, von denen die eine Kälte, die andere Wärme mit Trockenheit ist. Das ist der Fall, weil Wärme und Kälte, wenn sie zusammen mit Trockenheit stark sind und ihrer beider Überfluss stark ist, den nach oben aufsteigenden Dunst unterdrücken. **§2** Das ist der Fall, da ja Trockenheit zusammen mit Kälte Teile von Erde zusammenballt und zurückhält; Trockenheit mit Wärme trocknet sie aus und erdrückt sie, weshalb kein Dunst aufsteigt. Also wird dem Wind die Materie entzogen; aus diesem Grund entstehen keine Winde. Der Grund dieser Unterdrückung ist Sonne mit Wärme. **§3** Aristoteles: Wenn aber die Feuchtigkeit, die die Sonne nicht austrocknen konnte, im Verborgenen emporgezogen wird, entsteht warmer und feuchter Dunst, der in die Luft aufsteigt. Wenn aber auf ihn die in der Luft befindliche Kälte trifft, wird er in Regenwasser verwandelt. Wenn es also regnet, ruht der Wind und seine Materie wird ihm entzogen, was der Fall ist, da ja die Erde nass wird. **§4** Auf Grund dessen wird die Materie des trockenen Dunstes weniger, daher legt sich der Wind. Ebenso [Aristoteles]: Manchmal legen sich die Winde mitten in den Bergen, und das ist unmöglich, es sei denn, dass eine der genannten Ursachen vorliegt: entweder weil es keinen aufsteigenden Dunst gibt, oder weil er mit Verspätung aufsteigt und ihm seine Materie nicht folgt; da sie ihm deswegen (wegen des Regens) entzogen wird. **§5** Über harter und aus dichten Teilen bestehender Erde und in Berggegenden sammeln sich mehr Winde als über lockerer Erde. Sanfter wehender Wind ist gefährlicher. Südliche Winde belasten das Gehör. Man sagt, dass windiges Wetter schläfrig macht. **§6** Ein Zeichen für Sturm ist das Zerreissen des Halos um die Sonne an vielen Stellen, aber dessen plötzliches Verschwinden ist ein Zeichen für Windstille. Alexander: Fixsterne legen ein Grad in hundert Jahren am Firmament zurück und deshalb in dreitausend Jahren ein Sternzeichen. **§7** Da aber jedes Sternzeichen dreißig Grad umfasst und jeder Grad †sechs Minuten und da es zwölf Sternzeichen sind, ergibt sich, dass die Fixsterne in sechsunddreißigtausend Jahren ihren Umlauf vollenden. Und das ist das große Jahr, von dem die Philosophen handeln. Alfraganus: Fixsterne sind langsamer als die Sonne.

16.15 DAS WIRKEN DER NATUR (*Operacio nature*)

§1 Der Vortrag des Lehrenden ist unter Berücksichigung des Werkes des gelehrten Autors zu beurteilen. Alles, was die gleichen Ursachen hat, hat auch die gleichen Eigenschaften. Ursache ist, woher es kommt, dass in den Werken von Natur und Kunst etwas besser ist. Von „Notwendigkeit" spricht man im eigentlichen Sinn bei ewigen Dingen, in übertragenem bei anderen. **§2** Die Erkenntnis der Natur durch die Form ist vornehmer als die Erkenntnis durch die Materie. Es heißt in Sprichwörtern, dass Tiere in Steine verwandelt wurden, was (aber frei) erfunden ist. Der Liebende, wenn er etwas liebt, ängstigt sich, um nur ein klein wenig des geliebten Gegenstandes zu begreifen, und das ist das Eigentümliche des Liebenden. Alles Natürliche sucht sich zu vergnügen. **§3** Wir müssen die Formen betrachten und uns anhand der Formen am Künstler erfreuen, der sie erschuf. In allen natürlichen Dingen, auch in den minderwertigen, ist etwas Wunderbares. Die Natur gibt einem jeden, was ihm zuträglich ist. Alles, was war und was sein wird, war nicht und wird nicht sein außer wegen etwas. Die Natur eines jeden beliebigen Dinges ist es, mit jener Sache übereinzustimmen, für die es vor allem gemacht ist. **§4** Die Natur macht nichts umsonst. Das Kleine ist im Großen, es gibt aber keinen Ort für das Große im Kleinen. Wo es möglich ist, dass eine einzige Wurzel existiert, dort ist es besser, dass es einen einzigen Anfang gibt statt vieler. Der Anfang muss einer sein und in der Mitte. Die Natur macht nichts, außer was besser ist in möglichen Dingen. **§5** Die Natur gibt das Werkzeug zu einer benötigten Handlung und nicht die Handlung zum Werkzeug. Die bekannten Ursachen in den Dingen sind: Ziel, Wort, Materie, Bewegendes. Die Natur verachtet das Unendliche. Alle Handlungen benötigen ein passendes Werkzeug. **§6**Was auch immer die Natur macht, ist entweder notwendig oder um Verbesserungen zu erreichen. Eine göttliche Angelegenheit ist die Ursache für die Verbesserung in den Dingen nach beiden Seiten hin, und dies wegen ihrer Materie. Die Seele ist edler als der Körper und das Beseelte edler als das Unbeseelte, das Lebende edler als das Tote, das Sein edler als das Nichtsein. **§7** Das, was erzeugbar ist, kann der Zahl nach nicht ewig sein, aber es ist <ewig> in der Weise, in der eine Form in vielen <Individuen> bewahrt wird in ununterbrochener aufeinanderfolgender Zeugung. Je weniger die Natur an Menge wirkt, um so mehr steigert sie bei dem, das sie wirkt, die Größe. Die Kunst drängt das Überflüssige aus ihrem Körper, und die Natur verhält sich ähnlich. **§8** Die Natur verleiht das Werkzeug und gleichzeitig die Kraft. Ein Sehender kann nicht ohne Augen sein, und das Auge ist nichts ohne das Sehen. Die Natur gibt nicht gleichzeitig viele Arten der Hilfe. Die Kraft macht nicht mehr oder weniger als eine genau bestimmte Sache. Alles Kleinere und Schwächere gelangt schneller zu seiner Erfüllung. **§9** Materie gehört den Anfängen, nicht der Endbestimmung. Jeder Sprecher bedenkt, dass er etwas sagt. Alle Dinge bedürfen ihres Gegenteils, damit sie ausgewogen werden. Alles, was die Natur schafft, existiert nach einer wahren Ordnung. Eine Sache, die nicht naturgemäß ist, kann nicht für immer existieren. **§10** Alles Natürliche und Künstliche existiert nur durch Begrenzung und festgelegtes Maß. Das Eigentümliche, das in einer beliebigen Sache mehr im Vorteil ist, ist die Ursache der Zerstörung der Bewegungen, wenn es jenes, das sie macht, erleidet, und deshalb wird es auch geschwächt. Das Herz aber ist der Anfang jeder Bewegung und auch ihr Ende. Allgemein wird alles Bewegende bewegt, und manchmal leidet das Handelnde mehr als es handelt.

16.16 DIE SONNE (*Sol*)

§1 Die Sonne macht Sommer und Winter in jedem Jahr. Der Mond aber macht das in jedem Monat. Die Zeitspannen der Fortpflanzung und des Lebens aller Lebewesen entsprechen den Umläufen des Mondes. Der Mond besitzt keinerlei Prinzip, auf das unter ihm Liegende einzuwirken, außer durch Mitteilung und Empfang des Sonnenlichtes, und so wird er gleichsam eine zweite Sonne. Vollmondnächte sind wärmer; bei abnehmendem Mond sind die Tage kälter.

16.17 DIE PRINZIPIEN DER ELEMENTE (*Principium elementorum*)

§1 Die Prinzipien der natürlichen Elemente sind: Das Warme, das Feuchte, das Kalte und das Trockene. Ebenso sind das Warme, Feuchte, Kalte und Trockene die Ursachen für Leben und Tod, Schlafen und Wachen, Jugend und Alter, Gesundheit und Krankheit. Wenn die Naturforscher an der Natur des Warmen und des Kalten zweifeln, was sollen sie bei den anderen <beiden> machen? **§2** Denn das Warme und das Kalte treten deutlicher in Erscheinung. Warm ist, was das, das es berührt, je nach Annäherungsgrad erwärmt. Je näher etwas kommt, um so größer ist seine Erwärmung. <...> Diese Art ist sehr fremd. Stärker erwärmt, was stärker gefühlt wird, was schneller erwärmt, was langsamer abkühlt. **§3** Feuer kann nicht abgekühlt werden. Bei lebenden Dingen ist das Kalte nicht ihre Natur, sondern eine Beraubung. Wenn harte Körper erwärmt werden, werden sie wärmer als feuchte. Die natürliche Wärme regiert den Körper wie ein Fürst sein Land. **§4** Die natürliche Wärme richtet die Körper der Tiere auf; deswegen ist nur der Mensch von aufrechter Körperhaltung. Die Natur des Feuchten ist der Schöpfung zuträglicher als die Erde, und deshalb vermehren sich Fische und Vögel mehr als die Landtiere.

17 DIE TEILE UND GLIEDER DES MENSCHLICHEN KÖRPERS

17.0

§1 Die Teile des menschlichen Körpers sind hauptsächlich, wie Aristoteles sagt, geschaffen und gesetzt nach der Erschaffung und Lage der ganzen Welt. Deshalb wird der Mensch auf griechisch als Mikrokosmos bezeichnet, das ist so viel wie die ‚kleine Welt'. Gott hat ihn nach den übrigen Geschöpfen am sechsten Tage geformt. **§2** Deshalb, wie Aristoteles sagt, läuft der Mensch von Kindheit an zuerst auf den Händen, später als Heranwachsender aufrecht auf den Füßen, zuletzt im hinfälligen Alter beugt er sich wieder zur Erde, als Zeugnis wenigstens für sich selbst, dass er von Erde genommen ist und zu Erde vergeht.

17.1 DER KOPF (*Caput*)

§1 Der Kopf des Menschen und sein Schädel ist, wie Aristoteles sagt, aus hartem Knochen geschaffen. In ihm sind viele Nähte, vor allem bei den Männern, aber nur eine Naht läuft rings herum in den Köpfen der Frauen; und einmal wurde ein Kopf gefunden, in dem überhaupt keine Naht war, und dies ist ein Zeichen für sehr hohes Alter. **§2** Je nach Lebensalter wird die Hirnschale auch gehärtet und *verdickt. Die Köpfe von Kleinkindern sind noch nicht vollendet, bevor sie zu sprechen beginnen, wie wir später sagen werden, wenn wir über den Embrio sprechen. **§3** Die Hirnschale enthält drei Kammern: eine vorne, in der die Phantasie bzw. die Vorstellungskraft gebildet wird; eine zweite in der Mitte, in der die die Kraft der Vernunft gebildet wird; die dritte hinten, wo das Erinnerungsvermögen liegt. Die erste empfängt, die zweite unterscheidet, die dritte bewahrt das Untersuchte und Entschiedene auf. **§4** Daher sah man manchmal, dass ein am vorderen Teil des Kopfes verwundeter Mensch sich nichts <mehr> vorstellen konnte und ein am hinteren Teil des Kopfes verwundeter sein Erinnerungsvermögen verlor. Jedes Tier hat eine harte Hirnschale, wie Aristoteles sagt, wie die Bäume, da ja sein Kopf an der Stelle der Wurzel ist, und daher kommt es, dass seine oberen Glieder unten sind und die unteren oben. **§5** Kopfschmerz wird folgendermaßen geheilt: Wenn er von der Hitze der Sonne im Sommer herrührt, soll der Kopf mit Rosenwasser gewaschen und mit Populion-Salbe eingerieben werden und <der Kranke> soll im Schatten und im Wind sitzen und mit einem <Gegenstand aus> Stahl die Stirn kühlen. Wenn der Schmerz von kalter Ursache herrührt, soll der Kopf lange mit warmem Wasser gewaschen und mit Eibischsalbe eingerieben werden, und <der Kranke> soll Galgant essen und lange kauen. **§6** Wenn der Schmerz von Fasten und Anstrengung herrührt, soll <der Kranke> häufig essen und mit warmem Wasser gewaschen werden; er soll täglich eine Muskatnuss essen und Nelken an die Nase halten und genügend schlafen. Wenn er von den Dünsten des Magens <herrührt>, dann sind jene Dinge einzunehmen, die abführen. Wenn von Blähungen, dann soll man die Früchte des Wacholders und gut zerriebenen Dill essen.

17.2 DAS GEHIRN (*Cerebrum*)

§1 Die Natur des Gehirns ist kalt, wie Aristoteles sagt, und sein Gegenteil ist die Wärme des Herzens, da ja kein Glied in irgendeiner Komplexion für sich ohne die Gegensätzlichkeit eines anderen sein kann, und daher ist die Natur so geartet, und setzte das Gehirn dem Herzen gegenüber, und deswegen wird, nach der Erschaffung des Herzens, bei der Zeugung der Kopf als erstes <von den anderen Körperteilen> geschaffen. **§2** Das Gehirn ist erschaffen aus Erde und Wasser und deshalb kalt. Das Gehirn wird nach Galen unterteilt in einen rechten und einen linken Teil; es hat nämlich eine Mittellinie, wie die Ärzte sagen, durch die die mittleren Kammern <von einander> getrennt werden. Das Gehirn aber ist kein Rückstand und besteht nicht aus fortlaufenden Gliedern, sondern seine Natur ist eine ewige Natur, d. h. von gleichem Alter wie die übrigen Glieder im Körper. **§3** Das Gehirn besitzt weniger Blut als alle Körpersäfte, die im Menschen sind, da ja kein Blut in ihm zu sehen ist, und deswegen ist es ziemlich trocken, bzw. weil es kein Blut hat, ist in ihm weder eine kleine noch eine große Ader. Das Gehirn hat keinen Tastsinn, wie das Blut oder ein Rückstand in dem Tier. **§4** Dennoch wollen einige Ärzte, dass das Gehirn ein Gefühl für seine Zerstörung hat, nicht für seine Veränderung, d.h. wenn es zerstört wird, dann fühlt es <das>, und nicht, wenn es verändert wird. Das Gehirn existiert in den Körpern nur zur Erhaltung der Natur. **§5** Der Mensch hat ein großes Gehirn entsprechend der, im Vergleich mit anderen Lebewesen, größeren Größe seines Körpers, und das Gehirn eines Mannes ist größer als das Gehirn einer Frau. In der Mitte des Gehirns liegen bei allen <Menschen>, wie Plinius sagt, kleine Knöchelchen, und, wie Aristoteles sagt, ist das Gehirn des Menschen selbst weder sehr feucht noch sehr trocken, und zwei Häute umgeben es, von denen diejenige stärker ist, die nahe am Schädel liegt. **§6** Sie allein wird verletzt, die andere aber niemals. Das Gehirn aber wird in zwei <Teile> geteilt, einen vorderen und einen hinteren; der hintere unterscheidet sich durch Farbe und Aussehen vom vorderen. In der Mitte des Gehirns ist eine tiefe und lange Spalte. **§7** Die äußerste Haut, die das Gehirn umfasst, jene nämlich, die nahe am Schädel liegt, lässt <das Gehirn> teilnehmen an den Adern in den Randbereichen, an dem Ort nämlich, wo ein schwacher Knochen das Gehirn hält. Und das ist an der Stelle, wo der Hals mit dem Kopf verbunden ist. Alle Tiere, wie Plinius sagt, die kein Gehirn haben, schlafen nicht.

17.3 DAS HAAR (*Capillus*)

§1 Die Haupthaare entstehen aus dickem und warmem Rauch, der von den belebenden Säften herrührt; sie dünnen aber aus, wenn die Wärme die Natur verlässt. Sie fallen wegen Mangelernährung, wegen verdorbener Säfte, wie bei den Leprösen, und zwar häufig bei Männern, aber bei Frauen oder geborenen Kastraten nie, und bei keinem vor dem Liebesgenuss, und das <geschieht> wegen der Kälte der Natur. **§2** In kalten Gegenden, wie Aristoteles sagt, haben Tiere oder Menschen lange und herabhängende Haare und häufiger weiße und harte, in warmen aber oft schwarze und krause überall. Alle Tiere mit vielen Haaren, wie Aristoteles sagt, und alle Vögel mit vielen Federn begatten sich häufig. **§3** Kein Tier hat viele Haare auf dem Kopf bis auf den Menschen, und das benötigte er wegen der Feuchtigkeit seines Gehirns, nämlich um es vor starker Kälte und übermäßiger Wärme zu schützen. Unterhalb seines Gehirns wird der Mensch nicht kahl entweder unterhalb des Scheitels oder an den Schläfen oder an den Ohren. Plinius sagt, dass die Haare für einige Tage auch an den Körpern verstorbener Greise <weiter> wachsen.

17.4 DER SCHLAF (*Sompnus*)

§1 Schlaf ist nichts anderes, wie Plinius sagt, als der Rückzug des Geistes in seine Mitte. Kinder träumen nicht vor dem dritten oder vierten Lebensjahr. Man hat Menschen gefunden, die niemals träumten, wie Aristoteles sagt, und manche, die nur im Alter träumten, und bald darauf widerfuhr ihnen Tod oder Krankheit. Zeitweilige Entrückung ist, wie der Arzt sagt, eine Art Schlaf mit geschlossenen Augen.

17.5 DIE AUGEN (*Oculus*)

§1 Die Augen sind der kostbarste Teil des Körpers, wie Plinius sagt, und derjenige, der durch den *Anblick des Lichts Leben vom Tod unterscheidet. Und sicherlich wurde es zu recht <so> eingerichtet, wie Aristoteles sagt, dass der Gesichtssinn in der Nähe des Gehirns liegt, da ja die Natur des Sehens kalt ist und feucht wie das Gehirn, was man bei keinem anderen Glied des Köpers findet. **§2** Der Gesichtssinn ist im vorderen Teil des Kopfes, weil das Tier ja sehen muss, was vor ihm ist, und der Gesichtssinn ist sehr präzise. Es ist der Sehnerv, der sich vom

Gehirn zum Auge erstreckt, und er allein unter allen Nerven des Körpers ist konkav. Beim Menschen stehen die Augen näher zusammen als bei anderen Tieren, wenn man die Größe des Menschen berücksichtigt.**§3** Wenn beide Augen geöffnet sind, wird ein einziger Sehweg zu beiden vorangetrieben, damit nicht das eine etwas sieht, was das andere nicht sieht.Das Sehen befleckt aufgrund schlechter Körpersäfte, die im Sehenden sind, die ihm ausgesetzte Materie so sehr, dass eine Frau während ihrer Monatsblutung, wenn sie immer wieder in einen Spiegel schaut, ihn gleichsam mit Rostflecken beschmutzt. **§4** <Eine Situation> großer Unentschiedenheit verhüllt den Blick wie die Fallsucht, und die Betroffenen sehen nicht mit offenen Augen. Titus Caesar hatte als einziger die natürliche Veranlagung, dass er in der Dunkelheit, wenn er nachts wach war, wie bei hellem Licht sah, und seine Augen wurden auch nicht allmählich von der Dunkelheit verhüllt, wie es bei anderen <Menschen> zu geschehen pflegt. Das Auge sieht sich nicht. Die Augen tragen auch Zeichen der Mäßigkeit und Milde, des Hass, des Mitleids, der Liebe und der Traurigkeit. **§5** Daher sagt Plinius, dass in den Augen das Gemüt wohnt. Aus vielen, d.h. aus sieben, Membranen besteht nach Constantinus das Auge, in dessen Mitte die Hornhaut die Pupille einrahmt. Kaltes muss man den Augen auflegen, nicht Warmes, da ja Wärme <ihre Kraft> zerstört. In den Augen ist die Kraft des Spiegels so vollkommen, dass jene winzige Pupille das vollständige Bild eines Menschen wiedergibt. Nach zwanzig Jahren wurde bei vielen die Sehkraft wieder hergestellt.

17.6 DIE AUGENLIDER (*Palpebra*)

§1 Die Augenlider sind, wie Aristoteles sagt, geschaffen zum Wohl des Auges, damit ein Tier sein Auge schließt, wenn es ruhen will, und damit nicht etwas von außen hineinfällt. Die Augenlider sind also gleichsam Zäune, die den Eintritt in den Garten verwehren.

17.7 DIE OHREN (*Auris*)

§1 Der Aufbau des Ohres beim Menschen ist ein im Inneren gewundener Gang, und er wird von den Ärzten Tor des Verstandes genannt, dessen Ende etwas Weiches ist, zu dem jeder Ton gelangt und von dem er weitergegeben wird an das Gehirn, und es gibt keinen Ausgang vom Gehirn zum Ohr. Jedes Tier, das Ohren hat, kann sie bewegen mit Ausnahme des Menschen. **§2** Am hinteren Teil des Kopfes liegt der Sitz des Gehörs, und zwar nicht ohne Grund, da ja jener Teil voll Luft ist und es dort weder Fleisch noch Gehirn gibt. Und wir sagen, dass der Sitz des Gehörsinns luftartig ist. **§3** Und die Natur hat die Werkstätten der Sinne gut angeordnet, die Natur, die auch den Gehörsinn in die Mitte des runden Kopfes legte, weil das Gehör

<so> nicht nur in gerader Richtung in seiner Nähe hört, sondern rings herum nach allen Seiten. Der Gehör- und Geruchssinn sind aber Wege, die mit der äußeren Luft in Verbindung stehen und angefüllt sind mit natürlichem Lebenshauch, der in die feinen Adern übergeht, die sich vom Herzen zum Gehirn erstrecken.

17.8 DIE NASE (*Nasus*)

§1 Die Nase ist der Sitz des Geruchssinns und, wie Aristoteles sagt, findet durch sie die Atmung statt und sie ist der Weg für das Niesen, wenn der Wind im Gehirn immer stärker wird. Es gibt einen Weg des Geruchssinns, der mit der äußeren Luft in Verbindung steht und angefüllt ist mit natürlichem Lebenshauch, der in die feinen Adern übergeht, die sich vom Herzen zum Gehirn erstrecken.

17.9 DER BART (*Barba*)

§1 Der Bart unterscheidet bei den Menschen das männliche Geschlecht vom weiblichen. Aus Rückständen <der Nahrung> entsteht ein kräftiger Bartwuchs bei Männern von warmer Komplexion, ein schwächerer bei Männern von kalter. Es gibt Frauen, die einen Oberlippenbart haben, und das ist ein Zeichen für ihre <innere> Wärme. Ein Kastrat hat keinen Bart. Wenn aber ein bärtiger Mann der Hoden beraubt wird, fallen die Barthaare aus; er hat seinen Mannesmut verloren und wird weiblich erscheinen.

17.10 DER MUND (*Os*)

§1 Der Mund ist der Sitz des Geschmacksinns; dadurch hält jedes Lebewesen, dessen Lebensäußerung Wachstum aufweist, seine <körperliche> Zunahme aufrecht. Unter allen Tieren hat, im Verhältnis zum Umfang seines Körpers, der Mensch einen kleinen Mund. Die übrigen Tiere nämlich haben einen weiten und langen Schlund, der Mensch dagegen einen runden und engen, und damit wird die Tugend der Sparsamkeit bezeichnet, in der der Mensch allen Lebewesen vorangehen soll, obgleich das Gegenteil der Fall ist. **§2** Geschmacks- und Tastsinn sind mit dem Herzen verbunden, die drei übrigen Sinne aber liegen im Kopf. Und zwar liegt der Geruchsinn in der Mitte und der Gesichtssinn oberhalb des Geruchssinns, und an den Seiten des Kopfes der Gehörsinn. Und der Gesichtssinn ist bei allen Lebewesen oberhalb des Gehörsinns. Die Fähigkeit zu Schmecken besteht vor allem im Gaumen des Mundes.

17.11 DIE ZÄHNE (*Dens*)

§1 Da die Zähne gesichert sind von allzu großer Festigkeit, können sie, wie Plinius sagt, nicht mit dem übrigen Körper eines Tieres verbrannt werden, sondern bleiben vom Feuer unversehrt. Alle Tiere, die im Wasser leben und Zähne haben, haben, wie Ambrosius sagt, dicht zusammenstehende und scharfe Zähne, um sie schnell <in ihre Beute> einzugraben und diese leicht und unverzüglich in den Magen zu befördern, damit ihnen durch die Wasserströmung ihre Nahrung nicht weggenommen werden kann. **§2** Sie kauen nämlich nicht wieder; nur der Fisch Scaurus, von dem es heißt, er kaue wieder, macht eine Ausnahme. Dagegen haben das Rind, wie Aristoteles sagt, und das Schaf und viele andere Tiere nur auf einer Seite Zähne, nicht <aber> auf beiden Seiten, weil es nicht notwendig war, beide <Seiten> mit Zähnen zu versehen, da sie ja wiederkäuen und sorgfältig kauen und ihre Nahrung in den Verdauungstrakt befördern. **§3** Es gibt drei Gattungen von Zähnen, wie Plinius sagt: gezackte, gleichlaufende und nach außen gekrümmte. Die gezackten laufen kammartig zusammen wie bei den Schlangen, Hunden und Fischen. Gleichlaufende Zähne haben der Mensch, das Pferd und der Affe. Nach außen gekrümmte Hauer haben Eber, Flusspferd und Elefant. Tiere, die Hörner tragen, haben keine gezackten Zähne. Kein Tier wechselt die Backenzähne. **§4** Beim Menschen wachsen die letzten Zähne, die Zwillingszähne genannt werden, um das zwanzigste Lebensjahr; bei vielen <erst> um das achtzigste. Verlorene Hundezähne wachsen nicht wieder nach. Männliche <Tiere> haben mehr Zähne als weibliche, und zwar nur beim Menschen und der Ziege. Jedes wild lebende Tier, wie Aristoteles sagt, das gezackte Zähne hat wie der Hund, frisst Fleisch und schöpft Wasser mit der Zunge. **§5** Die Tiere jedoch, die gleichartige Zähne haben wie das Rind, ziehen durch Saugen Wasser in ihren Magen. Tiere mit vielen Zähnen haben ein langes Leben; diejenigen aber mit wenigen, haben ein kurzes Leben.

17.12 DIE ZUNGE (*Lingua*)

§1 Die Zunge fühlt das, was dem ganzen Körper gemeinsam ist, wie Wärme, Kälte, Härte, Weichheit, und das tut sie mit allen ihren Teilen. Die Zunge *ist breit oder schmal. Die mittlere ist dennoch lobenswert, wie Aristoteles sagt; denn sie ist geeigneter für gute Beweglichkeit. **§2** Sie ist manchmal gelöst, manchmal gehemmt, und das geschieht aus schlechter Gewohnheit oder aus schlechter Veranlagung, wie es der Fall ist bei denen, die stottern. Stumm aber ist sie häufig nicht aufgrund eines eigenen Defekts, sondern weil ein Mensch, der taub ist, auf keine Weise erlernt, wie man die Zunge zum Sprechen gebraucht. **§3** In seltenen Fällen wird sie stumm aufgrund eines eigenen Defekts, aber wann immer das geschieht, geschieht es an der Zungenwurzel und an den Schlagadern, die durch Lähmung oder einen anderen Defekt aufgrund zugezogener Zerrüttung erschlaffen. Eine allzu dicke Zunge erzeugt Stotterer, eine allzu dünne Menschen, die stammeln und Silben auslassen. Unter sämtlichen Lebewesen ist, wie der Philosoph sagt, der Mensch von unendlichem Verlangen. **§4** Daher war es notwendig, dass es Wörter ohne Zahl gab, durch die die verschiedenen Wünsche erfüllt würden. Eine Taube nämlich oder andere Tiere zeigen mit einem Seufzen oder Blöken ihre Wünsche an, die ja nicht viele sind. Die Zunge verliert manchmal ihre Beweglichkeit, wie die Ärzte sagen; deshalb verliert sie auch die Fähigkeit zu sprechen. **§5** Der Grund dafür liegt in einem Defekt der beweglichen Kraft, der vom Gehirn oder einem Nerven kommt, durch den diese Kraft hindurchgeht, indem ein Geschwür ihn zusammendrückt oder sonst eine andere Sache. Oder eigene Defekte liegen in der Substanz der Zunge selbst begründet wie eine schlechte Komplexion aus Wärme, Kälte, Feuchtigkeit und Trockenheit. Manchmal auch wird der Verlust der Sprache von Geisteskrankheit verursacht.

17.13 DIE STIMME (*Vox*)

§1 Die Stimme ist zartester Lufthauch, der ausgestoßen wird, wie der Philosoph sagt, wahrnehmbar durch das Gehör, soweit es in seiner Macht liegt. Jede Stimme ist artikuliert oder unartikuliert. Artikuliert ist die, die man schreiben kann wie a, e, unartikuliert <aber> diejenige, die man nicht schreiben kann wie das Stöhnen der Kranken und die Stimmen der Vögel oder wilder Tiere. **§2** Die Stimme wird kräftig ab dem vierzehnten Lebensjahr; im Alter verliert sie ihre Kraft wieder. Die Stimme besitzt beim Menschen großenteils die Gesichtsfunktion und es gibt ebenso viele Stimmen wie es Menschen auf der Welt gibt, und ein jeder hat seine eigene wie sein <eigenes> Gesicht.

17.14 DAS ZÄPFCHEN (*Uvula*)

§1 Das Zäpfchen, das die Ärzte Blatt nennen, befindet sich am Gaumen des Mundes. Dieses, wie Aristoteles sagt, ist der Stimme zuträglich, solange es die gebührende Größe nicht überschreitet. Bisweilen schwillt es an und erstickt das Tier. Von einer Entfernung oder einer Beschneidung des Zäpfchens raten die Ärzte ab.

17.15 DIE EPIGLOTTIS (*Epyglotus*)

§1 Die Epiglottis ist ein Organ nach Art eines Blattes oder Zäpfchens <geformt>, von dem schon die Rede war. Dieses Organ liegt nahe an der Zungenwurzel und verschließt zwei Organe abwechselnd, nämlich die Speiseröhre, durch die wir Nahrung in Form von Speise und Trank zu uns nehmen, und die Luftröhre, durch die wir Atem schöpfen. <Die Epiglottis> führt freilich abwechselnd ihren Verschluss durch, weil, wenn sie die Speiseröhre schließt, die Luftröhre offen ist, und wenn sie die Luftröhre schließt, die Speiseröhre geöffnet wird; beide aber kann sie nicht bedecken.

17.16 DIE LUFTRÖHRE (*Canna*)

§1 Die Luftröhre ist ein Organ, durch das der Atem eingezogen und ausgestoßen wird. Sie verläuft von der Zungenwurzel bis zur Lunge. Ein Deckel bedeckt die Luftröhre an ihrem oberen Teil, damit nichts vom Essen dort hineinfällt. Und manchmal, wenn etwas dort hineinfällt, entsteht Husten in der Kehle, bis das, was hineingefallen war, <wieder> ausgeworfen wird. **§2** Wenn es aber stecken bleibt, führt es den Tod herbei, und zwar bisweilen unerwartet, oder es verursacht manchmal – und das ist häufiger der Fall – eine chronische Krankheit. Das beste Heilmittel aber ist, dass der Leidende, wenn vom Essen etwas in die Luftröhre gefallen ist, von einem, der neben ihm sitzt, kräftig mit der Faust mitten auf den Hals geschlagen wird. Die Luftröhre aber teilt sich unten in zwei Zweige, was vor allem bei den Vögeln sichtbar ist. Sie sind oben eng und unten weit, wie es Stimme und Atmung entspricht.

17.17 DIE KEHLE (*Guttur*)

§1 Eine Kehle besitzt nur der Mensch, Schweine und Vögel. In ihr werden die Lautäußerungen gebildet, an ihrem obersten Teil werden die Laute zu Worten geformt. Die Kehle hat dort einen in der Mitte durchbohrten Knochen, an der der Kopf mit dem Hals verbunden ist. Dieser Knochen erscheint hauptsächlich bei Männern unter dem Kinn, bei Frauen aber selten oder niemals. **§2** Die Kehle ist knorpelig; sie hat knotenähnliche Stufen, durch die nur die in Lauten sich äußernde Stimme verfeinert wird, so dass sie später als artikulierte <Stimme> zu Worten geformt wird. Die Kehle hat die Fähigkeit, Töne und Noten zu formen, wenn auch keine Worte. Die Kehle hat einen Atemweg; auch empfängt sie die luftigen Geister, die die lebendige Seele nähren.

17.18 DER HALS (*Collum*)

§1 Durch den Hals wird der Kopf mit dem Körper verbunden. Der Hals wird aus knorpeligem Fleisch geschaffen und zwar besonders inwendig. Im Hals gibt es eine

Vielzahl von Adern, durch die vom Herzen bis zu den fünf Wirkungsstätten der Sinne der Lebensgeist strömt.

17.19 DIE SCHULTERN (*Humerus*)

§1 Der Mensch hat, berücksichtigt man seine Körpergröße, breitere Schultern als andere Tiere zum Tragen und Halten einer Last. Die Schultern sind aus kräftigen Knochen geschaffen und <so> eingerichtet, dass sie eine Verletzung aushalten, wobei das Fleisch an dieser Stelle kräftiger ist. Ihnen sind die Schulterblätter eingefügt, breite und dünne Knochen, die sowohl der gebührenden Breite der Schultern genügen, indem sie das Fleisch rings herum stützen, als auch durch ihre maßvolle Zartheit die Formschönheit der Brust nicht entstellen.

17.20 DIE ARME (*Brachium*)

§1 Die Arme hat der Mensch nach vorne gebogen, wohingegen fast alle Tiergattungen sie nach hinten gebogen haben. Die Arme werden aus sehr kräftigen Knochen geschaffen. Der vordere Teil, der die Hände enthält, hat zwei Knochen: einen größeren und einen anderen kleineren; aber der hintere Teil des Armes, mit dem er mit den Schultern verbunden ist, hat nur einen wirksamen und sehr kräftigen <Knochen>. **§2** Und beachte, dass man von Oberarmknochen im eigentlichen Sinne beim Menschen redet, von *armi* aber bei Tieren, wie Papias sagt. Die Arme sind zur Hilfe bei der Arbeit geschaffen: kräftig, biegsam, zu jeder Tätigkeit geeignet. In ihnen sind starke Nervenstränge, verschiedenartige Adern, denen, nach <Aussage der> Ärzte, recht bequem überflüssiges und schädliches Blut entnommen wird.

17.21 DIE MUSKELN (*Musculus*)

§1 Nach der Meinung vieler gibt es beim Menschen sechs Muskeln: zwei an den Händen, zwei an den Schultern, zwei an den Beinen. Einige fügen (weitere) vier hinzu: das Herz und sein Gegenstück, das Gehirn, und die zwei Hoden, so dass sie im Ganzen zehn ansetzen. Und von diesen vier letzten übernahm Galen drei, jedoch nicht den vierten, das Gehirn. **§2** Es folgt aus wahrhaft vernünftiger Überlegung, dass Muskeln nicht von ungleicher Zahl sein können, da jedes einzelne Glied im Körper ein ihm gleichendes hat. Wir nennen aber einige von den Muskeln, ohne die es kein Leben geben kann. Die Muskeln der Arme etwa neben dem Ellenbogen der Armbeuge empfangen keine Wunden; werden sie verwundet, folgt zweifellos der Tod. **§3** Die Amputation jedoch der Arme samt ihrer Muskeln hält das Leben aus, nicht aber Wunden an den Muskeln. Dasselbe geschieht, sagen einige, bei den Muskeln der Beine und Hände, aber nicht so gewiss wie bei den Muskeln der Arme.

17.22 DIE HÄNDE (*Manus*)

§1 Beim Menschen wurden an Stelle der Vorderfüße von Natur aus Hände geschaffen, wie Aristoteles sagt, da ja der Mensch größere Erkenntnisfähigkeit und geistige Begabung besitzt als alle Tiere, und daher hat er ein größeres Organ, das für Bewegungen geeignet ist und viele Tätigkeiten, und daher wurde ihm die Hand gegeben, die nicht nur ein Werkzeug ist, sondern viele. **§2** Die Hand nämlich eines Menschen ist ihm Lanze, Schwert und anderes Werkzeug, da er ja alle diese herstellen kann. Die Rechte, wie Plinius sagt, wird zum *Kuss begehrt, in Vertrauen gereicht.

17.23 DIE FINGER (*Digitus*)

§1 Die Finger sind in die Hand eingefügt, um die Hand zu jeder Handlung zu befähigen. Aber der Adel der Finger, wie Aristoteles sagt, ist geeignet zum Empfangen, Halten und Geben und vor allem zum Unterscheiden. Die Stärke des Daumens ist gleich der Kraft aller Finger, die an einer Hand sind.

17.24 DIE NÄGEL (*Unguis*)

§1 Die Nägel sind geschaffen, damit sie die Finger- bzw. Zehenspitzen an Hand oder Fußes bedecken. Die Nägel sind als Mittelding zwischen Knochen und Knorpel geschaffen: und zwar härter als Knorpel, weicher als Knochen. Ein Schnitt in die Nägel ist nicht schmerzhaft, außer an der Stelle, wo <der Nagel> mit dem Fleisch verbunden ist. Die Nägel verändern ihre Farbe im Tod, <und> auf ähnliche Weise bei manchen Krankheiten. **§2** Die Krallen wilder Tiere werden als Waffen getragen: grausam nämlich sind sie und zum Zerfleischen geeignet. Die Nägel des Menschen aber verraten durch ihre geringe Größe, dass der Mensch von sanftem Gemüt ist. Die Farben der Körper sind wie die Farben der Nägel. Jeder Vogel, der gekrümmte Krallen hat, trinkt kein Wasser, und zwar, da sie Fleisch fressen, das feuchter ist als die Nahrung der anderen Vögel. **§3** Alle Vögel mit gekrümmten Krallen haben ein schärferes Sehvermögen und fliegen höher, damit sie die Nahrung aus der Entfernung ausmachen können; derartige Vögel leben nämlich vom Beutefang.

17.25 DER KNOCHEN (*Os*)

§1 Der Knochen ist das erste unter den Gliedern, wie Galen sagt. Der Knochen, sagt er, ist das erste von Gliedern ähnlicher Teile, der hart gemacht ist, weil er ja das Fundament des Körpers und die Stütze für Bewegungen ist, und der Knochen selbst unterscheidet sich in seiner Härte mehr oder weniger. **§2** Knochen also sind die Stützen für das kraftlose Fleisch und wie Pfähle in einer Lehmwand die Wand halten, damit sie nicht gänzlich in sich zusammenfällt, so füllen die Knochen den Körper aus, damit er sich nicht auf schmähliche Weise um sich selbst wickelt aufgrund seiner schlaffen Konstitution. Knochen sind hart, innen hohl, weiß und sehr dauerhaft. Die Knochen von Männern sind stärker als die Knochen von Frauen, außer allein beim Geschlecht der Amazonen, wo man das Gegenteil findet.

17.26 DAS MARK (*Medulla*)

§1 Mark ist ein Überschuss des Bluts, wie Galen sagt, in den Knochen, die hohl sind, und dies zeigt sich daran, dass jedes Tier, das reichlich Fett und Speck hat, auch Überfluss an Mark hat. **§2** Dies ist vor vor allem bei Kindern sichtbar, in deren Knochen man, wenn sie tot sind, viel Blut findet und es nicht verkocht werden kann zu Mark, da die Wärme nicht ausreicht, die das verkochte Blut weiß machen und in Mark umwandeln könnte. Mark ist also ein Überschuss des Bluts, der die Knochen nährt, und das zeigt sich darin, dass das Mark warm und feucht ist, der Knochen aber kalt und trocken. **§3** Daher scheint es, dass das Mark für die Knochen eher Überschuss ist als Nahrung, und das zeigt sich daran, dass in den Knochen kalter Tiere viel Mark gefunden wird, da die Wärme der Knochen in ihnen kein Fett produzieren oder Mark verzehren kann. Deshalb hat der Löwe kein Mark, da es durch die allzu große natürliche Wärme im Knochen selbst verzehrt wird. **§4** Das Mark ist folglich für die Knochen hilfreich, dass es sie wärmt und befeuchtet und sie immer elastisch erhält, damit sie nicht brechen. Auch die Bewegung im Tier trocknet die Knochen aus und macht sie allzu dürr. Das Mark ist bei jungen Menschen rot, weiß bei den alten, wie Plinius sagt. Wassertiere haben kein Mark.

17.27 DER KNORPEL (*Cartilago*)

§1 Die Erschaffung des Knorpels kommt, wie Aristoteles sagt, der Erschaffung des Knochens ziemlich nahe, und es gibt zwischen ihnen keinen Unterschied außer in Weichheit und Härte. Wie der Knochen nicht fest wird, nachdem er abgetrennt wurde, so auch der Knorpel nicht. Dennoch hat es den Anschein, dass ein Knochen nach einem Bruch oder einer Amputation fest und stark wird wie vorher, was <aber>

falsch ist. **§2** Freilich wird Knochen mit Knochen verbunden und haftet an ihm, und Teil mit Teil, mit Ausstülpungen dazwischen, die aus dem Mark fließen, aber das kann auf keine Weise so geschehen, dass ein Knochenbruch zusammengefügt wird wie bei der ersten Erschaffung und die Teile eins werden wie vorher.

17.28 DIE BLUTADERN (*Vena*)

§1 Blutadern sind Kanäle, durch die das Blut durch den ganzen Organismus des Körpers geführt wird. Sie gleichen in gewisser Hinsicht den Geistadern (lat. *arteriae*), wie Galen sagt, aber sie haben nicht die Bewegung des Ausdehnens und Zusammenziehens wie die Geistadern; und daher kommt es, dass sie als die ruhigen <Adern> bezeichnet werden. Zwei von diesen sind die Hauptadern, wie Aristoteles sagt, jene nämlich, die vom Herzen ausgehen, eine große, die andere klein. **§2** Die Ärzte aber sagen, dass die Blutadern von der Leber ausgehen. Jede dieser beiden Blutadern ist der Anfang jeweils verschiedener Adern. Diese zwei Adern, wie Plinius sagt, laufen nach vorn und zum Rücken hin auseinander und eine aneinander gereihte Kette von Verzweigungen leitet durch andere <noch> kleinere allen Gliedern das belebende Blut zu. **§3** Diese führen auf direktem Wege die Blutbahnen zum Gehirn und von diesen zu den Ohren, den Augen, der Nase und selbst zum Gaumen des Mundes, damit er schmecken kann. Von hier kommen, wie Galen sagt, notwendigerweise zu jedem Körperorgan zwei schlagende Adern, die man an der Oberfläche mancher Glieder fühlt, wie an den Handgelenken und den Schläfen. **§4** Sie zeigen die Schwäche und Stärke des Herzens und meistens auch die Körperwärme; andere Adern aber, die nicht schlagend sind, führen zwei Gattungen von Blut, mit denen die Glieder benetzt werden zur Erhaltung der Natur und Ernährung des Körpers. **§5** Von hier wird das Blut durch winzigste Adern geleitet, damit es leichter verändert und in Glieder umgewandelt wird, und zweitens, damit das dicke Blut von ihnen gehalten und am Ausfließen gehindert wird. **§6** Hierauf steigen die Adern durch die röhrenförmige Mitte der Brust hinauf bis zum Scheitel. Vom Scheitel steigen durch die Arme drei blutführende Adern herab: eine vom Kopf und diese wird Kopfader (lat. *cephalica*) genannt, eine zweite von der Leber und diese wird die königliche (lat. *basilia*), d.h. die grundlegende, genannt; eine weitere geht vom Herzen aus und sie liegt in der Mitte zwischen den beiden und wird die mittlere (lat. *mediana*) oder *cronica* genannt. **§7** Von dort werden andere <Adern> von den Hauptadern des Herzens zu den Nieren abgeleitet, von den Nieren zur Zeugungsrute des Mannes, damit die sexuelle Begierde des Herzens zu den Nieren übertragen wird und dort durch die vermehrte Wärme in der Rute sexuelles Verlangen geweckt wird. **§8** Beachten aber muss man, dass alle Adern der Körperteile mit den Adern in Verbindung stehen, die in die Rute hinabführen, und jene Adern sind viele und verschiedenartige, die <alle> in der Rute zusammenlaufen, und daher kommt es, dass die mit der Rute gezeugte Nachkommenschaft, die Ähnlichkeit praktisch aller Glieder in komprimierter Form in sich aufnimmt. **§9** Von da führen von oberhalb des Herzens Adern nach unten, zu den Schenkeln und den Füßen herab, um den Füßen auszurichten, wohin sie den Schritt lenken sollen, wohin der Geist des Voranschreitenden bewegt werde.

17.29 DIE NERVENSTRÄNGE (*Nervus*)

§1 Mit den Nervensträngen werden die Knochen wechselseitig verbunden, wie die Ärzte sagen. Die Nervenstränge gehen vom Gehirn aus. An allen Stellen, an denen Knochen sind, gibt es eine *Vielzahl von Nerven. Nerven enthalten kein Blut wie die Adern. Nervenstränge dehnen sich von Natur aus in die Länge und nicht in die Breite; Adern wachsen <wieder> zusammen, wenn sie durchtrennt wurden, Nervenstränge nicht. **§2** Kein Nerv befindet sich im Kopf des Menschen, aber in den Händen und Füßen gibt es viele. Jedes Tier, das Blut hat, hat einen Nerv. Nervenstränge krampfen sich manchmal, wenn ihnen die notwendigen Feuchtigkeit abgeht, unter größtem Schmerz für den Menschen zusammen. **§3** Der Nutzen der Nerven liegt darin, die sinnlichen und motorischen Kräfte vom Gehirn zu den anderen Teilen zu leiten und den ganzen Körper zu stärken, durch den sie hindurchführen. Manche Tiere wie Fische haben keine Nervenstränge, sie bestehen nämlich aus Geistadern.

17.30 DIE GEISTADERN (*Arteria*)

§1 Geistadern sind hohle Organe, lang ausgestreckt wie Nervenstränge und in ihrer Substanz bandartig, mit unterschiedlichen Bewegungen. Sie entspringen im Herzen. Geistadern sind dazu eingerichtet, wie G a l e n sagt, dass durch sie das Herz durch Luftzufuhr von seinen Ausdünstungen befreit wird und die natürliche Wärme sich erholt und der Lebensgeist auf die Glieder verteilt wird, die hinter dem Lebensgeist selbst stehen wegen ihrer Teilhabe und Belebung, die sie empfangen. **§2** Sie sind zwischen den Nervensträngen verborgen und sind die Pfade des Lebensgeistes, wie P l i n i u s sagt. In sie ergießen sich die Blutadern, d.h. die Ströme des Bluts. Das Pulsieren der Geistadern vor allem am höchsten Punkt der Glieder ist ein sichtbares Zeichen von fast allen Gliedern.Vögel haben weder Blutadern noch Geistadern; ebenso wenig die Schlangen.

17.31 DIE SEHNEN (*Corda*)

§1 Die Sehnen des menschlichen Körpers nehmen, wie Galen sagt, an den äußersten Enden der Muskeln ihren Ursprung; ihre Substanz ähnelt derjenigen der Nerven. Sie spannen sich zu den beweglichen Gliedern, und, wenn sie nach hinten gezogen werden, ziehen sie wegen der Kontraktion <die Glieder>, an die sie gebunden sind. **§2** Irgendwann erschlaffen sie, weil Entspannung eintritt aus dem Grund, weil ihre vorderen Glieder sich entspannen und in ihre Ausgangspositionen zurückkehren. <Ein andermal dehnen sie sich so aus>, bis zu ihrer Streckung, die sie bekanntermaßen vom Hinausgehen ihrer vorderen Glieder erhalten über das Maß ihrer gewöhnlichen Länge.*

17.32 DIE BÄNDER (*Ligamentum*)

§1 Die Bänder ähneln den Nervenstängen, wie Galen sagt; sie verlaufen ohne Unterbrechung zwischen den zwei äußersten Enden der Knochen oder zwischen anderen Gliedern, um ein Glied mit einem andern zu verbinden, so dass sie fest zusammenhängen. Der Ursprung der Bänder liegt bei den Knochen; daher sind sie auch empfindungslos, ganz so wie die Knochen. Der Nutzen der Bänder liegt in der Verbindung und Verkettung der Gelenke und der Stärkung der Nervenstränge. **§2** Diese Bänder also werden mit den Nervensträngen vermischt, und aus ihnen wird gleichsam eine einzige Sache, so dass man um die Schwächung ihrer Kraft nicht fürchten muss. Es war nämlich nicht zuträglich, dass die Nerven von Knochen fortgesetzt wurden. Knochen nämlich sind fest, überaus hart, die Nerven aber zart und weich; und daher war es notwendig, dass es etwas dazwischen gab, das weicher war als die Knochen und härter als die Nerven.

17.33 DAS FLEISCH (*Caro*)

§1 Fleisch ist schwach, leicht verderblich, ist weich und zart. Von besserer Beschaffenheit ist Fleisch, das weder allzu mager ist noch abstoßend hässlich durch Fett. Der Beweis dafür ist eine gebührende, <aber> maßvolle Modellierung der Glieder. **§2** Sein Fett sieht man deutlich um den Nabel und die Lendengegend. Der Beweis dafür, dass der Körper gut auf Sinnesreize reagiert, besteht darin, dass er Schmerz aufgrund einer Konfliktsituation schnell wahrnimmt; ein Zeichen aber des Absterbens ist es, wenn er durch Stiche nicht bewegt wird. **§3** Der Nutzen des Fleisches, das sich in seinen verschiedenen Komplexionen und Wärmegraden in verschiedenen Gliedern als weißes und weiches <Fleisch> findet, besteht darin, wie Galen sagt, dass es Risse ausfüllt und Verzweigungen verbindet. Rot oder rosig ist das Fleisch in der Lunge, tiefrot im Herzen, purpurrot in der Leber, schwärzlich oder schwarz in der Milz. Andere Glieder machen die Materie, die sie umwandeln, weiß, wie die Milch in den Brüsten und die Eier oder den Samen in der Gebärmutter.

17.34 DIE HAUT (*Corium*)

§1 Die Haut oder das Fell eines Tieres spannt sich über alle Glieder, damit die vielfältig zusammengefügte Reihung der Glieder in einem Kontinuum verbunden wird. Die Haut des Menschen ist zart, Unglücksfälle vermag sie nicht zu ertragen. Die Haut unterscheidet sich, wie Galen sagt, im Grad ihrer Dünn- oder Dickschichtigkeit; wo sie nämlich dünner ist und behaart, dort ist sie auch rauher; wo sie dichter ist, dort ist sie zarter und glatter. Eine trockenere <Haut> ist rauher, eine feuchte zarter

17.35 DER RÜCKEN (*Dorsum*)

§1 Der Rücken beginnt am Hals <und erstreckt sich> bis zum After. Die Wirbelsäule, die eben diesen Rücken zusammenhält, besteht aus vielen Knochen, und sie sind alle in der Mitte durchbohrt und tragen auf beiden Seiten die Rippen, die an einem Ende mit ihr (sc. der Wirbelsäule) fest verankert sind. Die Rückenknochen aber sind ebenso viele wie die Anzahl der Rippen, und durch die Mitte dieser durchbohrten Knochen steigt das Mark von der Spitze des Scheitels wie ein Seil herab.

17.36 DIE BRUST (*Pectus*)

§1 Die Brust des Menschen ist ein zarter Bereich, der weniger Anstrengungen aushalten kann, ohne selbst Schaden zu nehmen, einerseits wegen des Herzens, das in <der Brust> seinen Sitz hat, andererseits wegen der Geistorgane der inneren Bereiche, die ihren Platz in gewisser Weise <auch> in ihr zu haben scheinen. In der Mitte der Brust liegt ein weiter, breiter und röhrenförmiger Knochen, an dem die Rippen und Nervenstränge befestigt sind. **§2** Unter diesem entspringen auch die Hauptblutadern und verzweigen sich zu den verschiedenen Gliedern des Organismus und erstrecken sich wie die Triebe der Weinstöcke vom Kopf bis zu den Extremitäten. Der Mensch hat eine breite Brust, wie Aristoteles sagt, die anderen Tiere eine enge. Also, oh Mensch, streck deine Brust zum Schöpfer hin und mach weit dein Verlangen <nach ihm>!

17.37 DIE BRÜSTE (*Mamilla*)

§1 Die Brüste werden aus weichem leerem Fleisch geschaffen. Milch schwarzer Frauen ist besser als die weißer, bei Ziegen aber ist es umgekehrt. Brüste oder Titten nennt man sie bei Jungfrauen, Euter aber bei jenen, die geboren haben, und sie werden Euter (lat. *ubera*) genannt aufgrund ihrer Überfülle (lat. *ubertate*) an Milch. Kein Tier hat Brüste vorne an seiner Brust, nur der Mensch.

17.38 DAS HERZ (*Cor*)

§1 Das Herz ist der Ursprung des Lebens, wie Aristoteles sagt, und der Ursprung jeder Bewegung und jedes Sinnes liegt im Herzen. Die Sinne aber und die Bewegungen liegen nicht im vorderen Teil des Herzens, und wir sagen, dass die Sinne mit dem Herzen zusammenhängen, nämlich der Tastsinn und der Geschmack; die übrigen drei liegen im Kopf. Das Herz ist die Laterne des Körpers, wie der Philosoph sagt. **§2** Die Natur setzte das Herz in die Mitte des Körpers und mit Recht, damit das, was edler ist, an einem edleren Ort eingesetzt wird. Das Blut kommt nicht von einem anderen Ort zum Herzen, da ja das Herz Quelle und Ursprung des Blutes ist, und daher breitet sich seine Kraft zu allen Gliedern des Körpers aus. Das Herz aber ist der Beweggrund für Erfreuliches. **§3** Das Herz wird im Körper des Embryos am Anfang seiner Erschaffung sichtbar und scheint sich zwischen den anderen Gliedern <wie ein Tier> zu bewegen, da es selber der Ursprung eines Tieres ist, das Blut hat. Es gibt kein Glied, in dem viel Blut ist, das stehen bleibt, außer im Herzen. Das Blut aber in der mittleren Herzkammer ist klar, fein und rein. **§4** Das Herz hat drei Kammern: die rechte Kammer ist klein, die mittlere mittelgroß, die linke winzig. Das Herz liegt unter der Lunge; der spitze Teil des Herzens ist nach vorne gedreht. Beim Menschen aber neigt sich das Herz zum linken Brüstlein. Der Grund aber, dass das Herz unter die Lunge gesetzt wird, liegt darin, dass die Lunge weich ist und deshalb gleichsam zum Blasebalg für das Herz gemacht wird, damit das Herz nicht durch übermäßige eigene Wärme verzehrt wird. **§5** Das Herz liegt bei allen Tieren in der Mitte der Brust, bis auf den Menschen allein, bei dem es sich zur linken Seite neigt, damit die Position des linken Teils der Abkühlung des rechten Teils entspricht. Wenn sich nämlich das Herz nicht zur linken Seite hin neigen würde, wäre der linke Teil kälter als der rechte Teil. Das Herz des Menschen ist aber groß in Bezug auf seine Körpergröße und es ist nicht langgestreckt, sondern gleichsam rund. **§6** Geschaffen aber wird das Herz aus dickem und hartem Fleisch, und in seinen Kammern sind Adern, und seine rechte Kammer neigt sich zur Lunge, seine linke aber schmiegt sich an die grössere Ader und den mittleren Darm. Beim Menschen ist ein Herz groß, eines klein, eines hart, eines weich. **§7** Die Herzen der Lebewesen ohne Sinneswahrnehmung sind hart, die Herzen aber derjenigen mit Sinneswahrnehmung, wie es die Herzen der Menschen sind, sind weich. Ein Tier, das ein großes Herz hat in Anbetracht seines Körpers, ist furchtsam, das aber ein mittelgroßes hat, mutig, und dies ist der Grund, dass die Wärme des Herzens ein großes und weites Herz nicht in dem Maße füllen kann wie ein mittelgroßes, und daher wird das Blut, das im Herzen ist, <nur> schwach belebt, und deswegen bleibt ein großes Herz zu kalt, und Kälte ist die Ursache für Furcht. **§8** Wir sehen ein Beispiel dafür an einem kleinen Feuer, das schneller ein kleines Haus erwärmt als ein großes. Große Herzen haben Hasen, Hirsche, Esel und Mäuse unter Berücksichtigung ihrer Körpergröße; daher sind sie furchtsamer als die übrigen Tiere. **§9** Unter allen inneren Gliedern kann nur das Herz weder Schmerz noch Krankheit erleiden. Ein Zeichen dafür ist, dass an toten Körpern niemals ein Versehrung oder eine Krankheit am Herzen sichtbar ist, während sich an anderen Gliedern Wunden, Abbauprozesse, Geschwüre und Steine zeigen. **§10** Aber dennoch hätte das Herz geschädigt werden können wie die Leber oder andere Glieder, wenn Leben im Körper verblieben wäre. Doch das Herz wird deshalb nicht geschädigt, weil es die Zeit nicht abwartet, um geschädigt zu werden, sondern bei drohender Zerstörung kommt der Tod der Zerstörung zuvor, bevor sie bis zum Herzen gelangt, und entreißt <so> das Herz <dem Risiko> einer Verletzung. Plinius sagt, die Herzen derer, die an einer Herzkrankheit gestorben sind, können nicht verbrannt werden. **§11** Auch die Herzen derjenigen, die an Gift gestorben sind, sollen nicht eingeäschert werden können. Daher hat Vitellius, nachdem er davon erfahren hatte, Piso beschuldigt, Kaiser Germanicus mit Gift getötet zu haben. Dagegen verteidigte sich Piso, dass dafür nicht Gift, sondern eine Herzkrankheit die Ursache gewesen sei. Dass sich bei allen Menschen die Herzen in jedem Jahr um das Gewicht zweier Drachmen vergrößerten, glaubten die Ägypter, und dass sie bis zum fünfzigsten Jahr wüchsen und von diesem bis zum einhundertsten ebensoviel abnähmen, und dass wenige über das einhundertste <Jahr> hinaus mit intakten Sinnen lebten und zwar aufgrund der Verkleinerung und der Schwächung des Herzens. **§13** Das Fleisch des Herzens ist stark und fest, trocken und hart, so dass es nur schwerlich leidet. Das Herz sitzt, wie Galen sagt, in einer dicken und sehr festen Haut, so dick wie die äußere Haut des Menschen, damit sie dem Herzen Schild und Schutz ist.

17.39 DIE LEBER (*Epar*)

§1 Die Leber liegt auf der rechten Seite, die Milz auf der linken Seite, und das bei allen Tieren, die eine Leber haben. Wenn sich aber diese Position verändert, ist das freilich, wie Aristoteles sagt, ein Wunder. Die Leber aber ist süß, und in ihr liegt die Natur eines sanften Gemüts und einer freundlichen Veranlagung. Der Mensch hat eine runde Leber wie der Stier. Clemens sagt, dass die Leber auf der rechten Seite liegt, um effizient die Speisen zu verdauen und sie in Blut umzuwandeln, und durch ihr Werk wird das Blut allen Gliedern zugeteilt.

17.40 DIE GALLE (*Fel*)

§1 Die Gallenblase ist der Leber entgegengesetzt. Die Galle ist warm und trocken und feurig, und Gott gesellte sie der Leber zu, um (der Leber) bei der Verdauung der Nahrung zu helfen. Von den Eigenschaften der Galle kommt Unbeständigkeit, Wut, Präzision, Schärfe der Sinneswahrnehmung, Kunstfertigkeit, Kühnheit, Übermut, Verlangen nach Beischlaf, Erinnerung, Schlagfertigkeit, und der ganze Körper erlangt Wärme und Trockenheit aufgrund der Galle . **§2** Einige Menschen gibt es, jedoch <nur> wenige, die, wie Plinius sagt, keine Gallenblase haben; ihre Gesundheit ist robust und sie sind langlebig. Bei etlichen Menschen liegt, wie Aristoteles sagt, die Gallenblase über der Leber, und wir glauben, dass sie von Natur aus besonders grausam sind wegen der Nähe der Gallenblase. **§3** Es gibt aber auch andere Menschen, die die Gallenblase nicht über der Leber haben, sondern an einem entfernteren Ort, und diese hält man für von Natur aus freundlicher. Dennoch vermag die Gewohnheit viel beim Menschen, dass die Natur in ihm zum Guten oder zum Schlechten verändert wird. **§4** Daher soll einer der alten Philosophen zu einem <anderen> Philosophen, der ihn danach fragte, von welcher Komplexion und Veranlagung er seiner Natur nach sei, gesagt haben – er war in der Medizin sehr erfahren, und antwortete: „Ich habe keinen," sagte er, „gesehen, der nach seiner natürlichen Veranlagung wohl grausamer gewesen wäre als dich und keinen <wiederum> sah ich, der freundlicher in seinen Umgangsformen war dank seiner Tugendübungen. **§5** Und obwohl ich keinen sah, der entsprechend seiner Natur schlechter zur Weisheit angelegt wäre als du, sah ich auch keinen, der durch unablässiges Studium scharfsichtiger ist als du beim Eindringen in die Feinheiten." Daraus also wird deutlich, dass Gewohnheit die zweite Natur ist. Jedes Tier, wie Aristoteles sagt, das keine Galle hat, lebt lange, wie der Elefant, der Hirsch, das Kamel und der Delfin.

17.41 DIE LUNGE (*Pulmo*)

§1 Die Lunge ist das Organ für die Bewegung, die im Herzen ist, wie Aristoteles sagt, die Werkstatt des Atmens, die Luft einzieht und wieder abgibt. Deshalb ist sie porös und wie ein Schwamm gebaut, wie Plinius sagt. Die Lunge wird durch Einatmen geweitet, durch Ausatmen verkleinert. Und freilich ereignet sich kein Herzschlag, außer weil der Mensch stets hofft und fürchtet. **§2** Eine Lunge hat jedes Tier, das läuft und Luft einatmet zur Abkühlung der Wärme, die es in der Nähe des Herzen gibt. Ein Tier aber ohne Blut oder wässrige Feuchtigkeit braucht keine Lunge, weil es durch den natürlichen Lebensgeist gekühlt wird. Es ist auch zu beachten, dass jedes Tier, das lebend gebiert, eine große Lunge voller Blut hat wegen der Wärme seiner Natur. **§3** Ein eierlegendes Tier wie ein Vogel hat eine kleine und trockene Lunge, und daher haben alle Tiere dieser Art keinen Durst und trinken nicht für lange Zeit aufgrund der geringen Wärme in ihrem Körper. Sie werden also durch die Bewegung der Lunge gekühlt, da ihre raumgreifenden Bewegungen viel Luft heranführen, und die Größe derartiger Tiere ist geringer als anderer Tiere, da die natürliche Wärme Ursache des Wachstums ist und die Menge an Blut ein Zeichen für Wärme. **§5** Wärme aber richtet den Körper der Tiere auf, und deshalb wird nur der Mensch aufrechter geschaffen als die anderen Tiere, da der Mensch mehr Blut hat im Verhältnis zu seiner Körpergröße und weil das Blut, wie gesagt, Ursache der Wärme ist, d.h. der feurigen Kraft, die immerzu aufsteigt, und deshalb wird der Mensch aufrecht geschaffen und aufgerichtet zum Himmel. **§6** Die Lunge hat mehr Blut als die anderen Glieder und sie besteht aus hohlem, aufgedunsenem und weichem Fleisch. Mit der Lunge eines Meeresfisches bestrichenes Holz *scheint zu brennen wie Öl, wie Plinius sagt. Daher wird gewöhnlich auch aus den Lungen gewisser Meeresfische reinstes Öl hergestellt. Jedes Tier ohne Lunge hat auch keine Stimme, aber nicht umgekehrt, wie Aristoteles sagt. Plinius sagt, je kleiner sie im Vergleich zum Körper ist, umso größer die Geschwindigkeit.

17.42 DIE MILZ (*Splen*)

§1 Der Mensch hat eine schmale und lange Milz, wie Aristoteles sagt, wie das Schwein. Die Milz liegt auf der linken Seite. Sie zieht auf gewisse Weise die Verunreinigungen des Blutes an sich und reinigt es <davon> und das mehr bei jenen, die mit dem Viertagefieber behaftet sind als bei den übrigen Menschen. Sie schmerzt meistens und beschwert den Menschen, außer wenn die Adern der linken Hand oder des linken Armes durch einen Aderlass vorsichtig erleichtert werden. **§2** Tamarinden sind die Früchte der Myrte; abgekocht helfen sie gegen Verstopfung der Milz und der Leber. Der Sitz der Melancholie ist, wie Galen sagt, in der Milz; sie (sc. die Melancholie) hat aber ihre größte Macht in der Sehkraft und ihretwegen stellen sich Schweigsamkeit und Nachdenklichkeit, Mattigkeit und Weinen, Trägheit, Furcht, Unruhe und Kleinmut ein. **§3** Die Milz ist, wie Plinius sagt, ein besonderes Hindernis beim Lauf; deshalb werden Läufer an der Milzader zur Ader gelassen. Nach Entfernung der Milz leben die Tiere mit der Wunde weiter, wie man sagt. Manche glauben, dass zugleich <auch> das Lachen der Menschen geraubt werde und dass seine Unmäßigkeit auf der Größe der Milz beruhe.

17.43 DER BAUCH (*Venter*)

§1 Der Bauch ist gleichsam ein Sack, in dem alle Innereien hängen. Jedes Tier mit Blut und vier Füßen hat vier Bauchsäcke, wie Aristoteles sagt. Der erste Bauchsack nimmt die rohe Nahrung auf, der zweite aber die verdaute; der dritte Bauchsack reduziert die aufgenommene Nahrung weiter in einer besseren Verdauung; der vierte nimmt die gut verdaute Nahrung auf und scheidet sie aus. **§2** Im eigentlichen Sinne wird jedoch der Teil des Körpers ‚Bauch' genannt, der allgemein alle Innereien durch seine Ausdehnung umgibt. Der überschreitet mit seiner Dicke manchmal eine solch ungeheure Größe, dass er seinem Ernährer den Tod bringt. **§3** Beachte aber, dass Aristoteles sagt, Menschen seien im Oberbauch dem Hund ähnlich und dem Schwein im Unterbauch. Die sind weniger geschickt, deren Bauch besonders gierig ist, wie Plinius sagt.

17.44 DIE RIPPEN (*Costa*)

§1 Die Rippen sind beim Menschen geschaffen zur Erhaltung und zum Schutz der Innereien. Der nämlich <nur> von einer dünnen Hautschicht umgebene Bauch würde leicht verletzt werden, wenn er nicht durch den Schutz der Rippen von außen befestigt würde. Der Mensch besitzt auf beiden Seiten acht Rippen; einige aber gibt es, die zehn auf beiden Seiten haben. Horntragende Tiere haben vierzehn Rippen, Schlangen aber dreissig und das wegen der Ausdehnung ihres langen Körpers.

17.45 DER MAGEN (*Stomachus*)

§1 Der Magen ist ein für den menschlichen Körper außerordentlich zuträgliches Glied; er nimmt nämlich mit Hilfe des Schlundes die rohen Speisen auf und reduziert die gegarten <weiter> in einer besseren Verdauung, wie Aristoteles sagt. Er hat auf der Innenseite Zotten in der Art kürzerer Wolle, damit die aufgenommenen Speisen durch deren Wärme gehegt und verdaut werden und damit, wenn der Magen ohne Zotten wäre, die Speisen nicht auch schneller als nötig hindurchgingen bei einer glatten Magenwand. **§2** Ein Darm, mit Ausnahme anderer größerer Eingeweide, führt vom Magen herab und dieser Darm wird †‚Fastendarm' genannt, weil er immer leer ist von fester Nahrung. Nur seine Feuchtigkeit zieht er aus dem Magen, feste Nahrung aber geht in den After und wird über den Kot ausgeschieden. **§3** An diesem Darm also setzen fünf Adern an und sie werden „mesenterische“ (*miseraice*) genannt davon dass sie sich erbarmen (lat. *misereri*), da sie mit allen Gliedern mitleiden. Diese Adern erstrecken sich bis zur Leber und ziehen die Feuchtigkeit aus dem vorgenannten Darm und ziehen sie zur Leber und sie wird von der Leber gekocht, deren (sc. der Feuchtigkeit) Wasseranteil zu den Nieren und von den Nieren zur Blase abgeführt wird. **§4** Ihr reinerer Teil aber wird zu Blut verkocht, das alle Glieder mit Nahrung versorgt. Der reinere Teil dieses Blutes wird durch die Ader, die sich von der Leber erstreckt, zum Herzen geführt, und dadurch werden zwei Dämpfe erzeugt: die natürliche Wärme und der Geist. **§5** Dieser Geist im Herzen wird Lebensgeist genannt, in der Leber natürlicher Geist, im Gehirn beseelender. Dieser Geist aber ist der Mittler und gleichsam das Band, das Seele und Körper verbindet, die auf keine Weise verbunden werden könnten ohne einen Mittler, da die Seele unkörperlich ist, der Körper <aber> irdisch.

17.46 DIE SPEISERÖHRE (*Ysophagus*)

§1 Die Speiseröhre ist der Mund des Magens, wie Aristoteles sagt, und verbindet sich mit der Luftröhre über ein Gewebes, das sie zusammenhält und sie folgt auf die Zungenwurzel und erstreckt sich zur inneren Wand und von dort in den Bauch. Durch sie also nimmt der Mensch Speise und Trank zu sich, die hinuntergeleitet werden zum Magenmund, um dort verdaut und weitergeschickt zu werden zu den Eingeweiden.

17.47 DER BAUCHNABEL (*Umbilicus*)

§1 Der Bauchnabel ist beinahe die Mitte des menschlichen Körpers; an diesem hängt das Kind im Uterus der Mutter und zieht sich Speise zu seiner Ernährung heran. Es saugt nämlich nicht Nahrung in Form von Blut durch den Mund an, sondern mit Hilfe des Bauchnabels aus den Eingeweiden der Mutter. **§2** Eine gewisse Ader nämlich, die Johannes einen Nervenstrang nennt, erstreckt sich von der Gebärmutter der Frau bis zum Nabel des Kindes, durch den das Kind das von der Leber der Mutter herabfließende Blut ansaugt, und durch die Kraft dieses Blutes wird das Kind wie mit einem Nahrungsmittel gefüttert und wächst zur notwendigen Stärke heran. **§3** Aber da das Kind mitten aus der Leber <bereits> verdautes Blut empfängt, bedarf es nicht der Reinigung von dem, was auszuscheiden ist. Es lügen also diejenigen, die behaupten, das Kind nehme im Uterus der Mutter durch den Mund seine Nahrung auf, während es <doch> nur durch den Bauchnabel die natürliche Speise aus den Eingeweiden der Mutter ansaugt.

17.48 DIE BLASE (*Vesica*)

§1 Die Blase ist das letzte der inneren Glieder im Körper; sie hängt an den Adern, die von den Nieren zur Peniswurzel führen, wie Aristoteles sagt, und ist mit einem Gewebe umkleidet, ähnlich den Haaren. Die Blase ist der Ausgang der flüssigen, und nicht der trockenen Ausscheidung. In ihr wird aufgenommene Flüssigkeit und die überschüssige Feuchtigkeit aus den mittleren Eingeweiden gefilte. **§2** Kein Vogel hat eine Blase; deshalb urinieren sie nicht. Alle vierfüßigen Tiere besitzen eine. Bei einer Frau hat sie, wie Plinius sagt, zwei Ausbuchtungen auf jeder Seite, und sie bringt ihr den Tod, sooft sie Luft einschließt, nachdem sie sich vedreht hat.

17.49 DIE GEBÄRMUTTER (*Matrix*)

§1 Die Gebärmutter ist das Fortpflanzungsglied bei den Frauen wie die Rute bei den Männern. Gebärmutter heißt sie jedoch im eigentlichen Sinne, weil sie den durch das Tor der Scheide eingeführten Fötus in ihrem Schoss empfängt, um ihn zur gebotenen Zeit zu gebären. Die Lage der Gebärmutter ist oberhalb des Darms. In der Gebärmutter laufen viele Adern zusammen für die ausschweifende Sinnenlust bei der Zeugung. **§2** Ihre Wurzel liegt am Nabel wie die Wurzel der Rute an den Nieren; daher ist auch der Nabel der Ort der Sinnenlust wie bei den Männern die Nieren. Vieles, das über die Zeugungsrute zu schreiben wäre, lassen wir aus Schamhaftigkeit aus.

17.50 DIE NIEREN (*Ren*)

§1 Die Nieren des Menschen gleichen den Nieren einer Kuh, wie Aristoteles sagt. Die rechte Niere liegt höher als die linke Niere, und das Fett der rechten Niere ist weniger als das der linken. In den Nieren liegt der Ort des sexuellen Verlangens bei den Männern. Vom Herzen nämlich verläuft eine Ader zur Leber, durch die eine einmal in Besitz genommene und verstandene Sache auf ihrem Weg hinab begehrt <...> und geliebt wird. **§2** Die Leber aber ist der Sitz der Liebe. In den Nieren also wird mit Hilfe des Denkens das Liebesbegehren entfacht, und nachdem die Nieren „Feuer gefangen haben“ wird die Hitz vervielfältigt an die Zeugungsrute weitergegeben, und so lockt das Blut, das die besitzergreifende und erkennende Kraft der Liebe in den Adern bedient, mit Hilfe des im Allgemeinen zu den Nieren herabsteigenden Flusses den verborgenen Samen heraus auf den Weg.

17.51 DIE HÜFTEN (*Ancha*)

§1 Hüften hat der Mensch an Stelle eines Schwanzes; denn jedes vierfüssige Tier hat einen Schwanz, wie Aristoteles sagt. Beim Menschen geht in die Hüften über, was bei anderen wilden Tieren in den Schwanz übergeht, und aus demselben Grund haben der Bär oder der Affe keinen Schwanz, weil sie <nämlich> Hüften haben wie der Mensch. Die vorausschauende Natur setzte den Schwanz zur Bedeckung des Darmausgangs; die Hüften beim Menschen machen also das, was der Schwanz bei den Vierfüßern tut.

17.52 DIE OBERSCHENKELKNOCHEN (*Spondilium*)

§1 Die Oberschenkelknochen sind die Stützen der Nieren und nehmen den Raum von den Hüften bis zu den Knien ein. Die Knochen der Oberschenkel werden von viel Fleisch umkleidet, und zwar, damit die Größe des Oberkörpers den unteren Extremitäten entspricht und, da sie den gebotenen Stand auf den Fußsohlen wie auf den Säulenbasen hat, damit die Oberschenkelknochen wie Säulen in den Unterschenkeln gleichsam ausladende Kapitelle tragen, so dass das ganze Körpergerüst harmonisch und standfest auf den unteren Gliedmaßen ruht.

17.53 DER MENSCH (*Homo*)

§1 Der Mensch besitzt unter allen Lebewesen besonders viel Samen und paart sich daher besonders oft, wie Aristoteles sagt. Ein Mann zeugt bis zum siebzigsten Jahr nach Aristoteles, nach anderen aber bis zum neunzigsten, eine Frau aber empfängt bis zum fünfzigsten. **§2** Feiste Menschen zeugen selten, und der Grund dafür ist, dass sie Körper haben, die weniger ausgeglichen sind, weil der Rückstand, den es in feisten Körpern gibt, verdaut wird und in Fett übergeht. Daher gibt es Bäume, die aus den vorgenannten Gründen keine Früchte tragen. Drei Gattungen von Menschen gibt es, die nicht zeugen können: Kranke, Alte und Jugendliche. **§3** Kranke aufgrund von Schwäche; Alte, weil die Natur in ihnen das samenhaltige Blut nicht verdauen kann; Knaben wegen des Wachstums, da das Sperma im Wachstumsprozess aufgeht. Es ist darauf hinzuweisen, dass sich kein weibliches Tier nach der Empfängnis begatten lässt außer der Frau; eine Stute nämlich und andere Tiere fliehen nach der Empfängnis den Beischlaf. **§4** Darin ist die menschliche Natur sehr zu tadeln. Beachte, dass beim Embryo die Augen sehr gross sind, wie Aristoteles sagt, und dies aufgrund der übermäßigen Feuchtigkeit, und daher erreichen sie nur langsam ihre endgültige Ausprägung, bis endlich die Feuchtigkeit im Embryo abgetrocknet ist. Dieselbe Ursache gilt für den Kopf, der bei ihm auch sehr groß ist im Verhältnis zum Körper. **§5** Daher ist der Ort für die Fontanelle, das ist im vorderen Teil des Kopfes oberhalb der Stirn, für einen langen Zeitraum sehr feucht auch noch nach der Geburt des Kindes, und das Kind kann nicht sprechen, bis jene Stelle beim ihm hart wird, und das alles wegen der Feuchtigkeit des Gehirns.

17.54 DIE LEBENSALTER DES MENSCHEN (*Etas hominis*)

§1 Ein neugeborenes Kind übertrifft alle neugeborenen Lebewesen an Schwäche, und das, weil es mit Monatsblut ernährt wird, und man nennt es „Infans“ gleichsam als „ein nicht Sprechendes“. Dieses Lebensalter währt solange, bis es sprechen kann. **§2** Die Zeit der Kindheit beginnt mit der Zeit, in der das Kind zu sprechen beginnt. Kinder, die später mit dem Laufen beginnen, sprechen früher. Es spricht aber nicht, bis jene Fontanelle, die auf dem Vorderkopf oberhalb des Stirnknochens liegt, abtrocknet und die Schädelplatte fest wird. In fünf Jahren, wie Aristoteles sagt, wächst das Kind die Hälfte seiner Statur, in der restlichen Zeit seines Lebens aber die übrige Hälfte. Dieses Alter währt bis zum fünfzehnten Jahr. **§3** Die Jugend ist das dritte Lebensalter, das mit dem fünfzehnten Jahr beginnt. Ab jetzt wird der Mensch zeugungsfähig, und die Natur stärkt die Zeugungskraft in ihm. Diese Zeit dauert bis zum fünfunddreißigsten Jahr, und dann beginnt das Mannesalter. **§4** Das Mannesalter ist das vierte Lebensalter. Dieses beginnt mit dem fünfunddreißigsten Jahr; denn von jetzt an erhält der Mensch seine Gestalt in Länge und Breite auf vollkommene Weise. Diese Lebenszeit dauert bis zum fünfzigsten Jahr, und dann beginnt das Alter. **§5** Das Alter ist die fünfte Lebenszeit. Sie beginnt mit dem fünfzigsten Jahr. Das Alter, wie Aristoteles sagt, ist nichts anderes als ein Mangel an Blut; weshalb jene, die wenig Blut haben, schnell altern. Von jetzt an beginnt der Mensch, nach Plinius, sowohl an Kräften als auch an Körpermasse abzunehmen. Dieses Lebensalter dauert nach den modernen Autoren bis zum siebzigsten Jahr, nach den alten aber bis zum achtigzigsten Jahr. **§6** Das Lebensalter des Verfalls ist das sechste. Es beginnt mit dem siebzigsten Jahr und erstreckt sich bis zum Tod. „Verfall“ aber wird es genannt, weil der Mensch von da an kleiner wird und sowohl an Sinnes- und Verstandeskraft abnimmt.

18 DIE MONSTRÖSEN MENSCHEN

18.1

§1 Da wir ja über die monströsen Menschen des Ostens sprechen wollen, ist zuerst die Frage zu stellen, ob sie von Adam, dem ersten Menschen, abstammten, und das ist zu verneinen, außer vielleicht, wie der Philosoph Adelinus sagt, soweit es die Eselszentauren betrifft, die aus einer Vermischung von Mensch und Tier hervorgegangen sind **§2** Dieser Meinung widerspricht die Tatsache, dass behauptet wird, monströse Lebewesen, von einem Menschen und einem Tier gezeugt, können nicht lange leben. Nach Augustinus jedenfalls wird bestimmt: ein Lebewesen, das vernünftig und sterblich ist, hat eine Seele und nicht nur die Gestalt, sondern auch Handeln und Gesinnung offenbaren einen Menschen. **§3** Monströsen Lebewesen aber wohnt keine Seele inne, wie wir glauben, auch wenn sie anscheinend gelegentlich dank ihres Instinktes zu einer vernunftgesteuerten Bewegung befähigt werden, weil sie in ihrem Körper keinen organischen Weg haben, um den Intellekt mit Hilfe von Verstandesstrukturen zu benutzen. **§4** Und es ist nicht erstaunlich, wenn derartige monströse Lebewesen aufgrund ihrer Befähigung zu handeln den übrigen Tieren vorgezogen werden; denn je mehr sie sich dem Menschen in Bezug auf ihre äußere körperliche Erscheinung nähern, umso mehr nähern sie sich dem Menschen im Herzen dank ihrer instinktiven Reaktionen.

18.2

§1 Isidor: Vorzeichen, Wunderzeichen, Unglückszeichen und monströse Wesen werden sie deshalb genannt, weil sie etwas Zukünftiges anzukündigen, uns zu zeigen, vorherzusagen und zu weisen scheinen. **§2** Denn man sagt, Vorzeichen (lat. *portenta*) haben ihren Namen von „ankündigen" (lat. *portendere*), das ist soviel wie „vorher zeigen" (lat. *prae-ostendere*); Wunderzeichen aber, weil sie etwas Zukünftiges anzuzeigen scheinen; Unglückszeichen aber, weil sie von Fernem sprechen, d.h. die Zukunft voraussagen. Monströse Wesen (lat. *monstra*) aber heißen sie vom „Mahnen" (lat. *monitus*), weil sie auf etwas verweisen, das ein Zeichen setzt. **§3** Derselbe: Zwischen grauenhaftem Vorzeichen aber und etwas Monströsem gibt es einen Unterschied. Denn Vorzeichen sind diejenigen, die ihre Gestalt wechseln, so wie berichtet wird, dass eine Frau in Umbrien eine Schlange geboren habe. Das Monströse aber erfährt nur eine leichte Veränderung, zum Beispiel

Menschen, die mit sechs Fingern geboren wurden. **§4** Andere monströse Vorzeichen gibt es also, die durch die Größe ihres ganzen Körpers über das gewöhnliche menschliche Maß hinausgehen, wie Tytion eines war, der sich über neun Klafter ausstreckte, nach dem Zeugnis Homers; andere, die durch die Kleinheit ihres ganzen Körpers <unter dem gewöhnlichen Maß bleiben> wie Zwerge, die die Griechen Pygmeen nennen; wieder andere, die durch die Größe ihrer Teile wie durch einen unförmigen Kopf oder überflüssige Gliederteile <vom Maß abweichen> wie Zweiköpfige und Dreihändige; noch andere durch die Vermischung des Geschlechts, wie die Androgynen, die auch Hermaphroditen genannt werden. **§5** Hermaphroditen aber heißen sie, weil in ihnen beide Geschlechter sichtbar sind. Herma ist nämlich bei den Griechen der Mann, Aphrodina wird die Frau genannt. Sie, die rechts eine männliche Brust, links eine weibliche haben, paaren sich wechselseitig und zeugen und gebären.

18.3 DIE BESCHREIBUNG DER EINZELNEN <MONSTRÖSEN FORMEN>

§1 Es gibt sehr wunderliche Menschen, die jenseits des Flusses Ganges leben; sie schrecken aus Liebe zu einem jenseitigen Leben nicht davor zurück, sich ins Feuer zu werfen. **§2** Es gibt auch andere Menschen, die glauben, die eigenen Eltern, wenn sie ein sehr hohes Alter erreicht haben, abzuschlachten und ihr Fleisch für ein Festmahl zuzubereiten sei Ausdruck unermesslich großer Frömmigkeit und Gottesfurcht, die <solches> aber missbilligen, diese verachten sie gleichsam als Gottlose. **§3** Es gibt dort auch Menschen groß wie Riesen, so dass sie leicht über einen Elefanten springen. **§4** Es gibt dort andere Menschen, so klein, dass sie kaum mehr als eie Elle lang sind. **§5** Frauen gibt es, die einmal bei der Geburt grauhaarige Kinder hervorbringen, die jedoch, wenn sie lange leben, im Alter schwarzhaarig werden. **§6** Es gibt andere, die mit fünf Jahren gebären, aber die Kinder können nicht länger als acht Jahre leben. **§7** Andere Menschen gibt es, die rohe Fische essen und sogar das salzige Meerwasser trinken. **§8** Andere Menschen gibt es, die nach hinten gedrehte Hände haben und an den Füßen acht Zehen. **§9** Andere Menschen gibt es, die umgedrehte Fußsohlen haben. **§10** Andere Menschen gibt es, die H i e r o n y m u s Hundsköpfige nennt; sie haben Hundeköpfe, gekrümmte Krallen, sind mit Schaffellen bekleidet und anstelle einer Stimme bringen sie Hundegebell hervor. **§11** Andere Menschen gibt es, die eine so kleine Mundöffnung haben, dass sie mit einem feinen Strohhalm nur flüssige Nahrung zu sich nehmen. **§12** Andere Menschen gibt es dort, die sich von Menschenfleisch ernähren. Sie nehmen die menschlichen Fußspuren so lange wahr, bis die von ihnen Verfolgten ein Gewässer überqueren. **§13** Andere Menschen gibt es dort mit nur einem Auge, die Arimaspen und Zyklopen genannt werden, und sie haben mitten auf der Stirn ein Auge. **§14**

Andere Menschen gibt es, die nur einen Fuß haben, äußerst schnell laufen und solch einen breiten Fuß haben, dass sie sich mit seiner Sohle gegen die Hitze der Sonne einen ausladenden Schatten schaffen und unter der Fusssohle wie in einem Hause ruhen. **§15** Andere Menschen gibt es ohne Köpfe, die ihre Augen auf den Schultern haben; an Stelle von Nase und Mund haben sie zwei Öffnungen auf der Brust und starren vor Borsten wie wilde Tiere. **§16** Andere Menschen gibt es, die allein vom Duft eines Apfels leben; ergibt es sich, dass sie einen längeren Weg zurücklegen müssen, so nehmen sie den Apfel mit; andernfalls nämlich, - würden sie einen schlechten Geruch wahrnehmen - so würden sie sterben. **§17** Andere Menschen gibt es, die im Wald leben, die an Stelle einer Hand sechs Hände haben. **§18** Es gibt auch wunderschöne Frauen, die in einem Fluss Indiens wohnen, aber keine menschlichen Zähne haben, <sondern> vor Hundezähnen starren. Im übrigen sind sie weiß wie Schnee. **§19** Die Pygmeen von zwei Ellen Länge leben auf Bergen Indiens und führen Krieg gegen Kraniche. Sie gebären im dritten Jahr, im achten vergreisen sie. **§20** Von Stummen und Tauben werden stumme und taube Kinder geboren, von Aussätzigen meistens Aussätzige, nicht jedoch von Blinden Blinde oder von Verstümmelten Verstümmelte, oder von Einäugigen Einäugige. **§21** Auch wurden Hermaphroditen männlichen und weiblichen Geschlechts im Frankenreich geboren. **§22** Im Fluss Brixantus leben zwölf Fuß große Menschen, die wunderbar weiße Körper haben, mit einem zweigeteilten Gesicht, langer Nase und einem mageren Leib. **§23** Andere Menschen gibt es, die man Esydraces oder Gymnosophisten nennt, d.h. nackte Weise. In Nacktheit aber und Armut und Demut wandeln sie und verachten die Nichtigkeit der Welt. Keinem schaden sie noch verteidigen sie sich mit Waffen; sie wohnen in Höhlen und Hütten und sorgen sich nicht um Städte und Häuser. Ihre Kinder und Frauen leben abgesondert mit den Tieren, die sie ernähren, um ihr kärgliches Leben zu fristen. **§24** Als der Makedone Alexander diese ausfindig gemacht hatte, sagte er verwundert zu ihnen: „Erbittet von mir, was Ihr wollt, und ich werde es Euch geben." Und <darauf> jene: „Gib uns Unsterblichkeit, die wir über alles ersehnen. Andere Reichtümer aber kümmern uns nicht." Ihnen <entgegnete> Alexander: „Da ich sterblich bin, wie kann ich euch Unsterblichkeit geben?" Sie <darauf> zu ihm: „Wenn du dich also als sterblich erkennst, warum schweifst du herum, hin- und her in der Welt, und tust so viel Böses?" **§25** Andere Menschen gibt es jenseits des Flusses Ganges, die man Brahmanen nennt; bewunderungswürdige Gottesfurcht, Unschuld, Sitten und Lebensweise zieren sie auf wunderbare Weise. Diese schrieben sogar, bevor Christus im Fleisch erschien, offen über seine Gleichewigkeit mit dem Vater. **§26** Denn ein gewisser D i d i m u s, Schüler dieser Brahmanen und aufgefordert von dem Makedonen Alexander, schrieb einen wunderbaren Brief an diesen selben Alexander über das Leben und die heiligen Sitten der Brahmanen und über die Verehrung des einen Gottes und die

Gleichewigkeit des Sohnes mit dem Vater. **§27** Er sagt nämlich unter anderem: „So habe ich als Älterer festgesetzt: Nicht bitte der eine den anderen, wo man unter gleichen lebt. Dem Neid werde kein Raum gegeben, wo es keinen Vorgesetzten gibt. Alle macht die Gleichheit der Armut reich". Und weiter: Wir besitzen all das, was wir nicht wünschen. **§28** Und weiter: Als Grausamkeit gilt es bei uns, die Brüder, die die gleiche Natur hervorbrachte und denen das Erbe der gemeinsamen Güter von dem einen Gottvater verheißen wird, zum Gehorsam zu zwingen. Und weiter: Als heilende Medizin gilt uns die Sparsamkeit, die nicht nur eingedrungene Trägheit heilen, sondern vorsorgen kann, dass sie keinen Einlass findet. **§29** Ebenso [Didimus]: Gott ist das Wort, und das Wort erschuf die Welt und durch dieses lebt alles. Wir aber verehren dieses Wort, wir beten es an. Gott ist Geist und Intellekt und deshalb liebt er nichts anderes als einen reinen Intellekt. **§30** Es gibt einen Menschenschlag auf Sizilien, wo das Feuer des Berges Ätna sein soll, die nur ein Auge unter der drohenden Stirn von der Breite eines Schildes haben, und Zyklopen genannt werden. Diese sind von solcher Größe, dass sie die Länge hochgewachsener Bäume übertreffen, und sie nähren sich von Blut. Wie man liest, sah man, dass einer von ihnen in seiner Höhle auf dem Rücken liegend zwei Männer mit <nur> einer Hand hielt und roh verzehrte. **§31** Die Kumanen essen rohes Fleisch und trinken das Blut von Pferden. **§32** In Teilen des Orients gibt es Menschen, wie Jacobus sagt, die von anderen Völkerschaften der Welt sehr verschieden sind. Dort gibt es nämlich die Amazonen, in Waffen und Kämpfen hervorragende Frauen, die nahe der kaspischen Berge auf einer rings von einem Fluss umschlossenen Insel leben. **§33** Es gibt aber mehr als zweihunderttausend der vorgenannten Frauen, die ohne Gemeinschaft mit Männern für sich wohnen. Wenn sie als Siegerinnen mit ihrer Königin von Kämpfen zurückkehren, wird ihnen von ihren Männern, die nahe der Insel <ebenfalls> für sich leben, gehuldigt. **§34** Einmal im Jahr ziehen sie zu ihren Ehemännern hinaus, um Nachkommenschaft zu zeugen. Zurückgekehrt nähren sie, wenn sie einen Jungen empfangen haben, diesen sieben Jahre lang und übergeben ihn dann seinem Vater. Wenn sie aber ein Mädchen geboren haben, behalten sie es bei sich. Wie nämlich bei manchen Vögeln sind diese Frauen stärker als die Männer. Je seltener sie Beischlaf halten, unso stärker und zum Kämpfen geeigneter sind die vorgenannten Heldenweiber. **§36** Menschen gibt es, sowohl Männer als auch Frauen, die nackt einhergehen, einen behaarten Körper wie wilde Tiere haben und in gleicher Weise im Fluss und auf dem Land wohnen. Wenn sie aber fremde Menschen herankommen sehen, tauchen sie im Fluss unter und lassen sich nicht blicken. **§37** Auch gibt es Frauen in einigen Wäldern Indiens, die Bärte bis zu den Brüsten haben, mit Tierfellen bekleidet sind und nur von der Jagd leben; sie haben nämlich an Stelle von Hunden Tiger und Leoparden und <auf die Jagd> versessene Arten von Tieren. **§38** Einen besonders schönen Menschenschlag gibt es im Osten in der Nähe des Ozeans, und zwar deshalb, weil sie rohes Fleisch und besten Honig essen. **§39** Im Osten gibt es Menschen von mittelgroßem Wuchs, und ihre Augen leuchten wie Laternen. **§40** Auch wilde Menschen gibt es dort, die sehr groß und behaart sind wie Schweine und wie Tiere brüllen. **§41** In alter Zeit gab es Menschen, wie man liest, die Schwänze hatten, andere aber Hörner; <wieder> andere haben wir wie Hunde bellen sehen. **§42** In einem Land werden, wie J a c o b u s sagt, die Kinder zusammen mit Kröten geboren. Wenn aber eines ohne Kröte zur Welt kommt, wird seine Mutter als Ehebrecherin angesehen und als eine, die von einem Fremden geschwängert wurde, von ihrem Ehemann verstoßen. **§43** In einigen Landstrichen und vor allem in den Grenzregionen Burgunds bei den Alpen gibt es Frauen, die einen Kropf haben, groß wie eine Amphore oder ein dicker Kürbis, der bis auf den Bauch reicht.

19 VERSCHIEDENE (METALL-) MINEN

19.1 GLAS (*Vitrum*)

§1 Als Glas wird bezeichnet, was in seiner Klarheit durchsichtig ist, was bei Metallen nicht vorkommt. Der Philosoph: Ein Buchstabe erscheint größer unter jedem Blickwinkel, nachdem ein <Stück> Glas zwischen <Betrachter und Buchstabe> gelegt wurde. Auch eine winzig klein <geschriebene> Glosse wird ihren Text in voller Größe vor Augen führen, wenn ein mit Wasser gefülltes Uringlas zwischen <Betrachter und Text> gestellt wurde. Ähnliches beobachten wir bei einem Kristall. **§2** Der Philosoph: Glas entsteht aus Erde, Gras, Stein und Pflanze; es entsteht nämlich aus der Asche des Phönix und aus *Kieselerde und manchmal aus der Beimischung von Blei. Fleisch, das schneller gekocht werden soll, wird sofort gar durch die Beigabe eines Stückchens Glas irgendeiner Art, aber es geht doch <noch> schneller, wenn das Glas aus der Asche von *Kieselerde und Asche des Phönix' ist. **§3** Das ist nämlich trockener, und diese Art Glas ist immer farblos. Was aber aus Blei und feiner sandiger Erde oder aus der Asche von *Kieselerde und Blei entsteht, ist farbig. Wie kaltes Wasser, wenn es warm wird und danach wieder abkühlt, eiskalt wird, so auch die Asche, aus der Glas entsteht, da sie trocken ist; wenn <das Glas> durch die Verflüssigung feucht wird, wird es danach, wieder trocken geworden, völlig trocken sein. **§4** Wenn man Glaspulver unten an einem Zweig unter die Rinde eines Baumes gibt, auf dem Raben oder Krähen brüten, verhindert es, dass ihre Jungen jemals aus den Eiern schlüpfen.

19.2 DIE VIER LEBENSGEISTER (*Spiritus*)

§1 Lebensgeister gibt es nur in Körpern, oder werden ihnen vielmehr eingeprägt, und dringen nicht anders ein. Niemals wird daher einem Lebensgeist der Eintritt in Körper offenstehen, bis diese rein und gesäubert bereit stehen; dies aber ist vorzüglich und würdiger. „Liber luminum“: Lebensgeist kann nur unter der Führung von Wasser in Körper eintreten. **§2** Septuaginta: Es gibt vier Lebensgeister: Quecksilber, Schwefel, Auripigment und Ammoniaksalz. Und die Verfeinerung von ihnen und ihren Unterarten ist dieselbe. Alle nämlich sind entzündlich, doch sind sie verschieden aufgrund ihrer verschiedenen Ursachen. **§3** Septuaginta: Womit auch immer du Geister veredeln willst, veredle sie mit ihrer Farbe, damit sie diese nicht verlieren. Septuaginta: Das Geheimnis in allem, was veredelt wird, ist, dass es geschmolzen wird.

19.3 QUECKSILBER (*Argentum vivum*)

§1 Quecksilber ist kalt und feucht, und Gott erschuf mit ihm zusammen alle Minen; daher ist es ihr Ursprung oder es vertreibt das Wirken von Feuer. Wenn es eine Zeit lang mit Feuer zusammengewesen ist, wird es wunderbare Werke vollbringen, und dies allein ist der lebendige Lebensgeist, und auf der Welt gibt es nichts seinesgleichen, und es tritt in jeden Körper ein, d.h. durchdringt den Körper und macht ihn leicht und hebt ihn empor. **§2** Wenn es sich also mit einem Körper verbunden hat, belebt es ihn und erleuchtet ihn. Aristoteles: Es scheint aber, dass Quecksilber und ihm Ähnliches ein Urstoff alles Schmelzbaren ist. Daher wird alles Schmelzbare, wenn es geschmolzen wird, in Quecksilber verwandelt; jedoch schmilzt es nicht eher, bevor es warm wird, und wenn es flüssig geworden ist, erscheint es rot. **§3** Platearius: Man löscht es mit Speichel und Asche, oder mit Speichel und Haaren oder mit einem Pulver vom Tintenfischknochen, aber besser mit Speichel. Und wenn es gelöscht wird, kann es Anderem beigemischt werden, ungelöscht aber nicht. Man bewahrt es am besten in gläsernen Gefäßen und an einem kühlen Ort auf; denn an einen warmen Ort gestellt würde es, nach dem Zeugnis des Platearius, verfliegen. **§4** Als Getränk gegeben tötet es aufgrund seines Gewichts. Septuaginta: Mit Schwefel kann es weiß und rot gemacht werden. Es heißt nämlich, dass es mit Leichtigkeit alle Farben annehme. Mit Fett gelöschtes Quecksilber wird wie Erde aussehen. **§5** Diese Erde gebe man in einen kleinen Tontopf zusammen mit gut zerstampftem Pferdemist und stelle einen anderen gleichartigen Topf darüber, so jedoch, dass das Quecksilber, zwischen jenen Gefäßen, die fest miteinander verbunden sind, leicht hin und her bewegt werden kann. Und so entzünde man <ein Feuer> zuerst gut von ferne, dann aus der Nähe, zum dritten stelle man das Feuer über jene Töpfe und brenne für zehn Stunden am Tag. **§6** Was danach aus dem Feuer gezogen wird, wird klar sein, kann mit dem Hammer bearbeitet werden und ist formbar nach Art von Silber, das bestens geeignet ist, um Broschen herzustellen. Aristoteles: Ohne Quecksilber kann nichts vergoldet werden.

19.4 SCHWEFEL (*Sulphur*)

§1 Schwefel ist warm und trocken im ersten Grad. Es handelt sich aber, nach dem Zeugnis des Platearius, um Erde, die durch die Wirkkraft von Hitze in schwefelige Natur verkocht wurde, wobei die wässrigen und irdenen Teile in den feurigen <Teil> übergehen. **§2** Es gibt aber einen lebenden <Schwefel>, der so ist, wie er von der Erde hervorgebracht wird, und einen zweiten gelöschten oder toten <Schwefel>, der künstlich in kupfernen oder irdenen Kesseln geschmolzen wird, drei Jahre lang aufbewahrt wird und sich danach durch die Wirkung seiner eigenen

Hitze verzehrt und in weiße Asche wandelt. Man koche Schwefel und Salz mit Wasser in einer Eierschale, nachdem das Häutchen der Schale entfernt wurde, damit die Schale nicht verbrennt. **§3** In diese warme Zubereitung tauche man Gold immer wieder ein, und es wird sich sehr gut färben. Während Silber sich nicht verfestigt mit *Hilfe von Silber, gelingt dies doch gut mit Quecksilber.

19.5 AURIPIGMENT (*Auripigmentum*)

§1 Auripigment entsteht nach dem Zeugnis des Philosophen folgendermaßen: Erdiges wird durch den Druck des Feuchten, <der> auf ihm <lastet>, immer feister wie in einem Misthaufen. Und so entsteht fettes Erdpech auch am Grund des Meeres, wo, nachdem die erdigen Teile durch den Sonnenglanz, der auf sie geworfen wurde, erwärmt wurden, durch das Feuchte, das durch die Höhlungen der Erde fließt, durch das Vereisen des gesamten Zusammengetragenen dieser Art über einen gewissen Zeitraum hinweg <etwas> entsteht, was sowohl in die Substanz von Auripigment als auch in die Substanz von Schwefel übergeht. **§2** Und es gibt im Auripigment eine zweifache Ansammlung von Dunst, eine dicke vom Erdpech, <und> eine zweite feine der <oben> genannten Teile, die ihm beigemischt sind. Aber wenn es veredelt wird, so wird eine <Ansammlung von Dunst> entfernt durch Abwaschen in Urin oder Seifenlauge oder Essig oder Ziegenmilch; bliebe diese <Ansammlung von Dunst> nämlich bestehen, so könnte keine Veredelung stattfinden; denn es würde sich sogleich entzünden und zu einer Flamme werden.

19.6 DIE WOLKE (*Nubes*)

§1 Solange eine Wolke im mittleren Teil der Luft<region> ist, löst sie sich nicht auf, wohl aber, wenn sie sich im höchsten oder im tiefsten <Bereich> befindet. Aristoteles in der Meteorologie: Und wenn Teile dieser Luft *entflammt sind, dehnen sie sich wechselseitig in einem fort aus und daraus entsteht ein Asub (Sternschnuppe). **§2** Und es bildet sich ebenfalls ein Asub, wenn die Wärme, die in der Luft ist, - und zwar unter diesem Ort - aufgrund einbrechender Kälte ausgetrieben wird; deshalb wird der Asub sichtbar, indem er von dort ausgeht. Daher ist die Farbe eines derartigen Asubs getrübt und geht aus der Luft hervor, so wie Feuer um sich greift, das aus einem Rohr herausgetrieben wird. **§3** Alfredus: Ein Rohr ist der Halm eines Grases, das, wenn man es in Brand setzt, aufgrund der Feuchtigkeit seines hohen Saftgehaltes viel Rauch entstehen läßt, aber nur eine kleine Flamme, wie es bei grünem Holz vorkommt. Alfredus: Zweifach also wird ein Asub erzeugt, nämlich entweder durch Entzündung oder durch Kompression. **§4** Durch Entzündung <geschieht es> ebenfalls zweifach, weil entweder eine kontinuierliche Ausdünstung fortwährend Feuer fängt oder weil sie vereinzelt ist, und die eine durch die andere entzündet wird, wie die untere Kerze von der oberen. **§5** Auf ähnliche Weise <geschieht es> auch durch Kompression zweifach; denn es wird das eine Mal vom oberen Teil, das andere Mal vom unteren Teil herausgepresst. Der Philosoph: Das ätherische Feuer, wie ein Stern, der zu fallen scheint, ist übermäßig fein; es wird durch die Dicke der Luft schnell in der Luft ausgelöscht, bevor es zu uns kommen kann.

19.7 WETTERLEUCHTEN (*Coruscacio*)

§1 Aristoteles in der Meteorologie: Obwohl Wetterleuchten ein Feuer ist, enthält es dennoch einen Teil grober, erdiger Ausdünstung, und dadurch kommt es nach unten herab. Sein Wesen besteht aus warmer, trockener und feuriger Ausdünstung, die in ihrer Feinheit von Wolken zusammengedrängt wurde, wenn sie aneinander stoßen. **§2** Der Philosoph: Das Feuer des Luftbereichs, das beim Wetterleuchten erscheint, während die Luft durch einen Zusammenstoß von Winden entzündet wird, besteht aus stofflicher Natur, weniger fein als die oben genannten <Ausdünstungen>, die, zwar durchdringend, Streu oder Werg oder dergleichen ohne Beschädigung durchfliegt, wie auf heimlicher Flucht, oder, indem sie mit Grobem in Kontakt kommt, selbst grob geworden erlischt. **§3** Was aber Unteres manchmal völlig zu verbrennen scheint, ist kein Feuer des Luftbereichs, sondern ein entzündeter Stein, der aus dem Zusammenprall von Winden entstanden ist, und Bäume, gegen die er schleudert, nicht nur verbrennt, sondern sogar spaltet. Denn häufig entstehen Steine aus Feuer, wenn es verlischt.

19.8 DER TAU (*Ros*)

§1 Dunst ist nichts anderes als verfeinerte und verdünnte Feuchtigkeit. Der Niederschlag von Tau ist uns näher als Hitze bzw. trockener Dunst, aus ihm entstehen die Wolken, und manchmal erscheint darin ein Nebel. Was aber vom Tau übrigbleibt, dauert einen Tag und sein genau abgegrenzter Ort ist von geringer Kälte. **§2** Galen: Regen ist eine große Menge Tau, weil Regen aus nichts anderem als aus viel Dunst besteht, der schon abgekühlt ist, und seine Zeit und sein Ort sind von kalter Ursache. Er kommt aber schneller und in größerer Menge herab als Tau. **§3** Aristoteles in der Meteorologie: Aber zwei Körper, die aus der Luft herabsinken, sind zwei ähnliche Körper, weil die Ursache ihrer Entstehung eine einzige ist und sich nur in der Menge unterscheidet und diese sind Schnee und Reif und in gleicher Weise Regen und Tau.

19.9 EIS (*Glacies*)

§1 Derselbe im selben <Buch>: Eis entsteht schneller aus warmem als aus kaltem Wasser. Der Philosoph: Gefrorenes ist geringer <in seiner Ausdehnung> als nicht Gefrorenes, weil die Teile im Gefrorenen komprimiert werden durch das Entweichen der Wärme. Michael Scotus: Die Wärme aber des Wassers wird durch die Wärme der umgebenden Luft herausgezogen, wie auch die Wärme des Weins, wenn er durch die Wärme von Sonne oder Feuer oder Luft zu Essig werden soll. **§2** Aristoteles in der Meteorologie: Eis ist ein Übermaß an Kälte und die Gerinnung des Kalten und Feuchten. Aus Eis entsteht nichts. Eis täuscht die Art des Kristalls und die Festigkeit der Erde vor. **§3** Derselbe im selben <Buch>: Schnee und Reif entstehen aus Kälte, weil Schnee aus den Wolken kommt, und Reif aus gefrorenem Dunst in der Luft, nicht an einem Ort, entsteht, und Reif ist gefrorener Dunst, bevor er vom Wasser aufgelöst wird. Isidor: Schnee ist kälter und weniger feucht als Wasser. Was aber ist er anderes als Wasser, das durch allzu große Kälte zusammengebacken ist? **§4** Daher schadet es allen Nerven des Körpers und den Zähnen und am meisten den alten <Menschen> wegen der Schwäche ihrer Nerven; es schädigt den Magen und die Brust und alle Eingeweide und erzeugt in den Atemorganen <ein Gefühl der> Beklemmung, Krämpfe, Lähmung, und alles, was bei alten Menschen schnell zu Tage tritt, bei Kindern aber und Jugendlichen geschieht es nicht so schnell; dennoch schadet es ihnen und am meisten ihren Nerven, so dass sie auf keine Weise diesem Leiden entgehen.

19.10 DER HAGEL (*Grando*)

§1 Aristoteles in der Meteorologie: Hagel entsteht in weit von der Erde entfernten Wolken. Ich sage also ergänzend, dass Hagel nicht in Gegenden mit ausgesprochen heiterem Wetter entsteht, außer wenn es dort größere Wärme gibt, die größer ist als ihr Vorhandensein in den kalten Teilen, die es in Gegenden gibt, in denen starke ewige Kälte herrscht. **§2** Derselbe im selben <Buch>: Kleiner runder Hagel aber kommt von den höchsten Orten in der Höhe herab. Er ist aber rund und klein, weil er lange Zeit in der Luft verweilt, wenn er aus so großer Höhe herabkommt. **§3** Daher wird sein Wasser gedrechselt aufgrund der Wärme der Luft in jener Zeit, weswegen sich seine Größe vermindert, bevor er die Erde erreicht. Derselbe im selben <Buch>: Dem Hagel aber, der aus erdnahen Regionen herabkommt, widerfährt das Entgegengesetzte zu vorgenannten, weil er nicht weit über seine Grenzen hinausgeht.

19.11 WASSER (*Aqua*)

§1 Warmes Wsser gefriert, nach dem Zeugnis des Aristoteles in der Meteorologie, schneller als kaltes wegen der Eigenschaft der entgegengesetzten Qualitäten, und weil es sich durch die Wärme verflüchtigt und weniger kompakt ist, leistet es der Kälte keinen Widerstand, und weil viel Wasserdampf verdunstet. Deshalb gefriert auch das Meer niemals, weil es stets in Dunst gehüllt, aufgewühlt und kompakt vorgefunden wird. **§2** Aus einer Quelle entspringt ein Fluss, jedoch folgendermaßen, dass man sagen könnte, eine Quelle sei kein Fluss und umgekehrt; und dennoch sind Quelle und Fluß dasselbe Wasser, und <dies> scheint ein Beispiel für die Dreieinigkeit zu sein. **§3** Aristoteles in der Meteorologie: Die Ursache, warum es Salziges und Bitteres im Meerwasser gibt, ist, dass Dampf aus zwei Dämpfen zusammengesetzt ist: aus feuchtem Dampf und trockenem. Der wässrige und feine Dampf steigt also aus dem Meer auf durch die Bewegung der Sonne, und zurück bleibt der grobe und warme. **§4** Ein Beispiel dafür ist: wenn Nahrung feucht und grob ist, bleibt ein unverdauter Rückstand wegen ihrer Grobheit davon übrig; wenn <der Rückstand> also bestehen bleibt, so wird ihm Wärme beigemischt und er wird salzig; ähnlich verhält es sich also mit dem Meer. Denn wenn ihm mehr als das Maß an Wärme hinzugefügt wird, wie es der Existenz von Salz entspricht, entsteht jener bittere Rückstand; und ähnlich ist das Meerwasser. **§4** Und der Beweis dafür sind Schweiß und Harn, in denen die Wärme wirkt, weshalb sie als salzig befunden werden. Galen: Wenn man Salz nimmt, es zerreibt und in süßem Wasser löst, bis es <völlig> darin aufgelöst ist, und zuletzt ein Ei hineingibt, wird man finden, dass dieses Ei auf jenem Wasser, in dem das Salz ist, schwimmt, weil jenes Wasser verdickt und wie Schlamm wird; deshalb versinkt das Ei nicht darin, aber es versinkt in Süßwasser. **§5** Derselbe: Es zeigt sich, dass ein sinkendes Schiff eher in Süßwasser als in Salzwasser untergeht, wegen der Leichtigkeit des süßen und der Schwere des salzigen Wassers. Der Beweis aber dafür ist, dass sein Salz ein grober erdiger Körper ist. **§6** Der Philosoph: In einer Flüssigkeit versinkt nicht, was die Menge der Flüssigkeit mit seinem Gewicht nicht übertrifft. Augustinus: Landtieren schadet Meerwasser, wenn sie es trinken. Für die Leiber vieler <Tiere> aber ist es bestens geeignet und nützlich, wenn sie damit benetzt werden. Lauwarmes Wasser mindert die Wärme kochenden Wassers.

19.12 DIE QUELLEN – *Fassung y1* (*Fons*)

§1 Im Asphaltsee in Judäa kann kein Lebewesen versinken; dagegen aber schwimmt alles im See Alce in Porretanien und nichts geht unter.

§2 In Afrika gibt es eine Quelle gegenüber dem Tempel des Hamon, die die Erde zusammenzieht; Asche verfestigt sie sogar zu einem Rasenplatz.

§3 In Böotien gibt es zwei Quellen. Die eine beseitigt die Erinnerung, die andere das Vergessen.

§4 Es gibt in Böotien einen See, der in Raserei versetzt, und wer daraus trinkt, entbrennt von der Glut sexuellen Verlangens.

§5 Wer aus dem See Clitorius in Italien trinkt, der empfindet Ekel vor Wein.

§6 In Kampanien gibt es Gewässer, von denen es heißt, sie würden die Unfruchtbarkeit von Frauen und die Tollheit von Männern beseitigen. Über eine schlechte Gelegenheit.

§7 Bei den Garamanten gibt es eine Quelle, die am Tag so kalt ist, dass man nicht aus ihr trinken kann, und so heiß in der Nacht, dass man sie nicht berühren kann. Und sie bedeutet jene, die zu jeder Zeit ihre Gütergemeinschaft leugnen, wenn sich eine Gelegenheit bietet.

§8 Die Quelle Lechinis in Arkadien verhindert Fehlgeburten.

§9 Selbst der größte Ozean soll durch die Glutgewalt der Sonne kochen wie ein Kessel. In demselben <Land> gibt es eine Quelle, die ist still und ruhig, wenn man schweigt. Erklingt aber Trompetenschall, steigt sie und schwillt an.

§10 An vielen Orten fließen Gewässer, die immer heiß sind, weil sie Adern in der Erde durchqueren, die viel Schwefel und Alaun enthalten. Daher ziehen auch kalte Gewässer von den Orten, durch die sie fließen, Wärme ab.

§11 In Africa gibt es die Quelle Zema; sie läßt melodische Stimmen ertönen und bedeutet die Tränen der Unschuldigen. „Von der Kinnlade“ usw.

§12 Es ist auch allgemein bekannt, dass es Quellen gibt, die hineingeworfenes Holz in Stein verwandeln, und aus diesen Steinen werden die besten Schleifsteine.

§13 Es gibt eine Quelle in der eisigen Gegend Norwegen, die alles, was in sie hinein gerät, in Stein verwandelt, wobei jedoch die Farbe in den Dingen erhalten bleibt. Das ist so allgemein <gültig>, dass sie auch hineingelegte Kleidungsstücke in steinerne Substanz verwandelt. Und das wurde auf Weisung Kaiser Friedrichs geprüft, der Boten dorthin schickte.

§14 Es gibt eine wunderbare Quelle in Epirus, wie Jacobus und Solinus sagen, in der brennende Fackeln erlöschen und erloschene wieder entzündet werden. Damit aber werden die Tränen gewisser Leute bedeutet, die sie aus allzu großem Unwillen weinten, und <diese Tränen> erregen Wut im Gemüt. Aber die Tränen des Mitgefühls löschen auch im Gemüt eines anderen die heftige <Wut> und löschen seineTränen.

§15 Es gibt warme Quellen, die Augen heilen, Diebe aber überführen. Denn wer unter Eid einen Diebstahl leugnet, wird durch die vorgenannten Gewässer erblinden, wenn er sich des Meineids schuldig macht. War er aber nicht schuldig, wird er klarer sehen als zuvor, doch das muss man eher einem Wunder als der Natur zuschreiben, wie Jacobus sagt.

§16 Es gibt in Äthiopien wie in Indien eine kalte Quelle, wie Jacobus sagt, aus der man am Tage nicht trinken kann, und <ist> so warm in der Nacht, dass man sie nicht berühren kann, und sie bedeutet jene, die zu jeder Zeit ihre Gütergemeinschaft leugnen, wenn sich eine Gelegenheit ergeben hat.

§17 Es gibt eine Quelle in den Gegenden des Orients, wie Jacobus sagt, aus deren Wassern das griechische Feuer entsteht, wenn man noch andere Ingredienzen beimischt. Diese Wasser kaufen die Sarazenen für viel Geld. Damit werden die bezeichnet, die gegen die Natur handeln.

§18 Es gibt eine Quelle in Afrika, die melodische Stimmen hören lässt, wie Augustinus sagt. Und sie bedeutet die Tränen der Unschuldigen. Ecclesiasticus: „Von der Kinnlade“ usw.

§19 Es gibt eine Quelle Zufer, die sexuelle Begierde nimmt, wie Plinius sagt. Dies ist die Selige Jungfrau, die eine Quelle der Keuschheit ist.

§20 Auf Sizilien gibt es zwei Quellen, eine, die Unfruchtbare fruchtbar macht, die andere, die unfruchtbar macht. Das ist das Wort Gottes. Der Apostel: „Den anderen <sind wir> Lebensduft, der Leben verheißt” usw. (2 Cor 2,16: *aliis quidem odor mortis in mortem, aliis autem odor vitae in vitam*), darüber spricht Augustinus.

§21 Es gibt zwei Flüsse in Thessalien. Schafe, die aus dem einen trinken, so sagt man, werden schwarz. Das ist der Fluss Ägyptens, das ist die Wollust der Welt. Die aus dem anderen trinken, werden weiß. IV. Könige: „Und sein Leib wurde gesund” (2 Sm 5,14: *Et restituta est caro eius*). Die aus beiden trinken, werden schwarz-weiß-gefleckt wie die Heuchler und Ketzer. Matthäus: „Weiß angestrichene Gräber” (Mt 23, 27: *Sepulcra dealbata*).

§22 Eine Quelle in Idumea verändert viermal im Jahr ihre Farbe: jeweils drei Monate lang behält sie eine Farbe, wie es in der „Historia Orientalis" heißt, eine staubfarbene, blutige, grüne und klare <Farbe>. Und sie bedeutet die Unbeständigen oder diejenigen, die von einer Religion zur anderen wechseln.

§23 Wer aus dem See Clitorius in Italien trinkt , der empfindet Ekel vor Wein, wie Plinius sagt. Der See ist die göttliche Tröstung, der Wein die Freude an der Welt.

§24 Es gibt Seen, in denen dreimal am Tag das Wasser bitter und dreimal am Tag süß wird, wie Augustinus sagt.

§25 Es gibt warme Quellen, die die Augen heilen usw.

§26 Es gibt außerdem eine stille und ruhige Quelle. Wenn allerdings in ihrer Nähe Flöten erklingen, erhebt sich sich wie aus Jubel über die Musik, und als würde sie die Süße des Klangs bewundern, tritt sie über die Ufer, wie Solinus sagt.

§27 Es gibt in der Bretagne Quellen, wie der Liber rerum sagt, deren Wasser, über einen nahe gelegenen Stein gegossen, Regen und Donner hervorruft.

§28 Es gibt eine sehr schöne Quelle in der Nähe des Libanongebirges zwischen den beiden Städten Archas und Raphaneas, die man Sabbatquelle nennt, weil sie an sechs Tagen überhaupt kein Wasser gibt, sondern nur am siebten Tag reichlich hervorströmt, wie Jacobus sagt.

§29 Es gibt aber einen Fluss in Persien, der in der Nacht immer so stark gefriert, dass Menschen und Vieh ihn überqueren können, der aber am Tage immer zu Wasser zerschmilzt, wie die „Historia" sagt.

§30 Es gibt ferner einige Flüsse in Teilen des Orients, die goldenen Sand mit sich führen, andere wertvolle Steine, wie Jacobus sagt.

§31 Es gibt eine Quelle im Meer nahe des oberen Teils der Stadt Tyros, die mit dem allersüßesten Wasser mit solcher Macht vom Grund des Meeres hervorsprudelt, dass sie stets zwei oder drei Ellen weit über den Meeresspiegel hinausspringt, wenn das Meer ruhig ist, so dass man sie mit Gefäßen schöpfen kann.

19.12 DIE QUELLEN – *Fassung y4* (*Fons*)

§1 DIE SCHLECHTE GELEGENHEIT

Es gibt in Äthiopien eine Quelle, die am Tage so kalt ist, dass man sie nicht berühren kann, und so heiß in der Nacht, dass man sie nicht trinken kann, wie Jacobus sagt. Und sie bedeutet jene, die zu jeder Zeit ihre Gütergemeinschaft leugnen, wenn sich eine Gelegenheit bietet.

§2 EINE QUELLE GEGEN DIE NATUR

Es gibt eine gewisse Quelle in den Gegenden des Orients, wie Jacobus sagt, aus deren Wassern das griechische Feuer entsteht, wenn man noch andere Ingredienzen beimischt. Diese Wasser kaufen die Sarazenen für viel Geld. Damit werden die bezeichnet, die gegen die Natur handeln.

§3 DIE TRÄNEN DER UNSCHULDIGEN

Es gibt eine Quelle in Afrika, wie Augustinus sagt, die melodische Stimmen hören lässt, und sie bedeutet die Tränen der Unschuldigen. Ecclesiasticus: „Von der Kinnlade" usw.

§4 DIE TRUNKSUCHT

Es gibt in Boötien Quellen, von denen die eine die Erinnerung, die andere das Vergessen bringt. Diese bedeuten die Trunksucht, sagt Augustinus darüber.

§5 DIE SELIGE JUNGFRAU

Es gibt eine Quelle Zufer, die sexuelle Begierde nimmt, wie Plinius sagt. Dies ist die Selige Jungfrau, die eine Quelle der Keuschheit ist.

§6 DAS WORT GOTTES

Es gibt auf Sizilien zwei Quellen, eine, die Unfruchtbare fruchtbar macht, die andere, die unfruchtbar macht. Dies ist das Wort Gottes. Der Apostel: „Den anderen <sind wir> Lebensduft, der Leben verheißt" usw. (2 Cor 2,16: *aliis quidem odor mortis in mortem, aliis autem odor vitae in vitam*) und darüber *spricht Augustinus hier.

§7 ÜBER DIE VERLEUMDER UND KETZER

Es gibt zwei Flüsse in Thessalien. Schafe, die aus dem einen trinken, so sagt man, werden schwarz. Das ist der Fluss Ägyptens, das ist die Wollust der Welt. Die aus dem anderen trinken, werden weiß. IV. Könige: „Und sein Leib wurde gesund" (2 Sm 5,14: *Et restituta est caro eius*). Die aus beiden trinken, werden schwarz-weiß-gefleckt wie die Heuchler und Ketzer. Matthäus: „Die weiß angestrichenen Gräber" (Mt 23, 27: *Sepulcra dealbata*).

§8 DIE UNBESTÄNDIGEN

Eine Quelle in Idumea verändert viermal im Jahr ihre Farbe: jeweils drei Monate lang behält sie eine Farbe, wie Origines in der „Historia" sagt, eine staubfarbene, blutige, grüne und klare <Farbe>. Und sie bedeutet die Unbeständigen oder diejenigen, die von einer Gegend in die andere wechseln.

§9 DER GÖTTLICHE TROST

Wer aus dem Ycircius-See in Italien trinkt, der empfindet Ekel vor Wein, wie Plinius sagt. Der See ist die göttliche Tröstung, der Wein die Freude an der Welt.

§10 EBENSO DER GÖTTLICHE TROST

Es gibt Seen, in denen dreimal am Tag das Wasser bitter und dreimal süß wird, wie Augustinus sagt.

§11 DER MEINEID

Es gibt warme Quellen, die Augen heilen, Diebe aber überführen. Denn wer unter Eid einen Diebstahl leugnet und eidbrüchig ist, wird durch die vorgenannten Gewässer erblinden. War er aber nicht schuldig, wird er klarer sehen, wie Jacobus sagt.

§12 DER JUBEL

Es gibt eine gewisse ruhige und stille Quelle, wenn aber in ihrer Nähe Flöten erklingen, erhebt sie sich wie aus Jubel über die Musik, und als würde sie die Süße des Klangs bewundern, tritt sie über die Ufer, wie Solinus sagt.

§13 <QUELLEN IN DER BRETAGNE>*

Es gibt in der Bretagne Quellen, wie der Liber rerum sagt, deren Wasser, über einen nahe gelegenen Stein gegossen, Regen und Donner hervorruft.

§14 ÜBER DIE SABBATQUELLE

Es gibt eine sehr schöne Quelle in der Nähe der Berge des Libanon zwischen den beiden Städten Archac und Faphenea, die man Sabbatquelle nennt, weil sie an sechs Tagen überhaupt kein Wasser gibt, sondern nur am siebten Tag reichlich hervorströmt.

§15

Es gibt aber einen gewissen Fluss in Persien, der immer in der Nacht so sehr gefriert, dass Menschen und Vieh darübergehen, am Tage aber schmilzt er immer zu Wasser, wie die „Historia" sagt.

§16
Es gibt ferner einige Flüsse in Teilen des Orients, die goldenen Sand mit sich führen, andere wertvolle Steine, wie Jacobus sagt.

§17 DER LEBENSWANDEL DER GUTEN UNTER DEN BÖSEN
Es gibt eine Quelle im Meer nahe des oberen Teils der Stadt Tyros, die mit dem allersüßesten Wasser mit solcher Macht vom Grund des Meeres hervorsprudelt, dass sie stets zwei oder drei Ellen weit über den Meeresspiegel hinausspringt, wenn das Meer ruhig ist, so dass man sie mit Gefäßen schöpfen kann.

§18 EBENSO DER GOTTESFÜRCHTIGEN LEBENSWANDEL UNTER DEN BÖSEN
Es gibt im Land †Armenien Norwegen eine Quelle, die alles, was in sie hinein gerät, in Stein verwandelt, wobei jedoch die Farbe in den Dingen erhalten bleibt. Sogar ein hineingelegtes Kleidungsstück verwandelt sie in Stein. Und das wurde auf Weisung Kaiser Friedrichs geprüft, der Boten dorthin schickte.

19.13 DAS ZENTRUM UND DAS HARTE (*Centrum*, *Durum*)

§1 Aristoteles: Das Zentrum ist aufgrund seiner Natur unbeweglich. Derselbe: Härte entsteht auf einer der drei Arten: entweder, weil etwas austrocknet oder vereist oder, gesättigt, sich ausdehnt.

19.14 TÖPFERERDE (*Argilla*)

§1 Töpfererde, im Feuer gebrannt und gehärtet, wird in verschiedene Formen gebracht, die geeignet sind für Gießgefäße.

19.15 ALAUN (*Alumen*)

§1 Alaun hat seinen Namen vom Licht (lat. *a lumine*), weil es den Farben, mit denen gefärbt werden soll, Licht verleiht. Es ist das Salzige der Erde und entsteht im Winter aus Wasser und Schlamm, und reift in sommerlicher Sonnenhitze. Platearius bezeugt, dass es warm und trocken ist im vierten <Grad>, durch übermäßiges Auskochen der Hitze wird es auf weiße Farbe reduziert, es verzehrt und trocknet aus. Es hilft gegen Krebs und Schwellungen des Zahnfleisches und gegen Krätze.

19.16 KUPFERVITRIOL (*Attramentum*)

§1 Platearius: Kupfervitriol hat die eine Eigenschaft, dass es flüchtiges Kupfer bindet.

19.17 SALZ AUS AGRIGENT (*Agrigentinum sal*)

§1 Rabanus: Agrigentinisches Salz aus Sizilien, das Feuer erduldet, springt im Wasser hervor, im Feuer zerfließt es wider die Natur.

19.18 NATRON (*Nitrum*)

§1 Natron stammt aus der Stadt Nitra, wie Rabanus bezeugt, wo sich im Sommer der Regen über die Erde ergießt, und die Hitze der Sterne das Wasser über die Breite des Strandes zu einem Stein wie Salz oder Eis verkocht. Es sprudelt nämlich im Wasser und geht selbst freilich zugrunde, doch wird das Wasser für ein Bad tauglich.

19.19 ANTIMON (*Antimonium*)

§1 Platearius: Antimon ist eine im vierten <Grad> warme und trockene Erdader. Es ähnelt besonders dem Metall Zinn, doch wird es poliert, mit Metallen gegossen und als Antimon verbrannt. Antimon ist umso besser, je klarer er ist. Er hilft gegen Krebs, <hilft> den Augen und bei Blutfluss aus der Nase.

19.20 NATRONSCHAUM (*Affrotinum*)

§1 *Affrotinum* ist Natronschaum mit lateinischem Namen, und man sammelt ihn in Asien, wo er in Höhlen <von der Decke> herabtropft. Derjenige ist der beste, der leichter ist und besser zu verarbeiten, von nahezu purpurner Farbe. Von der Sonne wird er gehärtet.

19.21 DIE PFLANZEN (*Planta*)

§1 Aristoteles: Eine Pflanze hat dreierlei: von der Erde das Haltgebende, vom Wasser die Gerinnung, vom Feuer das Verbindende der Pflanzenverankerung. Wie bei Tongefäßen ist Lehm gleichsam der Grundstoff und <dazu kommt> Wasser, durch das die Tongefäße verbunden werden, und Feuer, das die Lehmteile versammelt, bis durch das Feuer die Herstellung vollendet wird. **§2** Die ganze Pflanze braucht freilich viererlei: einen erschaffenen Samen, einen geeigneten Ort, geeignetes Wasser, <ihr> ähnliche Luft. **§3** Michael Scotus: Man darf in eine neue Samenart nicht seine ganze Hoffnung setzen, bevor man sie nicht erprobt hat. An feuchten Orten werden Samen schneller schlecht als an trockenen. **§4** Aristoteles: Bei jeder Tätigkeit des Pfropfens, Beschneidens und Einkerbens muss man harte Werkzeuge benutzen. **§5** Alles, was man aussäht, muss bei zunehmendem Mond und an milden Tagen gesäht werden. **§6** Aristoteles: Ein unfruchtbar gewordener Baum mit einer harten Rinde trägt wieder Früchte, wenn man seine Wurzel spaltet und einen Stein in den Spalt schiebt. **§7** Der Philosoph: Eine abführende Frucht entsteht durch Befestigung der Scammonea-Winde oder einer anderen abführenden <Pflanze> in der Mitte eines Baumes und nicht in Erdnähe, da sie später mit Tüchern umwunden wird.

19.22 DIE AUSSTATTUNG DES HIMMELS (*Ornatus celi*)

§1 Nach Beendigung unserer Arbeit fügen wir auch <noch> folgende Mitteilung an, nicht als unser eigene Zusammenstellung, sondern als etwas, das für das Vorausgegangene notwendig ist. Doch wird das Eine oder Andere hinzugefügt, Manches weggelassen und Anderes berichtigt. Wer aber über die Ausstattung des Himmels und die Bewegung der Sterne und Planeten schreibt, – und es ist sehr hilfreich, die Kreisbahn der Planeten und die Einteilung der Tierkreiszeichen zu verstehen – , hat die Absicht, den Grund für Sonnen- und Mondfinsternis in Erfahrung zu bringen. Daher soll zuerst über die Ausstattung des Himmels gesprochen werden. **§2** Seine Ausstattung aber ist alles, was über dem Mond zu sehen ist, nämlich sowohl die Fixsterne als auch die Irrsterne (Planeten). Es mag aber einer fragen: Gibt es nicht über dem Mond nur den Äther, die Sterne und die oben erwähnten Geister, nämlich gute und schlechte Dämonen? Oder: Wo sind die gefrorenen Wasser, über denen es andere Wasser gibt? Aber wir übergehen diese und ähnliche Fragen und bekennen wahrheitsgemäß und dem katholischen Glauben entsprechend nach dem, was die Kirche festlegt, dass Wasser über dem Firmament sind, wenn auch unser Verstand dies nicht zu ergründen vermag. **§3** Kehren wir also zurück zu dem, was wir uns vorgenommen haben. In diesem Äther werden Sterne „befestigt“ (Fixsterne) genannt , nicht wie ein Edelstein im Gold, sondern weil sie im selben Zustand immer im selben Teil <des Himmels> gesehen werden. Andere werden „Irrsterne“ genannt, weil sie bald an dem einen Himmelsteil, bald an dem anderen gesehen werden. In eben diesem Firmament gibt es fünfzehn Kreise, von denen zwei sichtbar sind, die anderen unsichtbar. **§4** Die zwei sichtbaren sind: *galaxias*, das ist die Milchstraße – *galax* heißt nämlich Milch im Griechischen, *ydas* kristallen – und der Tierkreis. Denn die Milchstraße beginnt in der Nähe des Siebengestirns im östlichen Teil, und manchmal kehrt sie über den Krebs und den Steinbock zu ihrem Anfang zurück.

19.23 ABKÜRZUNGEN DER AUTOREN <-NAMEN>

Wo du in diesem Werk <die Sigle>

p-h. oder ph-s <findest>: <lies>:

der	Philosoph oder auch manchmal	
der	Physiologus	
Ar.	Aristoteles	
Ra. oder R.	Rabanus	
So. oder Soli.	Solinus	
y-m. m-u.	Imago mundi	
Aue-n.	Auenrois	(Averroes)
Gund. oder gun.	Gundisalinus	
Albu oder alu.	Albumasar	
Alfra	Alfraganus	
Al. oder Ale-x.	Alexander	
Yst^{a} Je^{a}.	Historia ierosolimitana	(Jacobus de Vitriaco)
Aui.	Auicenna	
Theb^{t}.	Tebit	
Pli.	Plinius	
y-s.	Isaac, wenn es um Medizin geht	
oder	Isidor, wenn um Fragen der Natur	
Mi. -S. oder M. S.	Michael Scotus	
P. oder pla.	Platearius	
Li. lu.	Liber luminum	
70.	Septuaginta	
Gal.	Galen	(Galienus)
Alu-r	Aluredus	
Ypo. oder y-p.	Hippocrates	
Eucli.	Euclid	
Dyasc.	Dyascorides	

ERKLÄRUNGEN ZU DEN IN DER VORIGEN LISTE UND IM PROLOG GENANNTEN AUTORITÄTEN:

Adelinus: Aldhelm von Malmesbury, um 640-709, erster bedeutender Schriftsteller Englands, klassisch hervorragend gebildet und des Griechischen kundig. Wichtig als Quelle für Thomas III sind *Enigmata* und *Liber monstrorum*.[78]

Albumasar: Abu Ma'sar, im Westen Albumasar, 787 – 886. Er zählt aufgrund seiner weitreichenden Nachwirkung im Westen zu den berühmtesten Astrologen des Mittelalters. Seine Nutzung in Thomas III ist ungeklärt.[79]

Alfraganus: al-Fargani, 8./9.Jh., aus Fargana (Transoxanien, einer Region in Zentralasien, hauptsächlich in Usbekistan) stammender Astronom und Ingenieur. Sein bekanntestes Werk ist eine nicht ganz adäquate Zusammenfassung des *Algamest* des Ptolemäus, die von Johannes von Sevilla und Gerhard von Cremona ins Lateinische übersetzt wurde. Er wird bei Thomas III fälschlicherweise zitiert an Stelle von Aristoteles oder Alexander Neckam.[80]

Alexander: Alexander Neckam, 1157 – 1217, aus St. Albans. Schriftsteller und Theologe. Enzyklopädischen Charakter haben die als Einleitung eines Ecclesiasteskommentars gedachten zwei Bücher *De naturis rerum*, diese hat Thomas III in seinem gesamten Werk ausgiebig verwendet.[81]

Aluredus/Alfredus: Alfredus Anglicus (Alfred von Sareshel). Übersetzte um 1210 *De vegetabilibus* des Nicolaus Damascenus aus dem Arabischen und kommentierte die Meteorologica des Aristoteles. Er gehörte zur Übersetzerschule in Toledo. Er wird von Thomas III in Buch 15 und 16 zitiert.[82]

Auenrois: Averrois, 1126 in Cordoba – 1192 ebd. Arabischer Philosoph. Seine Nutzung in Thomas III ist ungeklärt.[83]

Avicenna: 973/80 bei Buchara – 1037 in Hamadan. Universaler Gelehrter, einflußreichster Philosoph und Arzt des islamischen Ostens im Mittelalter. Seine Nutzung in Thomas III ist ungeklärt.[84]

Ambrosius: Bischof von Mailand, um 340-397, lateinischer Kirchenvater, Seine 3 Bücher über die christliche Ethik waren von großer Wirkung für die Folgezeit.

---

[78] Aldhelm von Malmesbury, Tusculum-Lexikon griechischer und lateinischer Autoren des Altertums und des Mittelalters, 3. Auflage neu bearbeitet und erweitert von W. Buchwald, A. Hohlweg, O. Prinz, München 1982, S.33, im Folgenden abgekürzt T-L; R. Düchting: Aldhelm, Lexikon des Mittelalters 1 (1978), Sp.346f, im Folgenden abgekürzt LexMA.

[79] Albumasar, P. Kunitzsch: Abu Masahr, LexMA 1 (1977), Sp. 69.

[80] al-Fargani (Alfraganus), J. Samsó, al-Fargani, LexMA 4 (1987), Sp. 298.

[81] Alexander Neckam, R. Düchting, Alexander Neckam (Nequam), LexMA 1 (1978), Sp. 378f.

[82] Alfredus Anglicus, M. Bauer, Alfredus Anglicus, LexMA1 (1978), Sp.410.

[83] Averroes; G. C. Anawati, Averroes, LexMA 1(1980), Sp. 1291f.

[84] Avicenna, G. Endreß, Avicenna, LexMA1 (1980), Sp. 1298f.

Wichtig als Quelle für Thomas III ist seine Auslegung der Schöpfungsgeschichte (*Hexaëmeron*).[85]

Aristotiles: 384-322, der vielseitigste Gelehrte und Philosoph seiner Zeit, Platons bedeutendster Schüler und Lehrer Alexanders des Großen, verfasste logische und naturwissenschaftliche Schriften über Psychologie, Physik, Metaphysik, Ethik, Politik, Poetik und Rhetorik, seine philosophische Richtung beherrschte das Mittelalter. Wichtig als Quelle für Thomas III sind u.a. *De anima, De animalibus, De sensu et sensato, De sompno et vigilia, Meteorologica.*[86]

Augustinus: 354-430, der bedeutendste lateinische Kirchenschriftsteller, als Priester und seit 396 als Bischof von Hippo (Numidien) entfaltete er eine vielseitige praktische und literarische Tätigkeit. Wichtig als Quelle für Thomas III sind u.a. *Confessionum libri, De civitate Dei, De doctrina christiana, De Trinitate.*[87]

Basilius: Um 330-379, Bischof von Caesarea. Wichtig als Quelle für Thomas III sind seine neun Predigten als Kommentar zum Schöpfungsbericht (*Homiliae IX in Hexaëmeron*).[88]

Dyascorides: Pedanios Dioskurides (lat. Dioscorides) aus Kilikien, Arzt in Rom, verfasste etwa zwischen 60 und 78 n. Chr. „De materia medica“, das für über 1500 Jahre das maßgebende Werk auf dem Gebiet der Pharmazie, Pflanzen- und Drogenkunde darstellte. Es diente als Vorbild und Fundgrube für andere einschlägige Werke, so auch für Thomas von Cantimpré.[89]

Euclid: Euklid, um 300 v. Chr., höchstwahrscheinlich in Alexandria, griechischer Mathematiker, Verfasser zahlreicher Lehrbücher und mathematischer Schriften. Seine Nutzung in Thomas III ist ungeklärt.[90]

Galienus: Um 130-199 n. Chr., der fruchtbarste und vielseitigste griechische medizinische Schriftsteller, war in Rom als kaiserlicher Leibarzt tätig und fasste die Ergebnisse der bisherigen griechischen Medizin zusammen. Er ist eine wichtige Quelle für Thomas III durch die beiden pseudo-galenischen Schriften *Anatomia* und *Introductio seu medicus*.[91]

Gundisalinus: Dominicus Gundissalinus, um 1110 – nach 1181, Archidiakon von Segovia und Cuéllar, gehörte zur Übersetzerschule von Toledo und ist bedeutend als Übersetzer und Kompilator arabischer und jüdischer Philosophen. Grundlegend ist seine Neueinteilung der Wissenschaften, wie er sie in dem Werk *De divisione philosophiae* darlegte. Seine Nutzung in Thomas III ist ungeklärt.[92]

---

[85] Ambrosius, T-L S.45f.; H. Kraft: Ambrosius, LexMA 1 (1978), Sp.524f.

[86] Aristoteles, T-L S.80f.; F. van Steeenberghen, Ch. Hünemörder, H. Schipperges und H. Krafft: Aristoteles, LexMA 1 (1979), Sp.936–942.

[87] Augustinus, T-L S. 91f.; H.J. Oesterle, G. Binding: Augustinus, LexMA 1 (1979), Sp. 1223–1229.

[88] Basileios der Große, T-L S.107f.; L. Hödl: Basilius der Große (Basileios), LexMA 1 (1980), Sp. 1530–1532.

[89] Dioscorides, J. M. Riddle, Dioskurides im Mittelalter, LexMA 3 (1985), Sp. 1095-1097.

[90] Euclid, E. Neuenschwander, Euklid, LexMA 4 (1987), Sp. 91f.

[91] Galenos, T-L S. 263f.; H. Schipperges/R. J. Durling: Galen im Mittelalter, LexMA 4 (1988), Sp.1082–1084.

[92] Dominicus Gundissalinus, T-L S. 203f.; H. Schipperges, LexMA 3(1985), Sp. 1188f.

Hippocrates: Er ist eine schwer fassbare Persönlichkeit von vielfach rätselhafter Wirkungsgeschichte, tätig um 440/410 , der Ärzteschule von Kos zugehörig, bereits seit dem 4. Jh. v. Chr. Symbolfigur des Arzttums. Seine Nutzung in Thomas III ist ungeklärt.[93]

Imago mundi: Honorius Augustudunensis, 1. Hälfte 12. Jh, Verfasser von theologischen, philosophischen und enzyklopädischen Handbüchern, Streitschriften zur Kirchenreform und Bibelkommentare. Seine *Summa totius*, ein Abriss der Weltgeschichte bis zur Gegenwart, fand verkürzt Eingang in das enzyklopädische Handbuch *Imago mundi.* Thomas III benutzt es in den Büchern 12 und 13.[94]

Isaac: Isaac Judaeus (hebr. Jizchak ben Schlomo Jisraeli), jüdischer Arzt und Philosoph, gestorben um 955. Seine medizinischen Schriften, die *Opera omnia Ysaac*, Lyon 1515, gehören zu den ersten, die dem Westen durch Constantinus Africanus, gestorben 1087[95], dem Übermittler griech.-arabischen medizinischen Wissensgutes, zugänglich gemacht wurden.[96]

Isidorus / Ysidorus: etwa 570-636, seine „Etymologien“ sind ein knappes Handbuch des zeitgenössischen Wissens, er sorgte für die Erhaltung der antiken Literatur und wurde durch seine Werke zu einem der einflussreichsten Lehrer des Mittelalters. Wichtig als Quelle für Thomas III sind *Eymologiarum sive Originum libri XX* und *De natura rerum.*[97]

Jacobus de Vitriaco: 1160/70-1240, Bischof von Akkon, erfolgreicher Kreuzzugsprediger, sein bekanntestes Werk und für Thomas III wichtig ist seine *Orientalis historia.*[98]

Liber rerum: Bisher unidentifizierte, von Thomas von Cantimpré häufig zitierte Schrift, vielleicht ein Reallexikon.[99]

Liber luminum: Unbekannte Schrift.

Michael Scotus: vor 1200 – um 1235, aus Schottland oder Irland. In Toledo und im Umkreis Friedrichs II. wirkender Gelehrter und Übersetzer, er beendete vor 1220 die erste lateinische Übersetzung *Aristoteles' De animalibus* aus den drei arabisch vorliegenden Büchern *Historia animalium*, *De partibus animalium* und *De degeneratione*, die durch die Rezeption bei Albertus Magnus großen Einfluß erlangte, auch auf Thomas III.[100]

Narratio veterum: Unbekannte Schrift.

---

93 Hippokrates, G. Keil, Hippokrates, LexMA 5(1990), Sp.31-33.

94 Honorius Augustudunensis, B. K. Vollmann, Honorius Augustudunensis, LexMA 5 (1990), Sp. 122f.

95 Constantinus Africanus, H. Schipperges, Constantinus Africanus, LexMA 3 (1984), Sp. 171.

96 Isaac Judaeus, H. Lauer, Isaak Judaeus, LexMA 5(1990), Sp.665.

97 Isidorus von Sevilla, T-L S. 368; J. Fontaine: Isidor von Sevilla, LexMA 5 (1990), Sp. 677–680.

98 Jakob von Vitry, T-L S. 372.; P. Bourgain: Jakob von Vitry, LexMA 5 (1990), Sp. 294f.

99 Ch. Hünemörder: Liber rerum, LexMA 5 (1991), Sp. 1947.

100 Michael Scotus, S. Ackermann, LexMA 6 (1992), Sp. 606f.

Physiologus: „Physiologos“ („der Naturforscher“), eine anonyme, in frühchristlicher Zeit im Vorderen Orient entstandene griechische Schrift, die einige Tiere, Pflanzen und Steine schildert und diese als Typen für Christus, die Kirche, den Menschen und den Teufel erklärt und auf den Volksglauben im Mittelalter stark eingewirkt hat. Eine wichtige Quelle für Thomas III sind die lateinischen Fassungen *Physiologus, vers. A* und *Physiologus, vers. Y.*[101]

Platearius: Ärztefamilie, an der Medizinschule von Salerno tätig, aus der ein Johannes Platearius (Ende 11. Jh.) und ein Matthaeus Platearius (gest. 1161) herausragen. Unsicher ist, wer die wohl wirkungsmächtigste Salerner Drogenschrift *Circa instans* verfasste. Dieses Werk wurde von Thomas III ausgiebig benutzt.[102]

Plinius: 23-79 n. Chr., von seinen Werken ist nur die „Naturgeschichte“ erhalten, eine nach Sachgruppen geordnete, aus hunderten von griechischen und römischen Fachschriftstellern zusammengetragene Enzyklopädie, diese *Naturalis historia* ist wichtig als Quelle für Thomas III.[103]

Solinus: 3. Jh. n. Chr., Verfasser einer „Sammlung von Merkwürdigkeiten“, die fast ganz aus Plinius‘ Naturkunde entnommen ist, diese *Polyhistor* (*Collectanea rerum mirabilium*) ist wichtig als Quelle für Thomas III.[104]

Tebit: Thabit Ibn Qurra, geboren 835 in Harran, gestorben 901 in Bagdad. Arabischer Astronom. Seine Nutzung in Thomas III ist ungeklärt.[105]

Techel: 1. Hälfte des 9. Jh., ein jüdischer Astrologe. Wichtig als Quelle für Thomas III ist *Liber de sculpturis lapidum.*[106]

[101] „Physiologos“ („der Naturforscher“), T-L S. 642.; W. Seibt, N. Henkel: Physiologus, LexMA 6 (1993), Sp. 2117-2119.

[102] Platearius, H. H. Lauer, Platearius, LexMA 7 (1994), Sp. 6.

[103] Plinius, T-L S. 655; F. Brunhölzl: Plinius der Ältere im Mittelalter, LexMA 7 (1994), Sp. 21f.

[104] Solinus, T-L S. 735; F. Brunhölzl: Solinus im Mittelalter, LexMA 7 (1995), Sp. 2034f.

[105] Thabit ibn Qurra, R. Rashed, Thabit Ibn Qurra, LexMA 8 (1996), Sp. 607f.

[106] Techel oder Tethel (KvM), J. Sesiano: Sahl ibn Bišr Abū ʿUṯmān, LexMA 7 (1995), Sp. 1259f.

20 DAS LETZTE BUCH ÜBER VERSCHIEDENE HEILBEHANDLUNGEN

20.1 UM EINEN TOTEN FÖTUS ABZUTREIBEN

§1 Um einen Fötus abzutreiben, soll eine Frau Lauchsaft trinken, und sofort stößt sie ihn aus.

20.2 UM DIE GEBURT ZU ERLEICHTERN

§1 Damit eine Frau, die in den Wehen liegt, schnell gebiert, gib' ihr die Milch einer anderen Frau zu trinken, und sie wird das Kind freigeben.

20.3 GEGEN GEBRECHEN DER GEBÄRMUTTER

§1 Gegen jedes Gebrechen der Gebärmutter nimm 1 Pfund von allen: Wallwurzkraut, Artemisia, Alant, Tüpfelfarn, Nelkenblume, lass' es zermahlen und mische es mit Honigwein und gib' es 30 Tage lang zu trinken. **§2** Ebenso: Gegen Gebärmuttergeschwüre und gegen eine Geschwulst und wenn man kein Wasser lassen kann, gib' den Samen von Dill, Pfeffer, Sellerie zu je 6 Unzen, von Bibergeil 4, von Mohn 5, von Myrrhe 6, von Stärke genügend, zusammen mit warmem Wasser in der Menge einer Haselnuss, auf leeren Magen, und <gib' es> der Fiebernden nach dem Essen. Oder 5 Unzen Petersilie mit 3 Bechern Honigwein. Oder sie sollen in dem Wasser gebadet werden, in dem man Ysop koche. Oder sie sollen goldene Pillen oder Theodorithon zu sich nehmen.

20.4 GEGEN EINEN TOTEN FÖTUS

§1 Wenn sich im Bauch einer Frau ein totes Kind befindet, soll sie Ziegenmilch mit Honig vermischt trinken, und sie wird befreit werden. Ebenso: Wenn eine Frau ein totes Kind <im Leib> trägt, soll sie einen Löffel Hundemilch und drei von erwärmtem Wein auf nüchternen Magen trinken, und ihr wird schnell geholfen.

20.5 UM DIE MONATSBLUTUNG AUSZULÖSEN

§1 Koche Poleiminze in einem einfachen Topf in Wasser, lass' die Frau sich auf einem Stuhl setzen, stelle <den Topf> zwischen ihre Beine und sieh‘ zu, dass kein

Dampf entweicht, und sie so lange sitzenbleibt, bis sie gut schwitzt, und sie sich nach dem Schwitzen in ein Bad mit gekochter Arthemesia begibt. Ebenso: Nimm' eine große Malve, und zwar ihre Wurzel, reibe sie mit Honig ein, gib' Scammonea Extrakt darüber und führe <dies in ihre Scheide> ein.

20.6 GEGEN DEN FLUSS VON MONATSBLUTUNGEN UND HÄMORROIDEN

§1 Akazie gemischt mit Essig und Weizenmehl hilft vor einem Fluss sowohl von Monatsblut wie auch von Hämorroidalblut, wenn <aus der Mischung> ein Pflaster hergestellt wird und unterhalb des Nabels aufgelegt wird. Dasselbe Pflaster hilft gegen jede Art von Erbrechen, wenn es über dem Nabel aufgelegt wird.

20.7 ZUM VERSCHLUSS EINER WUNDE EIN VERSCHLIESSENDES PULVER, DAS AUS LAMMKNOCHEN HERGESTELLT WIRD

§1 Die Sarazenen führen es im Kampf mit sich, und sobald sie verwundet worden sind, legen sie es sofort auf die Wunde und wickeln ein Band fest darum, und so werden sie geheilt und hören deshalb nicht auf zu kämpfen. Ebenso gibt es ein anderes wunderbares verschließendes Pulver zum Auflegen. Man pulverisiere weiße und rote Korallen, Myrthe und Lammknochen und vermische <alles>.

20.8 OB EIN VERWUNDETER STIRBT

§1 Um zu bestimmen, ob ein Verwundeter dem Tod entgeht oder ob er stirbt, gib' ihm den Saft von Habichtskraut zu trinken, wenn er ihn erbricht, wird er sterben, wenn nicht, wird er davonkommen.

20.9 UM WUNDEN ZU SCHLIESSEN

§1 Legt man das Pulver eines Gallapfels auf Wunden, verschließt es diese.

20.10 ZUR DURCHTRENNUNG VON NERVENSTRÄNGEN

§1 Wenn ein Nervenstrang eingeschnitten wurde, lege mit Fett vermischte Regenwürmer darauf, löse sie nach drei Tagen ab, und Wunde und Nerv werden sich verfestigen. Ebenso heilt auf wunderbare Weise zerriebener Salbei, der auf den abgeschlagenen Nervenstrang aufgelegt wurde.

20.11 UM BLUT ZU STILLEN

§1 Ein erprobtes Mittel, das das Blut zurückhält, nachdem ein Nervenstrang durchtrennt wurde. Bereite ein Pulver aus Rhabarber zusammen mit Rettichsaft und leg' es beiseite, und wenn es nötig ist, mach' es mit dem Saft von Wegerich oder Bilsenkraut flüssig. Auf gleiche Weise hilft ein Pulver, das zu gleichen Teiln aus ungelöschtem Kalk und Vitriol hergestellt wurde, gut.

20.12 UM NASENBLUTEN ZU STILLEN

§1 Man sagt, dass Magister Acto eine Pille aus Opium in die Nase steckte, und der Blutfluss hört sofort auf, dennoch lassen wir es beiseite. Gleichfalls, wenn du <Nasenbluten> stillen willst, dann lege die Hoden des Kranken in Essig, wenn es ein Mann ist, die Brüste, wenn es eine Frau ist. **§2** Ebenso lege ein zusammenziehendes Pflaster aus Tonheilerde, Drachenblut, Akazie, Tonschlicker, Ziegenbart, Hämatit, weißem Sandal, Rosen, Galläpfeln, Weihrauch, Mastix, Dragant, Gummi Arabicum auf Schläfen und Stirn, indem du die Pulver gut mischt mit Vogelleimpaste , Flohsamen-Wegerich, Essig, Spitzwegerichsaft und Eiweiß und Weizenmehl mit dem Vorgenannten auflegst. Gleichfalls macht er dasselbe aus Kreide oder Mergel, in die Essig geträufelt wurde, und aus dem vorgenannten Heilmittel sollen Zäpfchen gefertigt und auf die Nase aufgesetzt werden, und <der Kranke> soll Kampfer und Rosen einatmen. Ebenso soll geräuchert werden mit warmem Schweine- oder Eselsmist. Ebenso soll ein Pulver eingeblasen werden aus verbranntem Filz oder blauem Tuch oder verbrannter Hasenhaare und von Galläpfeln und Ziegenhufen. **§4** Ebenso binde weißen Ton gut gemischt mit starkem Essig auf die Stirn und den Puls. Auf die gleiche Weise gib' mit Öl zerriebenes Fünffingerkraut in die Nase und trinke Eppichsaft.

20.13 GEGEN KNOCHENBRÜCHE

§1 Über einen gebrochenen Knochen gestreutes Pulver von Asphalt und Brunnenkresse festigt ihn, nachdem er zuvor eingerieben wurde. Ebenso: Auf die Hand angewandt, streue zuerst auch Salz darüber und verbinde sie, danach nimm' 1 Pfund Pulver von Kreide, 2 Pfund Salz, mische sie mit Essig und Eiweiß, lege dies darüber, und löse es nicht vor dem 7. Tag ab. **§2** <Der Kranke> trinke Veilchen und Pfeffer und Salbei mit Wein und lege in gleicher Weise Bohnenmehl auf mit Essig und Eiweiß.

20.14 UM EINEN DORN ODER PFEIL ODER ANDERES HERAUSZUTREIBEN

§1 Nimm’ eine Eidechse, entferne ihren Kopf, lege sie ausgebreitet darüber und binde sie fest. Am folgenden Tag wirst du den Splitter oder Dorn oder Pfeil finden. Ebenso: Koche ganze Schwalben mit Gefieder ohne Wasser in einem Topf und mische das Pulver mit Essig und binde es auf <die Wunde>, und sofort wird es <den Fremdkörper> auswerfen. **§2** Ebenso: Tüpfelfarn mit altem Fett in einem Mörser zerrieben, wo du ihn aufbindest, wird <der Fremdkörper> austreten. Oder <nimm> die mit Honig zerriebene Wurzel des Schilfrohrs oder mit Pech zerstampften Knoblauch.

20.15 UM EISEN AUS EINER WUNDE ZU ZIEHEN

§1 Nimm’ Diptam und die Wurzel vom Rohr und junge Zweige der Hasel und zerstampfe es kräftig unter Hinzufügung von Magnetpulver, mische es anschließend gut mit Hasenfett und lege es auf.

20.16 GEGEN ARTHRITIS

§1 Nimm’ Storchenmist, zerreibe ihn kräftig mit Salz und Natron und füge etwas Austrocknendes hinzu, mische es gut mit starkem Essig und lege es auf die schmerzende Stelle. Ebenso. Königskerze in starkem rotem Wein abgekocht und häufig als Pflaster auf die kranke Stelle gelegt, hilft. **§2** Ebenso: Gegen Arthritis aus warmer Ursache ließ Magister Henricus zwei mit kaltem Wasser gefüllte Gefäße bringen und ließ den Kranken mit einem Fuß in das eine Gefäß steigen, mit dem anderen in das andere, und bald ließ der Schmerz nach, und das ist eine Heilmethode aus den Aphorismen des Hippokrates.

20.17 GEGEN ARTHRITIS, FUSSGICHT UND GICHT IM ALLGEMEINEN

§1 Petrus Cyconia nahm eine schön fette Nachteule, reinigte sie gut wie einen Kapaun, und legte das Ganze dort beiseite, nachdem nur der Schnabel abgeschnitten worden war. Später schmorte er sie und gab sie denjenigen, die an Arthritis oder Fußgicht leiden und allen, die irgendeine Art von Gicht aus kalter Ursache haben, und man sagt, dass sich dieses Vorgehen unter den Heilmethoden des Archymatheus findet.

20.18 EBENSO GEGEN FUSSGICHT

§1 Gegen Fußgicht aus kalter Ursache ist der Wolfsschwertel ein besonderer Heiltrank, und die Pillen aus Wolfsschwertel, die man im Viaticum <des Constantinus Africanus> findet, sind besonders <wirksam>. Das Öl aus abgekochten Ginsterblüten hilft, wenn es eingerieben wird. **§2** Ebenso: Hirschhorn, gerieben und in Wein abgekocht, bis der Wein verdampft ist, und dann wieder Wein hinzugefügt, und das Ganze fünfmal wiederholt, hilft, wenn die Stelle damit eingerieben wird.

20.19 GEGEN DIE KALTE GICHT

§1 Nimm' die Wurzel einer Leberklette, und man koche sie in Öl. Danach wird ein Pflaster gemacht und aufgelegt. Das hilft wunderbar. Ebenso. Ziehe den Saft aus, und man verkoche ihn zu Sirup und gebe ihn zu trinken. Außerordentlich gut löst er eine Lähmung der Blase, und zwar wenn jemand unwillentlich Urin lässt. **§2** Gegen dasselbe. Aus der Frucht des Efeus hergestellte Pillen ziehen am besten die Materie der kalten Gicht heraus, wenn sie zwei oder drei mal wöchentlich vor dem Essen oder nach dem Essen gegeben werden. Ebenso. Wenn jemand Gicht hat, wärme er die Stelle, in der die Gicht sitzt, gut und besprenge sie dann mit kaltem Wasser. **§3** Ebenso erprobte Heilmittel gegen Gicht. Nimm' das Mark des äußersten Flügelknochens einer Gans, reibe die Stelle der Gicht <damit> ein, und <der Kranke> wird geheilt. Ebenso. Nimm' eine Katze und lass' sie enthäuten, lege sie in eine Gans und lass' die Gans danach stark rösten, nimm' ihr Blut auf und reibe damit die Stelle ein, in der die Gicht sitzt, und <der Kranke> wird geheilt.

20.20 GEGEN AKNE UND PUSTELN

§1 Magister Henricus sagte, dass er viele Heilmittel und praktische Versuche gegen Kupferakne, Pusteln und Röte im Bereich der Nase für einen Patienten in die Wege leitete, und er fand nichts wirksameres, als das Gesicht in die Schwaden von Wermutsud zu halten.

20.21 GEGEN AKNE UND PUSTELN AUF DER NASE

§1 Pusteln auf der Nase sollen mit weißer Salbe und Rosenöl bestrichen werden. Oder man mache eine solche Salbe, die wunderbar festigt: Man zerreibe sehr gut und fein die zarten Zweige des Brombeerstrauchs und die Spitzen des Holunders mit Rosenöl, danach koche man sie und drücke sie aus und füge hinzu weißes und flüssiges Wachs und Pulver von Weihrauch und Mastix. Man mache eine Salbe und mit dieser sollen die Pusteln bestrichen werden. **§2** Magister Henricus sagte, dass einer gleichsam aussätzig war und voller Pusteln; und er ließ Holunderspitzen mit Essig und Asche kochen und <der Kranke> nahm den Dampf mit dem ganzen Körper auf und schwitzte stark, und so wurde er durch diese Therapie geheilt.

20.22 GEGEN LÄHMUNG

§1 Nimm' das Junge eines Fuchses, ein männliches, wenn der Kranke ein Mann ist, ein weibliches, wenn eine Frau, und koche es in reichlich Wasser, und nimm' das oben schwimmende Fett und salbe die kranke Stelle ein. Ebenso: Salbei, Bibergeil, Lavendel, Schlüsselblume und Brunnenkresse heilen gelähmte Glieder.

20.23 EINE VORZÜGLICHE SALBE GEGEN LÄHMUNG

§1 Es kommt vor, dass das halbe Tertianfieber mit einer Lähmung endet, gegen die es eine sehr gute Salbe gibt: Man schneide, und zwar einen wildes Kürbis, ein und eine Meerzwiebel, und lege sie für drei Tage in Essig. **§2** In denselben Essig lege man einen Regenwurm und rote Brennnessel, wenn man sie findet, und koche gut alles zusammen; danach seihe man durch und füge dem Durchgeseihten Fett, Butter und Wachs hinzu, und mache eine Salbe. Mit ihr salbe man das gelähmte Glied kräftig, danach binde man es in gut gewärmter Wolle ein, und wenn sie kalt geworden ist, erwärme man sie wieder.

20.24 EBENSO EINE ERPROBTE THERAPIE GEGEN LÄHMUNG

§1 Nimm' die Wurzel von Pfingstrose, Fenchel, Petersilie und Dillsamen. Gib' dies alles in einen neuen Topf, lass' es halbgar kochen, und der Kranke soll <den Sud> nur als Trank anwenden.

20.25 GEGEN WASSERSUCHT

§1 Glaskraut, d.h. Nacht- und Tagkraut, auch St. Peters-Kraut oder Teufelsbiss, in Wein gekocht und bei einem Luftbad getrunken hilft es gegen Wassersucht aus kalter Ursache. Traubenkraut aus dieselbe Weise gekocht hilft gegen Wassersucht aus warmer Ursache. **§2** Ebenso. Das wurde bei vielen Gelegenheiten erprobt und ist ohne Zweifel wahr: Hänge eine Flussschlange an einem dunklen Ort an einem langen Tau mit dem Kopf nach unten 7 Tage lang auf, stelle in einem Gefäß glasklares Wasser darunter und tritt jeden Tag betend zu ihr: Vater unser, unsere Taten usw. in dieser Art. **§3** Während du also gebührenden Abstand hältst, damit sie dir nicht schadet, wird sie innerhalb von 7 Tagen mit Gottes Hilfe einen weißen Stein erbrechen, den sie in sich trägt. Diesen Stein soll der Wassersüchtige 7 Tage oder länger bei sich tragen, bis er geheilt wird. Wenn du diesen Stein erproben willst, fülle einen Krug mit Wasser und binde diesen Stein an die Öffnung des Kruges, und in kurzer Zeit wird er das ganze Wasser aufsaugen.

20.26 GEGEN EPILEPSIE

§1 Wenn jemand einen Epileptiker vor der Disposition <zur Krankheit> oder vor einem Anfall bewahren will, reiche er ihm vom 15. <eines Monats> bis zum 15. <des folgenden> eine halbe Unze von Blatta Byzantia (*operculum*, d.h. Schalendeckel der Purpurschnecke). So beugte ein Arzt bei einem Epileptiker vor, und bewahrte ihn gut 30 Jahre lang. Ebenso. Die Wurzeln der Schlüsselblume, die mit anderem Namen Himmelsschlüssel genannt wird, in Wein gekocht zu gleichen Teilen und getrunken, heilen Epileptiker. **§2** Ebenso. Hat jemand einen Epileptiker in seiner Pflege, gebe er ihm vom 15. bis zum 15. Tag Blatta Byzantia, und im Wasser soll Löwenfleisch sein, weil darin die ganze Kraft ist wie mit Sud von Salbei, Bibergeil oder Pfingstrose, was besser ist. Es beugt gut dem Anfall vor.

20.27 GEGEN ALLE WUNDEN STELLEN

§1 Gegen alle wunden Stellen, die am Körper entstehen, lege man weißes Blei und Alaun gut mit Eiweiß gemischt nach Art eines Pflasters auf, und <der Kranke> wird geheilt.

20.28 GEGEN EINEN BLAUEN FLECK AUFGRUND EINES STOSSES

§1 Nimm' das Pulver von Eppich, Kümmel und Senf, verknete es in Honig und Wachs und lege es auf nach Art aufeinander folgender Kappen, die auf der entsprechenden Stelle angebracht werden. Wenn das nichts nützt, nimm' das Pulver von Kümmel <und> Bleiweiß zusammen mit Eiweiß und Eidotter, mische es gut und lege es auf. Das ist eine sehr schnelles Heilmittel.

20.29 GEGEN SCHMERZ AUFGRUND EINES STOSSES ODER FALLES ODER AUFGRUND VON RHEUMA

§1 Bei Schmerz durch einen Schlag und Rheuma oder eine Quetschung oder ein Geschwür ist das beste Heilmittel der Aderlass, wenn Konstitution oder Alter es erlauben, wenn der Bluttfluss nicht sehr stark gewesen ist. Aber <beim Aderlass> ist darauf zu achten, ob er am Kopf an der Kopfvene, ob im Bereich der Brust und der Atmungsorgane an der Medianvene, <oder> ob er im unteren Bereich an der Vena basilica durchgeführt wird. Wenn der Schmerz frisch ist, soll der Aderlass am gegenüberliegenden Teil durchgeführt werden. **§2** Magister Henricus sagte, dass er jemanden fallen sah. 4 Tage lange konnte der nicht sprechen. Nach erfolgtem Aderlass gewann er plötzlich sein Sprechvermögen wieder. Gegen dasselbe. Ein Pflaster aus Bohnenbrei mit Öl gekocht und aufgelegt hilft gut. Ebenso. Aufgekochter Rindermist hilft auf gleiche Weise.

20.30 GEGEN DEN PLÖTZLICHEN OHNMACHTSANFALL MANCHER MENSCHEN

§1 Es passiert, dass eine Krankheit plötzlich eintritt, bei der der Kranke gleichsam leblos zu Boden fällt, wie bei einer Herz- und Magenkrankheit und bei denjenigen, die an einer Krankheit der Gebärmutter leiden und bei vielen anderen Krankheiten. Magister Henricus nahm in einem solchen Fall Harz von Efeu und reichte es dem Patienten mit Wein, oder Kostwurzel und Honig oder Bernstein, und <der Kranke> wird in kurzer Zeit geheilt. Auch Moschus hilft.

20.31 GEGEN JUCKREIZ BEIM MENSCHEN

§1 Zerreibe die Blätter von Erdrauch und die Blätter der Ackerminze und gib' sie für einige Tage in Öl, damit sie fermentieren. Sodann soll das mit diesem gekochte kräftig durch ein Tuch gepresst werden, danach mische das Pulver von Aloe und lebendem Kalk im Vierfachen dieser Menge einem solchen Öl bei und mache daraus eine Art weißer Salbe, und mit dieser Paste reibe mit einer gekochten Wurzel im Bad oder am Ofen die krätzige Stelle kräftig ein, danach wasche sie mit Seife und danach mit warmem Wasser ab oder lasse die vorgenannte Salbe auf der eingeriebenen Stelle für zwei oder drei Tage, ohne sie abzuwaschen. **§2** Gegen dasselbe. Trinke Erdrauch mit Ziegenmolke. Das machen <die Kranken> am ersten Maitag und entkommen so <der Krankheit>.

20.32 GEGEN RÄUDE

§1 Eine Therapie gegen Räude, die innerhalb von drei Tagen befreit: Nimm' Senfmehl mit Essig und reibe es auf. Dasselbe bewirkt Gummi arabicum mit Essig. Ebenso. Nimm' Auripigment und sarazenische Seife, mische es, verknete es gut und verreibe es.

20.33 GEGEN DIE KRÄTZE DER NÄGEL

§1 Um von Krätze befallene Nägel zu entfernen, nimm' Weinstein, Taubenmist und Nieswurz, vermische <alles> gut mit Malvensaft und lege es auf den Nagel, bis er abfällt. Nachdem der Nagel abgefallen ist, bereite ein Pulver aus dem Samen von <...> , von Mastixharz, Weihrauch und Bockshornklee und lege es auf die Stelle, bis ein neuer Nagel wächst. **§2** Oder anders. Nachdem der Nagel fast bis aufs Fleisch abgefeilt wurde, koche Reis in Essig, zerdrücke den abgekochten Reis, und lege den 6. Teil von Wein und Senf darauf, vermische es und lege es drei mal am Tag auf, wobei die Paste jedesmal entfernt werden muss.

20.34 GEGEN EPILEPSIE

§1 Das Pulver der Raute durch die Nase eingegeben hilft und auch ihr Sud und die lange und runde Osterluzey mit Aurea alexandrina gut gemischt und in einem Getränk dargereicht, hilft viel. Das Pulver aber der Raute richtet den Epileptiker wieder vom Fall auf.

20.35 UM EINE WUNDE STELLE ZU HEILEN

§1 Koche zugleich das Blut einer Henne, Wachs und Öl und lege es auf.

20.36 GEGEN KOPFSCHMERZ

§1 Gegen Kopfschmerz, der von warmer Luft herrührt, nehme man eine Einreibung vor von Veilchenöl und Essig der Art, dass zwei Teile Öl sind, und der dritte Teil Essig.

20.37 GEGEN SCHWINDEL

§1 Der zerspaltene Körper eines Uhus, um den frisch geschorene Wolle ringsherum gelegt und der in einfachem Essig erwärmt wurde, beseitigt Schwindel.

20.38 GEGEN BLUT IN DEN AUGEN

§1 Wenn sich ein Bluterguss aufgrund eines Schlages auf das Auge bildet, gilt die allgemeine Regel, wenn die besonderen Umstände es zulassen, dass über die Kopfvene zur Ader gelassen wird. Ebenso ist dies eine allgemeine Praxis, der alle Autoren zustimmen, dass Kümmel pulverisiert und mit Wachs verknetet und am Feuer geschmeidig gemacht werde, und daraus soll man ein kleines Pflaster machen und nach und nach warm auf das Auge legen. **§2** Ebenso. Wenn sich Blut über das Auge ausgebreitet hat, hilft das Blut einer Taube oder eines Rebhuhns oder einer Turteltaube. Ebenso. Storchenschnabel vertreibt Augenbluten. Ebenso. Lege blutigen oder bläulichen Augen mit Honig verriebenen Frischkäse auf.

20.39 GEGEN VERDUNKELTE AUGEN

§1 Nimm' Andorn, Augentrost, Raute, Eppich, mische es zu gleichen Teilen, dann gebrauche es getrocknet und zu Pulver verarbeitetet in einem Fleischgericht oder einem Getränk; das ist aufs Beste erprobt. Ebenso. Die Galle eines Aals, eines Rebhuhns und eines Hasens koche zusammen mit Honig und salbe <die Augen damit>, dieses Mittel hilft bald. **§2** Ebenso. Die Galle eines Geiers mit Andornsaft und attischem Honig zusammengemischt mit einer Feder und in die Augen geträufelt, nimmt den Augen alle Dunkelheit. Ebenso mische Balsamsaft und Honig zu gleichen Teilen und lege davon den Augen auf. Ebenso zerreibe Myrrhe und Krokus zu gleichen Teilen mit Wein, so dass es glatt ist wie eine Salbe und reibe <sie> damit ein.

20.40 GEGEN DAS TRIEFEN DER AUGEN

§1 Gegen das Triefen: Wer aufgrund von Feuchtigkeit entzündete Augenwinkel hat, nehme Fenchelwurzeln und Rosen und von Brunnenwasser und Öl zu gleichen Teilen, koche es, bis das Wasser verkocht ist, und salbe mit diesem Öl. Ein wunderbares Heilmittel.

20.41 GEGEN AUGENSCHMERZEN

§1 Koche Gänsefett und reibe es auf. Ebenso lege das Eidotter eines gebratenen Eies zusammen mit Eppich, Krokus und Honig zerrieben auf. Das eingeriebene Blut eines Schwalbenjungen nützt bei grauem Star aufgrund eines Schlages, und die Augen werden nie mehr schmerzen. Ebenso reinigen zerriebene Blätter von Eisenkraut, unter Hinzufügung von ein bisschen Salz, dazwischengelegt und am nächsten Tag entfernt, das Auge von Blut.

20.42 GEGEN TRÄNENDE AUGEN

§1 Mische trockene Raute und attischen Honig zu gleichen Teilen, reibe die Augen damit ein, dies hält sicherlich die Tränen zurück.

20.43 GEGEN DEN FLUSS DER AUGEN

§1 Die Blätter von Liebstöckl sollen mit Holz in einem Holzgefäß zerstampft, und der mit altem Wein vermischte Saft mit einer Feder aufgestrichen werden.

20.44 GEGEN EIN AUGENGESCHWÜR

§ 1 Lorbeer in Wein gekocht bringt sehr starke Erleichterung bei einem Geschwür und bei Schmerz. Ebenso Schöllkraut in Wasser abgekocht, und mit diesem Wasser werden die Augen geheilt. Es hilft sehr gut. Ebenso lege zerriebene Datteln nach Art eines Pflasters nachts auf die Augen. Ebenso wenn man unter Beimischung von Frauenmilch zerriebenen grünen Koriander den geschwollenen Augen auflegt, stillt er sofort den Schmerz und <lässt> das Geschwür <abschwellen>. **§2** Ebenso nützt Ziegenmist mit Wein übergossen oder in Wasser zerrieben nach Art einer Salbe auf die Augen gestrichen. Ebenso bereite Eiweiß und Frauenmilch zu gleichen Teilen zu und gib' es in das Auge.

20.45 GEGEN FLECKEN UND KATARAKT DER AUGEN

§1 Nimm' Gundelrebe, Schöllkraut, Eberraute, Fenchelwurzel. Aus diesen vier ziehe zu gleichen Teilen den Saft aus. Mit dem sollst du, wenn du schlafen gehst, die Augen innen bestreichen. Ebenso zerreibe eine Distel, mit deren Blüte Milch zum Gerinnen gebracht wird, und, nach Auspressen des Saftes, vermische diesen mit Weißwein und lagere ihn in einem Glasgefäss. Bei Bedarf, gib' es in die Augen. Ebenso nimmt die ins Auge geträufelte Galle eines Aals den Fleck völlig weg.

20.46 GEGEN GELBFÄRBUNG DER AUGEN

§1 Man rufe mit dem Saft von Mangold und Beinwell Niesen hervor.

20.47 GEGEN AUGENTRÄNEN UND GESCHWÜRE

§1 Koche die Wurzel der wilden Pastinake in Wasser ab und heile <damit> die Augen. Ebenso beseitigen die zerriebenen und auf die Stirn gelegten Samen und

Blätter des Mastixbaumes Augentränen. Ebenso bewirkt in die Augen geträufeltes Eiweiß dasselbe, lindert das Brennen und gibt Kühlung. Ebenso heilt Ziegenkäse, kochendem Wasser entnommen und zusammen mit Honig aufgelegt, Augentränen.

20.48 GEGEN OHRENSCHMERZEN

§1 Injiziere den Saft von Hauswurz. Wenn ein Ohrwurm in ein Ohr eingedrungen ist, tropfe Essig in das andere Ohr, und der Wurm stirbt, indem er Stück für Stück herausfällt. Ebenso wenn Würmer im Ohr entstehen, kann man sie mit dem Rauch von Knöterich und der Bitterkeit von Kamille austreiben. Ebenso kann man mit dem Saft von Knöterich die Würmer töten, wo immer sie sind, und die Würmer vermeiden jede Berührung mit diesen Saft.

20.49 GEGEN TAUBHEIT

§1 Gegen Taubheit, die von Feuchtigkeit herrührt, nimm' Regenwürmer und Zwiebeln, schneide sie stückweise ein und lege sie in einen Tiegel, und die Flüssigkeit, die sodann austritt, gebe man in das Ohr. Ebenso gegen Taubheit, die aufgrund einer Blähung entstanden ist, koche Butter mit Kümmelpulver und gib' einige Tropfen in das Ohr.

20.50 GEGEN KATARAKT DER AUGEN

§1 Ein Augenheilmittel gegen Katarakt: Nimm' den Saft von Fenchel und Betonie und gib' in diese Säfte Pulver von Aloe und Gummi und seihe dies durch ein feines Tuch unter Hinzufügung des Saftes von Raute und Eisenkraut und hebe es zum Gebrauch in einem Gefäß aus Glas oder Bronze auf.

20.51 UM DEN BLICK KLAR ZU MACHEN

§1 Nimm' eine Mirobolanus-Frucht, kandiert und ohne den inneren Kern, und zerstampfe sie vollständig, danach gib' 2 Drachmen Leberaloes und 1 Drachme Mastix und gib' <das Gemisch> mit gut warmem Wasser zu trinken, und es macht den Blick sehr klar.

20.52 GEGEN TAUBHEIT

§1 Gegen Taubheit aufgrund von Eiter sagte Magister W... dass er eine Frau sah, die Eiter im Ohr hatte, und der Arzt legte eine Kappe so an, dass er das ganze Ohr mit der Kappe umschloss und den Eiter auszog und mit dem Eiter auch Blut, und heilte sie auf diese Weise. **§2** Ebenso nimm' Raute und reibe sie mit frischem Speck, wenn du ihn haben kannst, und gib' es in einen Tiegel und lege von dieser warmen Flüssigkeit auf oder von Rautensaft allein. **§3** Und beachte die allgemeine Regel: Wenn etwas ins Ohr getan wird, soll der Kranke auf dem gesunden Ohr liegen, und man gebe ein, was gegeben werden muss, und <der Kranke> soll kurz so liegen bleiben, danach soll er sich auf die kranke Seite drehen, so dass alles ausfließen kann, was <der Arzt> eingegeben hatte, weil es nicht nach innen ausgestoßen werden darf.

20.53 GEGEN ZAHNSCHMERZEN

§1 Man sagt, wenn man auf ein Blatt folgendes schreibt: bene + bene + nany + und es um den Hals des Kranken hängt, der an sehr starken Zahnschmerzen leidet, dass der Schmerz sofort nachlässt. Ebenso sagte Vido,[107] dass aufgelegtes Galbanharz gut gegen Zahnschmerzen hilft. **§2** Ebenso wenn der Zahn durchlöchert ist, nimm' Origano und mache ein Pulver daraus, mische das Pulver zu gleichen Teilen mit Natron und lege es in das Loch, und wenn er nicht durchlöchert ist, lege es nur an die Zahnwurzeln. Ebenso verbrenne Honig und geschnittenen Alaun und einen Gallapfel und mache dasselbe. Ebenso koche man Alaun und Bertram in Honig und dem Saft des Zwergholunders, und behalte es warm im Mund. **§3** Ebenso binde man Knoblauch an die Daumenwurzel und zwar auf derselben Seite (sc. wo der Zahn wehtut), wie einige sagen, aber besser ist es auf der entgegengesetzten Seite. Ebenso lege man Aurea Alexandrina in eine wächserne Kapsel und lege sie auf den Zahn, und wenn kalte Flüssigkeit ausgeflossen ist, soll man ihn mit denselben Opiaten, die mit Wein aus dem Sud von Weihrauch und Mastix dargereicht wurden, entfernen. **§4** Wenn <die austretende Flüssigkeit> warm ist, soll rote Aurea Alexandrina mit einem Sud des Vorgenannten gereicht werden. Um auch warmen Ausfluss zu beseitigen, richte ein Dampfbad mit Wegerich, Rose, Myrrhe, Weihrauch, der Haut vom Granatapfel und Ähnlichem. Ebenso lass' unter der Zunge zur Ader, nachdem du Schröpfköpfe am Hals aufgesetzt hast. **§5** Ebenso heile die Zähne in beiden Fällen folgendermaßen: Sammle die Körner vom Lauch und spare nicht mit Weihrauch, zusammen mit Bilsenkraut verbrenn' es. Dann fang' den Rauch durch einen Trichter fern vom Zahn. Ebenso koche eine Spargelwurzel in Wein und behalte sie im Mund. Sie stillt den Schmerz. Ihr Saft bewirkt dasselbe. **§6** Ebenso zerreibe die Wurzeln des Nieswurz mit Essig und erwärme sie. So auf die Zähne gelegt, beseitigen sie schnell den Schmerz. Ebenso nimm' einen Ziegel

---

[107] Möglicherweise Guido von Arrezzo, der Jüngere. In: LexMA, IV, 1989, Sp. 1773-1774.

und erwärme ihn gut im Feuer, und wenn er gut warm geworden ist, lege ihn in Wasser und lege Samen von Bilsenkraut darauf, und dann sei der Kranke zugegen und nehme den Rauch gut auf und sofort wird er vom Schmerz befreit.

20.54 UM ZÄHNE WEISS ZU MACHEN

§1 Ebenso werden schwarze Zähne weiß, wenn man Gerstenmehl nimmt und mit gutem Essig beträufelt, so dass man ein Brot macht, dass man über Kohlen backt, so dass es Kohle wird, anschliessend zerstampfe und zerreibe es; morgens reibe dann deine Zähne damit, und du wirst aus schwarzen Zähnen weiße machen. **§2** Ebenso damit die Zähne kräftig und weiß werden, zerreibe sorgsam gemeines Salz und füge abgeschäumten Honig hinzu, so viel wie nötig, und mische es gleichzeitig, und daraus mache schmale Pastillen nach Art eines Quirls, den Frauen gebrauchen; die ordne in einer einfachen Schüssel so an, dass eine von der anderen entfernt ist, und sie sollen so lange über den Kohlen bleiben, bis sie verbrennen. **§3** Dann gib' sie in einen Mörser und zerreibe sie gut, danach füge zwei Teile verbrannte Handknochen hinzu, und verwahre es gut zerrieben in einem Gefäß und berühre damit morgens die Zähne und du sollst das Medikament eine Zeit lang im Mund lassen.

20.55 UM ZÄHNE ZU STÄRKEN

§1 Ebenso die Wurzel des Gauchheils zerkaut, festigt wunderbar lose Zähne. Ebenso Alant auf nüchternen Magen zerkaut, stärkt die Zähne. Ebenso verbrenne die mit Salz gefüllte Schale einer Meermuschel und stärke die Zähne <damit>. Ebenso verbrannte Knochen aus Schweineklauen leisten denselben Dienst.

20.56 GEGEN BESTÄNDIGEN ZAHNSCHMERZ

§1 Ebenso damit alle Zähne unversehrt und unbeweglich sind, ein grossartiges Heilmittel: Koche zwei Esslöffel des Saftes vom jungen Trieb einer weißen Weinrebe und die Rinde der Wurzel des Maulbeerbaumes bis zu drei Tagen, behalte es im Mund und lasse es sieben Tage lang zergehen. Sie werden nie <mehr> schmerzen. **§2** Gegen dasselbe hilft ebenso, wenn jemand täglich morgens auf nüchternen Magen Gummi unter der Zunge hält, bis es sich auflöst. Ebenso das Hirn eines Hasens in Wein gegeben. Ebenso mische Butter mit Honig und reibe damit das Zahnfleisch ein. Ebenso drücke Opopanax-Harz in den Zahn, der hohl ist.

20.57 DAS ZIEHEN DER ZÄHNE

§1 Mische Weizenmehl gut mit Wolfsmilch, gib' es in den Hohlraum und um den Zahn, und so fällt der Zahn von allein heraus. Oder nimm' die Wurzel von Bilsenkraut, erwärme sie stark und lege sie gut warm auf den kranken Zahn und um seine Wurzel. Doch muss man aufpassen, dass sie nicht die benachbarten Zähne berührt, da sie <sonst> mit dem kranken zusammen ausfallen würden.

20.58 GEGEN KOPFHAUTFLECHTE

§1 Man lege mit Salz zerriebenen Anis auf oder grünen Koriander mit Essig.

20.59 GEGEN ÜBERMÄSSIGEN HAARAUSFALL

§1 Eine therapeutische Praxis: Schiffspech, Hammelfett, Wachs und Nussöl werden gleichzeitig untereinander aufgelöst, und zusammen mit dem Pulver der beiden Nieswurzarten.

20.60 GEGEN HAARAUSFALL

§1 Damit die Haare nicht ausfallen, versenge Leinsamen, mische es mit Öl und reibe den Kopf damit ein.

20.61 ZUR ENTHAARUNG

§1 Damit die Haare ausfallen, mische Ameiseneier, Efeuharz, Auripigment zu je gleichen Teilen mit Wein, berühre <damit>, wo immer du willst, damit keine Haare wachsen.

20.62 DAMIT HAARE WACHSEN, WO DU WILLST

§1 Koche den mittleren Teil einer Ulme in Wasser und wasche damit den Kopf. Ebenso, damit Bart und Haare wachsen, nimm Bienen und verbrenne Frauenhaarfarn, mache zu gleichen Teilen ein Pulver, vermische es mit Öl und reibe ein, wo du willst. Ebenso verbrenne Weizenbrot und Papier zu gleichen Teilen mit Salz, zerreibe es mit Bärenschmalz und reibe ein, wo du willst, und bald werden die Haare wachsen.

20.63 DAMIT DEN KAHLKÖPFIGEN WIEDER HAARE WACHSEN

§1 Röste Haselnüsse mit der äußeren Schale und zerstampfe sie mit altem Fett oder Bärenschmalz. Ein anderes <Mittel>: Zerreibe die innere Rinde der Ulmenwurzel und koche sie lange in Wasser. Was obenauf schwimmt, soll man abschöpfen. Das bewirkt, dass die Haare der Brauen wachsen, der Bartes auch nach Verbrennungen. Ein weiteres <Mittel>: Ein Pulver gemacht aus den jeweils verbrannten östlichen Smaragdeidechsen und Blutegeln.

20.64 EIN SUD GEGEN HEISERKEIT

§1 Nimm': von Salbei, Ysop, Iris, Tragant, Gummi arabicum, trockene Feigen, Rosinen, Süssholz, mit seinem Saft koche man alles in verdünntem Weißwein, und der Kranke trinke morgens und abends diesen Wein lauwarm.

20.65 UM GRAUE HAARE ZU SCHWÄRZEN

§1 Nimm' das Ei eines Raben und lege es in eine flache Schüssel, danach rasiere man den Kopf ab und reibe ihn damit ein, doch soll der Kranke den Mund voll Öl haben, damit die Zähne nicht schwarz werden.

20.66 HEILMITTEL FÜR STIMME UND GEGEN HUSTEN UND LUNGEN <-BESCHWERDEN>

§1 Trinke je 2 Drachmen Auripigment und Pfeffer gut zerrieben mit altem Wein und lauwarmem Honig auf nüchternen Magen oder nimm' Limonensaft im Backofen bereitet <noch> sehr warm in Wein ein und schlafe.

20.67 GEGEN ANGINA

§1 Bei den ersten Symptomen soll an den Venen unter der Zunge zur Ader gelassen werden. Wenn dies aufgrund übermässiger Schwellung nicht gemacht werden kann, sollen von außen zu beiden Seiten der Kehle Schröpfköpfe angelegt und Ritzungen vorgenommen werden. Und eine Ritzung ist ein tiefer oder langgezogener Einschnitt mit einem Skalpell, ein Kratzer aber ein Längsschnitt. Der Kranke soll beständig mit Oximel, mit warmem Wasser gemischt zu gleichem Teil, gurgeln, so warm wie er kann.**§2** Äußerlich lege man Eibisch auf, gekocht mit zerbröckeltem Fett oder zu Pulver verarbeiteter Leinsamen und in Wasser abgekocht nach Art eines Pflasters. Hilft auch denen, die an Rippenfellentzündung leiden. **§3** Dagegen hilft auch Hundekot gut gemischt mit Gerstengrütze oder mit Honigwein und mit einem Tuch auf die schmerzende Stelle gelegt oder gegurgelt. Oder nimm' Schnecken von Weidenbäumen oder anderen Bäumen und zerreibe sie mit den Blättern der Brombeerstaude oder der Rose und lege es auf. **§4** Gegen dasselbe nimm' ein Gärungsmittel, gekautes Getreide und Feigen, d.h. getrocknete Feigen, mach' ein Pflaster und lege es auf. Ebenso. Das erste Heilmittel ist Olivenöl, so stark erwärmt wie es vom Kranken ausgehalten werden kann, in das frisch abgeschorenen Schafwolle eingetaucht und zum Pflaster verarbeitet und auf die schmerzende Stelle gelegt wird, und dies soll zweimal täglich gemacht werden. **§5** Das zweite Heilmittel ist, dass dem Kranken ein Getränk von einem Schwalbennest gegeben wird, und dieses Getränk ist aber unvermischtes einfaches Wasser , das Nest aber soll von Federn und anderem Schmutz gereinigt werden. Das dritte Heilmittel ist, dass man nach weißem und frischem Hundekot sucht, <diesen> in einer Schüssel mit Butter aufkocht und der schmerzenden Stelle auflegt, und zwar so heiß, dass der Kranke es aushalten kann, und dies soll zwei mal täglich gemacht werden. **§6** Das vierte Heilmittel ist, wenn die anderen Heilmittel dem Kranken nicht helfen, dass von besagtem Kot eine Mischung mit Honig hergestellt wird und so warm in den Rachen des Kranken in den Mund hinein gegeben wird, und dies soll öfter gemacht werden. Das 5. Heilmittel ist, wenn ein Saphir zu haben ist, dass man den häufig im Mund halten soll. Das 6. Heilmittel ist vielmehr das erste von allen, nämlich: dass sofort an der Zunge zur Ader gelassen wird.

20.68 GEGEN AUFGESPRUNGENE LIPPEN

§1 Helfen sollen die Samen von faulen Quittenäpfeln in ein Säckchen gelegt und danach in warmes Wasser, und die klebrige Substanz auf die Lippen gegeben heilt gut. Ebenso hilft Tragant über einem Ziegel verflüssigt, danach zwischen den Fingern zerrieben und darübergestreut. Er hilft <noch> besser dagegen, solange er warm ist.

20.69 GEGEN AUFGESPRUNGENEN MUND UND HÄNDE

§1 Weißer Tragant zu Pulver verarbeitet und gut mit Sirup gemischt hilft gegen alle Risse, die sich aufgrund einer warmen Ursache an Mund und Händen bilden.

20.70 GEGEN PLÖTZLICHE SPRACHLOSIGKEIT

§1 Für die Kranken, die plötzlich verstummen, zerreibe Poleiminze und mische sie gut mit Essig und erwärme sie am Feuer, bestreiche danach ein mit Färberwaid gefärbtes leinenes Tuch, halte es an die Nase des Kranken, und sofort wird er sprechen.

20.71 GEGEN BEKLEMMUNG DER BRUST

§1 Fuchsfleisch hilft sehr gegen Beklemmung der Brust und gegen Asthma, und die Leber selbst hilft sogar <noch> besser. Es heißt allerdings, dass der Kranke es nicht wissen darf, und wenn er es weiß, hilft es nichts, und wenn der Kranke daran erinnert wird, so heißt es, dass er rückfällig wird.

20.72 GEGEN ASTHMA

§1 Dicker Brei aus Weizenmehl mit Milch hilft den an Asthma Leidenden, wenn dem Brei ein Pulver aus Saturei beigemischt wird. Ebenso der Samen der Kamille mit Wein hilft dem Vergifteten und dem Asthmatiker.

20.73 GEGEN WARMES GIFT

§1 Gegen einen Stich mit warmem Gift zerreibe man Beinwell zwischen zwei Steinen so, dass es nicht von der Hand berührt wird, und lege es als Pflaster auf. Dasselbe bewirkt die Wurzel der Lilie mit rohem Eiweiss und ein wenig Salz zerrieben, wenn sie als Pflaster aufgelegt wird. Ebenso nützt ein Mithridaticum innerlich und äußerlich <angewendet>. Ebenso auch Theriak, wenn <das Gift> kalt ist. Ebenso nützt gekautes Getreide, wenn es aufgelegt wird.

20.74 GEGEN RHEUMA

§1 Magister Rudolfus sagte, dass weich gemachte und in die Nase gesteckte Galläpfel und Muskatnuss viel besser gegen Rheuma aus kalter Ursache helfen als Opiumtinktur, und er hatte das an sich selbst bewiesen. Ebenso koche man gegen Rheuma aus kalter Ursache Opiumtinktur und Asche und Gerstenspreu in Wasser, und der Kranke wasche Füße, Schienenbeine, Hände und Arme ab und nehme den Rauch mit dem ganzen Körper auf.

20.75 GEGEN HARTE BRÜSTE

§1 Wermut und Eppich helfen, wenn sie in Wein gekocht und als Pflaster aufgetragen werden.

20.76 GEGEN BAUCHWEH

§1 Gegen Schmerz und Härte oder Blähung des Bauches gib' zwei Löffel vom Saft des Fünffingerkrauts unverzüglich nimmt es den Schmerz. Auch der Saft des Wegerich hilft, wenn er lauwarm gegeben wird. Wenn es aber ein Geschwür gibt, beseitigt das zerriebene und aufgelegte Kraut selbst das Geschwür. **§2** Ebenso trinke man gegen Bauchschmerz zerriebenen Kreuzkümmel in Wasser. Gegen Blähung des Bauches zerreibe Raute und trinke sie häufig in Wein eingelegt. Ebenso koche die Wurzel des Eppichs und Fenchelwurzel und die Blätter der Raute in Wasser und gib' sie häufig zu trinken.

20.77 GEGEN DURCHFALL

§1 Um den Darm zusammenzuziehen, röste Gerstenmehl mit Eiweiß und Fett vom Ziegenbock in einer Schüssel, und sofort zieht es zusammen.

20.78 GEGEN WEISSE RUHR

§1 Magister Rudolfus sagte, dass dies das letzte Heilmittel gegen weiße Ruhr ist, die sich festgesetzt hat: Nimm' einen Teil Minzsaft und zwei Teile Kuhmilch, so wie sie vom Euter kommt, koche sie zugleich und reiche sie so heiß wie möglich. Er sagte, dass ein Priester das bei seiner Tochter fünf oder sieben Mal machte, und sie wurde geheilt.

20.79 GEGEN EINE FISTEL

§1 Bereite pulverisierten Ingwer, Weihrauch und Aleo mit Honig zu und lege es auf. Ebenso nimm' eine Kröte und wirf' das Innere weg, danach fülle die Kröte selbst mit Butter und Eibisch und röste sie wie ein Huhn. Man schöpfe das Fett ab und gebe davon ein wenig in die Fistel und danach das Pulver der Kröte, weil sie geröstet werden muss, bis sie ganz <vom Feuer> verzehrt ist, danach muss sie pulverisiert werden. **§2** Ebenso koche je 2 Drachmen Honig, Essig und Zwergholundersaft, je 4 Drachmen Salz, bis die Substanz dick wird, dass sodann Medallions in der Form der Wunde geformt werden können, und man lege sie in die Wunde, nachdem diese mit Essig gereinigt wurde. Ebenso hilft Mariensiegel oder Veilchen mit Wasser getrunken und als Pflaster aufgetragen. **§3** Gegen dasselbe gibt es ein erprobtes Pflaster: Bereite ungelöschten Kalk, den Saft von Zwiebel und Knoblauch, Vitriol, gebranntes Kupfer, Auripigment, Zwergholundersaft, Essig, gekochten und kalten Honig nach Art eines Pflasters zu und lege es der Fistel auf.

20.80 GEGEN EINE FEIGWARZE

§1 Häufig eingenommene Pillen aus zerriebenen Rettich helfen. Ebenso binde, wenn die Feigwarze sich bildet, eine zerriebene Rettichwurzel darauf, und sie wird schnell absterben. Ebenso trinke gegen eine Feigwarze am Körper Malvensaft, und du wirst keinen besseren Trank dagegen finden. Ebenso heilt Fünffingerkraut, als Trank genommen, die Feigwarze. **§2** Ebenso nimm' Hanfsamen und den Saft der Echten Färberröte und ihre getrocknete Wurzel zu Pulver verarbeitet, und mache ein Pflaster und lege es auf die Feigwarze, es wird sie binnen 6 Tagen abtöten. **§3** Ebenso führe folgende Kur durch bei Kranken, die an einer Feigwarze oder Hämorroiden leiden: Nimm' rohe Butter oder Öl und reibe die Stelle ein, danach nimm' eine alte Sohle, verbrenne sie, siebe das Pulver viele Male durch und lege es auf die Stelle, und sie wird geheilt.

20.81 UM HÄMORROIDEN WEICH ZU MACHEN

§1 Lege Ochsengalle und Zwiebeln auf.

20.82 GEGEN VERSTOPFUNG VON MILZ UND LEBER

§1 Gegen eine Verstopfung von Milz und Leber sowohl aufgrund warmer als auch kalter Ursache und auch für diejenigen, die akut erkrankt sind an einer Lebererwärmung, ging Magister Henricus folgendermaßen vor: Er kochte Schwefel mit wohlriechendem Wein und Brombeere und gab das auf die Leber, wenn sie verhärtet war. Und beachte, dass die Lösung der Verkrampfung nur mit warmen und auflösenden Mitteln geschehen kann.

20.83 GEGEN NERVENKRAMPF

§1 Gegen Nervenkrampf koche Lorbeerspitzen und eine Ähre mit Wein in einem gut verschlossenen Gefäß, und wenn alles gekocht ist, wird es ans Ohr gedrückt, und es nimmt den Rauch auf.

20.84 UM BLASENSTEIN ZU BRECHEN

§1 Nimm' einen Skorpion, spanische Fliegen und Zikaden, gib' sie in einen einfachen Topf in den Backofen, lass' sie austrocknen, dann sollen sie pulverisiert werden. Bewahre dieses Pulver für den Gebrauch auf. Man gebe dem Kranken die gekochte Materie mit harntreibendem Sirup auf nüchternen Magen, aber gib' acht, dass es vorsichtig gegeben wird, da dieses Pulver giftig ist. **§2** Ebenso eine erprobte

Therapie. Nimm die Blase eines Ebers zusammen mit ihrem Urin heraus, füge das Blut eines dreijährigen Ziegenbocks hinzu und gib' es dem Kranken zu trinken. Von dieser Stunde an wird der Stein zerbrochen und ausgeworfen. Wenn du das überprüfen willst, gib' in eine mit Urin und Blut gefüllte Blase einen beliebigen Stein. Am folgenden Tag wirst du ihn zu Pulver reduziert vorfinden, <gib' das> einem Mann [aus einer Eberblase], einer Frau [aus einer Schweineblase]. **§3** Ebenso halte einen drei Jahre alten weißen Ziegenbock an einem abgeschiedenen Ort, und für drei Tage soll er weder fressen noch trinken. Am vierten Tag aber bring' ihm gesegnetes Salz, und er lecke daran, so oft er will, danach gib' ihm reinen Wein, so viel er jedes Mal will. **§4** Nachdem sein erster Urin weggeworfen wurde, sammle man sorgsam den zweiten, indem man ihm am 5., 6. und 7. Tag Salz und Wein gibt, wie oben gesagt. Am 8. Tag aber lass' den Ziegenbock laufen. Von jenem Trank aber gib' dem Kranken auf nüchternen Magen morgens zu trinken und abends, wenn er mit leerem Magen schlafen geht. Dieses Getränk ist so stark, dass es den Stein in einer Nacht zerbricht. **§5** Wenn du es ausprobieren willst, gib' das Getränk in ein Gefäß mit dem Stein für einen Tag und eine Nacht. Am Morgen wirst du den Stein zerbrochen vorfinden. Ebenso für die an Nierengrieß Leidenden: Nimm' das Blut, die Knochen und das ganze Fell eines Hasen und koche es auf einem Ziegelstein oder in einem einfachen Topf und mache daraus ein Pulver. Gib' mit warmem Wasser einen Löffel zu trinken, und jeder beliebige Stein löst sich sofort auf. **§6** Petrus Cyconia ging folgendermaßen vor: Er gab einen ganzen Hasen, getötet durch einen Schnitt am Hals, in einen Topf und warf nichts davon weg, er veschloss den Topf so gut, dass der Rauch oder sonst irgendetwas nicht entweichen konnte, und am Ende des Verbrennungsvorgangs gab er Myrrhe in den Topf, verschloss ihn wieder und reichte das <als Arznei>.

20.85 GEGEN EINEN KLEINEN STEIN

§1 Ein Pulver von Hasenfell mit dem gesamten Blut in einem neuen Topf angeröstet, mit einem Mörser zerrieben und ein gehäufter Löffel voll am Morgen mit warmem Wasser getrunken, bricht den Stein; die Kraft dieses Pulvers muss man bewundern, denn ein Steinchen, das in einen solchen Brei hineingelegt wurde, wird schnell zerbrochen.

20.86 GEGEN SPERMAFLUSS

§1 Zerriebener Lattichsamen mit Wein getrunken reduziert übermäßiges Sperma.

20.87 GEGEN DARMVERSCHLINGUNG

§1 Man lege auf, was aus der Pflanze, die rote Blüten hat, entsteht, und aus Eppich, <beides> in einer Schüssel mit Butter oder Öl oder anderem, das aus Honig, Essig und Öl entsteht, geröstet, dort hinein tauche man frische Wolle und lege sie auf. **§2** Ebenso gegen Darmverschlingung und Koliken eine Therapie des Vido[108]: Nimm' sehr heißes Brot frisch aus dem Ofen geholt, pulverisierten Kümmel und sehr guten Rotwein, gieße den Wein über das Brot und lege dieses Pulver auf die schmerzende Stelle. Sofort verschafft dies Linderung, ich sage nicht, dass es heilt.

20.88 UM URINFLUSS HERVORZURUFEN

§1 Auf welche Weise der Urinfluss auch behindert werden mag, er wird durch einen Aderlass an beiden Venen gelöst, und zwar derart, dass an der inneren Seite zur Ader gelassen wird und die Füße im Wasser stehen. Ebenso ruft Schwefel in Wasser abgekocht, über ein Tuch gegossen und mit einer großen Menge süßen Öls hineingerieben und warm aufgelegt Urin hervor, so dass er vom Nabel nach unten über die Schamteile bis zu den Nieren geführt wird und so eine Weile dort gehalten wird. **§2** Ebenso für jene, die keinen Urin lassen können: Nimm' Honig, Nüsse und Ruß aus der Pfanne, nimm' von allem zu gleichen Teilen, lass' es gleichzeitig aufkochen und gib' es dem Kranken, und er wird geheilt, und das bezieht sich auf die, die aufgrund einer kalten Ursache einen Stein in der Blase haben. **§3** Ebenso eine sehr gute Therapie gegen plötzlichen Harnverhalt: Man koche Glaskraut in Wasser ab. In dieses Wasser setze sich der Kranke bis zum Nabel. Danach, während er im Bad sitzt, gebe man ihm aus einem Kupfergefäß mit einem Teil des ersten Suds gemischt mit Wein zu trinken, und sogleich wird er im Bad urinieren. **§4** Wenn du kein Glaskraut hast, nimm' Eppich, mach' ein Bad und gib' ihm den Sud von Greiskraut zu trinken; wenn er nicht uriniert, ist das ein Todeszeichen. Ebenso lege Eppich gekocht auf die Brust derjenigen, die nicht urinieren können.

20.89 GEGEN SCHMERZHAFTEN HARNZWANG

§1 Magister Henricus sagte, dass er einen Knaben unter größtem Schmerz an Harndrang leiden sah. Er ließ frische Wolle kommen und in kochendheißes Öl tauchen und legte sie auf die Stelle, und der Knabe wurde geheilt. **§2** Ebenso sah Magister Henricus einen Knaben, der wegen eines Blasensteins geschnitten worden war, danach blähte sich sein Bauch sehr auf. Man machte ihm Zäpfchen, es half nichts. Man wollte einen Einlauf machen. **§3** Zuletzt machte Magister

---

108 Vgl. oben zu Vido 20.53 §1.

Henricus ein Pflaster aus dem Saft von Holunder, Zwergholunder und Flugmehl aus der Mühle, legte es auf den Bauch des Knaben und begann, es zu verreiben, und so wurde er geheilt.

20.90 GEGEN MAGENSCHMERZ

§1 Gegen Magenschmerz aufgrund einer kalten Ursache reibe den Magen mit Honig ein, danach streue ein Pulver von den Beeren des Lorbeerbaums darüber, danach lege frische Wolle auf, und es hilft gut.

20.91 GEGEN DURCHFALL

§1 Gegen Durchfall aus schlüpfrigem Schleim koche man Nelken und Muskatblüte mit duftendem Wein und reiche es dar.

20.92 GEGEN DAS ANSCHWELLEN DER SCHIENBEINE

§1 Gegen das Anschwellen der Schienbeine aufgrund eines Sturzes oder eines langen Marsches, und auch <gegen Schwellungen> an einer beliebigen Körperstelle, hilft Ochsenmist warm aufgelegt.

20.93 GEGEN DAS ANSCHWELLEN

§1 Nimm' Gerstenmehl, Leinsamen und den Saft des Nachtschattens und koche dies gut in Wein ab, und wenn es gut gekocht ist, lege es auf, wo der Schmerz sitzt, und <der Kranke> wird geheilt.

20.94 GEGEN EIN GESCHWÜR

§1 Eine Therapie des Rudolfus, die jedes Geschwür, entstanden aus Feuchtigkeit, abklingen lässt: Nimm' einen Leinstengel und schneide ihn nach und nach über einem Holz ein, danach koche ihn mit Wein <so lange>, bis der Wein fast verkocht ist, und man gebe dies so heiß, wie es der Kranke ertragen kann. **§2** Ein anderes Mittel gegen dasselbe: Gut helfen auf dieselbe Weise eingeschnittene Lauchblätter, gekocht und danach mit Schweinefett geröstet. Ebenso: Mische Essig, zerstoßene Eierschalen, Mehl von Hafer und Bohnen und lege es auf.

20.95 GEGEN EIN GESCHWÜR NACH EINEM ADERLASS

§1 Man koche eine gut von ihrer Schale gereinigte Bohne in Wein oder Essig und lege sie auf.

20.96 GEGEN EINEN KRAMPF

§1 Nimm' den Speichel eines nüchternen Menschen, reibe die verkrampfte Stelle ein und am stärksten hinten in den Gelenken unter dem Schienbein, und du wirst geheilt.

20.97 UM SCHLUCKAUF ZU UNTERDRÜCKEN

§1 Tauche beide Hände in warmes Wasser ein und schlucke ein wenig Essig hinunter.

20.98 EIN SEHR GUTES UND SANFTES ABFÜHRMITTEL IST DAS FOLGENDE:

§1 Man nehme zu gleichen Teilen den Saft von der mittleren Rinde des Holunderbaumes, des Zwergholunders und Ochsengalle, erwärme es über dem Feuer, mit dem die Haut eingerieben und überzogen wird. Auf sanfte Weise wird es abführen.

20.99 UM EINE ENTLEERUNG AUSZULÖSEN, HILFT DIESE SALBE GUT

§1 Nimm' zu gleichen Teilen Ochsengalle, Salz und Öl, man verarbeite es <zu einem Arzneimittel>, und reibe damit stark den Nabel ein am Feuer. Ebenso um (Darm-) Entleerung und Erbrechen hervorzurufen: Nimm' eine Wolfsleber, gib' sie auf eine Röstpfanne, zerreibe sie, damit sie durchgeseiht werden kann, und bewahre sie zum Gebrauch auf. **§2** Wenn man <damit> den Magen einreibt, ruft es Erbrechen hervor, wenn man über dem Nabel einreibt, Stuhlgang, wenn hinten auf den Schulterblättern, hält es Erbrechen zurück, wenn an den Lenden und Nieren, hält es die Entleerung des Darms zurück.

20.100 GEGEN VIERTAGEFIEBER

§1 Pulver von Bibergeil, Wolfsmilch, Bertram, Pfeffer zu gleichen Teilen in gewöhnlichem Öl und einer roten Zwiebel gekocht, bis es eingedickt ist, hilft bei Viertagefieber, wenn der Kranke vor der regelmässigen Zu- und Abnahme des Fiebers vom oberen Wirbelknochen des Rückens bis zum unteren eingerieben wird. Diese Salbe hilft auch gegen Arthritis und Fußgicht aus kalter Ursache. Ebenso Eppichsaft, soviel getrunken, wie eine Eierschale fassen kann, vertreibt die regelmässige Zu- und Abnahme des Viertagefiebers.

20.101 GEGEN EINEN ANFALL REGELMÄSSIGER ZU- UND ABNAHME VON WECHSELFIEBER

§1 Der Kranke trinke auf nüchternen Magen ein wenig Schöllkrautsaft, und wird sich heftig erbrechen und wird so vor jenem Anfall bewahrt.

20.102 EINE SALBE GEGEN JEDES FIEBER

§1 Eine wunderbare Salbe gegen jedes Fieber, das Schüttelfrost bringt, und man reibe <damit> die Schläfen, Nieren und die Wirbelsäule ein, und sie lässt die Fiebermaterie verdunsten: Nimm' zu gleichen Teilen den Saft von Fenchel, Eppich, Gartenraute, und Zaunrübe und Öl nach Belieben, und man koche es bis zur Verdickung der Säfte ein, füge dann rotes Wachs hinzu und mache eine Salbe. **§2** Gegen diese Lösung steht die Lehre von Magister Hertwicus: Nimm 1 Viertel Nelke ohne Moschus, 1 Unze scharfer Hiera Pigra. Das vermische man gleichzeitig und verknete es.

20.103 UM SCHWEISS AUSZULÖSEN

§1 Nimm' die Frucht einer Koloquinte, wenn du diese nicht hast, eine rote ausgehöhlte Zwiebel, fülle sie mit Öl, füge das Pulver von Biebergeil, Wolfsmilch, Pfeffer und Bertram hinzu, stelle es ans Feuer und es koche solange, bis das Öl verkocht ist, danach zerreibe man es und drücke es aus, und reibe mit dieser Flüssigkeit über die Wirbelsäule, Brust, Stirn, Schläfen und die Pulsadern, so lange, bis der Kranke nicht mehr beständig leidet. Jenes <Medikament> pflegt sehr starke Schweißausbrüche hervorzurufen. **§2** Ebenso um Schweiß hervorzurufen, wie es an den Tagen des Wechselfiebers geschieht, dass der Kranke heute schwitzt und morgen nicht, und so haben sie an keinem Tag vollkommenen Schweiß: **§3** Nimm' Leinsamen und Fenchelsamen, koche sie und lege sie auf den Magen, und der Schweiß wird gut hervorgerufen. Ebenso sollst du Kümmel trocknen und pulverisieren, und mische ihn mit Öl und reibe <damit> Fußsohlen und Hände ein und wickele dich warm im Bett ein.

20.104 GEGEN SCHWEISS

§1 Um übermäßigen Schweiß zu unterdrücken: Nimm' Rosenöl, mische es mit dem schleimigen Saft von Flöhkraut und reibe Wirbelsäule, Brust und Stirn ein, weil von diesen dreien gewöhnlich der Schweiss produziert wird.

20.105 GEGEN FUSSSCHWEISS

§1 Wenn die Füße mit in Wasser aufgelöstem Alaun abgerieben werden oder mit den Blättern der Zypresse und der Tamariske oder dem Wasser einer ausgepressten Myrthe, wird ihr Schwitzen unterbunden.

20.106 UM SCHLAF HERBEIZUFÜHREN

§1 Für die, die nicht schlafen können, lege Lattichsamen in ein Tuch und gib' es in warmes Wasser, bis es durch das Leinen seine Kraft abgibt, und gib' ihnen dieses Wasser zu trinken. Dies hilft auch Geisteskranken. Ebenso reibe mit Odermennig, der mit Essig zerrieben wurde, den Kopf ein. Ebenso lege Bärenfett während des Schlafs unter den Kopf. **§2** Ebenso zerriebene Mohnsamen mit Öl auf die Schläfen gegeben, bereitet wunderbaren Schlaf. Ebenso zerreibe Mohnsamen mit Eiweiß und reibe Stirn und Schläfen <damit> ein. Ebenso lege den Saft von Bilsenkraut und Minze auf die Stirn, und wenn <der Schlaflose> nicht schläft, stirbt er.

20.107 GEGEN LEPRÖSE HAUTENTZÜNDUNG

§1 Eine Therapie des Magisters Wy... gegen die schwarze Hautentzündung: Zuerst führe man gründlich ab, auch zwei bis drei mal, wenn es nötig ist, danach mache man folgende Salbe: Nimm' den Saft des Alants, des Fluss-Ampfers und des Wermuts und bereite es mit Wachs zu, danach mache man mit den genannten Kräutern ein Dampfbad und einen Umschlag auf der entzündeten Stelle, danach reibe man sie mit der genannten Salbe ein.

20.108 GEGEN DIE MILZBRANDBEULE

§1 Es folgt <ein Heilmittel> über ein Geschwür aus dreifacher Materie, das „Antrax" genannt wird, und es ist ein aus dreifacher Materie zusammengesetztes Geschwür, nämlich aus Blut, Gelber Galle und Schwarzer Galle, daher hat es ein gestreiftes Aussehen, nämlich eine gelbliche Linie, eine weitere schwarze und eine rote. **§2** Und am Anfang erscheint es in der Größe einer kleinen Linse und hat ein wenig Schwarz an der Oberfläche, und die Aufwölbung des Geschwürs erscheint wie mit einem Faden in die Tiefe gezogen zu werden. Am befallenen Glied fühlt man Schwere und Gewicht, als wenn das Glied aus Blei wäre.

20.109 EINE MEHRFACHTHERAPIE GEGEN DIE MILZBRANDBEULE

§1 Der erste therapeutische Ratschlag ist, - wenn der Zustand des Kranken es zulässt, - dass auf der kranken Seite zur Ader gelassen wird, denn würde etwa an der entgegengesetzten Seite zur Ader gelassen, dann würde die <kranke> Materie zu einem edlen Glied gezogen und wäre der Grund für ein ernsteres Krankheitsbild. Die Regel ist, dass bei einem solchen Geschwür kein Rückschlag passieren darf, damit es nicht auf ein edles Glied zurückschlagt. **§2** Wenn der Kranke nämlich kein Fieber hat, was bei einem echten Milzbrand selten geschieht, reiche man Theriak über den Mund mit warmem Wein und zwei bis dreimal soll er auf die Milzbrandbeule gelegt werden, denn wenn es erprobter Theriak ist, wird der echte Milzbrand schnell austrocknen. Der angelegte Theriak kann pulverisiert werden wie Asche. Er wird also täglich angelegt, bis die Milzbrandbeule aufbricht. **§3** Ebenso gibt es die allgemeine Auffassung, dass der zwischen zwei Steinen zerriebene Beinwell durch göttliches Wunder das Geschwür aufbricht, und da der Schmerz bei einer echten Milzbrandbeule unerträglich ist, zerreibe man eine Lilienwurzel, koche sie in Wasser und lege sie zerrieben auf die Beule zur Heilung wie auch zur Linderung und Pflege. **§4** Ebenso ein besondere und geeignete und erprobte <Therapie>: Nimm' rohe Eidotter, gib' viel Salz hinzu, zerreibe es, mache ein Pflaster und lege es drei bis mehrmals täglich bis zum Aufbrechen des Geschwürs an. Am folgenden Tag aber nach dem ersten Anlegen wird sich die Oberfläche völlig schwarz färben und eine größere Verkrustung bilden, und so wird an den einzelnen Tagen die Schwärze zunehmen. **§5** Nach dem Aufbrechen des Geschwürs aber wird mit Blut vermischter flüssiger Eiter heraustropfen. Nimm' daher Eppichsaft, abgeschäumten Honig und Mehl vom feinen oder normalen Weizen, koche es bis zum Dickwerden, und lege diese Breie drei- oder viermal lauwarm auf. **§6** Am zweiten oder dritten Tag aber bläht sich die infizierte Haut von der Milzbrandbeule hoch über das Fleisch auf und soll dann mit der Paste entfernt werden, und das darunterliegende Fleisch wird sichtbar werden, rot ohne irgendeine Infektion und blutige Tropfen absondernd. Dann lege man das vorgenannte Pulver auf, damit sich das Fleisch wieder bildet, und die oben genannte Paste, um die Narbe möglichst dünn zu halten.

20.110 DAMIT SICH BEI EINEM GESCHWÜR DAS FLEISCH WIEDER BILDET

§1 Frischer Taubenmist in Öl geröstet und als Breiumschlag aufgelegt hilft gut.

20.111 GEGEN SPULWÜRMER

§1 Eine erprobte Therapie: Nimm' Aloe, Galbanharz, Ochsengalle und Essig und mache ein Pflaster über dem Nabel oder darunter. Magister W... fügte dort Lupinen, Lorbeeren und Wermuth hinzu, danach verordnete er, dass Krokus mit warmem Wasser zu Trinken gegeben werde, weil er die Spulwürmer austreibt.

20.112 GEGEN DEN BISS EINER EIDECHSE

§1 Man sagt, wenn die östliche Smaragdeidechse jemanden beiße, dass sie ihn nicht <mehr> loslassen würde; man mache ihm einen Verband von warmem Brot. Sofort wird sie loslassen. Oder man gieße warme Milch über ihren Kopf und ihr Maul.

20.113 GEGEN KALTEN BRAND

§1 Nimm' Essig und wasche ihn gut ab, danach lege das Pulver der grünen Raute auf, und dies ist eine Vorgehensweise des Alfredus, und der Kranke wird in zwei Tagen geheilt.

20.114 GEGEN SCHLANGEN ODER WÜRMER IN DER GEBÄRMUTTER

§1 Wer Schlangen oder andere Würmer in der Gebärmutter hat, trinke Vitriol mit Wein, und wird sofort geheilt.

20.115 GEGEN SCHLANGENBISS

§1 Lege das <noch> warme Fleisch von gerade getöteten Hühnern auf, und das Gift wird herausgezogen.

20.116 GEGEN KREBS

§1 Mische Vitriol, Salz, Pfeffer und große Nüsse mit Wein und binde sie darauf.

20.117 GEGEN DEN BISS EINES TOLLWÜTIGEN HUNDES

§1 Lege warme Hahnenkämme auf.

20.118 GEGEN DEN HUSTEN VON KINDERN, DIE KEINE MEDIZIN NEHMEN KÖNNEN

§1 Streiche Honig und Butter in ihren Mund.

20.119 UM DIE ZAHNBILDUNG BEI KINDERN ZU BEFÖRDERN

§1 Damit bei Kindern die Zähne ohne Schmerzen wachsen, reibe man das Zahnfleisch mit einem aus Hundezähnen hergestellten Pulver ein. Dieselbe Einreibung nehme man vor gegen übermäßigen Speichelfluss.

20.120 UM DAS URINIEREN BEI KNABEN ANZUREGEN

§1 Kinder können manchmal nicht urinieren, ihnen hilft man folgendermaßen: Nimm' die Kerne von Kirschen, pulverisiere sie sehr fein und gib' sie mit Wasser zu trinken. Auch die Schalen von Haselnüssen bewirken dasselbe. Auch Eppich bewirkt dasselbe. **§2** Als letztes, wenn sie mit dem Vorigen nicht urinieren können, weil etwas verdaut wird, gib' ihm ein wenig Pulver von Spanischen Fliegen. Wenn man zuviel gäbe, würden sie eine Hautverletzung verursachen, weil sie für die Blase schädlich sind. Oder gib' harntreibende Kräuter mit Wasser. Dies ist eine Therapie von Magister R o…, die er vor seinem Schüler an einem Knaben demonstrierte.

20.121 OB EIN KRANKER STIRBT

§1 Wenn man wissen will, ob ein Kranker sterben wird, tauche ein weißes Tuch in seinen Urin, und danach soll es in Wasser ausgewaschen und danach an der Sonne getrocknet werden, und wenn das Tuch einen Gelbstich oder eine andere Farbe zurückbehält, wird der Kranke sterben, wenn sich das Tuch nicht verändert, wird er <mit dem Leben> davonkommen. **§2** Für dasselbe. Nimm' Veilchen und koche sie in Wasser ab, mit diesem Wasser wasche man die Füsse und die Schienbeine des Kranken ab. Wenn er nach der Waschung schläft, ist das ein Zeichen, dass er davonkommt, wenn er nicht schläft, wird er sterben.

20.122 GEGEN HUSTEN

§1 Koche Andorn mit Wasser und gib' es denjenigen zu trinken, die stark husten. Es heilt wunderbar. Ebenso. Der Kranke soll drei Tage lang Pferdespeichel mit warmem Wasser auf nüchternen Magen trinken. Das ist ein ausgezeichnetes Heilmittel.

20.123 ÜBER ADERLASS UND PURGIEREN

§1 Bei Aderlass und Purgieren gibt es die allgemeine Regel, dass man sich hüten muss vor Kräutern und Früchten, weil sie Phlegma hervorrufen, und vor Scharfem, weil es das Blut scharf macht, und das mindestens bis zum dritten Tag.

20.124 EIN ANZEICHEN AKUTEN FIEBERS

§1 Immer wenn man bei einem Fieberkranken eine Seite warm und die andere kalt vorfindet, wenn es nicht von der Luft oder etwas anderem Äußerlichem herrührt, dann stelle die Diagnose, dass er an einem akuten <Fieberschub> leidet.

20.125 ÜBER WARMES UND KALTES FIEBER

§1 Gegen warme Fieber reibe man mit dem Saft der Artemisia Hände, Füße, Puls und Schläfen ein. Das hilft gut. Gegen kalte Fieber vertreibt der Saft des Tausendgüldenkrauts die Kälte. Gegen die Kälte des Fiebers vor dem Beginn des Anfalls gib' einen Sud von Poleiminze in Wasser zu trinken.

20.126 GEGEN VERBRENNUNGEN DURCH FEUER

§1 Verbrennung durch Feuer oder kochendheißes Wasser heilt einfacher Honig sehr schnell, wenn er fleißig aufgelegt wird.

20.127 GEGEN SONNENBRAND

§1 Man reibe das Gesicht mit Zitrinsalbe ein oder mit einer Salbe, die so hergestellt wird: Nimm' Gummi Arabicum, Dragant und Schweinefett im Verhältnis 1: 2, man löse sie auf, und verknete sie und setze sie für drei Tage der Sonne aus, bis <diese Salbe> ausgetrocknet ist. Dann wird das damit eingeriebende Gesicht fürderhin geschützt vor Sonnenbrand.

20.128 FÜR EINE GUTE GESICHTSFARBE

§1 Man wasche das Gesicht mit einem Sud von Glaskraut.

20.129 GEGEN SOMMERSPROSSEN

§1 Honig mit Bohnenmehl gemischt wischt die Sommersprossen ab. Ebenso reibe die Sommersprossen mit Hasenblut ein.

20.130 GEGEN DURST

§1 Trinke die zerriebene Wurzel von Liebstöckl mit Wein und Wasser. Das nimmt den Durst.

20.131 GEGEN EINEN BRUCH

§1 Nimm’ eine Schwarze Flockenblume und zieh’ den Saft aus, man seihe ihn durch und gebe ihn täglich dem Kranken auf nüchternen Magen zu trinken, <und zwar> soviel, wie eine Eierschale fassen kann, für XV oder XX Tage, denn je mehr er trinkt, umso besser.

20.132 GEGEN KRÄTZE BEI EINEM PFERD

§1 Gegen Krätze bei einem Pferd oder einem anderen starken Tier wie einem Ochsen, einer Kuh oder einem Esel zerreibe Gundermann kräftig, lege ihn in ein Gefäß und uriniere darauf in dieses Gefäss für V oder VI Tage. Danach drücke man jenes stark aus, und nachdem man das Pferd mit diesem Durchgeseihten IIII bis V Tage lang eingerieben hat, wird es geheilt und von der Krätze gereinigt.

20.133 GEGEN NASENSCHLEIM VON PFERDEN

§1 Der Saft des Fünffingerkrautes, d.h. Grensinch, in die Nüstern der Pferde geträufelt, heilt sie von Nasenschleim. Dasselbe Kraut hilft auch den vom Ritt wundgeriebenen Gesäßbacken, wenn es dort aufgelegt wird.

20.134 GEGEN DIE RINDERPESTILENZ

§1 Der Saft des Odermennigs, d.h. des Leberwurzes, in die Kehle der Kuh oder des Ochsen geträufelt, hilft ihnen gegen die Seuche.

20.135 DAS WEGNEHMEN VON BIENEN

§1 Manche sagen, wenn Bienen weggenommen werden, nehme man sofort kochendheißes Wasser und gieße es auf die Stelle, an dem das Bienenhaus stand, und es ist notwendig, dass der Übeltäter vollständig enthaart wird. Origanum, d.h. Dost, in den Bienenstock gelegt, vertreibt die Bienen.

20.136 GEGEN FLIEGEN

§1 Um Fliegen zu vertreiben und zu töten, mische Ziegenmilch und pulverisiertes Auripigment. Wenn sie das fressen, sterben sie.

20.137 GEGEN FLÖHE

§1 Gib' die Milch einer weißen Ziege in ein Gefäß. Dort werden sie sich alle versammeln. Gegen dasselbe. Verteile stinkende Hundskamille oder das große Flohkraut im Haus, und sie werden sich darauf versammeln, und man kann sie alle lebend mit den Blättern hinauswerfen. **§2** Ebenso mische süßen Speck, Wermutsaft und pulverisierten Weihrauch, mache eine Salbe und reibe den Körper ein. Ebenso gib' erwärmte Ziegenmilch in eine flache Schüssel, und die Flöhe kommen dort zusammen.

20.138 GEGEN LÄUSE

§1 Vermische das Pulver von Stephans-Rittersporn mit Öl und reibe es ein, und sie werden getötet.

20.139 DAMIT EIN HÜHNEREI STEINHART WIRD

§1 Man koche es einen ganzen Tag in Essig, und es wird ein Stein.

20.140 QUECKSILBER

§1 Erwärme Quecksilber, das in einen ausgehöhlten silbernen Ring gelegt wurde, wenn du willst, und er wird springen. Ebenso sagt man vom Quecksilber: Wenn es einen goldenen Ring berührt, macht es ihn sofort ganz weiß und zerbricht ihn bald. Wenn du aber das Weiße entfernen willst und zwar so, dass er nicht bricht, <dann> erwärme den Ring. Gib' für zwei Nächte Lauchsamen in Wein, und er wird weiß.

20.141 GEGEN DEN VERZEHR VON QUECKSILBER

§1 Wenn es passiert, dass jemand über Mund oder Nase Quecksilber aufnimmt, soll er in großer Menge Ziegenmilch trinken und Wein vom Sud aus Ysop und Wermuth.

20.142 GEGEN BRÜCHE

§1 Nimm' einen kleinen Hasen, verbrenne ihn ganz in einem Topf im Ofen und pulverisiere ihn, und nimm' Beinwell, pulverisiere es zur gleichen Zeit und reiche es allen, und man mache einen Umschlag. **§2** Ebenso Wein aus einem Sud von Rosmarin und Betonie, wenn er täglich genossen wird, verzehrt das Phlegma im Gehirn, stellt die Sinne wieder her, stärkt das Gehirn, und schärft das Sehen, das aufgrund einer kalten Ursache beeinträchtigt ist. **§3** Beachte, dass bei jeder Empfängnisverhütung aufgrund einer kalten Ursache eine Inhalierung, auf der Basis vom Wacholdersamen, so viel bewirkt wie sie es gewöhnlich mit Moschus tut.

20.143 GEGEN DIE VERFÄRBUNG EINES KLEIDUNGSSTÜCKES

§1 Tinte reinige mit Wein, mit Lauge verdünne den <Flecken vom> Wein. Mit Regenwasser wasche Tropfen aus, mit Bohnensaft Öl. **§2** Ebenso entzieht jede am Feuer verflüssigte Galle nach Entfernung ihrer Blase auf ein Tuch gelegt, Öl, und auch das Wasser, in dem <eine unbekannte Anzahl> (...) Krüge <einer unbekannten Flüssigkeit> (...) gekocht werden sollen, entzieht Öl, wenn <das Gewand> mit gut warmem Wasser ausgewaschen wird.

20.144 GEGEN LETHARGIE

§1 Dies ist ein besonderes und erprobtes <Mittel> gegen Lethargie: Nachdem der Kopf kahl rasiert wurde, reibe man ihn mit Honig ein und danach streue man Pulver von Ackerminze über den Kopf.

20.145 EINE AUSGEZEICHNETE THERAPIE GEGEN ERBRECHEN

§1 Nimm' Akazie, Mastix und Weihrauch und mische es gut mit Eiweiß. Auf den Magenmund gelegt, hilft es mit Sicherheit.

20.146 GEGEN SCHLANGEN

§1 Um Schlangen und Kröten aus dem Haus zu vertreiben, verbrenne man Hirschhorn.

20.147 GEGEN JEDEN SCHMERZ, DER VON EINER BLÄHUNG HERRÜHRT

§1 Altes Öl, gewöhnliches Salz, Natron, gut abgeschäumten Honig und starken Essig, das alles koche man gleichzeitig, bis es dick wird, tauche Filz oder frische Wolle ein und binde sie warm auf die schmerzende Stelle.

20.148 GEGEN JEDEN WURM IN DEN EINGEWEIDEN

§1 Gib' dem nüchternen und hungrigen Kranken über drei Tage Ziegenmilch zu trinken. Am vierten Tag mische der Milch den Saft von Wermuth und Eberraute bei, und die Würmer werden getötet.

20.149 GEGEN BLITZ UND DONNER

§1 Zuerst sage man: „Vater unser." Danach: „Gott ist Mensch geworden. Herr, erlöse uns, wir sterben." Danach: „Gott, befiehl und gib' große Ruhe. Der Herr sei mit euch. **§2** Lasst uns beten: Allmächtiger ewiger Gott, verschone die Furchtsamen, sei den Bittenden gnädig, damit zwischen schädlichen Wolkenfeuern und Regenstürmen deine drohende Macht, Vater, sich wandelt zu einem Gegenstand Deines Lobes. Durch unseren Herrn Christus. Amen. Beschütze uns, deine Diener, unter dem Stern des Friedens."

Verzeichnis der Buch- und Kapitelüberschriften des Übersetzungstextes

REGISTER ZU DEN KAPITELÜBERSCHRIFTEN

Wissensliteratur im Mittelalter

Schriften des Sonderforschungsbereichs 226 Würzburg/Eichstätt

Band 54.1: Thomas von Cantimpré ›Liber de naturis rerum‹
Kritische Ausgabe der Redaktion III (Thomas III) eines Anonymus
Hg. von Benedikt Konrad Vollmann
Bearbeitet von Janine Déus und Rudolf Kilian Weigand
2017. 8°. 688 S., Ln. (978-3-95490-253-8)

Auf der Grundlage der Enzyklopädie „Liber de natura rerum" des Dominikaners Thomas von Cantimpré wurde im 13. Jahrhundert von einem anonymen Redaktor die sog. 'Thomas-III'-Version gefertigt. Aus Interesse an den Naturdingen selbst hat er das vorgefundene Material exzerpiert, neu aufbereitet und in 20 Bücher mit eigenwilliger Abfolge umarrangiert. Die Fülle der überlieferten Handschriften seiner Bearbeitung dokumentiert das außerordentlich große mittelalterliche Interesse an dieser Form von Naturkunde, die nicht mehr vorwiegend geistlich orientiert war. Der Band bietet eine rekonstruierende Textedition, ergänzt durch textkritisch-stemmatologische Ausführungen und ausführliche Handschriftenbeschreibungen.

Band 53: Tugendlehre und Wissensvermittlung
Studien zum ‚Welschen Gast' Thomasins von Zerklaere
Von Christoph Schanze
2018. 8°. 552 S., 1 s/w- und 59 Farbabb., Ln. (978-3-95490-138-8)

Das Buch bietet einen neuen Zugang zum Welschen Gast, indem es die Kategorie ‚Wissen' ins Zentrum der Analyse stellt. Dabei ist eine umfassende moraldidaktische Okkupation verschiedener Wissensbereiche zum Zweck der Vermittlung von ethischem Orientierungswissen zu beobachten, denn Tugendlehre und Wissensvermittlung gehen bei Thomasin Hand in Hand. Die Struktur und die unterschiedlichen Strategien, die er zur Präsentation von Wissensbeständen und Lehrinhalten nutzt, sind immer auf den konkreten Textzusammenhang und das aktuelle Thema sowie den didaktischen Zweck ausgerichtet. Diese Erkenntnis ermöglicht ein adäquates Verständnis des Werks und damit eine neue Gesamtdeutung.

Band 52: Überlieferungsgeschichte transdisziplinär
Neue Perspektiven auf ein germanistisches Forschungsparadigma
Hg. von Dorothea Klein, Horst Brunner und Freimut Löser
2016. 8°. 464 S., Ln. (978-3-95490-140-1)

Die Überlieferungsgeschichte gehört zu den bedeutendsten Forschungsparadigmata, welche die Altgermanistik resp. literaturwissenschaftliche Mediävistik in den letzten fünfzig Jahren hervorgebracht hat. Die Beiträge dieses Bandes fragen nach der Aktualität des Paradigmas und nach den Möglichkeiten seiner Weiterentwicklung, nach seinem generellen theoretisch-methodischen Gewinn und seiner Anwendbarkeit in anderen geisteswissenschaftlichen Disziplinen; neben der deutschen, niederländischen, mittel- und neulateinischen Philologie sind Geschichte, Medizin-, Philosophie- und Theologiegeschichte sowie die mediävistische Musikologie beteiligt. Die überwiegende Mehrzahl der Beiträge verbindet jeweils methodische Reflexion und Fallbeispiel(e).

Band 51: Konrad von Würzburg ‚Trojanerkrieg' und die anonym überlieferte Fortsetzung
Kritische Ausgabe
Von Heinz Thoelen und Bianca Häberlein
2015. 8°. 800 S., Ln. (978-3-95490-118-0)

Wissensliteratur im Mittelalter

Schriften des Sonderforschungsbereichs 226 Würzburg/Eichstätt

Band 50: Das Arzneibuch Ortolfs von Baierland
Von Ortrun Riha
2014. 8°. 320 S., Ln. (978-3-95490-015-2)

Band 49: Trojasummen
Das »Elsässische Trojabuch«
und die gedruckten Trojakompilationen
Von Gertrud Beck
2015. 8°. 360 S., 23 s/w-Abb., Ln.
(978-3-89500-956-3)

Band 48: Das »Bairisch-österreichische Buch von Troja«
(»Buch von Troja II«). Kritische Ausgabe
Von Heribert A. Hilgers und Heinz Thoelen
2012. 8°. 630 S., Ln. (978-3-89500-840-5)

Band 47: Johannes Hartlieb »Kräuterbuch«
Von Gerold Hayer und Bernhard Schnell
2010. 8°. 224 S., 64 Farbabb., Ln.
(978-3-89500-760-6)

Band 46: Persius-Scholien
Die lateinische Persius-Kommentierung
der Traditionen A, D und E
Von Udo W. Scholz und Claudia Wiener
Unter Mitarbeit von Ulrich Schlegelmilch
2009. 8°. 656 S., Ln. (978-3-89500-631-9)

Band 45: Hof – Universität – Laien
Literatur- und sprachgeschichtliche
Untersuchungen zum deutschen Schrifttum
der Wiener Schule des Spätmittelalters
Von Klaus Wolf
2006. 8°. 432 S., 2 s/w-Abb., Ln.
(978-3-89500-540-4)

Band 44: Das Kometenjahr 1618
Antikes und zeitgenössisches Wissen
in der frühneuzeitlichen Kometenliteratur
des deutschsprachigen Raumes
Von Marion Gindhart
2006. 8°. 336 S., 19 s/w-Abb., Ln.
(978-3-89500-487-2)

Band 43: Das Geheimnis der Geheimnisse
Die arabischen und deutschen Fassungen
des pseudo-aristotelischen »Sirr al-asrar
/ Secretum secretorum«
Von Regula Forster
2006. 8°. 344 S., Ln. (978-3-89500-495-7)

Band 42: Heilquellen in der deutschen Wissensliteratur des Spätmittelalters
Zur Genese und Funktion eines Paradigmas der
Wissensvermittlung am Beispiel des »Tractatus de
balneis naturalibus« von Felix Hemmerli
und seiner Rezeption
Von Frank Fürbeth
2004. 8°. 452 S., Ln. (978-3-89500-396-7)

Band 41: Medizinische Fachprosa aus Mähren
Sprache – Kultur – Edition
Von Lena Vankova
2004. 8°. 524 S., 15 s/w-Abb., Ln.
(978-3-89500-394-3)

Band 40: Martin von Troppau (Martinus Polonus), O.P. († 1278) in England
Überlieferungs- und wirkungsgeschichtliche Studien zu dessen Papst- und Kaiserchronik
Von Wolfgang-Valentin Ikas
2002. 8°. 448 S., 5 s/w- und 4 Farbabb., Ln.,
(978-3-89500-313-4)

Band 39: Das »Solsequium« des Hugo von Trimberg
Eine kritische Edition
Von Angelika Strauß
2002. 8°. 388 S., 1 s/w-Abb., Ln.
(978-3-89500-273-1)

Band 38: Die »Reise ins Gelobte Land« Hans Tuchers des Älteren (1479 bis 1480)
Untersuchungen zur Überlieferung und
kritische Edition eines spätmittelalterlichen
Reiseberichts
Von Randall Herz
2002. 8°. 840 S., 31 s/w-Abb., Ln.
(978-3-89500-254-0)

Band 37: Konrad von Heimesfurt
Untersuchungen zu Quellen, Überlieferung
und Wirkung seiner beiden Werke »Unser
vrouwen hinvart« und »Urstende«
Von Werner Hoffmann
2001. 8°. 480 S., Ln. (978-3-89500-216-8)

Band 36: Biblia Sacra figuris expressa
Mnemotechnische Bilderbibeln
des 15. Jahrhunderts
Von Susanne Rischpler
2001. 8°. 292 S., 35 s/w- und 1 Farbabb., Ln.
(978-3-89500-203-8)